移动网络规划与优化

主编 顾艳华 陈雪娇

参编 刘海林 曾 益 王广义

北京理工大学出版社

BEIJING INSTITUTE OF TECHNOLOGY PRESS

内容简介

本教材以项目化方式编写内容，在每个项目中基于工作过程导向理念，按照通信工程师、网优工程师工作任务及岗位职责设计任务点，任务包含理论部分和实践项目两部分。理论部分主要包括 LTE 网络的基本概念、网络架构、关键技术、物理层协议、移动性管理信令流程等；实践项目主要包括无线网络优化岗位认知、网络规划、网络测试、网络优化等实训项目。通过理论与实践的结合，读者能深入理解无线网络优化岗位的工作任务和工作流程等。授课教师可以参考本教材提供的电子资源开展线上线下结合的混合式教学。

本教材可作为高等职业院校的通信技术、移动通信技术、无线网络优化技术等专业学生的学习教材或参考书目，同时，也适合从事无线网络规划、网络建设、网络运维、网络优化、通信工程监理等工作的专业技术人员阅读。

图书在版编目（CIP）数据

移动网络规划与优化 / 顾艳华，陈雪娇主编 . —北京：北京理工大学出版社，2021.1
ISBN 978-7-5682-9486-7

Ⅰ. ①移… Ⅱ. ①顾… ②陈… Ⅲ. ①移动网 – 教材 Ⅳ. ①TN929.5

中国版本图书馆 CIP 数据核字（2021）第 017703 号

出版发行 / 北京理工大学出版社有限责任公司
社　　址 / 北京市海淀区中关村南大街 5 号
邮　　编 / 100081
电　　话 /（010）68914775（总编室）
　　　　　（010）82562903（教材售后服务热线）
　　　　　（010）68948351（其他图书服务热线）
网　　址 / http://www.bitpress.com.cn
经　　销 / 全国各地新华书店
印　　刷 / 三河市天利华印刷装订有限公司
开　　本 / 787 毫米 × 1092 毫米　1/16
印　　张 / 20　　　　　　　　　　　　　　　责任编辑 / 封　雪
字　　数 / 448 千字　　　　　　　　　　　　文案编辑 / 毛慧佳
版　　次 / 2021 年 1 月第 1 版　2021 年 1 月第 1 次印刷　　责任校对 / 刘亚男
定　　价 / 77.00 元　　　　　　　　　　　　责任印制 / 施胜娟

前言
Preface

随着生活和工作中对移动网络的依赖度的逐步增加，相应地对移动网络的性能要求也越来越高，人们希望无论在何时何地均能够享受到无线覆盖所带来的高速、便利的服务，但是，由于网络规划与现实情况存在偏差，或者由于在网络建设中，又或者在网络运维中出现的各种问题可能导致用户无法正常使用网络服务，这时就需要无线网络优化工程师们大显身手了。由于市场对网优人才需求量大，且目前主要网络制式是LTE，因此编写一本适应现阶段LTE无线网优人才培养的教材就显得非常有必要了。

本教材遵循读者的认知规律及职业成长规律，采用项目化方式编写。教材以LTE网络制式为主，选取网规网优工程师典型工作场景，包括无线网络优化工程师岗位认知、了解无线网络优化的对象——移动网络基础、你也可以成为网络设计师——移动网络规划、深入了解无线信号的质量——移动网络测试、打造完美的移动通信网络——移动网络专题优化五个项目。各项目依据教学目标涵盖多个知识点和技能点。理论和实践相结合的编排方式，可有效促使读者理解并掌握无线网络优化岗位所应具备的知识和技能。

本教材符合通信类专业教学标准的要求并结合专业建设及移动通信技术的发展，积极开展校企合作，使校企团队共同开发教材案例。此外，教材部分内容是全国职业技能大赛的成果转化，可为后续参加大赛的读者提供基础知识储备。

教材内容融入职业资格或技能等级的相关要求。课程内容以无线网络规划、优化内容为主线，与无线网络规划、优化工程师证书等通信行业相关职业资格认证考试内容有机融合，选取企业典型工作任务，开展基于工作过程的技能训练并配套相应竞赛内容。

教材符合"三教改革"的改革要求，具备一体化教材的特点，有效辅助教师进行线上线下混合教学。教材内容基于移动网络容量规划设计、覆盖规划设计、频率规划设计、基站参数规划设计、覆盖专题优化、干扰专题优化、切换专题优化等任务单进行了任务驱动式设计，使读者的学习目标更加明确。

遵循"立德树人"的教育根本，教材通专融合、课程思政的特色明显，在相关训练项目的内容设计上体现了规范标准、诚实守信、团队合作等品德与通用能力的要求。

本书由顾艳华负责编写项目一的任务3、项目二、项目三、项目四的任务1~任务3、任务5，陈雪娇负责编写项目五的任务1~任务5，刘海林负责编写项目一的任务1、任务2，曾益负责编写项目四的任务4，王广义负责编写项目五的任务6。此外，还要特别感谢曾波

1

涛、姜敏敏、罗文茂等业内专家在本教材的编写中给予的帮助。

由于编者水平有限，加之时间较为仓促，因此教材中不妥之处在所难免，敬请广大读者不吝赐教。

编 者

目录
Contents

项目一

无线网络优化工程师岗位认知

随着移动通信技术的飞速发展，人们的生活越来越离不开手机，远程教育、远程医疗、无人驾驶、高清视频传输、生活支付等终端应用对移动网络的数据速率的要求也越来越高。为了保障业务的顺利进行，人们对移动网络的质量要求也水涨船高，通信运营商们若要给用户提供可靠的服务，带给用户高质量的业务体验，就要不断维护和优化移动网络，确保网络正常、可靠运行，而企业里这些从事无线网络维护和优化的工作人员便被称为无线网络优化工程师，本项目主要学习了解与无线网络优化工程师岗位相关的任务要求、能力需求。

无线网络优化工作是指对正式投入运行的网络进行参数采集、数据分析、现场测试，找出影响网络质量、效率的原因，同时，通过参数调整和采取某些技术手段，使网络达到最佳运行状态，使现有的网络资源获得最佳效益。

研究表明，若要学习某种技能，首先应该对该种技能应用的岗位进行深入认知。这对激发自主学习兴趣是非常重要的，因此项目一重点训练学习者对工作岗位的认知，从知识能力、实践技能及职业素养三个方面对岗位能力需求进行分析，并介绍无线网络优化工程领域的相关企业。

任务1 无线网络优化岗位工程师工作任务分析

知识点1 无线网络优化工程师岗位职责

无线网络优化工程师的主要工作就是负责维护与优化无线网络环境（主要是移动通信蜂窝网），提高网络质量。企业对无线网络优化工程师的岗位职责有以下要求：

1. 能独立完成网络测试项目

能熟练使用常见路测工具；掌握常见的测试手段；熟悉运营商网络测试规范；负责日常

周期性路测、CQT 测试等，结合 OMC 数据进行分析，对无线网络进行评估，及时反馈现网存在的问题并进行分析处理。

2. 具备提供规划服务的能力

能独立完成预规划，能独立完成基站勘查，能独立完成参数规划，能独立完成频率规划并掌握自动分频原理，具备网络结构规划相关知识。

3. 能执行网络优化项目

能够完成网络投诉处理及解决方案的输出与跟踪，及时解决各类投诉；能制定优化计划；执行优化工作任务；通过各种优化手段改善指标，达到并超过目标值；完成优化工作总结报告，并对客户展示优化成果。

4. 能够维护客户关系

清楚服务流程、服务标准、服务界面，并按照标准流程提供服务；明确网络优化服务是以客户为导向的服务，能有效应对客户的各种要求；在工作和生活中与客户保持良好的关系。

知识点 2 无线网络优化工程师工作流程

无线网络优化工程师在工作中需要遵循以下基本流程，如遇到特殊情况，可以进行灵活调整。

（1）受理各种无线类用户的投诉。

（2）案件分析。根据投诉处理的需要，无线网络优化工程师应及时准确查找出网络中存在的问题，及时形成"网络优化调整方案"。

（3）案件处理任务分配。无线网络优化工程师及优化服务公司具体实施基站天线方位、俯仰的调整，优化参数的调整等工作，并负责记录；网络优化技术主管对优化方案进行监督和指导；无线网络优化工程组负责实施优化工程类方案，包括"基站搬迁""扩容""天线搬迁""升高"。

（4）实施优化调整方案。无线网络优化工程师及时控制方案实施进度和跟踪优化方案实施效果。

（5）优化处理效果评估。对优化调整方案实施后，无线网络优化工程师立即进行优化效果评估，分析评价优化调整效果是否达到预期的目标，未达目标时需调整优化方案和力度实施进一步整治。

（6）投诉处理验证。优化技术支持对优化处理过程进行质量监控，并对优化方案的可行性进行审核。

（7）投诉数据的整理和保存。无线网络优化工程师确保"用户投诉处理数据"的妥善保存，无线网络优化服务公司在每日完成投诉处理工作后，将投诉处理的数据进行整理、归类、录入和保存，以便进行分析。

实训任务 无线网络优化工程师岗位工作流程图的制作

任务目标

了解无线网络优化工程师岗位的日常工作流程。

🔄 任务要求

（1）能够清楚描述无线网络优化工程师的基本工作流程。

（2）能够用不同图形展示工作流程中的不同环节。

（3）能够根据自己目前的认知完善工作流程的细节内容。

🔄 任务实施

（1）打开电脑中的 PowerPoint 软件，如图 1-1 所示。

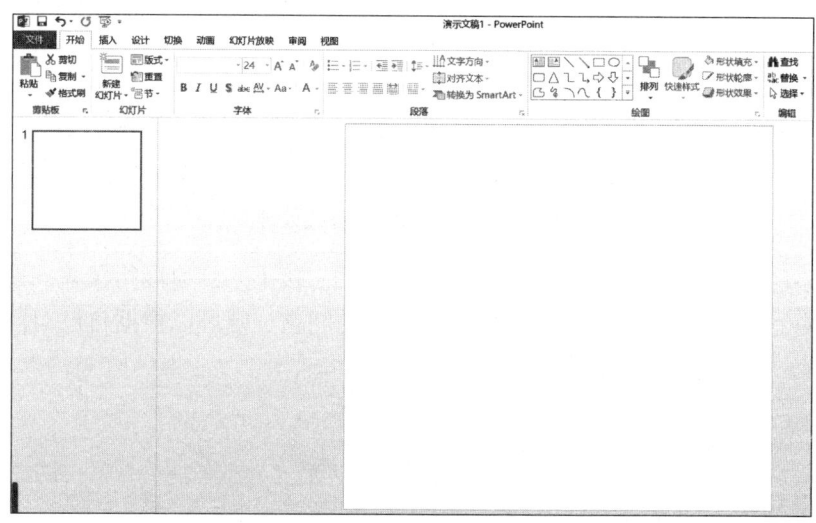

图 1-1　打开 PowerPoint 软件

（2）在 PowerPoint 中画流程图时，需要将页面的纵向设置得足够可用，因此可以根据流程的长度设置高度，如图 1-2 所示。

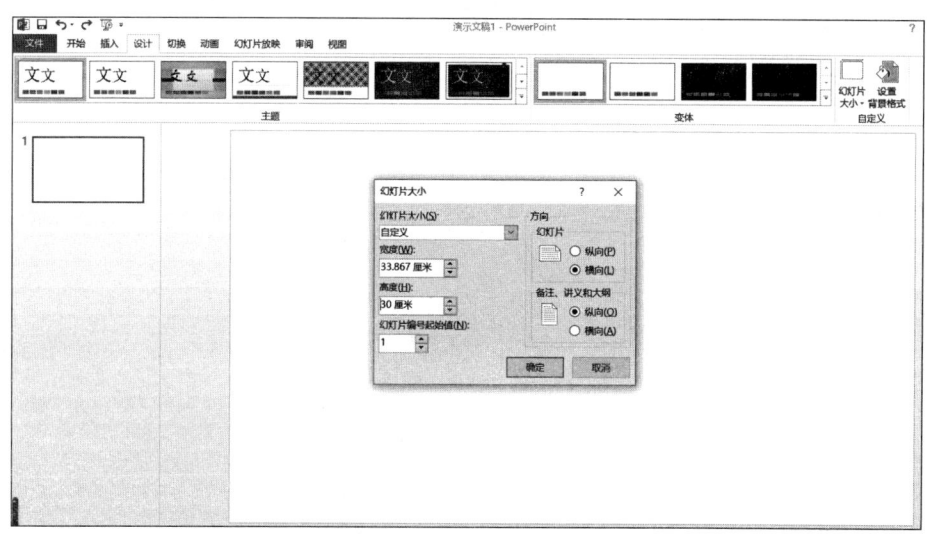

图 1-2　设置 PPT 的页面高度

（3）根据本项目任务 1 中的知识点 2 可知，无线网络优化工程师日常工作流程的第一步是受理用户投诉，因此可在画图界面中画出流程的起始步骤。

流程图的"开始"图框如图 1-3 所示。

（4）接下来，需要网络优化工程师分析用户投诉的问题，对其进行分类。用户投诉的种类繁多，大多数时候可以进行以下的问题分类处理，如图 1-4 所示。

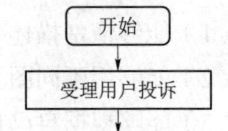

图 1-3　流程图的"开始"图框

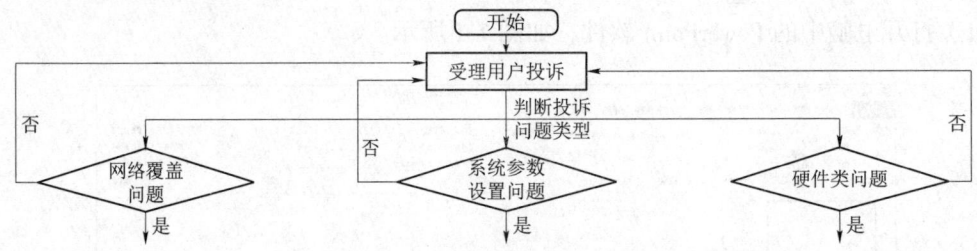

图 1-4　用户投诉问题分类处理

（5）根据不同问题类型进入相应的问题处理流程。接下来，以网络覆盖问题为例进行优化处理流程展示，如图 1-5 所示。若发现其他类型的问题，则可以根据自己对网络优化工程师岗位的理解，完成内容的补充。

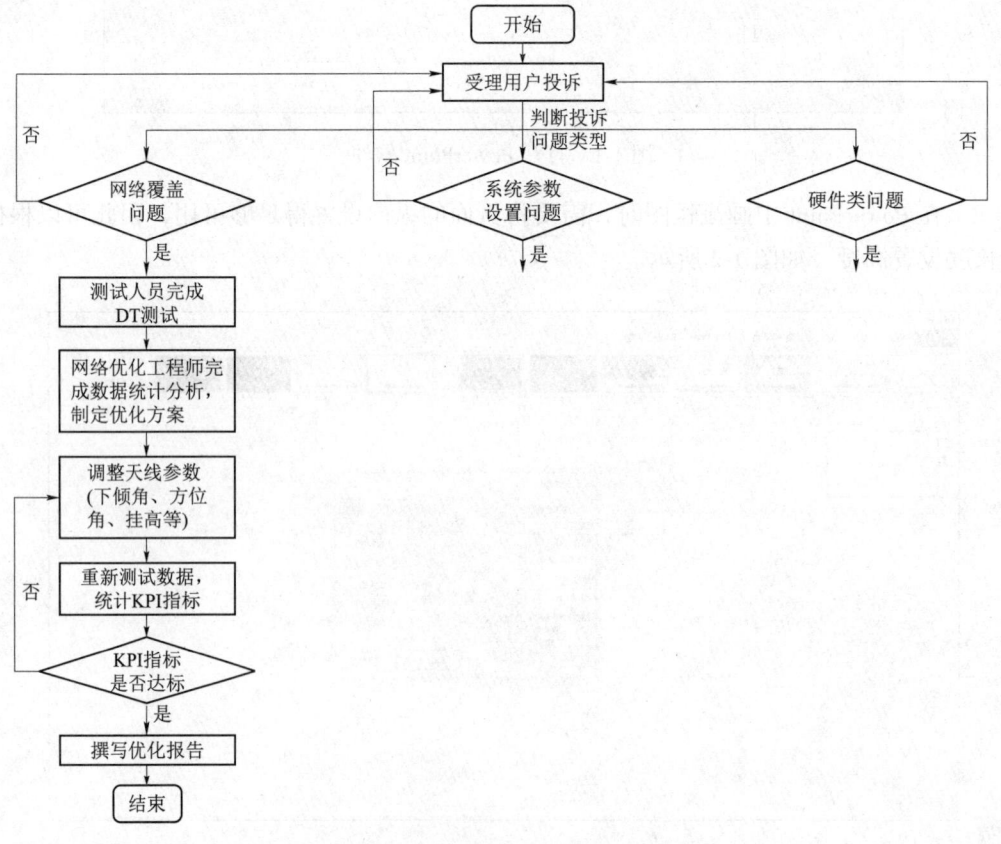

图 1-5　网络覆盖问题优化处理流程展示

（6）保存流程图为 PNG 图形格式。

将使用 PowerPoint 制作的流程图保存成 PNG 图形格式，如图 1-6 所示，将完成设计的流程图提交至在线课程平台的作业中。

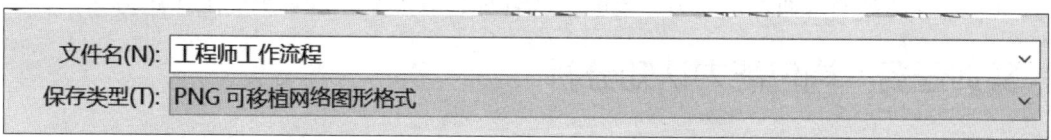

图 1-6　将使用 Power Point 制作的流程图保存成 PNG 图形格式

任务 2　无线网络优化工程师能力需求分析

根据任务 1 中分析的无线网络优化工程师主要任务要求，可以确定该岗位能力的需求主要包括知识能力需求、实践技能需求、职业素养需求三个方面。

知识点 1　知识能力需求

为保证能够正常完成工作，无线网络优化工程师应具备以下专业知识：
（1）能够阐述移动通信系统的发展历程；
（2）熟悉移动通信系统中的各种关键技术；
（3）能够绘制移动通信系统网络架构；
（4）熟悉基站设备组成结构；
（5）掌握无线参数与小区覆盖的关系；
（6）能够阐述无线网络测试及优化的基本流程。

知识点 2　实践技能需求

无线网络优化工程师具备了一定的基础知识能力后，可以训练并掌握以下操作实践技能：
（1）能够遵循无线网络规划流程，根据实际项目需求完成工程案例的方案设计，包括覆盖规划、容量规划、频率规划、参数规划等；
（2）能够遵循无线网络测试流程，熟练使用测试软件测试无线网络的性能，并通过软件统计数据评估网络质量，且能够撰写规范的网络测试报告；
（3）能够遵循无线网络优化流程，熟练使用无线网络优化软件统计、分析、定位故障原因，对网络中存在的典型接入问题、覆盖问题、干扰问题、切换问题等进行深入分析并提出具体的解决方案，且能够撰写规范的网络优化报告。

知识点 3　职业素养需求

无线网络优化工作枯燥而繁杂，不仅对从业者的专业有很高的要求，而且对其在工作中的态度也有很高的标准。无线网络优化工程师需要具备以下职业素养：

（1）理解遵守职业标准和规范的重要性，具备规范意识；

（2）吃苦耐劳，热爱本职工作，能够认真及时完成任务，具有较强的责任心；

（3）熟悉计算机操作，能熟练运用 Word、Excel 等软件；

（4）具有良好的沟通表达能力，能够协调管理各方关系，能够承受工作压力。

实训任务　岗位能力认知分析

任务目标

通过岗位要求分析感知企业对无线网络优化岗位人才的明确要求，自我对比找到差距，明确学习目标并努力将其完成。

任务要求

登录人才招聘网站，查找无线网络优化岗位人才的招聘要求并采用思维导图形式展示岗位的详细要求，同时，对照自身实际情况反思不足，明确今后努力的方向。

任务实施

（1）在下载并安装 XMind 软件，如图 1-7 和图 1-8 所示。

图 1-7　下载 XMind 软件

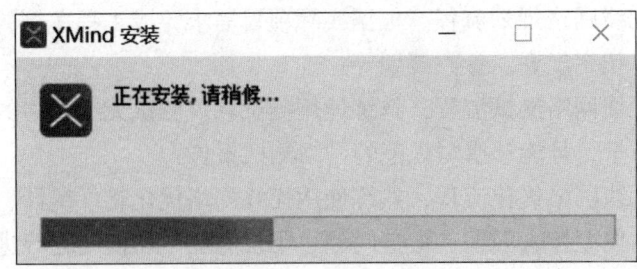

图 1-8　XMind 安装界面

（2）根据需要选择合适的思维导图风格，如图 1-9 所示。

（3）创建空的思维导图，如图 1-10 所示。

（4）登录人才招聘网站，查找一则无线网络优化工程师招聘要求，如图 1-11 所示。

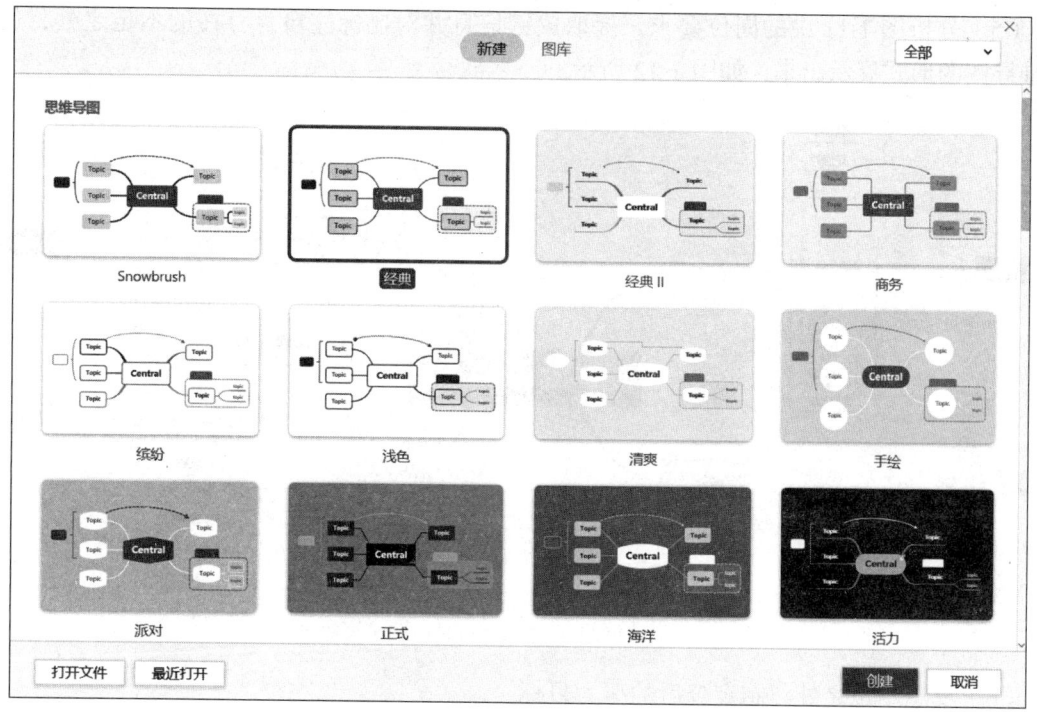

图 1-9　选择合适的思维导图风格

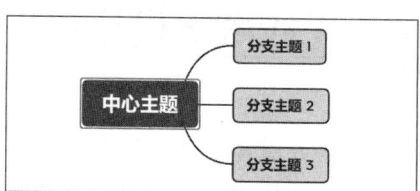

图 1-10　创建空的思维导图

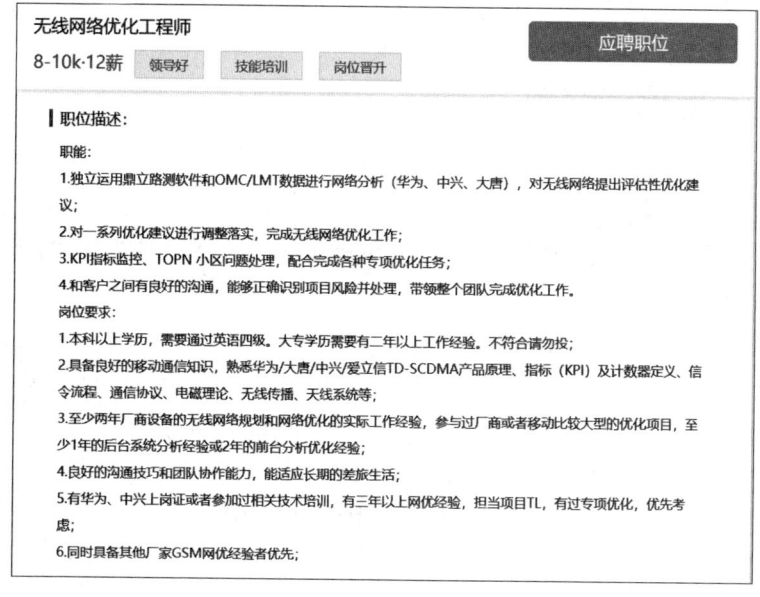

图 1-11　无线网络优化工程师招聘要求

（5）分析图 1-11 中的岗位要求，提取关键信息并对比标注自身存在的不足之处，通过思维导图的形式展示出来，如图 1-12 所示。

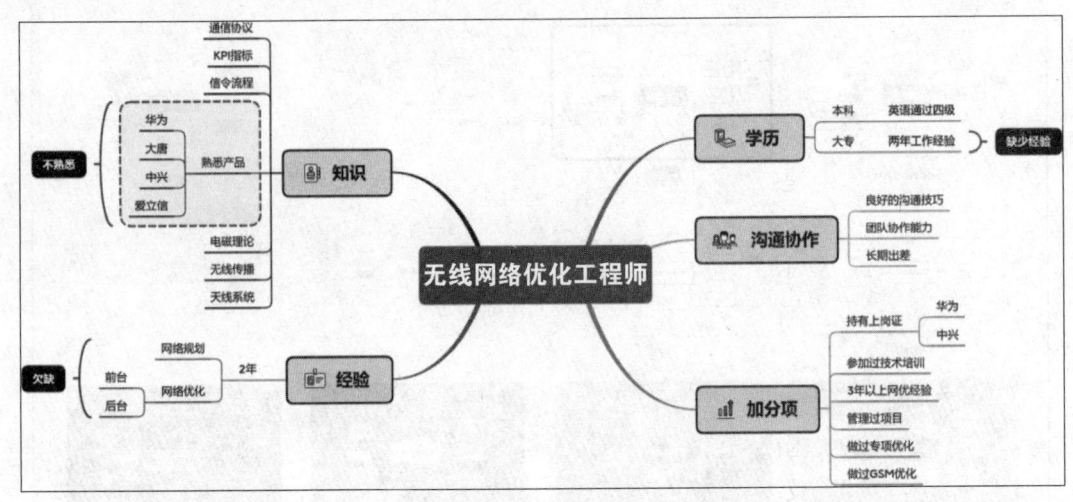

图 1-12　无线网络优化工程师岗位要求思维导图

（6）反思不足之处，制定今后的努力目标。

任务3　无线网络优化相关企业

作为无线网络优化工程师，通常在完成工作任务过程中会跟不同企业进行联系，因此了解产业链上的各类企业的发展情况及业务背景是非常有必要的。下面将简单介绍常见的电信运营商、通信设计公司、通信设备商、通信工程公司等。

通信行业
发展现状

知识点1　电信运营商

电信运营商是指提供网络服务的供应商。我们国家在电信管理方面相当严格，只有拥有工业与信息化部（以下简称"工信部"）颁发的运营执照的公司才能架设网络，所以中国移动、中国电信、中国联通、中国广电这些拥有可运营网络的公司被称为电信运营商。

1. 中国移动

中国移动主要运营 GSM、TD-SCDMA、TD-LTE 网络和固定电话网络（以下简称"固网"）。

中国移动通信集团公司是根据国家关于电信体制改革的部署和要求，在原中国电信移动通信资产总体剥离的基础上组建的国有重要骨干企业，于 2000 年 4 月 20 日成立，由中央直接管理，其公司标志如图 1-13 所示。

中国移动通信主要经营移动话音、数据、IP 电话和多媒体

图 1-13　中国移动公司标志

8

业务，并具有计算机互联网国际联网单位经营权和国际出入口局业务经营权。除提供基本话音业务外，还提供传真、数据、IP 电话等多种增值业务，拥有"全球通""神州行""动感地带"等著名服务品牌。网络规模和客户规模列全球第一，截至 2019 年年底，中国移动手机用户达 9.502 77 亿户，宽带用户达 1.870 41 亿户。

2．中国电信

中国电信主要运营 CDMA、CDMA2000、FDD–LTE、TD–LTE 网络和固网。

中国电信集团公司是按国家电信体制改革方案组建的特大型国有通信企业，于 2002 年 5 月重组挂牌成立，其公司标志如图 1-14 所示。原中国电信划分为南、北两个部分后，其下辖 21 个省级电信公司，拥有全国长途传输电信网 70% 的资产，允许在北方十省区域内建设本地电话网和经营本地固定电话等业务。

图 1-14　中国电信公司标志

中国电信主要经营国内、国际各类固定电信网络设施，包括本地无线环路；基于电信网络的语音、数据、图像及多媒体通信与信息服务；进行国际电信业务对外结算，开拓海外通信市场；经营与通信及信息业务相关的系统集成、技术开发、技术服务、信息咨询、广告、出版、设备生产销售和进出口、设计施工等业务。截至 2019 年底，中国电信手机用户数达 3.355 7 亿户，宽带用户达 1.531 3 亿户。

3．中国联通

中国联通主要运营 GSM、WCDMA、FDD–LTE 和固网。

中国联合通信有限公司成立于 1994 年 7 月 19 日，其公司标志如图 1-15 所示。中国联通成立的目的是在中国基础电信业务领域引入竞争，对中国电信业的改革和发展起到了积极的促进作用。

图 1-15　中国联通公司标志

中国联通主营业务包括移动通信业务、国内国际长途电话业务、批准范围的本地电话业务、数据通信业务、互联网业务、卫星通信业务、电信增值业务以及与主营业务有关的其他电信业务。中国联通在全国 31 个省、自治区、直辖市设立了 300 多个分公司和子公司。截至 2019 年年底，中国联通手机用户达 3.184 75 亿户，宽带用户达 8 347.8 万户。

4．中国广电

中国广播电视网络有限公司，简称中国广电，公司标志如图 1-16 所示。中国广电于 2014 年 4 月 17 日正式注册成立，负责全国范围有线电视网络的相关业务，开展三网融合业务。作为我国有线电视网络的市场主体参与三网融合竞争，利于行业长远发展。

图 1-16　中国广电公司标志

2019 年 6 月 6 日，工信部正式向中国广电发放了 5G 商用牌照。

知识点 2　通信设计公司

勘察设计是工程建设的重要环节，通信、电力、建筑、水利、航空航天等行业都有相应的设计院，以利于完成勘察设计工作。勘察设计在各种工程建设中起龙头作用，是提高工程项目投资效益、社会效益、环境效益的最重要因素。勘察设计工作包括可行性研究、现场勘察、工程设计等内容。

通信设计行业是专门为通信网络建设提供规划、设计、咨询服务的恒业。通信网络包括传输网络、移动通信网络等。

国内的通信设计单位主要有以下几种类型。

（1）国有大型设计院：在市场中占主导地位，如中讯邮电咨询设计院。

（2）民营设计院：如国脉设计院等。

（3）小型设计公司：独立承接业务，或为大型设计院做设计外包。

以下是几家国内比较知名的设计单位的情况简介。

1. 中讯邮电咨询设计院

原部设计院（郑州院），简称中讯院，1952 年创建于北京，1969 年迁至郑州，2008 年 9 月改制更名为"中讯邮电咨询设计院有限公司"，主要业务范围包括：通信信息工程和建筑工程的咨询、勘察、设计、工程总承包；信息网络、通信网络的设计、集成、软件开发；技术开发、技术咨询、技术服务、技术转让、技术劳务服务；通信专用配套设备、材料的研制、生产、销售，主要服务对象是中国联通。

2. 中国移动通信集团设计院

原部设计院（北京院），简称集团院，创建于 1952 年，1998 年与中国移动整合后更名为京移通信设计院有限公司，是国家甲级咨询勘察设计单位，具有承担各种规模信息通信工程和通信局房建筑及民用建筑工程的规划、可行性研究、评估、勘察、设计、咨询、项目总承包和工程监理任务的资质；持有建筑智能化、消防设施专项设计甲级资质；现为直属中国移动的设计院，主要服务对象是中国移动。

3. 中通服咨询设计研究院

原为江苏省邮电规划设计院有限责任公司，始建于 1963 年，2018 年 3 月更名为中通服咨询设计研究院有限公司，简称江苏院。公司业务范围包括通信、建筑、信息化、电力、节能环保的咨询、设计、研究与实施，主要服务对象是中国电信。

4. 华信邮电咨询设计研究院

前身是浙江省邮电规划设计研究院有限公司，成立于 1984 年，简称华信院或浙江院，持有国家建设部颁发的甲级通信、建筑规划、工程设计、技术咨询证书和甲级工程总承包资质证书，是中国通信标准研究组成员单位，主要服务对象是中国电信。

5. 上海电信规划设计院

2003 年 5 月在上海成立，简称上海院，是中国电信集团支撑单位，在上海电信具有优势市场地位。主要经营通信工程规划、勘察、设计，智能化大楼通信布线设计，通信工程总承包，通信器材、设备销售。

通信设计工作是项目导向型工作（对应的是生产导向型工作），每个项目都是不一样的，项目环境中所涉及的人、技术、资源较为复杂，项目有确定的目标和时间要求。这样的工作模式对从业人员的综合素质要求是很高的，要求设计师一方面具备较为全面的专业知识，同时，还要具备良好的学习能力、沟通能力、团队合作能力、抗压能力、对客户的责任心、工作热情、积极向上的心态等。

通信设计行业相对通信维护、监理、施工等具有更长的职业生命周期，也是通信专业毕业生首选的就业行业之一。一般员工进入企业后，先作为助理设计师跟随导师一起完成工作；具备独立工作能力后可以独立展开工作，后续可以选择向技术和管理两个方向发展，技术线可以向设计师、高级设计师、资深设计师、专业总工、总工方向发展，管理线可以向项目经理、高级项目经理、办事处主任、部门经理方向发展。

知识点 3　通信设备商

市场研究公司 Dell'Oro 发布的 2018—2019 年全球电信设备市场份额最新数据见表 1-1。

表 1-1　2018—2019 年全球电信设备市场份额前 5 名

公司名称	2018 年市场份额	2019 年市场份额
华为	28%	28%
诺基亚	17%	16%
爱立信	14%	14%
中兴通讯	8%	10%
思科	8%	7%

1. 华为

华为技术有限公司成立于 1987 年，总部位于中国广东省深圳市，公司标志如图 1-17 所示。华为是全球领先的信息与通信技术（ICT）解决方案供应商，专注于 ICT 领域，坚持稳健经营、持续创新、开放合作，在电信运营商、企业、终端和云计算等领域构筑了端到端的解决方案优势，为运营商客户、企业客户和消费者提供有竞争力的 ICT 解决方案、产品和服务。2013 年，华为首超全球第一大电信设备商爱立信，排名《财富》世界 500 强第 315 位。截至 2016 年年底，华为的产品和解决方案已经应用于全球 170 多个国家，服务全球运营商 50 强中的 45 家及全球 1/3 的人口。具体包括以下十个方面：无线接入、固定接入、核心网、传送网、数据通信、能源与基础设施、业务与软件、OSS、安全存储、华为终端。

图 1-17　华为公司标志

2. 诺基亚

诺基亚公司是一家总部位于芬兰埃斯波，主要从事移动通信设备生产和相关服务的跨国公司，公司标志如图 1-18 所示。诺基亚成立于 1865 年，以伐木、造纸为主业，后发展成为一家手机制造商，以通信基础业务和先进技术研发及授权为主。

1995—2010 年是诺基亚的手机时代。在 2G 时代，诺基亚手机无疑是市场占有率最高的品牌。

2011 年 2 月，诺基亚与微软达成战略合作关系，放弃 Symbian 和 MeeGo，改为采用微软 Windows Phone 系统。2014 年 4 月，诺基亚将设备与服务业务出售给微软，退出手机市场。

2015 年，诺基亚出资 156 亿欧元，收购阿尔卡特朗讯。

2018 年，诺基亚与中国移动签署了框架协议。此后，诺基亚在中国移动 5G 网络的部署过程中给予了硬件及管理方面的建议。

3. 爱立信

爱立信公司于 1876 年成立于瑞典首都斯德哥尔摩，其公司标志如图 1-19 所示。从早期生产电话机、程控交换机，已发展到全球最大的移动通信设备商，爱立信的业务遍布全球 180 多个国家和地区，是全球领先的提供端到端全面通信解决方案以及专业服务的供应商。

图 1-18　诺基亚公司标志　　　　　　　　图 1-19　爱立信公司标志

爱立信的全球业务包括：通信网络系统、专业电信服务、专利授权、企业系统、运营支撑系统（OSS）和业务支撑系统（BSS）。爱立信的 2G、3G 和 4G 无线通信网络被世界上各大运营商广泛部署和使用。另外，爱立信还是移动通信标准化的全球领导者。

得益于多年的技术积累和对研发的巨额投入，继 3G 之后，爱立信在 4G LTE 国际市场依然位居领导者位置。LTE（Long Term Evolution）就是爱立信最先提出的 4G 标准，并为国际标准组织 3GPP 所确认。2009 年以来，爱立信已经全球部署了 130 多张 4G LTE 网络，覆盖的用户超过 3 亿。

4. 中兴通讯

中兴通讯股份有限公司成立于 1985 年，总部在深圳，是全球领先的综合通信解决方案提供商和中国最大的通信设备上市公司，其公司标志如图 1-20 所示。主要产品包括 2G/3G/4G/5G 无线基站与核心网、IMS、固网接入与承载、光网络、芯片、高端路由器、智能交换机、政企网、大数据、云计算、数据中心、手机及家庭终端、智慧城市、ICT 业务，以及航空、铁路与城市轨道交通信号传输设备。

中兴通讯能够提供创新技术与全系列的产品解决方案，包括无线、有线、业务、终端产品和专业通信服务，从而可以满足全球不同电信运营商的差异化需求。

ZTE中兴

图 1-20　中兴通讯公司标志

5. 思科

1984 年 12 月，思科系统公司在美国成立，其公司标志如图 1-21 所示，创始人是斯坦福大学的一对教师夫妇：计算机系的计算机中心主任莱昂纳德·波萨克和商学院的计算机中心主任桑蒂·勒纳。夫妇二人设计了叫作"多协议路由器"的联网设备，用于斯坦福大学校园网络，将校园内不兼容的计算机局域网整合在一起，形成一个统一的网络。这个联网设备被认为是联网时代真正到来的标志。

图 1-21　思科公司标志

思科系统公司已成为公认的全球网络互联解决方案的领先厂商，其提供的解决方案是世界各地成千上万的公司、大学、企业和政府部门建立互联网的基础，用户遍及电信、金融、服务、零售等行业以及政府部门和教育机构等。思科制造的路由器、交换机和其他设备承载了全球 80% 的互联网通信服务功能。

知识点 4　通信工程公司

通信工程公司主要是根据网络设计方案完成通信网络的建设、调试及维护等工作。以下列举几家常见的通信工程公司。

1. 京信通信

成立于 1997 年，是一家集研发、生产、销售及服务于一体的移动通信设备专业厂商，可以为客户提供无线优化、传输与接入的整体解决方案。公司拥有无线优化、无线接入、天线及子系统、无线传输四大产品线，在各产品领域拥有众多自主的知识产权。

2. 南京嘉环科技有限公司

公司成立于 1998 年，是一家信息通信技术服务公司，主要提供信息与通信系统设计、设备安装、调试、维护、优化，以及相关技术和管理培训、信息系统软件开发与集成等服务。

3. 南京格安信息系统有限责任公司

公司从 2001 年开始涉足网络服务业务，其前身为江苏格安通讯设备有限责任公司的系统事业部，于 2004 年成立南京格安信息系统有限责任公司。公司是一家集通信产品的销售和技术服务为一体的高科技企业，公司的主营业务为移动通讯产品的销售与服务、通信设备的网络优化与维护、软件设计与研发以及硬件的安装调试等。

4. 南京华苏科技有限公司

公司成立于 2003 年 4 月，是一家专注于移动通信网络优化产品和服务的专业化高科技企业，在移动通信网络大数据深度挖掘领域已积累一定的技术优势，自主研发的 Deeplan 大数据分析平台基于对电信大数据的深入分析，能够实现网络性能评估、网络资源管理、用户行为分析等功能，以制定高效、准确的网络优化及市场营销方案，进一步为运营商提高网络维护运营效率。此外，公司基于现有网络优化业务开发了 IAS 系列智能产品，采用"大平台＋小前端"的理念为不同的业务场景提供专有解决方案，使优化服务简单、规范，从而提高服务质量和服务效率，将网优工作从传统人力为主转变为以自动化的平台工具为主。

实训任务 产业链企业认知

🔄 任务目标

认知无线网络优化领域相关产业链中的知名企业，并了解其提供的主要通信服务及产品。

🔄 任务要求

采用表格形式，分类整理与无线网络优化领域相关的企业、企业类型、企业服务和产品等信息。

🔄 任务实施

（1）在网上搜索通信公司。根据项目—任务 3 中的知识点学习可知，与无线网络优化相关的企业主要有四大类，分别为运营商、通信设计公司、通信设备商、通信工程公司，因此，可以分类别进行搜索，比如，搜索"通信运营商"关键字，其结果如图 1-22 所示。

图 1-22　在线搜索"通信运营商"

（2）选择其中一家运营商，进入其官方网站主页，可以查找到主营业务及产品，在显著位置可以看到如图 1-23 所示的信息。

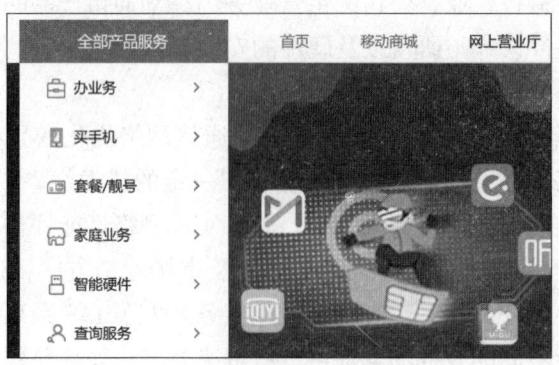

图 1-23　运营商官方网站主页

（3）将查找到的无线网络优化相关企业认知内容整理后填入表 1-2 中。其他类型的企业及其相关的服务、产品情况如上述同样操作，每种类型的企业至少整理 4 条。

表 1-2　无线网络优化相关企业认知

企业名称	企业类型	企业服务及产品	备注

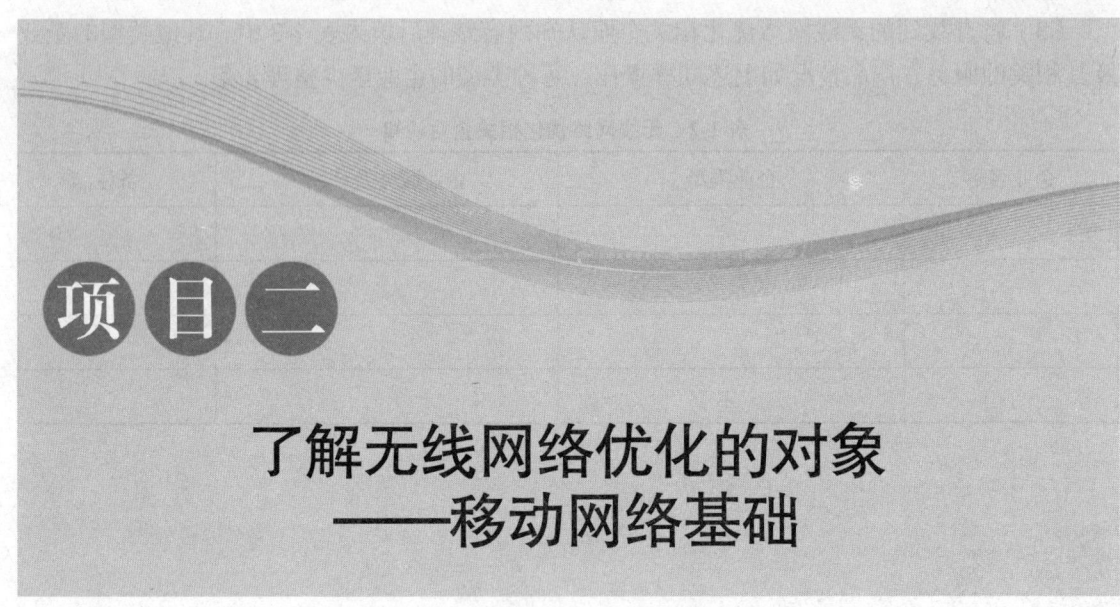

项目二

了解无线网络优化的对象
——移动网络基础

移动通信相比于其他的通信方式，最突出的特点就是解放了终端用户。无论身处何地，只要有信号覆盖，终端都可以接入网络，实现比有线通信更为灵活、自由的信息传递。如何定义移动通信呢？只要通信双方中有一方或两方处于运动中的通信，那么双方都属于移动通信。

任务 1　1G 到 5G 的演变进化之路

从"大哥大"
到万物互联

知识点 1　国外移动通信发展史

移动通信最初应用于军事领域，20 世纪 80 年代开始民用。最近几十年是移动通信真正迅猛发展的时期，主要可分为以下 5 个时期。

1. 第一代——模拟蜂窝移动通信

第一代移动通信主要特点是模拟通信，采用 FDMA 技术，主要业务为语音并采用了蜂窝组网技术，蜂窝概念由贝尔实验室提出，20 世纪 70 年代在世界许多地方得到研究。在 1979 年当第一个试运行网络在芝加哥开通时，美国第一个蜂窝系统 AMPS（高级移动电话系统）成为现实。这个时期诞生了第一部现代意义上的、真正可以移动的电话，即"肩背电话"，如图 2-1 所示。

图 2-1　第一部可移动的电话

存在于世界各地比较实用的、容量较大的系统主要有：

（1）北美的 AMPS。

（2）北欧的 NMT-450/900。

（3）英国的 TACS。

其工作频带都在 450 MHz 和 900 MHz 附近，载频间隔为 30 kHz 以下。

尽管模拟蜂窝移动通信系统在当时以一定的增长率进行发展，但是它有着下列致命弱点：

（1）各系统间没有公共接口。

（2）无法与固定网迅速向数字化推进相适应，数字承载业务很难开展。

（3）频率利用率低，无法适应大容量的要求。

（4）安全性差，易被窃听，易做"假机"。

这些致命的弱点妨碍其进一步发展，因此模拟蜂窝移动通信将逐步被数字蜂窝移动通信所替代，然而，在模拟系统中的组网技术仍将应用于数字系统中。

2. 第二代——数字蜂窝移动通信

由于 TACS 等模拟制式存在各种缺点，因此 20 世纪 90 年代开发出了以数字传输、时分多址和窄带码分多址为主体的移动电话系统，称为第二代移动电话系统。这个时期，相对应的终端体积变小。

数字蜂窝移动通信的代表产品分为两类。

（1）TDMA 系统。TDMA 系列中比较成熟和最有代表性的制式有泛欧 GSM、美国 D-AMPS 和日本 PDC。

● D-AMPS 是 1989 年由美国电子工业协会（EIA）完成技术标准制定工作的，1993 年正式投入商用。它是在 AMPS 的基础上改造成的，数模兼容，基站和移动台比较复杂。

● 日本的 JDC（现已更名为 PDC）技术标准在 1990 年制定，1993 年投入商用，仅限于本国使用。

● 欧洲邮电主管部门大会（CEPT）的移动通信特别小组（SMG）在 1988 年制定了 GSM 第一阶段标准 phase1，工作频带为 900 MHz 左右，20 世纪 90 年代投入商用；同年，应英国要求，工作频带为 1 800 MHz 的 GSM 规范产生。

上述三种产品的共同点是数字化，时分多址，通话质量比第一代好，保密性强，可传送数据，能自动漫游等。

三种不同制式各有其优点，PDC 系统频谱利用率很高，而 D-AMPS 系统容量最大，但 GSM 技术最成熟，而且它以 OSI 为基础，技术标准公开，发展规模最大。

（2）N-CDMA（窄带码分多址）系统。N-CDMA 系列主要是以高通公司为首研制的基于 IS-95 的 N-CDMA。北美数字蜂窝系统的规范是由美国通信工业协会制定的，1987 年开始系统研究，1990 年被美国电子工业协会接受，由于北美地区已经有统一的 AMPS 模拟系统，因此该系统按双模式设计。随后，频带扩展到 1 900 MHz，即基于 N-CDMA 的 PCS1900。

3. 第三代——IMT-2000

随着用户的不断增长和数字通信的发展，第二代移动电话系统逐渐显示出其不足之处。首先，是频带太窄，不能提供如高速数据、慢速图像与电视图像等宽带信息业务；其次，是 GSM 虽然号称"全球通"，实际未能实现真正的全球漫游，尤其是在移动电话用户较多的国家如美国和日本均未得到大规模的应用。随着科学技术和通信业务的发展，需要的将是一个综合现有移动电话系统功能和提供多种服务的综合业务系统，国际电信联盟要求在 2000 年实现第三代移动通信系统，即 IMT-2000 的商用化。IMT-2000 的关键特性如下：

（1）包含多种系统。

（2）世界范围设计的高度一致性。

（3）IMT-2000 内业务与固定网络的兼容。

（4）高质量。

（5）世界范围内使用小型便携式终端。

具有代表性的第三代移动通信系统主要有 WCDMA 系统、CDMA2000 系统和 TD-SCDMA 系统。

虽然第三代移动通信可以比第二代移动通信传输速率快上千倍，但是未来仍无法满足多媒体的通信需求。第四代移动通信系统便是希望能满足更大的频宽需求，满足第三代移动通信尚不能达到的在覆盖、质量、造价上支持高速数据和高分辨率多媒体服务的需要。

4. 第四代——IMT-Advanced

第四代移动通信系统是多功能集成的宽带移动通信系统，在业务上、功能上、频带上都与第三代系统不同，会在不同的固定和无线平台及跨越不同频带的网络运行中提供无线服务，比第三代移动通信更接近个人通信。第四代移动通信技术可把上网速度提高到超过第三代移动技术 50 倍，可实现三维图像高质量传输。

第四代移动通信技术包括 TD-LTE 和 FDD-LTE 两种制式。以严格意义上讲，LTE 只是 3.9G，尽管被宣传为 4G 无线标准，但它其实并未被 3GPP 认可为国际电信联盟所描述的下一代无线通信标准 IMT-Advanced，因此其在严格意义上还未达到 4G 的标准。只有升级版的 LTE Advanced 才能满足国际电信联盟对 4G 的要求。

4G 集 3G 与 WLAN 于一体，能够快速传输数据、高质量音频、视频和图像等。4G 能够以 100 Mbit/s 以上的速度下载，能够满足几乎所有用户对无线服务的要求。

4G 网络采用了正交频分复用多址技术（OFDMA）、多输入多输出技术（MIMO）、多载波正交频分复用调制技术以及单载波自适应均衡技术、Turbo 码、级连码和 LDPC 等编码技术，这些技术使得 4G 网络具有以下特点：

（1）通信速度快。第四代移动通信系统传输速率最高可以达到高达 100 Mbit/s。这种速度相当于 2009 年最新手机的传输速度的 1 万倍左右，相当于第三代手机传输速度的 50 倍。

（2）网络频谱宽。每个 4G 信道会占有 100 MHz 的频谱。

（3）通信灵活。4G 终端不仅具备语音通信功能，也可以视为一部小型电脑，功能更加强大，可以实现高速双向下载传递资料、图画、影像，也可以实现联线对打游戏等。

（4）智能性更高。借助于 4G 高速网络，可以实现许多难以想象的功能。如能根据环境、时间以及其他因素适时地提醒手机主人此时该做何事或不该做何事，也可以当作随身电视，还可以实现 GPS 定位、炒股、支付等生活应用。

（5）兼容性强。第四代移动通信系统应当具备全球漫游、接口开放、能跟多种网络互联、终端多样化以及能从第二代平稳过渡等特点。

（6）不同系统无缝连接。用户在高速移动中，也能顺利使用通信系统，并在不同系统间进行无缝转换，传送高速多媒体资料等。

（7）提供整合性的便利服务。4G 网络将个人通信，资讯传输、广播服务于多媒体娱乐等各项应用整合，为人们提供更为广泛、便利、安全与个性化的服务。

5. 第五代——IMT-2020

5G 网络的主要优势在于，数据传输速率远远高于以前的蜂窝网络，最高可达 20 Gbit/s，比当前的有线互联网速度还要快，比先前的 4G LTE 蜂窝网络的速度快 100 倍。另一个优点是较低的网络延迟（更快的响应时间），低于 1 ms，而 4G 为 30 ~ 70 ms。由于数据传输更快，5G 网络将不仅仅为手机提供服务，而且还将成为一般性的家庭和办公网络提供商，与有线网络提供商竞争。

在应用领域，5G 网络将在车联网与自动驾驶、远程医疗、高清视频直播、智慧城市等领域开辟更多的应用，给人们的生活带来更多改变。

知识点 2 国内移动通信发展史

自 1987 年蜂窝移动通信系统投入运营以来，我国移动通信几乎以每年翻倍的速度迅猛发展。1987 年，我国蜂窝移动电话用户仅为 3 200 个，到 1997 年用户数达 1 310 万，1998 年年底用户数达 2 500 万，1999 年年底用户数已达 4 000 万。可见，我国移动通信起步虽晚，但发展极其迅速。相应地，蜂窝移动通信网络的建设也非常迅速，已经历模拟 A 网、模拟 B 网、数字 GSM 网、DCS1800 网、CDMA 网、WCDMA 网、CDMA2000 网和 TD-SCDMA 网络，目前正在加紧建设 LTE 网络。我国蜂窝移动通信主要经历了以下几个时期：

第一代是模拟蜂窝移动通信，如模拟 A 网、模拟 B 网，其主要缺点是频谱利用率低、系统容量小、制式多且不兼容，不能实现自动漫游、提供有限的业务种类。

第二代是数字移动通信，如 GSM 网、DCS1800 网和 CDMA 网，虽然其容量和功能与第一代相比已有了很大提高，但其业务类别主要局限于话音和低速率的数据，不能满足新业务种类和高传输速率的要求。

2009 年 1 月 7 日，3G 牌照的发放标志着我国进入第三代数字移动通信时代。其中中国移动获得 TD-SCDMA 牌照，中国联通获得 WCDMA 牌照，中国电信获得 CDMA2000 牌照。从此，中国移动通信形成三足鼎立状态。

2013 年 12 月 4 日，随着 4G 牌照的发放，我国进入 4G 时代。

2019 年 6 月 6 日，工信部向中国电信、中国移动、中国联通、中国广电发放 5G 商用牌照。我国正式进入 5G 商用元年。值得注意的是，中国广电成为除三大基础电信运营商外，又一个获得 5G 商用牌照的企业。

实训任务　典型移动通信系统参数对比

任务目标

掌握各代移动通信系统的主要网络制式、特点、关键技术等，熟悉移动通信发展的主要历程。

任务要求

采用表格形式，分类整理 1G、2G、3G、4G、5G 网络的典型系统、双工方式、业务类型、数据速率、工作频段、关键技术等。

任务实施

（1）查找各个时期的移动通信系统的典型参数。

（2）完成表 2-1（典型移动通信系统参数表）中系统参数的整理和填写，若同一格中有多个参数，可以分栏填写。

表 2-1　典型移动通信系统参数表

参数＼系统	1G	2G	3G	4G	5G
典型系统					
双工方式					
工作频段					
主要业务					
最大速率					
关键技术					

任务 2　无线频谱的划分

知识点 1　电磁波谱

移动通信是借助于电磁波传输信息的，在空间传输的电磁波是由天线发射、接收的。将不同频率的电磁波按照从小到大的顺序进行排列，就是电磁波谱。根据波段不同，电磁波谱可以按照表 2-2 划分。不同频段的电磁波，频段范围不同，对应的波长范围也不同。

信息传输的
载体电磁波

不同频段的电磁波会展现出不同的特点，应用于不同的场景。电磁波的频率越高，波长越小，粒子性越明显，穿透能力越强；电磁波的频率越低，波长越大，波的绕射能力越强。为了更好地记忆不同频段对应的波长大小，由图 2-2 进一步展示频率与波长的对应关系。

表 2-2　电磁波谱波段的划分

段号	频段名称	频段范围 （含上限，不含下限）	波段名称	波长范围 （含上限，不含下限）
1	极低频（ELF）	3 ~ 30 Hz	极长波	100 000 ~ 10 000 km
2	超低频（SLF）	30 ~ 300 Hz	超长波	10 000 ~ 1 000 km
3	特低频（ULF）	300 ~ 3 000 Hz	特长波	1 000 ~ 100 km
4	甚低频（VLF）	3 ~ 30 kHz	甚长波	100 ~ 10 km
5	低频（LF）	30 ~ 300 kHz	长波	10 ~ 1 km
6	中频（MF）	300 ~ 3 000 kHz	中波	1 000 ~ 100 m
7	高频（HF）	3 ~ 30 MHz	短波	100 ~ 10 m
8	甚高频（VHF）	30 ~ 300 MHz	超短波	10 ~ 1 m
9	特高频（UHF）	300 ~ 3 000 MHz	分米波	10 ~ 1 dm
10	超高频（SHF）	3 ~ 30 GHz	厘米波	10 ~ 1 cm
11	极高频（EHF）	30 ~ 300 GHz	毫米波	10 ~ 1 mm
12	至高频	300 ~ 3 000 GHz	丝米波	1 ~ 0.1 mm

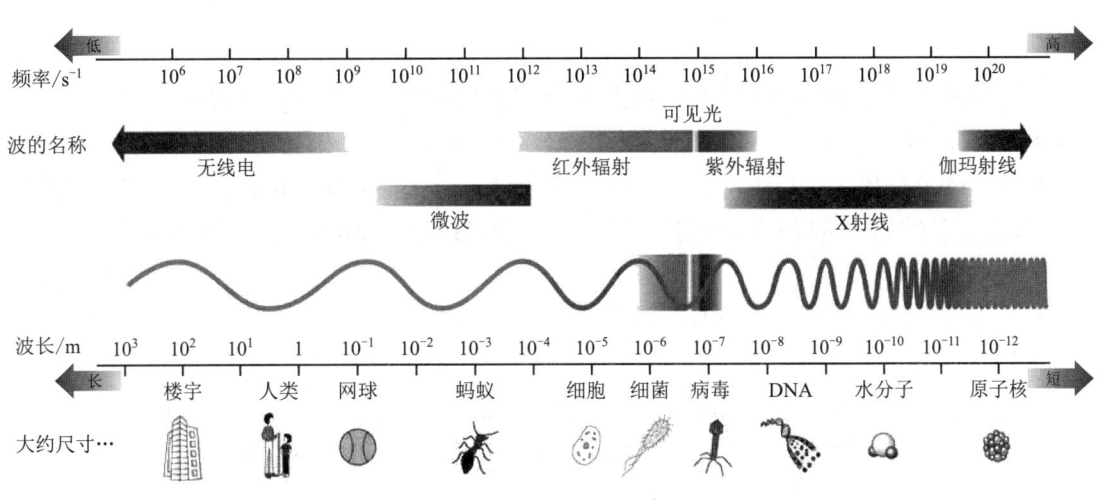

图 2-2　电磁波谱

对于移动运营商而言，频谱是最为宝贵的资源。为了有效使用有限的频率资源，对频率的使用和分配必须服从国际和国内的统一管理，否则会造成互相干扰或资源的浪费。

确定移动通信的频段应主要从以下几个方面来考虑。

（1）电波传播特性，天线尺寸。天线尺寸跟波长成正比，理论和实践证明，当天线的长度为无线电信号波长的 1/4 时，天线的发射和接收转换效率最高。GSM 系统的 900 MHz 频段对应的最佳天线长度约为 8 cm；LTE 的 2 600 MHz 频段对应的最佳天线长度约为 3 cm；5G

的 3 500 MHz 频段，对应的最佳天线长度约为 2 cm。

（2）环境噪声及干扰的影响。

（3）服务区域范围、地形、障碍物尺寸以及对建筑物的渗透性能。

（4）设备小型化的要求。

（5）与已开发的频段的协调和兼容性。

考虑到以上原因，移动通信使用的频段主要为 VHF、UHF 两个。

知识点 2　移动通信使用的频谱

1. GSM 通信系统占用频段情况

国际上的 GSM 系统使用的频段有 850 MHz、900 MHz、1 800 MHz、1 900 MHz 四个不同的频段，我国 GSM 通信系统采用 900 MHz 和 1 800 MHz 频段，具体分类如下所示。

- GSM900 频段为：890～915 MHz（上行），935～960 MHz（下行）。
- DCS1800 频段为：1 710～1 785 MHz（上行），1 805～1 880 MHz（下行）。
- EGSM 频段为：880～890 MHz（上行），925～935 MHz（下行）。由于现有的 GSM900 频段不够用，因此在 GSM900 频段向下扩 10 MHz 作为 EGSM 频段。

GSM 的手机分为双频（支持 900 MHz、1 800 MHz 频段）、三频（支持 900 MHz、1 800 MHz、1 900 MHz 频段）和四频（支持 850 MHz、900 MHz、1 800 MHz、1 900 MHz 频段）。

由于中国移动和中国联通各有 1 张 GSM 网络，所以上述频段是由两家运营商分享的，具体分配如下：

（1）中国移动。

- GSM 频段为：890～909 MHz（上行），935～954 MHz（下行）。频点：1～94。
- EGSM 频段为：880～890 MHz（上行），925～935 MHz（下行）。频点：975～1 023。
- DCS1800 频段为：1 710～1 720 MHz（上行），1 805～1 815 MHz（下行）以及 1 725～1 735 MHz（上行），1 820～1 830 MHz（下行）。频点：512～561 以及 587～636。

（2）中国联通。

- GSM 频段为：909～915 MHz（上行），954～960 MHz（下行）。频点：96～125。
- DCS1800 频段为：1 740～1 755 MHz，1 835～1 850 MHz（下行）。频点：662～736。

2. CDMA800MHz 通信系统占用频段情况

CDMA800MHz 频率为：820～835 MHz（上行），865～880 MHz（下行）。

3. 3G 系统占用频段情况

时分双工：1 880～1 920 MHz，2 010～2 025 MHz。

频分双工：1 920～1 980 MHz（上行），2 110～2 170 MHz（下行）。

补充频段：频分双工：1 755～1 785 MHz（上行），1 850～1 880 MHz（下行）；时分双工：2 300～2 400 MHz。

- TD-SCDMA 频段为：1 880～1 920 MHz（A 频段，原为 F 频段），2 010～2 025 MHz（B 频段，原为 A 频段），2 300～2 400 MHz（C 频段补充频段，原为 E 频段）。
- WCDMA 频段为：1 940～1 955 MHz（上行），2 130～2 145 MHz（下行）。WCDMA

频点计算公式：频点＝频率×5，上行中心频点号：9 612～9 888，下行中心频点号：10 562～10 838。

- CDMA2000 频段为：1 920～1 935 MHz（上行），2 110～2 125 MHz（下行）。中国电信的 CDMA 频段为：825～835 MHz（上行），870～880 MHz（下行）。共 7 个频点：37、78、119、160、201、242、283。其中 283 为基本频道，前 3 个 EVDO 频点使用，后 3 个 CDMA2000 使用，160 隔离。
- WLAN 频段为 2 400～2 483.5 MHz。

4. 4G 系统占用频段情况

中国移动频段为：TD-LTE 系统是 1 880～1 900 MHz，2 320～2 370 MHz，2 575～2 635 MHz。

中国联通频段为：TD-LTE 系统是 2 300～2 320 MHz，2 555～2 575 MHz；FDD-LTE 系统是 1 755～1 765 MHz（上行），1 850～1 860 MHz（下行）。

中国电信频段为：TD-LTE 系统是 2 370～2 390 MHz，2 635～2 655 MHz；FDD-LTE 系统是 1 765～1 780 MHz（上行），1 860～1 875 MHz（下行）。

5. 5G 系统占用频段情况

在 3GPP 协议中，5G 的总体频谱资源可以分为以下两个 FR（Frequency Range）：

FR1：Sub6G 频段，即低频频段，是 5G 的主用频段；其中 3 GHz 以下的频率称为 Sub3G，其余频段称为 C-band。

FR2：毫米波，即高频频段，为 5G 的扩展频段，频谱资源丰富。

目前我国仅对 FR1 中的频段进行了分配，其中：

中国移动：2 515～2 675 MHz，频段号为 n41；还有 4 800～4 900 MHz，频段号为 n79；

中国电信：3 400～3 500 MHz，频段号为 n78；

中国联通：3 500～3 600 MHz，频段号为 n78。

实训任务　国内运营商频谱划分

任务目标

通过在线查找相关资料，整理国内运营商的频谱的使用情况，熟悉各网络制式的工作频段，提升自学能力、综述能力。

任务要求

（1）上网查找国内各大运营商频谱使用的相关资料；

（2）按照不同的运营商、使用时间、工作制式、频段范围进行分类整理；

（3）采用表格或思维导图形式展现频谱使用情况。

任务实施

中国有三大运营商，而在本任务中，将以中国移动的网络频谱使用情况为例进行任务实践的操作说明。

（1）根据上述学习的知识，总结整理中国移动的2G、3G、4G、5G网络使用频段情况，见表2-3。

表2-3　中国移动网络使用频段情况　　　　　　　单位：MHz

网络	2G			3G	4G	5G
频段	GSM	EGSM	DCS1800	TD-SCDMA	TD-LTE	IMT-2020
上行	890~909	880~890	1 710~1 720 1 725~1 735	1 880~1 920 2 010~2 025	1 880~1 900 2 320~2 370 2 575~2 635	2 515~2 675 4 800~4 900
下行	935~954	925~935	1 805~1 815 1 820~1 830			

（2）打开 XMind 软件，新建文件，根据设计需要选择相应的思维导图模板，如图2-3所示。

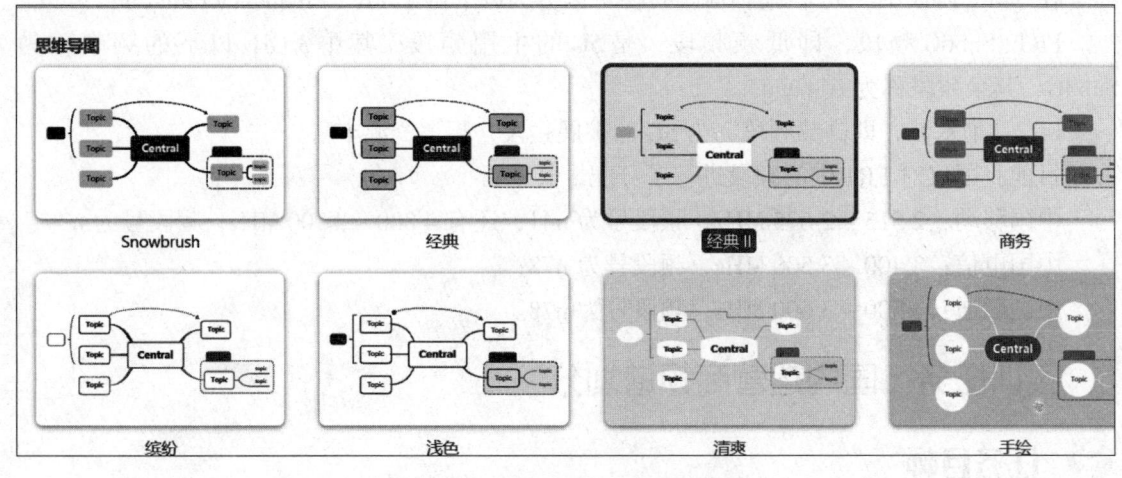

图2-3　选择相应的思维导图模板

（3）填写中心主题名称和分支主题名称，如图2-4所示。

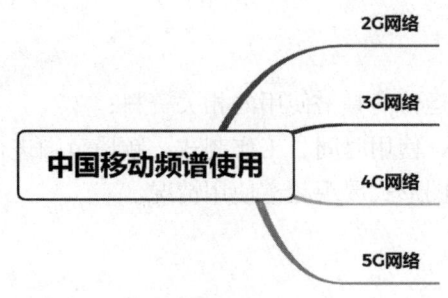

图2-4　填写中心主题名称和分支主题名称

（4）根据表 2-3 的内容，建立中心主题和分支主题，其结果如图 2-5 所示。

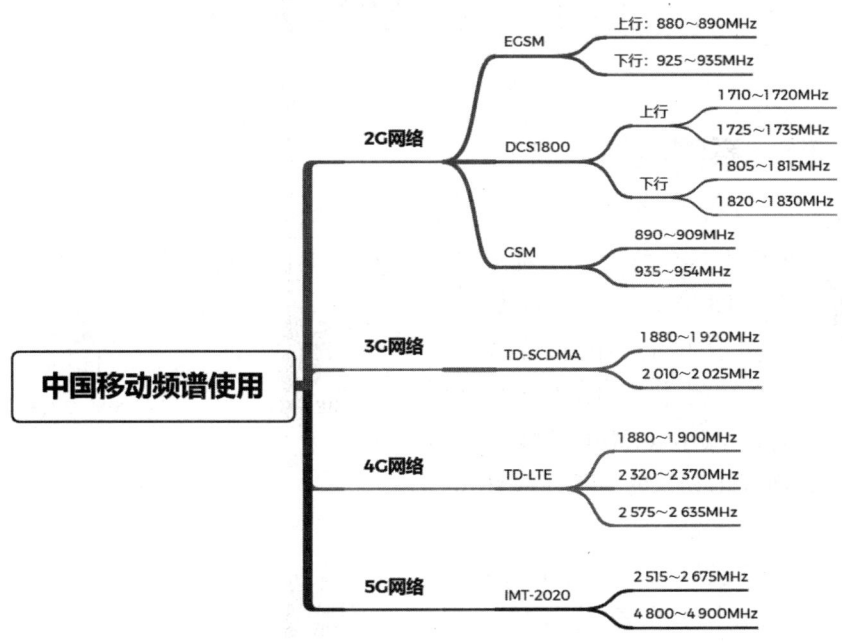

图 2-5　建立中心主题和分支主题

（5）如图 2-6 所示，将设计完成的思维导图以 PNG 文件形式导出并保存。

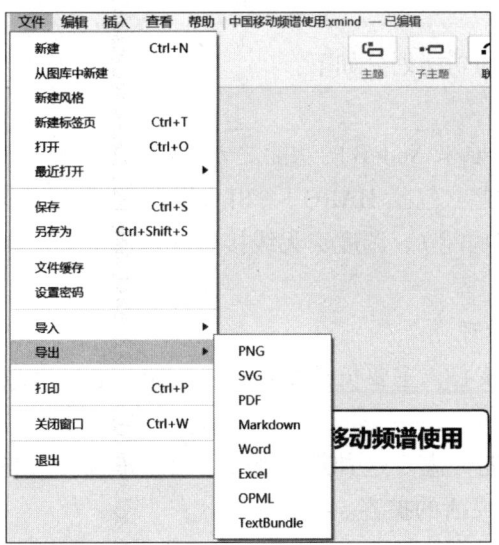

图 2-6　导出 PNG 文件

（6）将保存好的 PNG 文件提交到在线课程平台的作业中。

任务3 LTE 网络基础

知识点1 系统结构

网络架构
及接口

LTE 网络采用了与 2G、3G 均不同的空中接口技术，即基于 OFDM 技术的空中接口技术，并对传统 3G 的网络架构进行优化，采用扁平化的网络架构，即接入网 E-UTRAN 不再包含 RNC，仅包含节点 eNB，提供 E-UTRAN 用户面 PDCP/RLC/MAC/ 物理层协议的功能和控制面 RRC 协议的功能。E-UTRAN 的系统结构如图 2-7 所示。

eNB 之间由 X2 接口互连，每个 eNB 又和演进型分组核心网 EPC 通过 S1 接口相连。S1 接口的用户面终止在服务网关 S-GW 上，S1 接口的控制面终止在移动性管理实体 MME 上。控制面和用户面的另一端终止在 eNB 上。

图 2-7 中各网元节点的功能划分如下：

图 2-7 E-UTRAN 的系统结构

1. eNB

LTE 的 eNB 除了具有原来 NodeB 的功能之外，还承担了原来 RNC 的大部分功能，包括物理层功能、MAC 层功能（包括 HARQ）、RLC 层（包括 ARQ）功能、PDCP 功能、RRC 功能（包括无线资源控制功能）、调度、无线接入许可控制、接入移动性管理以及小区间的无线资源管理功能等。

2. MME（移动性管理）

MME 是 SAE 的控制核心，主要负责用户接入控制、业务承载控制、寻呼、切换控制等控制信令的处理。

MME 功能与网关功能分离。这种控制平面 / 用户平面分离的架构，有助于网络部署、单个技术的演进以及全面灵活的扩容。

3. S-GW（服务网关）

S-GW 作为本地基站切换时的锚定点，主要负责以下功能：在基站和公共数据网关之间传输数据信息，为下行数据包提供缓存，基于用户的计费等。

公共数据网关又称 PDN 网关，简称为 P-GW，它是数据承载的锚定点，提供以下功能：包转发、包解析、合法监听、基于业务的计费、业务的 QoS 控制，以及负责和非 3GPP 网络间的互连等。

4. S1 和 X2 接口

与 2G、3G 都不同，S1 和 X2 均是 LTE 新增的接口。从图 2-7 中可知，在 LTE 网络架构中，没有了原有的 Iu 和 Iub 以及 Iur 接口，取而代之的是新接口 S1 和 X2。

S1 接口定义为 E-UTRAN 和 EPC 之间的接口。S1 接口包括两部分：控制面 S1-MME 接口和用户面 S1-U 接口。S1-MME 接口定义为 eNB 和 MME 之间的接口；S1-U 定义为 eNB 和 S-GW 之间的接口。

X2 接口定义为各个 eNB 之间的接口。X2 接口包含 X2-CP 和 X2-U 两部分，X2-CP 是各个 eNB 之间的控制面接口，X2-U 是各个 eNB 之间的用户面接口。

S1 接口和 X2 接口类似的地方是 S1-U 和 X2-U 使用同样的用户面协议，以便于 eNB 在数据反传（data forward）时，减少协议处理。

知识点 2 协议结构

根据用途，E-UTRAN 系统的空中接口协议栈可以分为用户平面协议栈和控制平面协议栈。

用户平面协议栈（图 2-8）与 UMTS 系统相似，主要包括物理（PHY）层、媒体访问控制（MAC）层、无线链路控制（RLC）层以及分组数据汇聚（PDCP）层四个层次，这些子层在网络侧均终止于 eNB 实体。

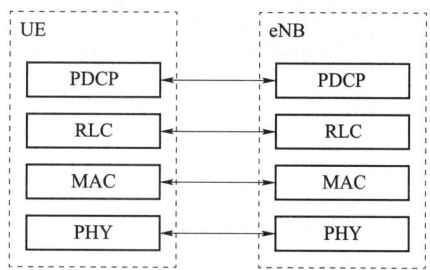

图 2-8　用户平面协议栈

控制平面协议栈（图 2-9）主要包括非接入层（NAS）、RRC、PDCP、RLC、MAC、PHY 层。其中，PDCP 层提供加密和完整性保护功能，RLC 及 MAC 层中控制平面执行的功能与用户平面一致。RRC 层协议终止于 eNB，主要提供广播、寻呼、RRC 连接管理、无线承载（RB）控制、移动性管理、UE 测量上报和控制等功能。NAS 子层则终止于 MME，主要实现 EPS 承载管理、鉴权、空闲状态下的移动性处理、寻呼消息以及安全控制等功能。

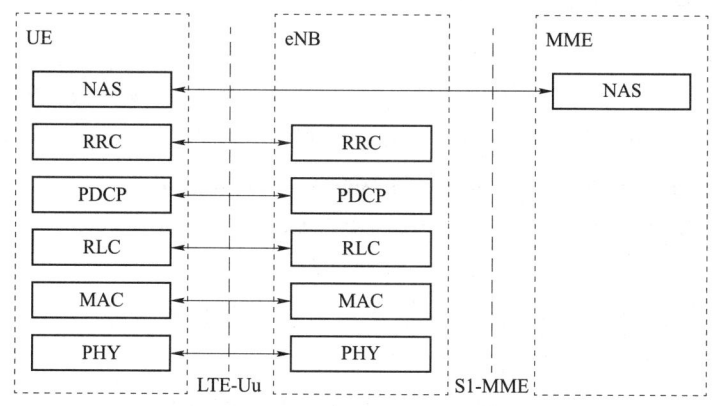

图 2-9　控制平面协议栈

图 2-10 为 LTE 协议架构示意图（下行），简要描述了 LTE 协议不同层次的结构、主要功能以及各层之间的交互流程。该图给出的是 eNB 侧的协议架构，而 UE 侧的协议架构则与之类似。

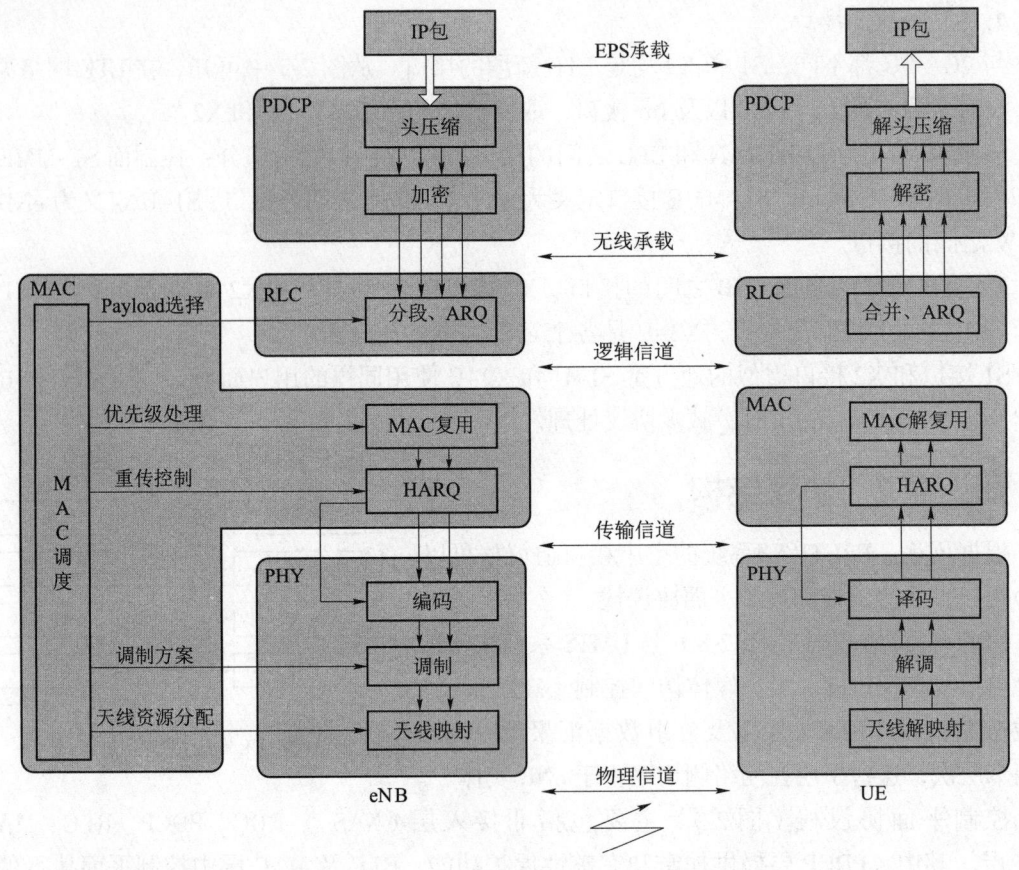

图 2-10　LTE 协议架构示意图（下行）

LTE 系统的数据处理过程被分解成不同的协议层。图 2-10 阐述了 LTE 系统下行传输的总体协议架构，下行数据以 IP 包的形式进行传送，在空中接口传送之前，IP 包将通过多个协议层实体进行处理，具体描述如下：

（1）PDCP 层。

PDCP 层负责执行头压缩以减少无线接口必须传送的比特流量。头压缩机制基于 ROHC，ROHC 是一个标准的头压缩算法，已被应用于 UMTS 及多个移动通信规范中。PDCP 层同时负责传输数据的加密和完整性保护功能；在接收端，PDCP 协议将负责执行解密及解压缩功能。对于一个终端，每个无线承载有一个 PDCP 实体。

（2）RLC 层。

RLC 层负责分段与连接和重传处理以及对高层数据的顺序传送。与 UMTS 系统不同，LTE 系统的 RLC 协议位于 eNB，这是因为在 LTE 系统对无线接入网的架构进行了扁平化，仅有一层节点 eNB。RLC 层以无线承载的方式为 PDCP 层提供服务，其中每个终端的每个无线承载配置一个 RLC 实体。

（3）MAC 层。

MAC 层负责处理 HARQ 重传与上下行调度。MAC 层将以逻辑信道的方式为 RLC 层提供服务。

（4）PHY 层。

PHY 层负责处理编译码、调制解调、多天线映射以及实现其他功能。PHY 层以传输信道的方式为 MAC 层提供服务。

知识点 3　帧结构

LTE 支持两种类型的无线帧结构。其中，类型 1，适用于 FDD 模式；类型 2，适用于 TDD 模式。

LTE 网络
的帧结构

（1）无线帧结构类型 1。

无线帧结构类型 1 如图 2-11 所示。每个无线帧长度为 10 ms，分为 10 个等长度的子帧，每个子帧又由 2 个时隙构成，每个时隙长度均为 0.5 ms。

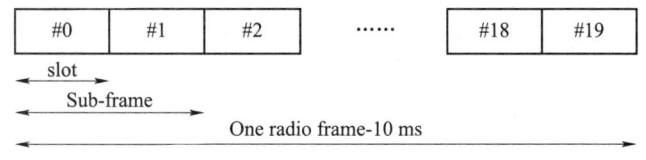

图 2-11　无线帧结构类型 1

对于 FDD，在每一个 10 ms 中，有 10 个子帧可以用于下行传输，并且有 10 个子帧可以用于上行传输。上下行传输在频域上进行分开。

（2）无线帧结构类型 2。

无线帧结构类型 2 适用于 TDD 模式。每个无线帧由两个半帧（Half-frame）构成，每个半帧长度为 5 ms。每个半帧包括 8 个 slot，每一个 slot 的长度为 0.5 ms，同时，还包括三个特殊时隙：DwPTS、GP 和 UpPTS。DwPTS 和 UpPTS 的长度是可配置的，并且要求 DwPTS、GP 以及 UpPTS 的总长度等于 1 ms。子帧 1 和子帧 6 包含 DwPTS、GP 和 UpPTS，所有其他子帧包含 2 个相邻的时隙，如图 2-12 所示。

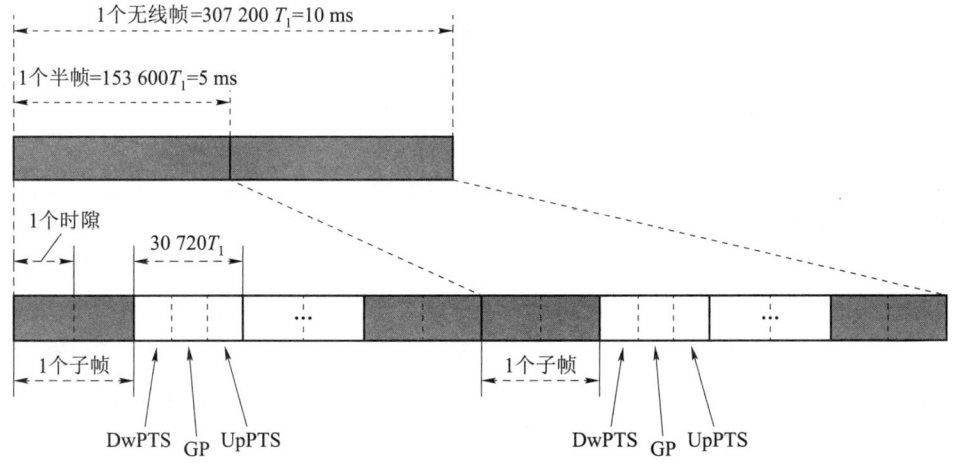

图 2-12　无线帧结构类型 2

其中：子帧 0 和子帧 5 以及 DwPTS 永远预留为下行传输，支持 5 ms 和 10 ms 的切换点周期。在 5 ms 切换周期情况下，UpPTS、子帧 2 和子帧 7 预留为上行传输。

在 10 ms 切换周期情况下，DwPTS 在两个半帧中都存在，但是 GP 和 UpPTS 只在第一个半帧中存在，在第二个半帧中的 DwPTS 长度为 1 ms。UpPTS 和子帧 2 预留为上行传输，子帧 7 和子帧 9 预留为下行传输。

LTE 上下行传输使用的最小资源单位叫作资源单元（Resource Element，RE）。

LTE 在进行数据传输时，将上下行时频域物理资源组成资源块（Resource Block，RB），作为物理资源单位进行调度与分配。

一个 RB 由若干个 RE 组成，其资源结构如图 2-13 所示，在频域上包含 12 个连续的子载波，在时域上包含 7 个连续的 OFDM 符号（在 Extended CP 情况下为 6 个），即频域宽度为 180 kHz，时隙为 0.5 ms。其中，f 是一个 RB 内子载波的序号数，S 是一个 RB 内 OFDM 符号的序号数，n 的取值在常规 CP 时为 7，扩展 CP 时为 6。

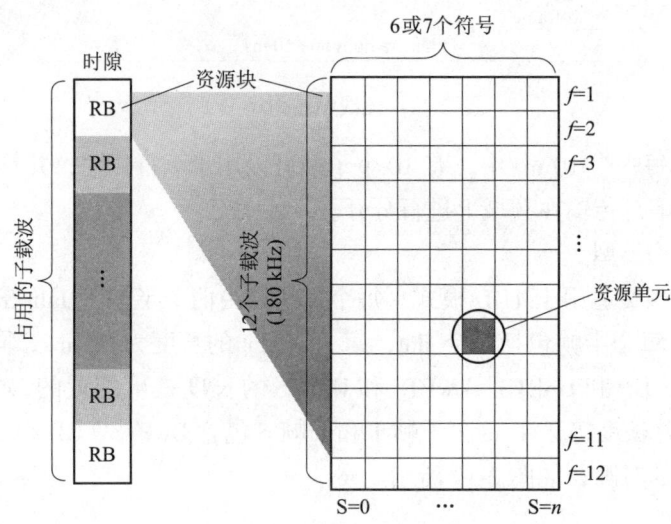

图 2-13　RB 的资源结构

知识点 4　信道

1. 信道的含义

信道就是信息的通道。不同的信息类型需要经过不同的处理过程。

广义地讲，发射端信源信息经过层三、层二、层一处理，在通过无线环境到接收端，经过层一、层二、层三的处理被用户高层所识别的全部环节，就是信道。

信道就是信息处理的流水线。上一道工序和下一道工序是相互配合、相互支撑的关系。上一道工序把自己处理完的信息交给下一道工序时，要有一个双方都认可的标准，这个标准就是业务接入点（Service Access Point，SAP）。

协议的层与层之间要有许多这样的业务接入点，以便接收不同类别的信息。狭义地讲，不同协议之间的 SAP 就是信道。

LTE 无线接口协议结构图如图 2-14 所示。物理层与层 2 的 MAC 子层和层 3 的 RLC 子层具有接口，其中的圆圈表示不同层 / 子层间的服务接入点 SAP。物理层向 MAC 层提供传输信道。MAC 层提供不同的逻辑信道给层 2 的无线链路控制 RLC 子层。

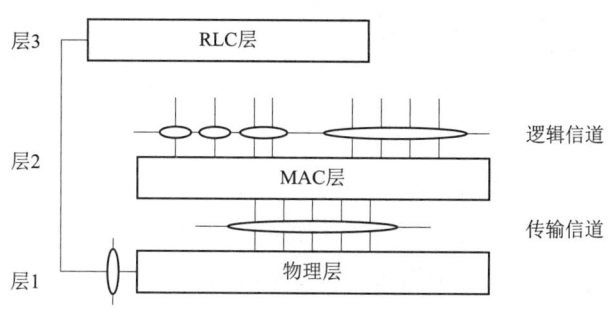

图 2-14　LTE 无线接口协议结构图

LTE 采用三种信道：逻辑信道、传输信道和物理信道。从协议栈角度来看，逻辑信道是 MAC 层和 RLC 层之间的，传输信道是物理层和 MAC 层之间的，如图 2-14 所示。

（1）逻辑信道：关注的是传输什么内容，什么类别的信息。信息首先要被分为两种类型：控制消息（控制平面的信令，如广播类消息、寻呼类消息）和业务消息（业务平面的消息，承载着高层传来的实际数据）。逻辑信道是高层信息传到 MAC 层的 SAP。

（2）传输信道：不同类型的传输信道对应的是空中接口上不同信号的基带处理方式，如调制编码方式、交织方式、冗余校验方式、空间复用方式等内容。另外，根据对资源占有的程度不同，传输信道还可以分为共享信道和专用信道。前者就是多个用户共同占用信道资源，而后者就是由某一个用户独占信道资源。

与 MAC 层强相关的信道有传输信道和逻辑信道。传输信道是物理层提供给 MAC 层的服务，MAC 可以利用传输信道向物理层发送和接收数据；而逻辑信道则是 MAC 层向 RLC 层提供的服务，RLC 层可以使用逻辑信道向 MAC 层发送和接收数据。

MAC 层一般包括很多功能模块，如传输调度模块、MBMS 功能模块、传输块 TB 产生模块等。经过 MAC 层处理的消息向上传给 RLC 层的业务接入点，要变成逻辑信道的消息；向下传送到物理层的业务接入点，要变成传输信道的消息。

（3）物理信道：是指信号在无线环境中传送的方式，即空中接口的承载媒体。物理信道对应的是实际的射频资源，如时隙（时间）、子载波（频率）、天线口（空间）。物理信道就是确定好编码交织方式、调制方式，在特定的频域、时域、空域上发送数据的无线通道。根据物理信道所承载的上层信息不同，定义了不同类型的物理信道。

2. 逻辑信道

根据传送消息的不同类型，逻辑信道分为两类：控制信道和业务信道。

MAC 层提供的控制信道有 5 个：

（1）广播控制信道。

广播控制信道（Broadcast Control CHannel，BCCH）是广而告之的消息入口，面向辖区内的所有用户广播控制信息。BCCH 是网络到用户的一个下行信道，他传送的信息是在用户实际工作开始之前，做一些必要的通知工作。它是协调、控制、管理用户行为的重要信息。虽不干业务上的活，但没有它业务信道就不知如何开始工作。

（2）寻呼控制信道。

寻呼控制信道（Paging Control CHannel，PCCH）是寻人启事类消息的入口。当不知道用户具体处在哪个小区的时候，可以用它发送寻呼消息。另外，PCCH 也是一个网络到用户的下行信道，一般用于被叫流程（主叫流程比被叫流程少一个寻呼消息）。

（3）公共控制信道。

公共控制信道（Common Control CHannel，CCCH）类似主管和员工之间协调工作时信息交互的入口，用于多人工作时，协调彼此动作的信息渠道。CCCH 是上、下行双向和点对多点的控制信息传送信道，在 UE 和网络没有建立 RRC 连接的时候使用。

（4）专用控制信道。

专用控制信道（Dedicated Control CHannel，DCCH）类似领导和某个亲信之间面授机宜的信息入口，是两个建立了亲密关系的人干活时，协调彼此动作的信息渠道。DCCH 是上、下行双向和点到点的控制信息传送信道，是在 UE 和网络建立了 RLC 连接以后使用。

（5）多播控制信道。

多播控制信道（Multicast Control CHannel，MCCH）类似领导给多个下属下达搬运一批货物命令的入口，是领导指挥多个下属干活时协调彼此工作的信息渠道。MCCH 是点对多点的从网络侧到 UE 侧（下行）的 MBMS 控制信息的传送信道。一个 MCCH 可以支持一个或多个 MTCH（MBMS 业务信道）配置。MCCH 在 UMTS 的信道结构中没有相关定义。网络侧类似一个电视台节目源，UE 则是接收节目的电视机，而 MCCH 则是为了顺利发送节目电视台给电视机发送的控制命令，让电视机做好相关接收准备。

MAC 层提供的业务信道有 2 个：

（1）专用业务信道。

专用业务信道（Dedicated Traffic CHannel，DTCH）是待搬运货物的入口。这个入口按照控制信道的命令或指示，把货物从这里搬到那里，或从那里搬到这里。DTCH 是 UE 和网络之间的点对点和上、下行双向的业务数据传送渠道。

（2）多播业务信道。

多播业务信道（Multicast Traffice CHannel，MTCH）类似要搬运的大批货物，也类似一个电视台到电视机的节目传送入口。MTCH 是 LTE 中区别于以往制式的一个特色信道，是一个点对多点的从网络侧到 UE（下行）传送多播业务 MBMS 的数据传送渠道。

3．传输信道

传输信道定义了空中接口中数据传输的方式和特性。传输信道可以配置 PHY 层的很多实现细节，同时，PHY 层可以通过传输信道为 MAC 层提供服务。传输信道关注的不是传什么，而是怎么传。

LTE 传输信道只有公共信道，一般将 LTE 传输信道分为上行和下行。

下行传输信道有 4 种：

（1）广播信道。

广播信道（Broadcast CHannel，BCH），为广而告之消息规范了预先定义好的固定格式、固定发送周期、固定调制编码方式，不允许灵活机动。BCH 是在整个小区内发射的、固定传输格式的下行传输信道，用于给小区内的所有用户广播特定的系统消息。

（2）寻呼信道。

寻呼信道（Paging CHannel，PCH）规定了寻人启事传输的格式，将寻人启事贴在公告栏之前（映射到物理信道之前），要确定寻人启事的措辞、发布间隔等。寻呼信道是在整个小区内进行发送寻呼信息的一个下行传输信道。为了减少 UE 的耗电，UE 支持寻呼消息的非连续接收（DRX）。为支持终端的非连续接收，PCH 的发射与物理层产生的寻呼指示的发射是前后相随的。

（3）下行共享信道。

下行共享信道（DL-SCH）规定了待搬运货物的传送格式。DL-SCH 是传送业务数据的下行共享信道，支持自动混合重传（HARQ）；支持编码调制方式的自适应调制（AMC）；支持传输功率的动态调整；支持动态、半静态的资源分配。

（4）多播信道。

多播信道（Multicast CHannel，MCH）规定了给多个用户传送节目的传送格式，是 LTE 的规定区别于以往无线制式的下行传送信道。在多小区中发送时，支持 MBMS 的同频合并模式 MBSFN。MCH 支持半静态的无线资源分配，在物理层上对应的是长 CP 的时隙。

LTE 上行传输信道有 2 个：

（1）随机接入信道。

随机接入信道（Random Access CHannel，RACH）规定了终端要接入网络时的初始协调信息格式。RACH 是一个上行传输信道，在终端接入网络开始业务之前使用。由于终端和网络还没有正式建立链接，因此 RACH 信道使用开环功率控制。RACH 发射信息时是基于碰撞（竞争）的资源申请机制（有一定的冒险精神）。

（2）上行共享信道

上行共享信道（UpLink Shared CHannel，UL-SCH）和下行共享信道一样，也规定了待搬运货物的传送格式，只不过方向不同。UL-SCH 是传送业务数据的从终端到网络的上行共享信道，同样支持混合自动重传 HARQ，支持编码调制方式的自适应调整（AMC）；支持传输功率动态调整；支持动态、半静态的资源分配。

4. 物理信道

物理信道是高层信息在无线环境中的实际承载。在 LTE 中，物理信道是由一个特定的子载波、时隙、天线口确定的。即在特定的天线口上，对应的是一系列无线时频资源。

一个物理信道是有开始时间、结束时间、持续时间的。物理信道在时域上可以是连续的，也可以是不连续的。连续的物理信道持续时间由开始时刻到结束时刻，不连续的物理信道则须明确指示清楚由哪些时间片组成。

在 LTE 中，度量时间长度的单位是采样周期 T_s。UMTS 中度量时间长度的单位则是码片周期 Tchip。物理信道主要用来承载传输信道来的数据，但还有一类物理信道不需要传输信道的映射，直接承载物理层本身产生的控制信令或物理信令（下行：PDCCH、RS、SS；上行：PUCCH、RS）。这些物理信令和传输信道映射的物理信道一样，是有着相同的空中载体的，可以支持物理信道的功能。

LTE 下行物理信道有 6 种：

（1）物理广播信道。

物理广播信道（Physical Broadcast CHannel，PBCH）：辖区内的大喇叭，但并不是所有广而告之的消息都从这里广播（映射关系在下一节介绍），部分广而告之的消息是通过下行共享信道（PDSCH）通知大家的。PBCH 承载的是小区 ID 等系统信息，用于小区搜索过程。

（2）物理下行共享信道。

物理下行共享信道（Physical Downlink Shared CHannel，PDSCH）：踏踏实实干活的信道，而且是一种共享信道，为大家服务，不偷懒，略有闲暇就接活干。PDSCH 承载的是下行用户的业务数据。

（3）物理下行控制信道。

物理下行控制信道（Physical Downlink Control CHannel，PDCCH）：发号施令的嘴巴，不干实事，但干实事的 PDSCH 需要它来协调。PDCCH 传送用户数据的资源分配的控制信息。

举例来说，UMTS 中，UE 在预定时刻监听物理层寻呼指示信道（PICH），此信道指示 UE 是否去接收寻呼消息；在 LTE 中因为 PDCCH 传输时间很短，引入 PICH 节省的能量有限，所以没有 PICH，寻呼指示依靠 PDCCH。UE 依照特定的 DRX 周期在预定时刻监听 PDCCH。同样 UMTS 有随机接入响应信道（AICH），指示 UE 随机接入成功；在 LTE 中，也没有 PHY 层的随机接入响应信道，随机接入响应同样依靠 PDCCH。

（4）物理控制格式指示信道。

物理控制格式指示信道（Physical Control Format Indicator CHannel，PCFICH）：类似藏宝图，指明了控制信息（宝藏）所在的位置。PCFICH 是 LTE 的 OFDM 特性强相关的信道，承载的是控制信道在 OFDM 符号中的位置信息。

（5）物理 HARQ 指示信道。

物理 HARQ 指示信道（Physical Hybrid ARQ Indicator CHannel，PHICH）：主要负责点头摇头的工作，下属以此来判断上司对工作是否认可。PHICH 承载的是混合自动重传（HARQ）的确认 / 非确定（ACK/NACK）信息。

（6）物理多播信道。

物理多播信道（Physical Multicast CHannel，PMCH）：类似可点播节目的电视广播塔，PMCH 承载多播信息，负责把高层来的节目信息或相关控制命令传给终端。

下行物理信道的基本处理流程如图 2-15 所示。

基本处理过程如下所述：

- 加扰：对将要在物理信道上传输的每个码字中的编码比特进行加扰；
- 调制：对加扰后的比特进行调制，产生复值调制符号；
- 层映射：将复值调制符号映射到一个或者多个传输层；

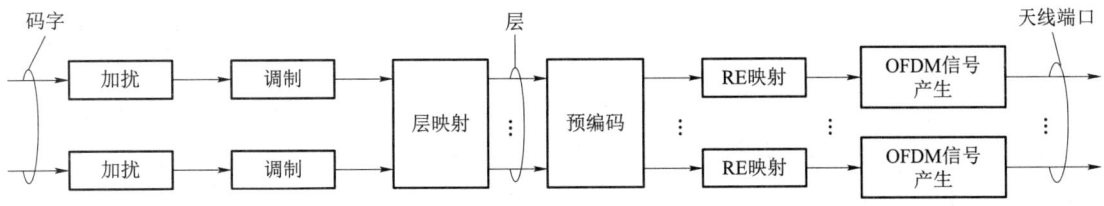

图 2-15　下行物理信道的基本处理流程

- 预编码：对将要在各个天线端口上发送的每个传输层上的复值调制符号进行预编码；
- 映射到资源元素：把每个天线端口的复值调制符号映射到资源元素上；
- 生成 OFDM 信号：为每个天线端口生成复值时域的 OFDM 符号。

上行方向有 3 个物理信道：

（1）物理随机接入信道。

物理随机接入信道（Physical Random Access CHannel，PRACH）：承载 UE 接入网络时发出的随机接入前导，网络一旦允许 UE 接入，UE 便可进一步和网络沟通信息。

（2）物理上行共享信道。

物理上行共享信道（Physical Uplink Shared CHannel，PUSCH）：采用共享机制，承载上行用户数据。

（3）物理上行控制信道。

物理上行控制信道（Physical Uplink Control CHannel，PUCCH）：携带上行控制信息，承载数据的 PUSCH 需要它的协调。PUCCH 承载着 HARQ 的 ACK/NACK、调度请求（Scheduling Request）、信道质量指示（CHannel Quality Indicator）等信息。

上行物理信道的基本处理流程如图 2-16 所示。

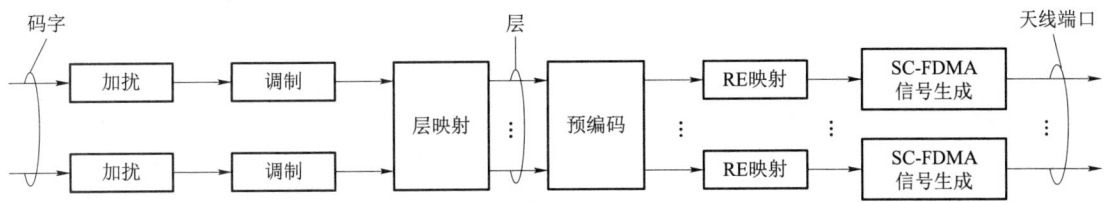

图 2-16　上行物理信道的基本处理流程

基本处理过程如下所述：

- 加扰：对将要在物理信道上传输的码字中的编码比特进行加扰；
- 调制：对加扰后的比特进行调制，产生复值调制符号；
- 层映射：将复值调制符号映射到一个或者多个传输层；
- 预编码：对将要在各个天线端口上发送的每个传输层上的复值调制符号进行预编码；
- 映射到资源元素：把每个天线端口的复值调制符号映射到资源元素上；
- 生成 SC-FDMA 信号：为每个天线端口生成复值时域的 SC-FDMA 符号。

5. 物理信号

物理信号是在 PHY 层产生并使用的、有特定用途的一系列无线资源单元。物理信号并不携带从高层来的任何信息，类似没有高层背景的底层员工在配合其他员工工作时，彼此约定好使用的信号。它们对高层而言不是直接可见的，即不存在高层信道的映射关系，但从系统观点来讲却是必须的。

下行方向上定义了 2 种物理信号：

（1）下行参考信号。

下行参考信号（Reference Signal，RS）本质上是一种伪随机序列，不含任何实际信息。这个随机序列通过时间和频率组成的资源单元发送出去，便于接收端进行信道估计，也可以为接收端进行信号解调提供参考，类似 CDMA 系统中的导频信道。

RS 信号如同潜藏在人群中的特务分子，不断把一方的重要信息透露给另一方，便于另一方对这一方的情况进行判断。

频谱、衰落、干扰等因素都会使得发送端信号与接收端收到的信号存在一定偏差。信道估计的目的就是使接收端找到这个偏差，以便正确接收信息。

信道估计并不需要时刻进行，只需在关键位置出现一下，即 RS 离散地分布在时、频域上，只是对信道的时、频域特性进行抽样而已。

为保证 RS 能够充分且必要反映信道时频特性，RS 在天线口的时、频单元上必须有一定规则。

RS 分布越密集，则信道估计越准确，但开销会很大，若占用过多无线资源，则会降低系统传递有用信号的容量。RS 分布不宜过密，也不宜过分散。

RS 在时、频域上的分布遵循以下准则：

- RS 在频域上的间隔为 6 个子载波；
- RS 在时域上的间隔为 7 个 OFDM 符号周期；
- 为最大程度降低信号传送过程中的相关性，不同天线口的 RS 出现位置不宜相同。

（2）下行同步信号。

下行同步信号（Synchronization Signal，SS）用于小区搜索过程中 UE 和 E-UTRAN 的时、频同步。UE 和 E-UTRAN 做业务连接的必要前提就是时隙、频率同步。

同步信号包含 2 部分：

主同步信号（Primary Synchronization Signal，PSS）：用于符号时间对准，频率同步以及部分小区的 ID 侦测。

从同步信号（Secondary Synchronization Signal，SSS）：用于帧时间对准，CP 长度侦测及小区组的 ID 侦测。

在频域里，不管系统带宽是多少，主 / 从同步信号总是位于系统带宽的中心（中间的 64 个子载波上，协议版本不同，数值不同），占用 1.25 MHz 的频带宽地。这样做的好处是即使 UE 在刚开机的情况下还不知道系统带宽，也可以在相对固定子载波上找到同步信号，方便进行小区搜索，如图 2-17 所示。时域中，同步信号的发送也需遵循一定规则，即为了方便 UE 寻找，要在固定的位置发送，不能过密也不能过疏。

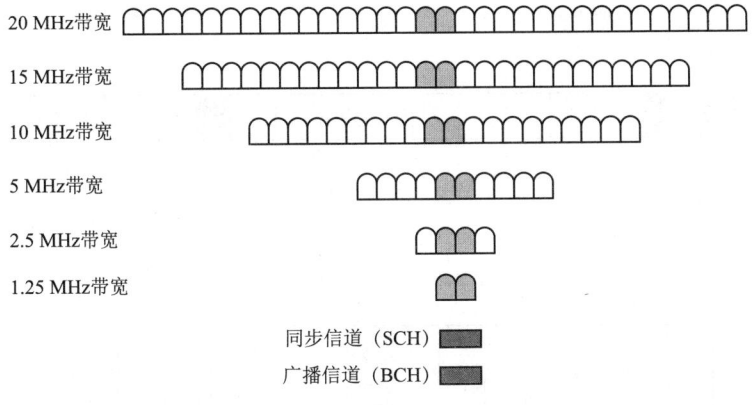

图 2-17　同步信道占用中心位置带宽

时域中，同步信号在 FDD-LTE 和 TDD-LTE 的帧结构里的位置略有不同，如图 2-18 所示。协议规定 FDD 帧结构传送的同步信号，位于每帧（10 ms）的第 0 个和第 5 个子帧的第 1 个时隙中；主同步信号位于该传送时隙的最后一个 OFDM 符号里；次同步信号位于该传送时隙的倒数第二个 OFDM 符号里。

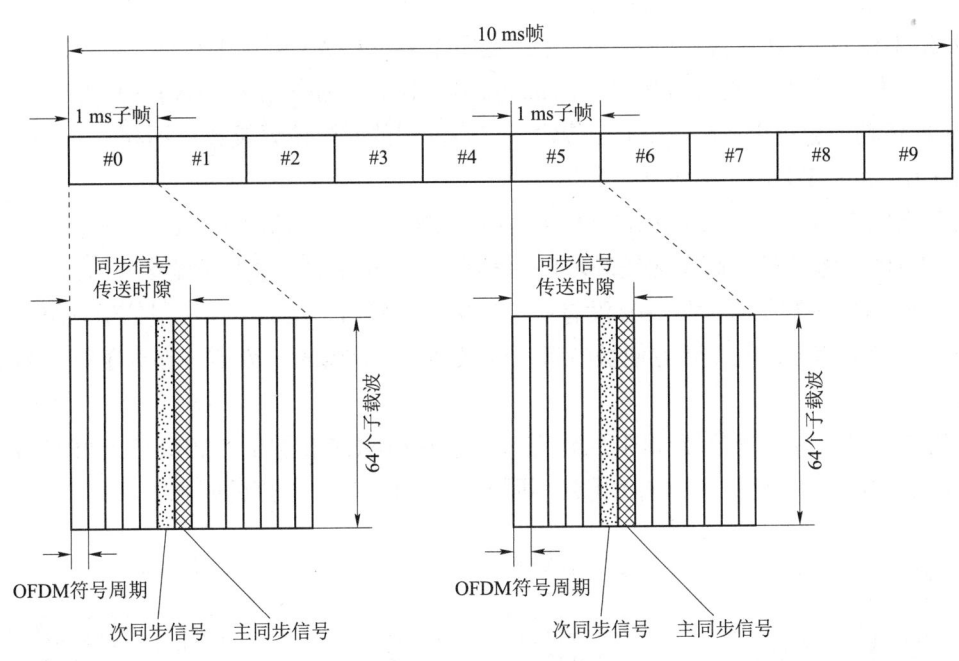

图 2-18　FDD 同步信号的发送位置

时域中，TDD-LTE 的同步信号位置与 FDD 不同。TDD-LTE 中，主同步信号位于特殊时隙 DwPTS 里，位置与特殊时隙的长度配置有一定关系；次同步信号位于 0 号子帧的 1# 时隙的最后一个符号里，如图 2-19 所示。

上行方向上只定义了一种物理信号。

上行的参考信号（RS）类似下行参考信号的实现机制，也是在特定的时频单元中发送一串伪随机码，用于 E-UTRAN 与 UE 的同步以及 E-UTRAN 对上行信道进行估计。

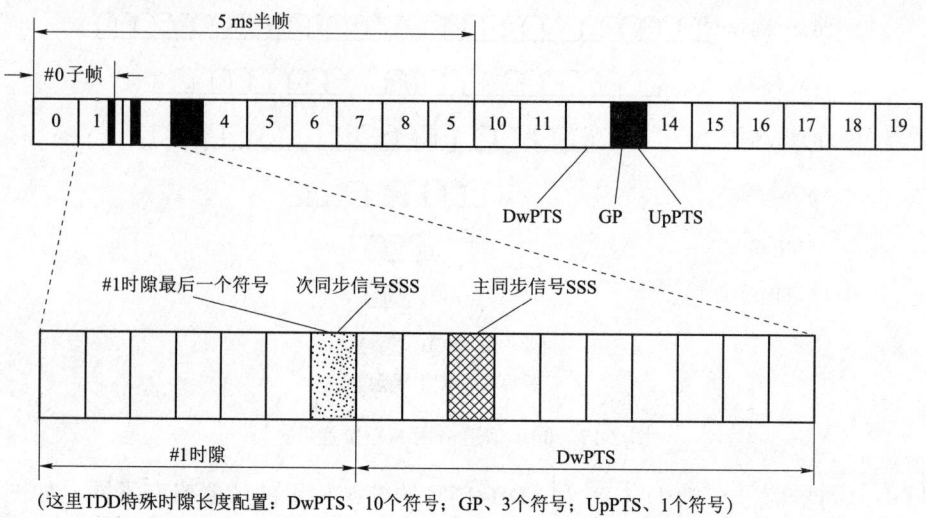

（这里TDD特殊时隙长度配置：DwPTS、10个符号；GP、3个符号；UpPTS、1个符号）

图 2-19　TDD 同步信号的发送位置

上行参考信号有 2 种情况：

（1）UE 和 E-UTRAN 已建立业务连接。

PUSCH 和 PUCCH 传输时的导频信号，是便于 E-UTRAN 解调上行信息的参考信号，这种上行参考信号称为解调参考信号（Demodulation Reference Signal，DMRS）。DMRS 可以伴随 PUSCH 传输，也可以伴随 PUCCH 传输，二者占用的时隙位置及数量不同。

（2）UE 和 E-UTRAN 未建立业务连接。

处于空闲态的 UE，无 PUSCH 和 PUCCH 可以寄生。这种情况下，UE 发送的 RS 信号不是某个信道的参考信号，而是无线环境的一种参考导频信号，称为环境参考信号（Sounding Reference Signal，SRS）。这时，UE 没有业务连接，仍然给 E-UTRAN 汇报信道环境。

既然是参考信号，就需要方便被参考；要做到方便被参考，就需要在约定好的固定位置出现。

上行参考信号的发送位置如图 2-20 所示，伴随 PUSCH 传输的 DMRS 约定好的出现位置是每个时隙的第 4 个符号。PUCCH 携带不同的信息时 DMRS 占用的时隙数不同。

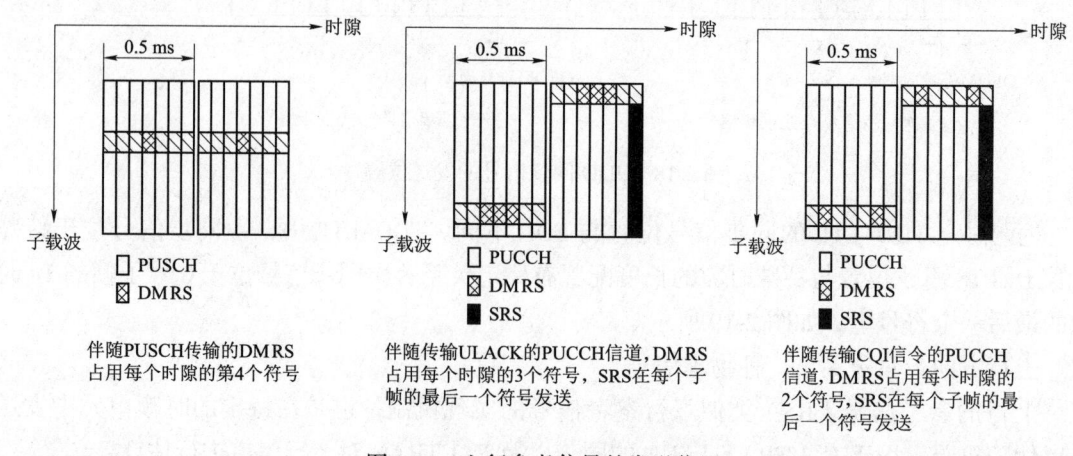

图 2-20　上行参考信号的发送位置

SRS 由多少个 UE 发送，发送周期、带宽是多大可由系统调度配置。SRS 一般在每个子帧的最后一个符号发送。

6. 信道映射关系

信道映射是指逻辑信道、传输信道、物理信道之间的对应关系。这种对应关系包括底层信道对高层信道的服务支撑关系及高层信道对底层信道的控制命令关系。

下行传输信道与物理信道的映射关系如图 2-21 所示。

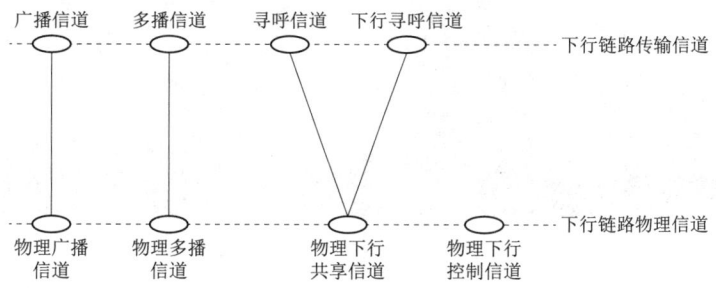

图 2-21　下行传输信道与物理信道的映射关系

从图 2-21 中可以看出下行传输信道与物理信道的映射关系有以下几个规律：

（1）高层一定需要底层的支撑，工作需要落地；

（2）底层不一定都和上面有关系，只要干好自己分内的活，不需要全部走上层路线；

（3）无论传输信道还是物理信道，共享信道干的活种类最多；

（4）由于信道简化、信道职能加强，因此映射关系变得更加清晰，传输信道 DL/UL-SCH 功能强大，物理信道 PUSCH、PDSCH 比 UMTS 干活的信道增强了很多。

实训任务　LTE 小型网络硬件组建

任务目标

熟悉 LTE 网络的架构，学会设备硬件选型，掌握设备之间的连线关系。

任务要求

（1）通过 4G 全网仿真平台完成 LTE 小型网络组建的设备选型。

（2）完成硬件设备的连线。

（3）验证硬件设备的调测。

任务实施

本任务主要完成的是 LTE 基站设备之间采用的不同线缆种类及各设备之间的连线关系。

（1）进入机房，安装机柜，如图 2-22 所示。

在"网络拓扑"界面右边可以看到基站，在基站 Site1 中选择"可安装场景"界面，选择 BBU 相应的安装位置，选择 19 英寸机柜，拖放到 Position2 位置。

LTE 网络基站
设备选型及组建

图 2-22　进入机房，安装机柜

（2）双击机柜，增加 BBU 等设备，添加单板，如图 2-23 所示。

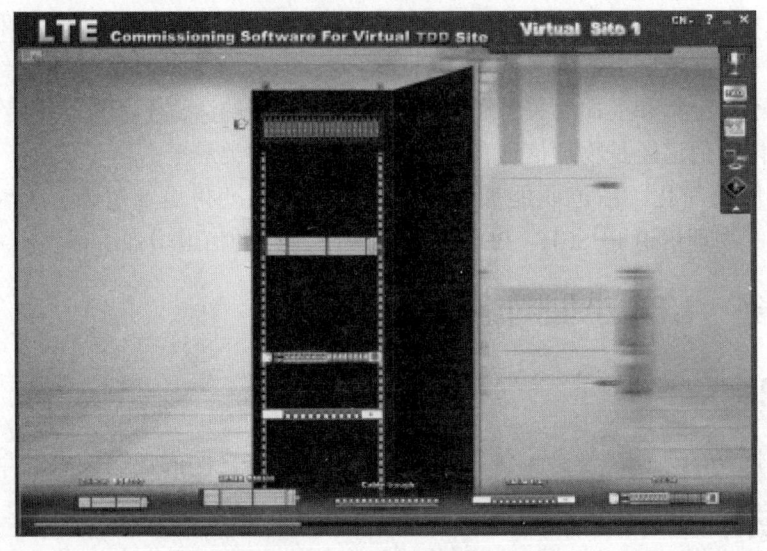

图 2-23　机柜安装设备

双击机柜门，在屏幕下方会出现可增加的设备，首先，拖放一个 BS8200 到机柜；其次，拖放一个 DCPD4（直流电分配盒）和一个 Cable Tray（线缆托架）。

双击 BS8200，开始进行单板配置（图 2-24），添加单板。

（3）BBU 电源连线。

首先，连接地线；其次，按照 BBU–DCPD4– 电源柜的方式为电源连线。

1）地线连接：单击 BBU 左侧地线接线柱，然后从线缆项"电源线和地线"选择"10 平方黄绿线"，一侧连接到基站上，另一侧连接在机柜接地点上。

2）电源连接：点击 PM 单板，选择"电源线和地线"中的"BBU 专用电源线 2"，一侧连接在 PM 上，另一侧连接 DCPD4，1 ~ 8 端口蓝线在上面，黑线在下面，及此 BBU 与 DCPD4

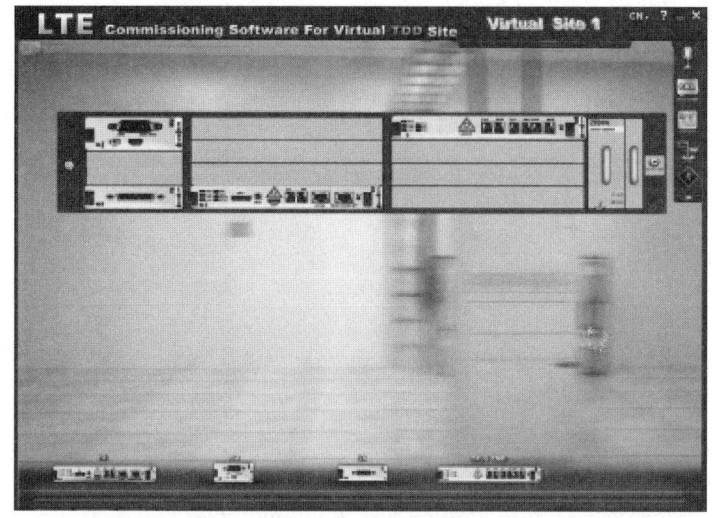

图 2-24 单板配置

完成连接，然后，再选择 DCPD4，选择"蓝色线缆"，一端连接到"–48v"，再选择"黑色线缆"另一侧连接到"–48v RTN"。

进入电源柜，黑色线缆连接到最上面的工作地排上，蓝色线缆连接到中间电源任何一个接线柱上。若BBU 已经上电（图 2-25），则会看到 PM 单板上 RUN灯变成绿色。

（4）传输连线。

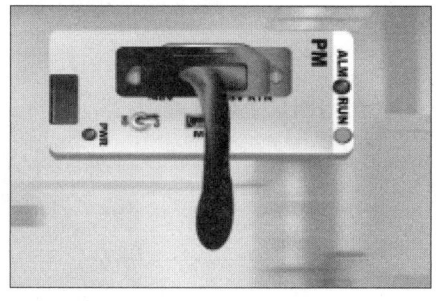

图 2-25 BBU 上电

对于 BS8200，中兴仿真软件需要基站的 CC 单板使用网线或光纤和传输设备相连。

网线连接：对于 BBU，先选择 CC 单板，然后从"传输线缆"项选择"以太网线"，一侧接到 CC 单板的"ETH0"口上，另一侧连接到传输设备的 FE 端口。这样就完成了 BBU到传输设备的连接，如图 2-26 所示。

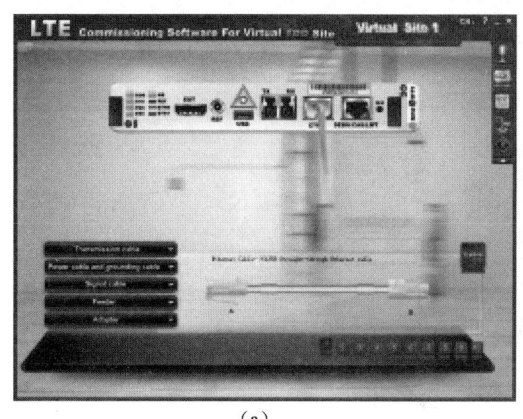

（a）

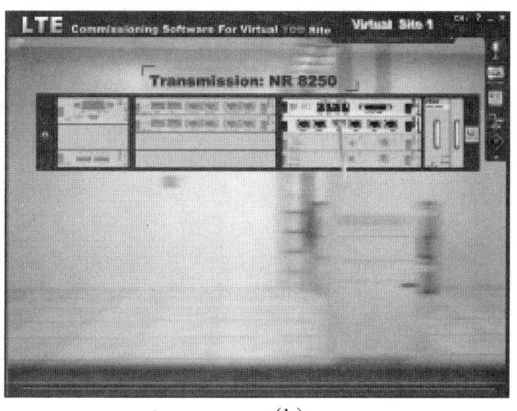

（b）

图 2-26 CC 单板和传输设备

（a）CC 单板；（b）传输设备

（5）RRU 安装（图 2-27）。

对于基站 Site1，如果 RRU 和天线安装在一起，则 RRU 就安装在楼顶抱杆的下方，天线安装在抱杆的上方，在仿真软件中，进入相应的室外场景，增加相应的 ZXSDR R8962 和 2Port 天线。

图 2-27　RRU 安装

（6）RRU 上电（图 2-28）。

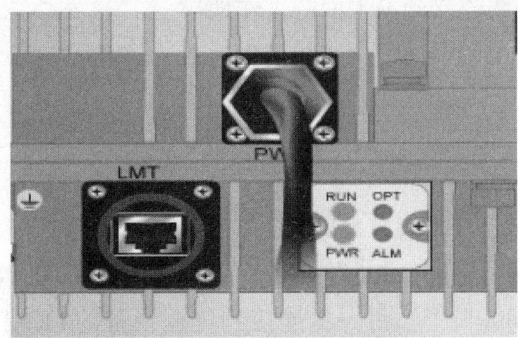

图 2-28　RRU 上电

首先，连接地线；其次，连接工作电源（图 2-29）。

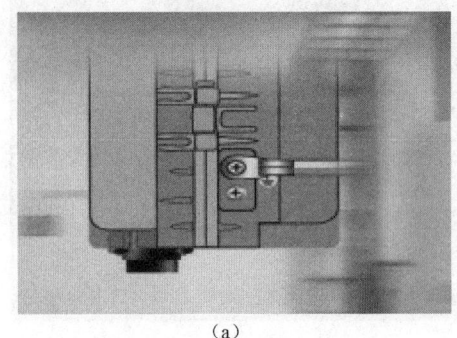

（a）　　　　　　　　　　　　　　　　（b）

图 2-29　RRU 连地柱和 RRU 接线排

（a）RRU 连地柱；（b）RRU 接线排

连接地线：选择 R8962，从线缆项"电源线和地线"选择"10 平方黄绿线"，一侧连接到 RRU 的中间连地柱上，另一侧连接到墙面的接地排上。

工作连接电源：单击"R8962"，然后从线缆项"电源线和地线"选择"R8962 专用电源线"，一侧连接到电源接头上，一侧的缆线连接到室内电源柜中间电源分配的任何一个接线柱上，黑色线缆连接到最上面的工作地排上。

操作完成后，单击"RRU"按钮，可以看到 RUN 灯颜色变绿，表明 RRU 上电成功。

（7）天线的连接。

单击"R8962"，从线缆项"馈线"选择"1/2 跳线"，一侧连接到 RRU 的 TX/RX1 口上，另一侧连接到天线馈口上，如图 2-30 所示。

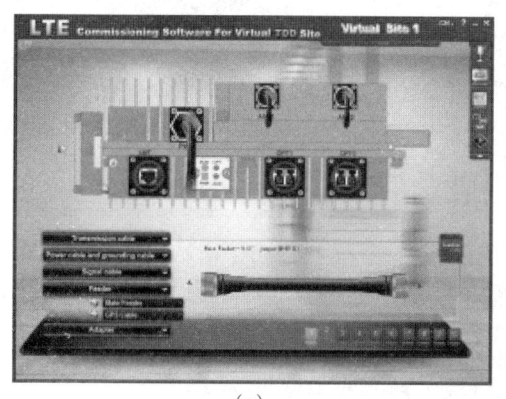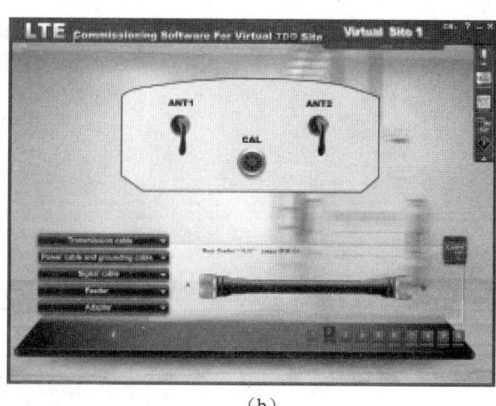

（a）　　　　　　　　　　　　　　　　（b）

图 2-30　RRU 的 TX/RX1 口和天线馈口

（a）RRU 的 TX/RX1 口；（b）天线馈口

（8）BBU 和 RRU 的连接。

BBU 采用 BPL 单板和 RRU 相连，从用线缆为光纤。单击"BPL 单板"，从线缆项"传输线"选择"光纤"，一侧连接到 BPL 的 TX/RX 上，另一侧连接到 R8962 的"光口 0"，如图 2-31 所示。

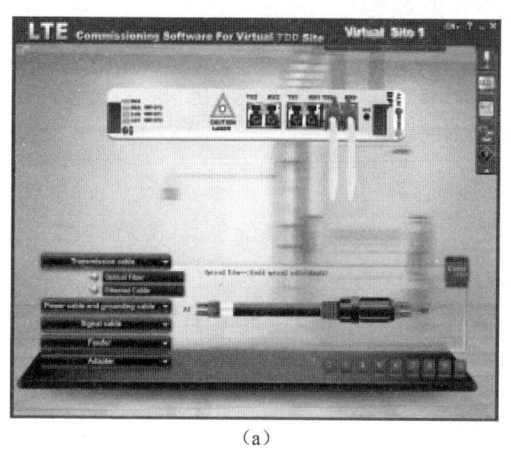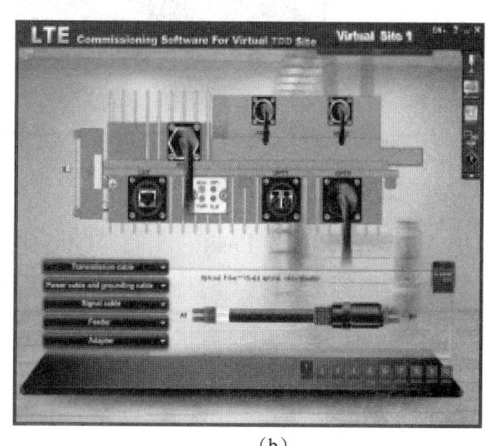

（a）　　　　　　　　　　　　　　　　（b）

图 2-31　BPL 单板 TX/RX 口和 R8962 光口

（a）BPL 单板 TX/RX 口；（b）R8962 光口

（9）GPS 到 CC 单板的连接（图 2-32）。

BS8700 采用 GPS 时钟源，首先，把 GPS 天线连接到 GPS 避雷器上；其次，接到 CC 单板上，如图 2-32 所示。

（a）

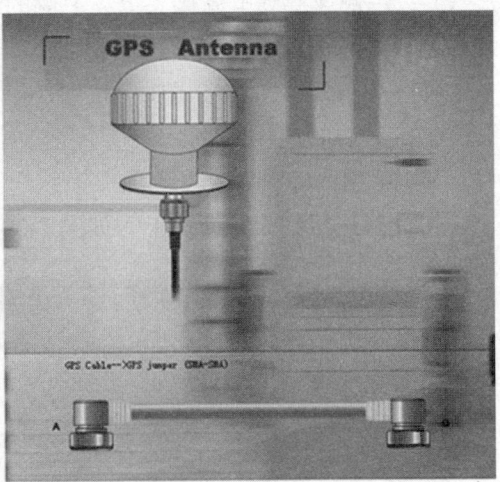

（b）

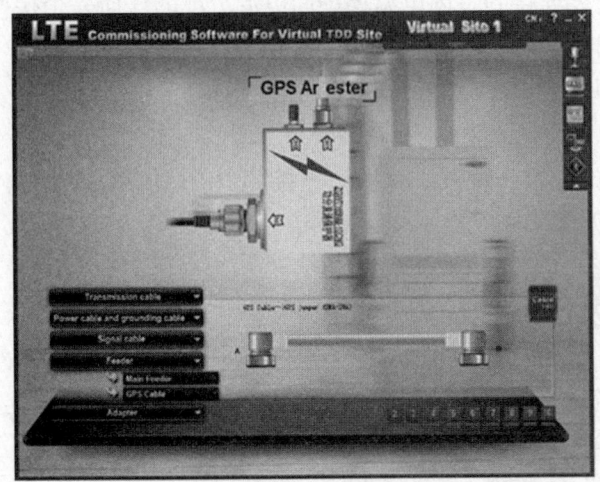

（c）

图 2-32　GPS 到 CC 单板的连接

（a）Cable Tray；（b）GPS 接口；（c）CC 单板 REF 接口

1）单击室外位置 Position5 的 "GPS 天线"，从线缆项 "馈线" 中选择 "GPS 1/4 跳线"，一侧连接到 GPS 接口上，另一侧连接到室内 Cable Tray "IN" 端口。

2）从线缆 "馈线" 选择 "GPS 跳线"，一侧连接到 Cable Tray "CH1" 端口，另一侧连接到 CC 单板 "REF" 接头上。

（10）硬件安装结束，查询进度条，具体情况如图 2-33 所示。

（11）若设备连线没有全部完成，则返回到楼顶场景或机房场景，完成设备的安装及连线。

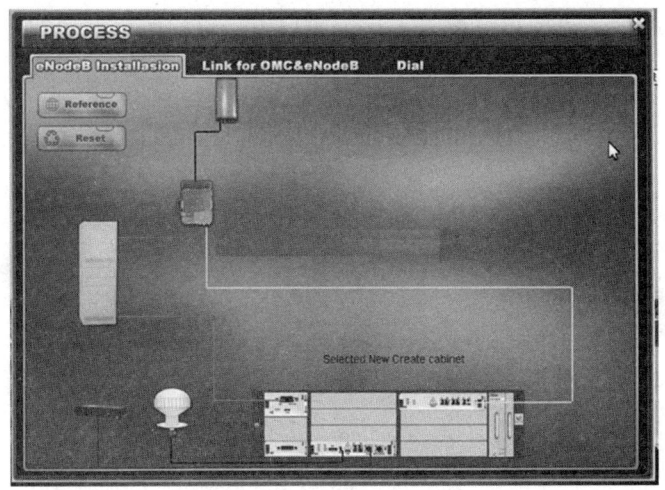

图 2-33 查询进度条

任务 4 关键技术

LTE 系统中采用很多新技术以实现提高系统性能指标的目的，如 OFDM 技术、MIMO 技术等。

知识点 1 OFDM 技术

1. OFDM 的基本概念

在传统的并行数据传输系统中，整个信号频段被划分为 N 个相互不重叠的频率子信道。首先，让每个子信道传输独立的调制符号；其次，再将 N 个子信道进行频率复用。这种避免信道频谱重叠的方式看起来有利于消除信道间的干扰，但是这样又不能有效利用频谱资源。OFDM（Orthogonal Frequency Division Multiplexing，正交频分复用）是一种能够充分利用频谱资源的多载波传输方式。常规频分复用与 OFDM 的信道分配情况如图 2-34 所示。可以看出，OFDM 至少能够节约 1/2 的频谱资源。

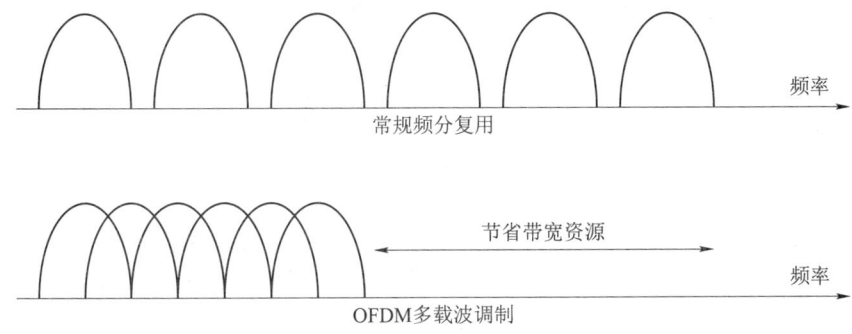

图 2-34 常规频分复用与 OFDM 的信道分配情况

OFDM 的基本原理是将信道分成若干正交子信道，将高速数据信号转换成并行的低速子数据流，调制到每个子信道上进行传输，如图 2-35 所示。

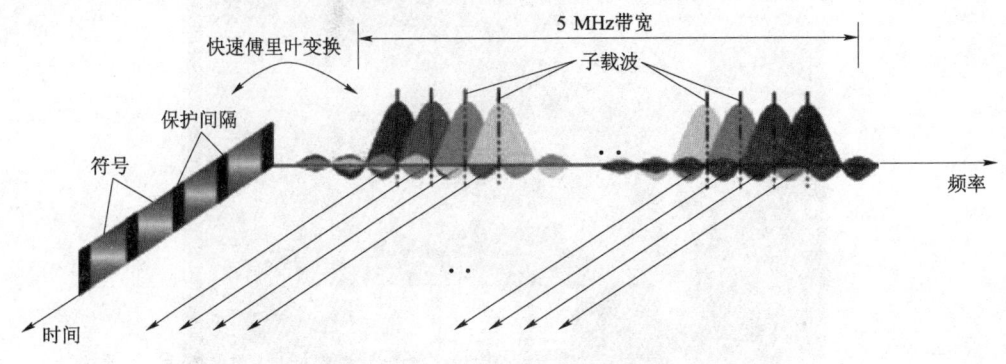

图 2-35　OFDM 基本原理

OFDM 利用快速傅里叶反变换（IFFT）和快速傅里叶变换（FFT）来实现调制和解调，其过程如图 2-36 所示。

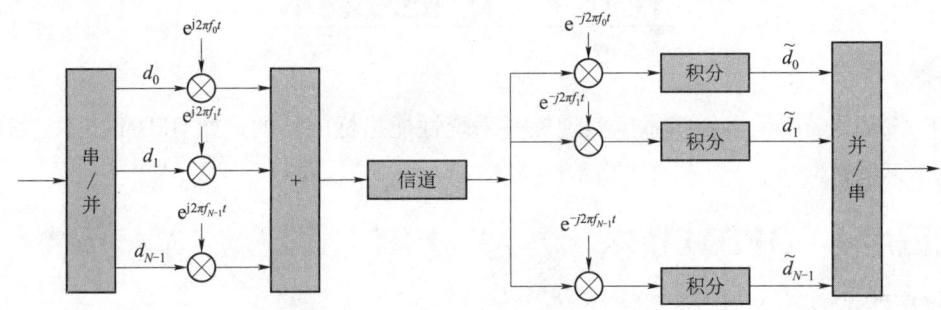

图 2-36　调制解调过程

OFDM 的调制解调流程如下：

（1）发射机在发射数据时，将高速串行数据转为低速并行，利用正交的多个子载波进行数据传输；

（2）各子载波使用独立的调制器和解调器；

（3）各子载波之间要求完全正交、各子载波收发完全同步；

（4）发射机和接收机要精确同频、同步，准确进行位采样；

（5）接收机在解调器的后端进行同步采样，获得数据，然后转为高速串行。

在向 B3G/4G 演进的过程中，OFDM 是关键的技术之一，可以结合分集、时空编码、干扰和信道间干扰抑制以及智能天线技术，最大限度地提高系统性能。

20 世纪 50 年代 OFDM 的概念就已经被提出，但由于受限于上面的步骤（2）（3），传统的模拟技术很难实现正交的子载波，因此早期没有得到广泛应用。随着数字信号处理技术的发展，S. B. Weinstein 和 P. M. Ebert 等提出采用 FFT 实现正交载波调制的方法，为 OFDM 的广泛应用奠定了基础。此后，为了克服通道多径效应和定时误差引起的 ISI 符号间干扰，A. Peled 和 A. Ruizt 提出了添加循环前缀的思想。

2. OFDM 的优缺点

OFDM 系统越来越受到人们的广泛关注，其原因在于 OFDM 系统存在以下主要优点：

（1）通过串并转换高速数据流，使每个子载波上的数据符号持续长度相对增加，从而有效地减小无线信道的时间弥散所带来的 ISI，这样就减小了接收机内均衡的复杂度，有时甚至可以不采用均衡器，仅通过采用插入循环前缀的方法消除 ISI 的不利影响。

（2）由于各个子载波之间存在正交性，允许子信道的频谱相互重叠，因此与常规的频分复用系统相比，OFDM 系统可以最大限度地利用频谱资源。

（3）各子信道中这种正交调制和解调可以采用快速傅里叶变换（FFT）和快速傅里叶反变换（IFFT）来实现。

（4）无线数据业务一般都存在非对称性，即下行链路中传输的数据量要远大于上行链路中的数据传输量，如 Internet 业务中的网页浏览、FTP 下载等。另外，移动终端功率一般小于 1 W，在大蜂窝环境下传输速率低于 100 Kbit/s；而基站发送功率可以较大，有可能提供 1 Mbit/s 以上的传输速率，因此无论从用户数据业务的使用需求，还是从移动通信系统自身的要求考虑，都希望 PHY 层支持非对称高速数据传输，而 OFDM 系统可以很容易地通过使用不同数量的子信道来实现上行和下行链路中不同的传输速率。

（5）由于无线信道存在频率选择性，不可能所有的子载波都同时处于比较深的衰落情况中，因此可以通过动态比特的分配以及动态子信道的分配方法，充分利用信噪比较高的子信道，从而增加系统的性能。

（6）OFDM 系统可以容易与其他多种接入方法相结合使用，构成 OFDMA 系统，其中包括多载波码分多址 MC-CDMA、跳频 OFDM 以及 OFDM-TDMA 等，使多个用户可以同时利用 OFDM 技术进行信息的传递。

（7）由于窄带干扰只能影响一小部分的子载波，因此 OFDM 系统可以在某种程度上抵抗这种窄带干扰。

由于 OFDM 系统内存在多个正交子载波，而且其输出信号是多个子信道的叠加，因此与单载波系统相比，存在如下主要缺点：

（1）易受频率偏差的影响：由于子信道的频谱相互覆盖，因此对它们之间的正交性提出了严格的要求，然而由于无线信道存在时变性，在传输过程中会出现无线信号的频率偏移，（如多普勒频移）或者由于发射机载波频率与接收机本地振荡器之间存在频率偏差，都会使 OFDM 系统子载波之间的正交性遭到破坏，从而导致子信道间的信号相互干扰。这种对频率偏差的敏感是 OFDM 系统的主要缺点之一。

（2）存在较高的峰值平均功率比：与单载波系统相比，由于多载波调制系统的输出是多个子信道信号的叠加，因此如果多个信号的相位一致时，那么所得到的叠加信号的瞬时功率就会远远大于信号的平均功率，导致出现较大的峰值平均功率比（PAPR）。这就对发射机内放大器的线性提出了很高的要求，若放大器的动态范围不能满足信号的变化，则会为信号带来畸变，使叠加信号的频谱发生变化，从而导致各个子信道信号之间的正交性遭到破坏，产生相互干扰，导致系统性能恶化。

知识点 2 MIMO 技术

1. MIMO 技术基础

多天线技术是移动通信领域中无线传输技术的重大突破。通常，多径效应会引起衰落，因而被视为有害因素，然而多天线技术却能将多径作为一个有利因素加以利用。MIMO（Multiple Input Multiple Output，多输入多输出）技术利用空间中的多径因素，在发送端和接收端采用多个天线，其系统模型如图 2-37 所示，通过空时处理技术实现分集增益或复用增益，充分利用空间资源，提高频谱利用率。

多天线技术

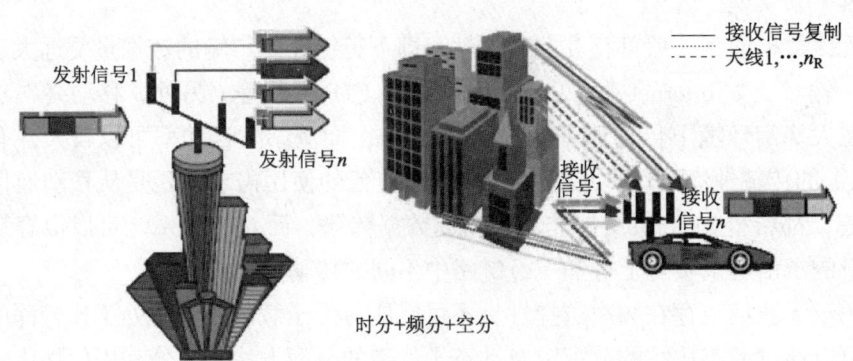

图 2-37　MIMO 系统模型

总的来说，MIMO 技术的基础目的如下：

（1）提供更高的空间分集增益：联合发射分集和接收分集两部分的空间分集增益，提供更大的空间分集增益，保证等效无线信道更加"平稳"，从而降低误码率，进一步提升系统容量。

（2）提供更大的系统容量：当信噪比 SNR 足够高，同时，信道条件满足"秩 >1"时，则可以在发射端把用户数据分解为多个并行的数据流，然后分别在每根发送天线上进行同时刻、同频率的发送，同时，保持总发射功率不变。最后，再由多元接收天线阵根据各个并行数据流的空间特性，在接收机端将其识别，并利用多用户解调结束，最终恢复出原数据流。

2. LTE 系统中的 MIMO 模型

无线通信系统中通常采用如下几种传输模型：单输入单输出系统 SISO、多输入单输出系统 MISO、单输入多输出系统 SIMO 和多输入多输出系统 MIMO。无线通信系统的典型传输模型如图 2-38 所示。

在一个无线通信系统中，天线是处于最前端的信号处理部分。提高天线系统的性能和效率将会直接给整个系统带来可观的增益。传统天线系统的发展经历了从单发/单收天线 SISO 到多发/单收 MISO 以及单发/多收 SIMO 天线的阶段。

为尽可能抵抗这种时变－多径衰落（接收端由多个路径合成的信号是一个存在多径衰落的信号，而且合成信号的多径衰落情况会随着时间的变化而不断变化，因此是一种时变的多径衰落）对信号传输的影响，人们不断寻找新的技术。采用时间分集（时域交织）和频率分集（扩展频谱技术）技术就是在传统 SISO 系统中抵抗多径衰落的有效手段，而空间分集（多天线）技术就是 MISO、SIMO 或 MIMO 系统进一步抵抗衰落的有效手段。

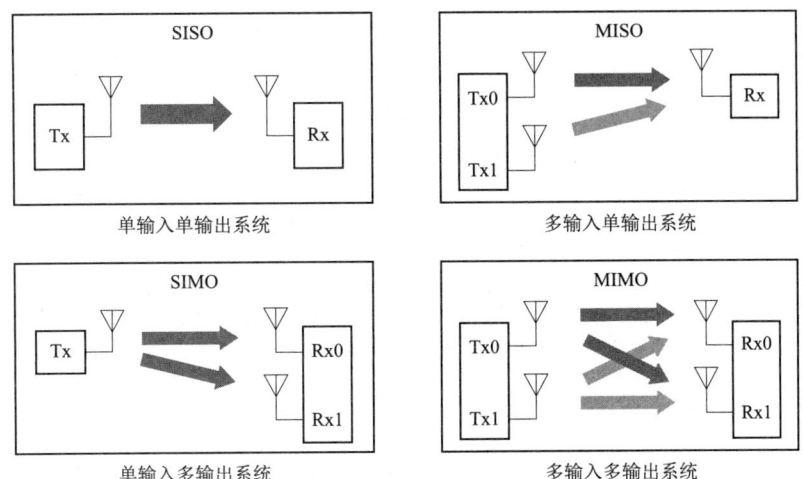

图 2-38　无线通信系统的典型传输模型

LTE 系统中常用的 MIMO 模型有下行单用户 MIMO（SU–MIMO）和上行多用户 MIMO（MU–MIMO）。

单用户 MIMO 是指在同一时频单元上一个用户独占所有空间资源。这时的预编码考虑的是单个收发链路的性能，其传输模型如图 2-39 所示。

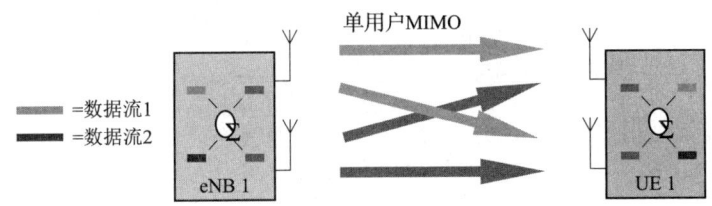

图 2-39　单用户 MIMO 的传输模型

多用户 MIMO：多个终端同时使用相同的时频资源块进行上行传输，其中每个终端都是采用 1 根发射天线，系统侧接收机对上行多用户混合接收信号进行联合检测，最后恢复出各个用户的原始发射信号。上行多用户 MIMO 是大幅提高 LTE 系统上行频谱效率的一个重要手段，但是无法提高上行单用户峰值吞吐量。多用户 MIMO 的传输模型如图 2-40 所示。

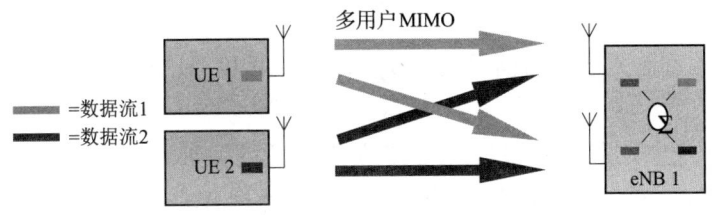

图 2-40　多用户 MIMO 的传输模型

3. MIMO 的传输模式

LTE 系统 MIMO 天线有 8 种传输模式，不同的模式适用于不同的场景，具体情况见表 2-4。

表 2-4   MIMO 天线的传输模式

模式	传输模式	技术描述	应用场景
1	单天线传输	信息通过单天线进行发送	无法布放双通道室分系统的室内站
2	发射分集	同一信息的多个信号副本分别通过多个衰落特性相互独立的信道进行发送	信道质量不好时，如小区边缘
3	开环空间复用	终端不反馈信道信息，发射端根据预定义的信道信息来确定发射信号	信道质量好且空间独立性强时
4	闭环空间复用	需要终端反馈信道信息，发射端采用该信息进行信号预处理以产生空间独立性	信道质量好且空间独立性强时，终端静止时性能好
5	多用户 MIMO	基站使用相同时频资源将多个数据流发送给不同用户，接收端利用多根天线对干扰数据流进行取消和零陷	
6	单层闭环空间复用	终端反馈 $RI=1$ 时，发射端采用单层预编码，使其适应当前的信道	
7	单流 Beamforming	发射端利用上行信号来估计下行信道的特征，当下行信号发送时，每根天线上乘以相应的特征权值，使其天线阵发射信号具有波束赋形效果	信道质量不好时，如小区边缘
8	双流 Beamforming	结合复用和智能天线技术进行多路波束赋形发送，既能提高用户信号强度，又能提高用户的峰值和均值速率	

知识点 3   高阶调制和 AMC

调制的用途是把基带信号送到射频信道，提高空中接口数据业务能力。LTE 系统中采用 QPSK、16QAM、64QAM 三种调制方式进行数据传输，而且每种调制方式又与多种编码速率相结合，共组成 15 种调制编码方式组合，分别对应 15 个 CQI，若 LTE 采用 64QAM 调制方式，则能够比 TD-SCDMA 采用 16QAM 的速率提高 50%。16QAM 和 64QAM 的调制星座图如图 2-41 所示。

这种高性能的调制方式，对信号质量要求高，如同我们日常看到的车速越快时，对路况的要求越高一样。

AMC 是基于信道质量的信息反馈。其选择最合适的调制方式、数据块大小和数据速率。自适应调制编码可以通过信道质量估计选择信号的处理方式，避免客服资源浪费现象的发生。其核心思想是在一个 TTI 内动态地选择调制和编码方式来适应信道条件的变化。

当终端信道质量好（如靠近基站或存在视距链路）时，可以采用高阶调制编码方式来获得高的吞吐量；而当终端信道质量差（如位于小区边缘或者信道深衰落）时，则选取低阶调制编码方式，来保证通信质量。

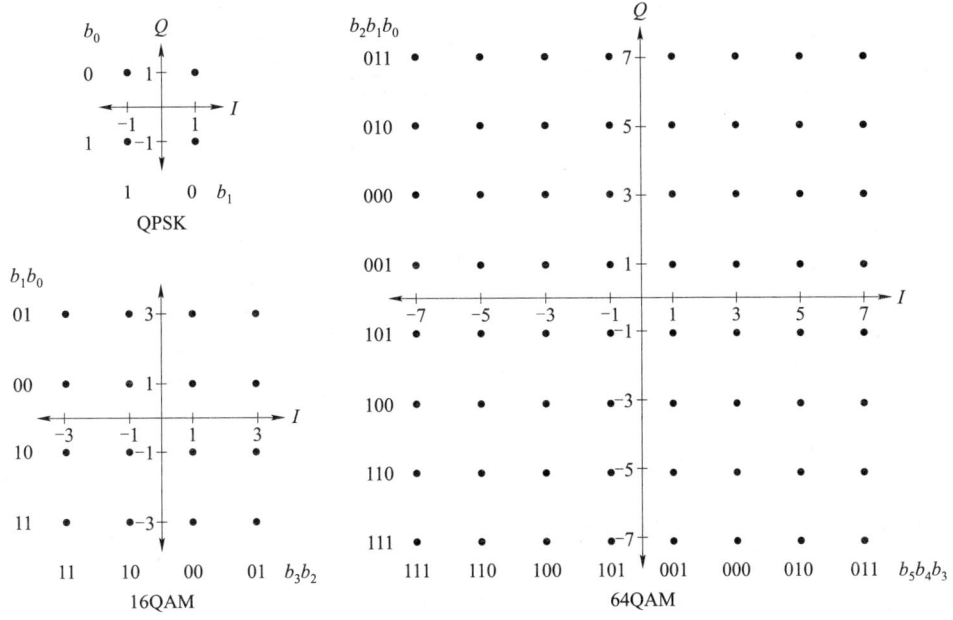

图 2-41 16QAM 和 64QAM 的调制星座图

信道条件则可以通过发送反馈回来的 CQI 来估计；在时分双工系统中，可以通过互易性来得到 CQI 等信道质量信息。

采用自适应编码调制后，拥有较好的链路质量的用户可以获得更高的数据速率；拥有较差的链路质量的用户可以提高正确传输的机会。由此，蜂窝平均吞吐量和系统性能得到提高。LTE 上行方向的链路自适应技术基于基站测量的上行信道质量，直接确定具体的调制与编码方式；LTE 下行方向的链路自适应技术基于 UE 反馈的 CQI，从预定义的 CQI 表格中选择具体的调制与编码方式（表 2-5）。

表 2-5　CQI 与调制编码方式的对应关系

CQI 索引	调试方式	码速 ×1 024	效率
0	超出范围		
1	QPSK	78	0.152 3
2	QPSK	120	0.234 4
3	QPSK	193	0.377 0
4	QPSK	308	0.601 6
5	QPSK	449	0.877 0
6	QPSK	602	1.175 8
7	16QAM	378	1.476 6
8	16QAM	490	1.914 1

CQI 索引	调试方式	码速 ×1 024	效率
9	16QAM	616	2.406 3
10	64QAM	466	2.730 5
11	64QAM	567	3.322 3
12	64QAM	666	3.902 3
13	64QAM	772	4.523 4
14	64QAM	873	5.115 2
15	64QAM	948	5.554 7

知识点 4　小区间干扰协调技术

小区间干扰协调（Inter Cell Interference Coordination，ICIC）是用来解决同频组网时小区间干扰问题的技术。

LTE 采用的是正交频分复用（OFDM），将高速数据调制到各个正交的子信道上，可以有效减少信道之间的相互干扰（ICI），但是这个正交只限于当前小区内的用户，而不同小区之间的用户会存在干扰，特别同频组网时小区边缘的干扰非常严重。为消除小区间的干扰，除采用传统的加扰和调频等手段外，还可以采用 ICIC 技术。

ICIC 是为了保证系统吞吐量不下降，以及提高边缘用户的谱效率。ICIC 的基本思想是通过管理无线资源使得小区间干扰得到控制，是一种考虑多个小区中资源使用和负载等情况而进行的多小区无线资源管理方案。从对无线资源使用的限制方式来看，ICIC 方法可以分为如下三大类：

（1）部分频率复用。

部分频率复用（Fractional Frequency Reuse）是指系统将频率资源分为两个复用集，其中一个为频率复用因子为 1 的频率集合，应用于中心用户调度；另一个则为频率复用因子大于 1 的频率集合，应用于边缘用户调度。

如图 2-42 所示，部分频率复用将系统带宽分成 4 份。小区中心频率复用因子为 1，3 个小区的边缘频率复用因子为 3。3 个小区的边缘分别使用不同图注表示。

终端在小区不同位置所使用的频率如图 2-43 所示。保证小区边缘用户处于异频的状态可以避免小区间的干扰。

（2）软频率复用。

软频率复用（Soft Frequency Reuse，SFR）的思想是系统将带宽分成 3 份，如图 2-44 所示。3 个小区，小区边缘分别使用 1 份，小区中心使用剩下的 2 份。小区中心频率复用因子为 1.5，小区边缘频率复用因子为 3。

例如，在小区 1 中，A 和 B 部分频率只分配给小区中心，C 部分频率首先分配给小区边缘。另外，C 部分剩余的频率也可以根据需要分配给小区中心使用。

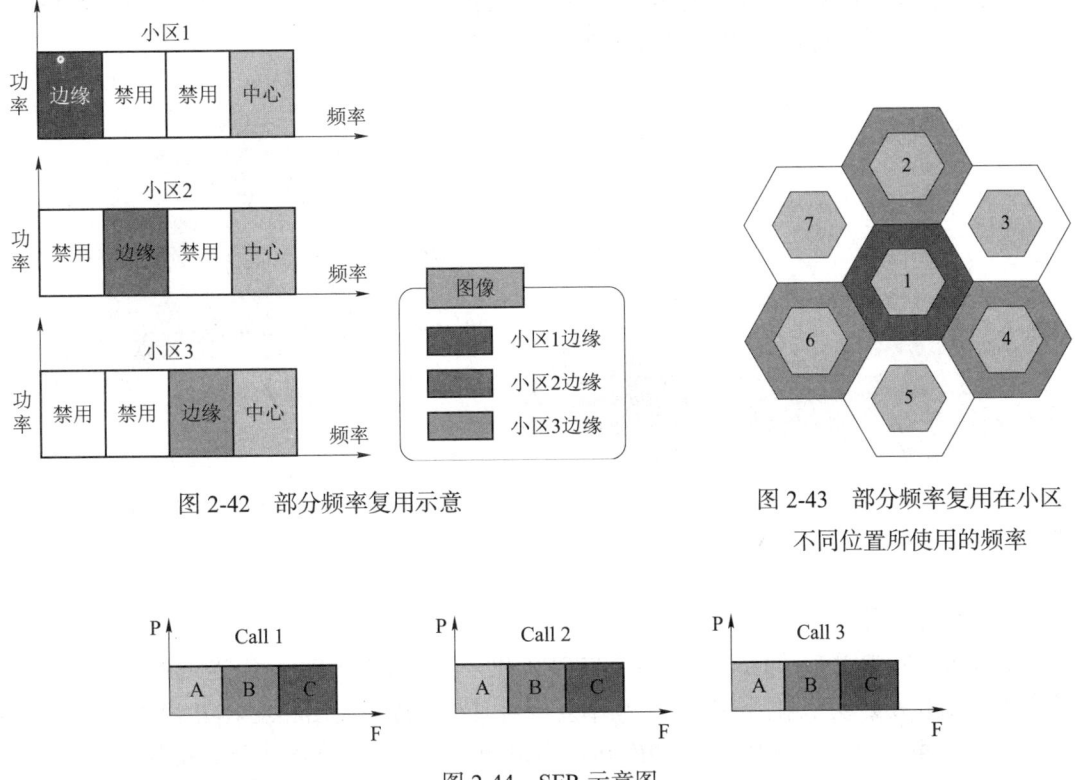

图 2-42　部分频率复用示意

图 2-43　部分频率复用在小区
不同位置所使用的频率

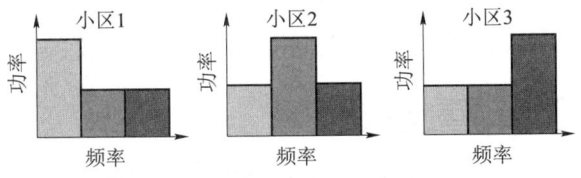

图 2-44　SFR 示意图

SFR 和功率控制相结合，通过调节某些子频带上功率的方法，来控制和降低干扰。结合功率控制后，SFR 对频带的划分如图 2-45 所示。

图 2-45　SFR 频带划分

① 在小区边缘，采用高功率频带。

小区边缘用户路损大，使用边缘频带，可以分配较高的发射功率。小区边缘与邻区分配的频带不同，相互正交，干扰较小。

② 在小区中心，采用低功率频带。

小区中心用户路损小，不需要使用大功率发射。发射功率小且距离邻区距离又远，所以小区中心即使使用的频率和邻区相同，造成的干扰也非常小。

③ 在小区中心，采用高功率频带。

小区中心用户距离相邻小区远，且频带与邻区边缘用户的正交，对邻区干扰小，在边缘频带有剩余时，可以分配给小区中心使用，由于该频带分配功率较高，因此可以采用高阶调制来提高传输速率，如图 2-46 所示。

SFR 终端在小区不同位置所使用的频率如图 2-47 所示。结合功率控制，可以保证相邻小区边缘的用户处于异频的状态，从而避免小区间的干扰。

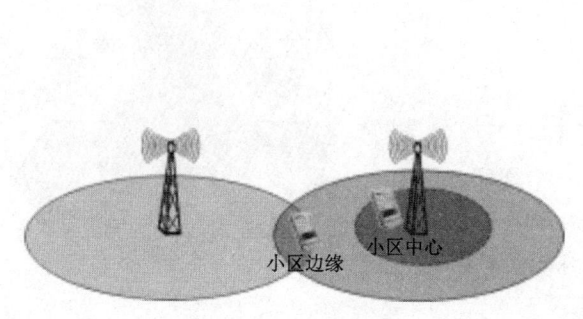

图 2-46　小区频带分布

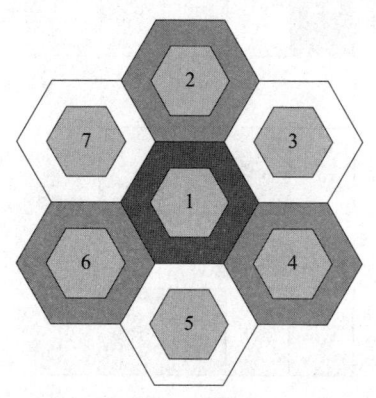

图 2-47　SFR 终端在小区不同
位置所使用的频率

（3）全频率复用。

全频率复用（Full Frequency Reuse）与 SFR 和全频率复用中对一组连续的 PRB 采用统一的资源使用和发射功率限制不同，全频率复用对时频资源的使用和发射功率的限制以 PRB 为单位，可以单独对某个 PRB 进行调度和功率限制，以避免高功率干扰对边缘用户产生严重影响。在全频率复用方案中，利用测量到的高干扰 PRB 资源指示，在 eNB 端进行 PRB 协调调度，系统可以使用小区内频谱资源，即频率复用因子为 1。

ICIC 技术的优点：降低邻区干扰；提升小区边缘数据吞吐量，改善小区边缘用户体验。

ICIC 技术的缺点：干扰水平的降低是以牺牲系统容量为代价的。

知识点5　混合自动重传技术

自动重传请求（Automatic Repeatre Quest，ARQ）是 OSI 模型中数据链路层的错误纠正协议之一。若发送方在准备下一个数据项目之前先等待一个肯定的确认，则这样的协议称为 ARQ。ARQ 仅用于检错，冗余度小，在误码率不是很高的情况下可以得到理想的吞吐量，但会产生引入时延；当信道状况很差时，系统一直重发，将导致性能大大下降。

前向纠错编码（FEC）是当传输出现错误时，接收方进行纠错，冗余度大，但提高了传输的可靠性，但当信道情况较好时，由于过多纠错比特，反而降低了吞吐量。

将 FEC 和 ARQ 相结合就形成了 HARQ。发送的每个数据包中含有纠错和检错的校验比特，如果移动台接收包中的出错比特数目在纠错能力之内，则错误被自行纠正；当差错已超出 FEC 的纠错能力时，则让发送端重发。发送端根据收到的接收端发来的 ACK（表示数据成功接收且无误）或 NAK（表示数据成功接收但是有误）决定是否启动重传。

根据重传数据包包含信息量的不同，目前一般有两种方式实现混合自动重传，即所谓的CC（Chase Combining）和 IR（Incremental Redundancy）。

在 CC 方式中，重新传送的数据是第一次传送的数据的简单重复。

在 IR 方式中，每次重传的数据不是前一次的简单重复，而是增加了冗余编码信息。这样，多次重传合并在一起，就可以提高正确解码的概率了。

知识点 6　自组织网络

自组织网络（Self-Organizing Network，SON）主要由电信运营商提出，其主要思路是实现无线网络的一些自主功能，以减少人工参与，降低运营成本。

SON 的功能主要可以归纳为：自配置，自优化，自愈。

（1）自配置。

自配置是指从设备安装上电到用户设备能够正常接入进行业务操作，在很少或者完全没有工程人员干预的前提下完成。它简化了新站开通调测流程，减少了人为干预环节，降低了对工程施工人员的要求，其目标是做到即插即用，真正降低开站难度，从而降低运维成本。

自配置功能包括站点位置智能选择，插入网元时自动生成系统设定参数，家庭 eNB 的自配置。

（2）自优化。

自优化是指根据终端 UE（User Equipment，用户设备）和基站 eNB 的性能测量等网络运行状况对网络参数进行自我调整优化，以达到提高网络性能和质量、降低网络优化成本的目的。

自优化功能包括干扰协调、物理信道的自优化、随机接入信道优化、准入控制参数优化、拥塞控制参数优化、分组调度参数优化、链路层重发方案优化、覆盖间隙侦测、切换参数优化、负载均衡、家庭 eNB 的自优化。

（3）自愈。

顾名思义，网络问题的自我治愈正如治病般的"早发现，早诊断，早治疗"。该功能通过对系统告警和性能的检测发现网络问题并自检测定位，部分或者全部消除问题，最终实现对网络质量和用户感受的最小化影响。

自愈功能包括小区停用预测、小区停用侦测、小区停用补偿。

知识点 7　载波聚合

载波聚合是 LTE-A 中的关键技术。为了满足单用户峰值速率和系统容量提升的要求而使用的一种最直接的办法就是增加系统传输带宽，因此 LTE-A 系统引入一项增加传输带宽的技术，即载波聚合（Carrier Aggregation，CA）。

载波聚合是 LTE-A 系统大带宽运行的基础，它可以很好地将多个载波聚合成一个更宽的频谱，同时，也可以把一些不连续的频谱碎片聚合到一起，真正利用不同频带的传输特性，最大聚合带宽为 100 MHz。打个比方，载波聚合就好比"黏合剂"，将零散的频谱粘在一起，提供更快速率。两个载波可以同时为一个用户服务，可以从两个不同的频带抽出两个载波为一个用户服务。

例如，原本只能在一条大道（小区 Cell 或成员载波 CC）上运输的某批货物（某 UE 的数据），现在通过 CA 能够在多条大道上同时运输。这样，某个时刻可以运输的货物量（throughput）就得到了明显提升。每条大道的路况可能不同（频点、带宽等），路况好的就多运点，路况差的就少运点。得益于更宽的频谱，载波聚合后最直观的好处就是大幅度提升传输速度，以及降低延迟。

LTE-A 引入了成员载波（Component Carrier，CC）的概念，每个成员载波的最大带宽不超过 20 MHz。在 LTE 中，每个小区只有一个成员载波，每个 UE 也只有一个成员载波为其服务；在 LTE-A 中，每个小区有多个成员载波，每个 UE 也可能有多个成员载波为其服务。

CA 技术可以将 2 ~ 5 个 LTE 成员载波聚合在一起，实现最大 100 MHz 的传输带宽，有效提高了上、下行传输速率，如图 2-48 所示。终端根据自己的能力大小决定最多可以同时利用几个载波进行上下行传输。

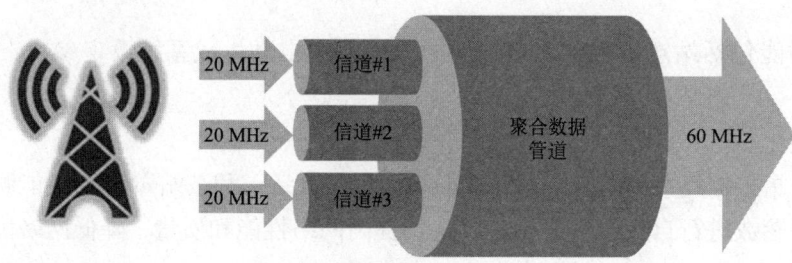

图 2-48 载波聚合技术

CA 功能可以支持连续或非连续载波聚合，每个载波最大可以适用的资源是 100 个 RB。

实训任务　MIMO 天线的工作模式

任务目标

掌握 MIMO 天线的 9 种不同工作模式的区别，能够对比分析典型的天线工作模式对网络覆盖的影响。

任务要求

（1）能够完成"UltraRF LTE 网络优化仿真实训平台"的基本操作。

（2）通过观察仿真平台特定场景中的 MIMO 天线的工作模式。

（3）能够通过选择 MIMO 天线的合适工作模式实现网络覆盖的优化。

任务实施

（1）打开 UltraRF LTE 网络优化仿真实训平台软件，其系统界面如图 2-49 所示。

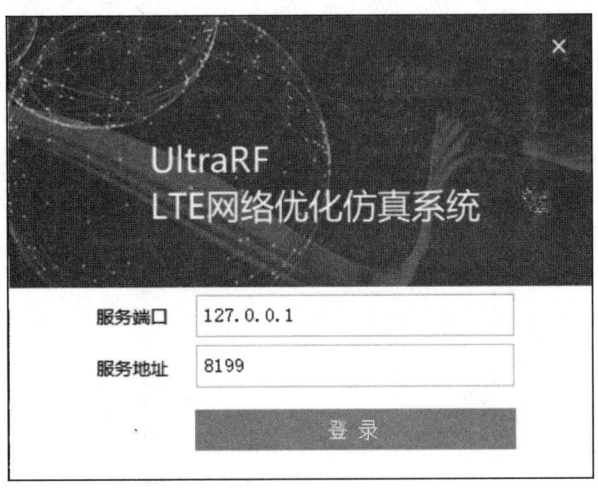

图 2-49　LTE 网络优化仿真系统界面

（2）选择"重叠覆盖导致质差"场景，如图 2-50 所示。

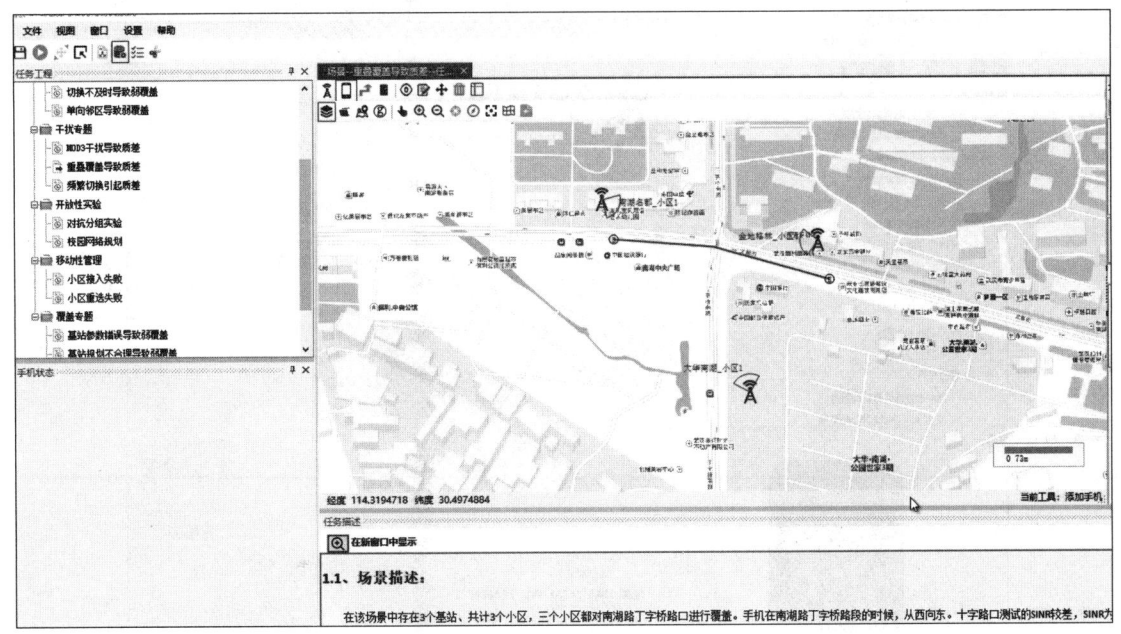

图 2-50　重叠覆盖导致质差场景

（3）单击"手机"图标，在场景中添加手机（图 2-51），参数为默认值，不用修改，然后单击"确定"按钮。场景左下侧可以看到添加的手机的实时状态（图 2-52）。

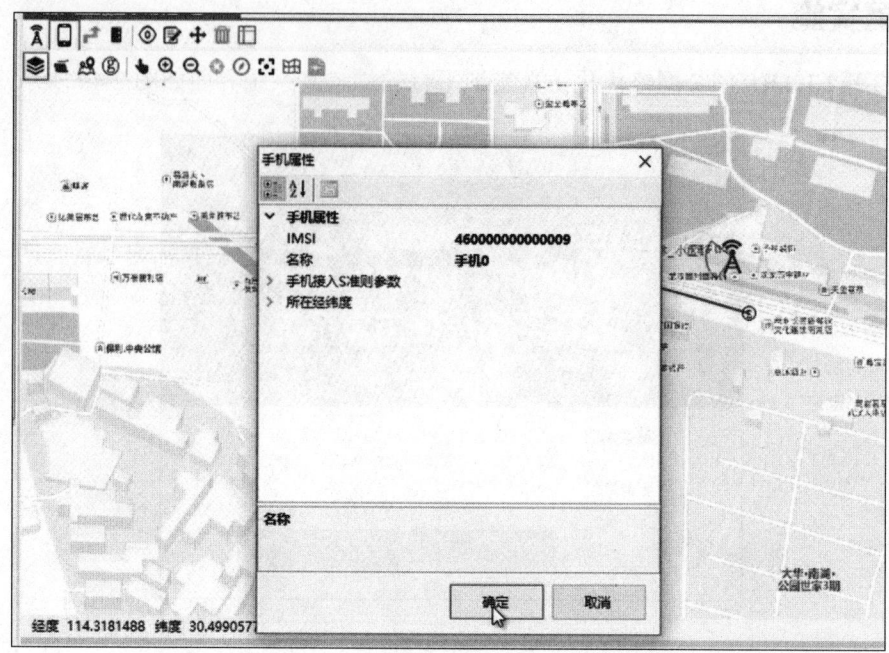

图 2-51 添加手机

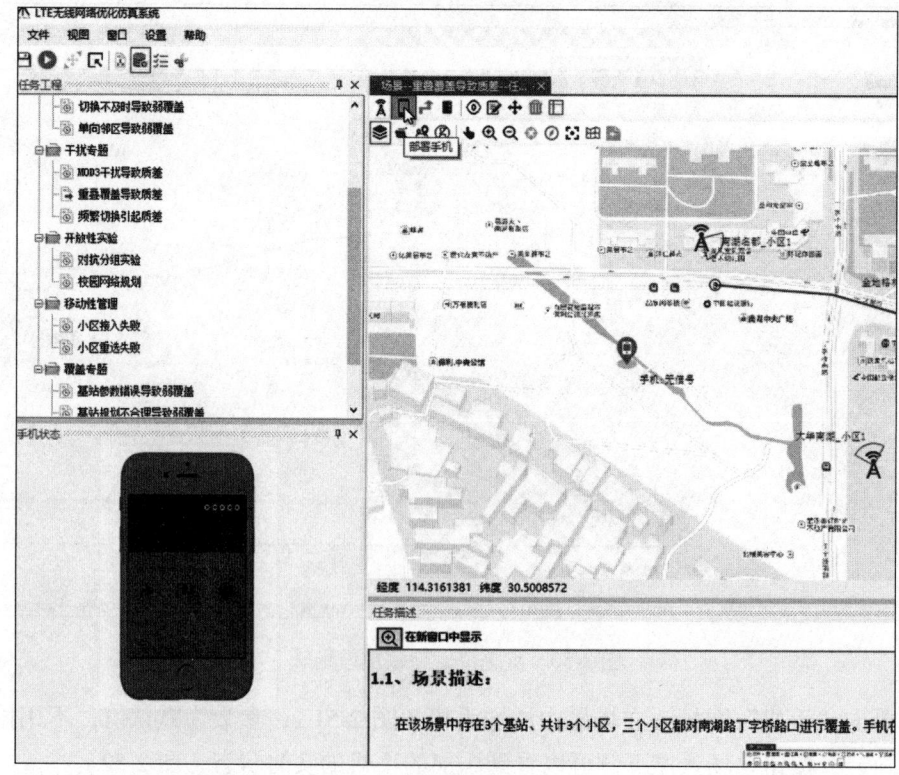

图 2-52 场景中手机的实时状态

（4）启动仿真，如图 2-53 所示。

图 2-53 启动仿真

（5）启动路测端软件，进入路测端初始化界面如图 2-54 和图 2-55 所示。

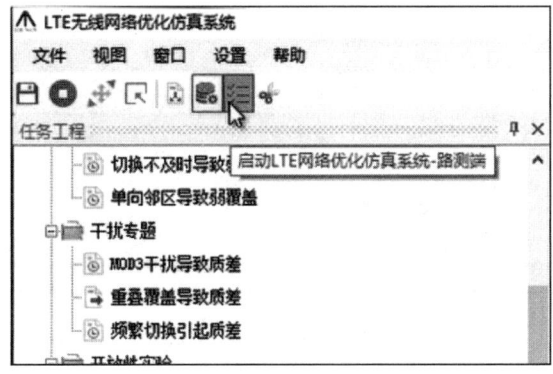

图 2-54 启动系统路测端

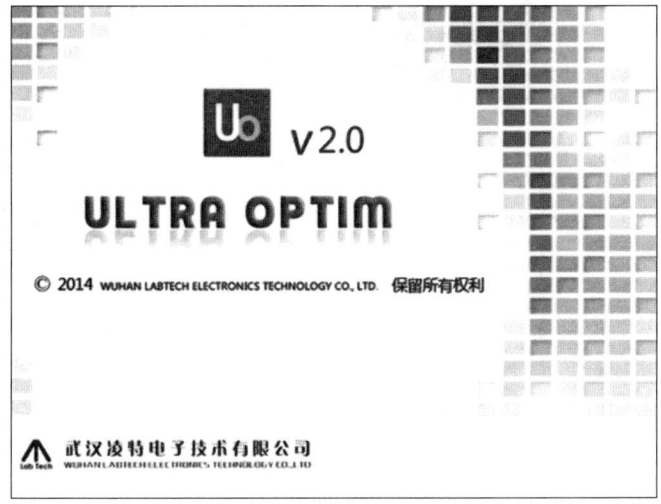

图 2-55 路测端软件初始化界面

（6）在路测端软件中添加仿真手机并连接设备，如图 2-56 和图 2-57 所示。

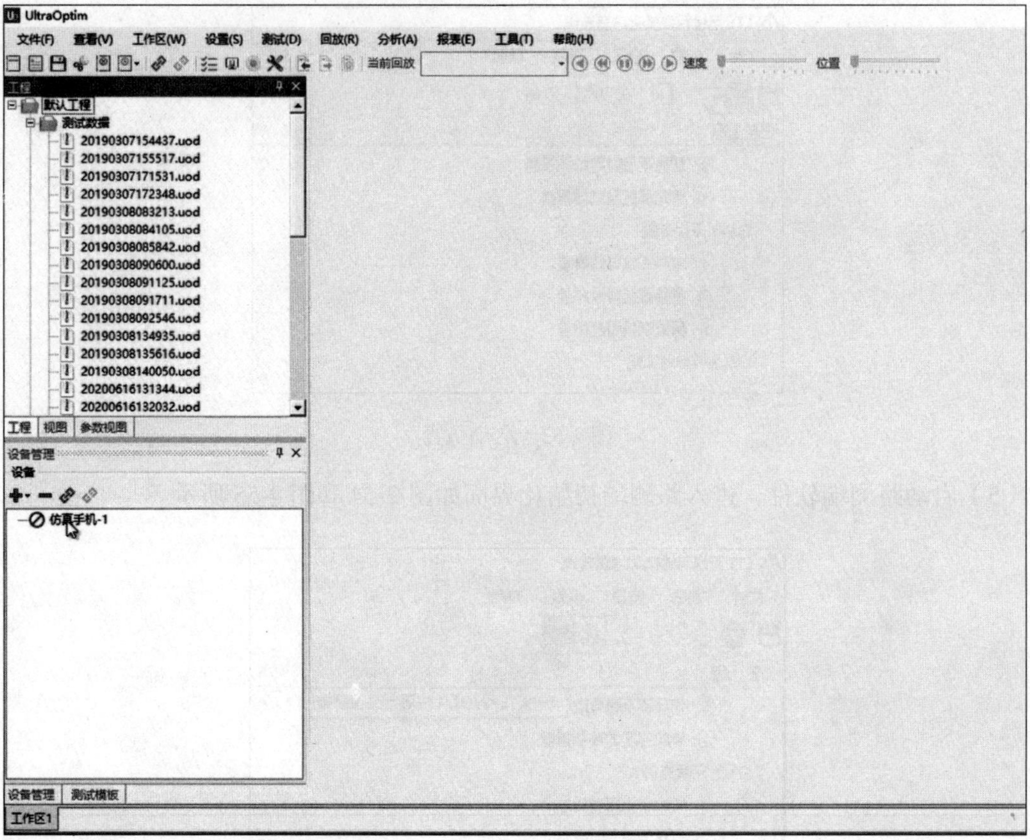

图 2-56　添加仿真手机

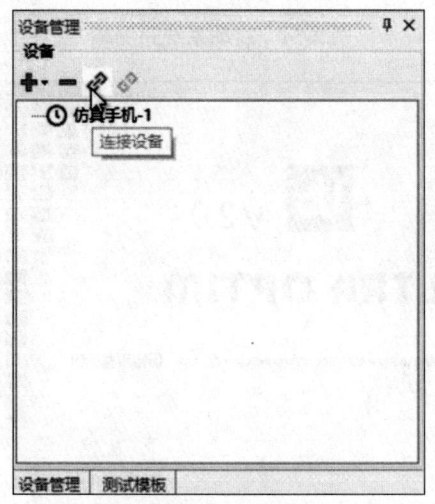

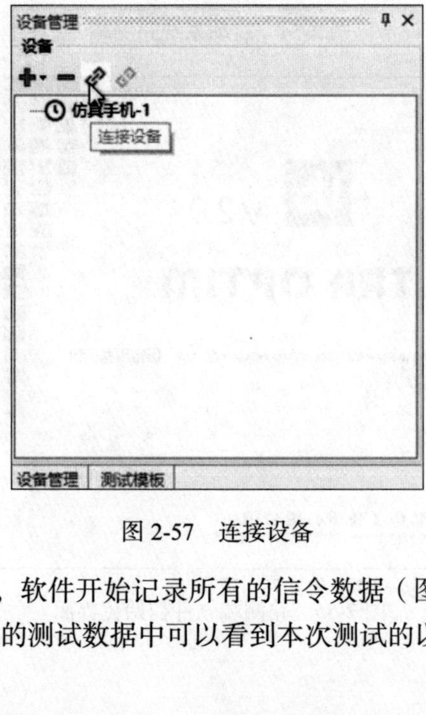

图 2-57　连接设备

（7）单击"开始记录"，软件开始记录所有的信令数据（图 2-58），生成一个以系统时间命名的 .uod 文件，在左侧的测试数据中可以看到本次测试的以及之前保存的测试数据。

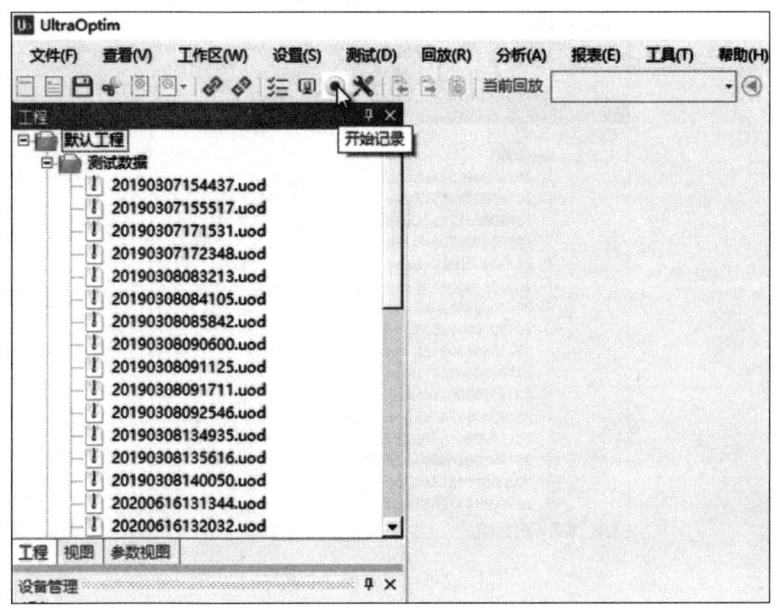

图 2-58 开始记录所有的信令数据

（8）开始移动手机（图 2-59），在测试场景（图 2-60）中可以实时看到手机连接的基站以及信号的 RSRP 值和 SINR 值。

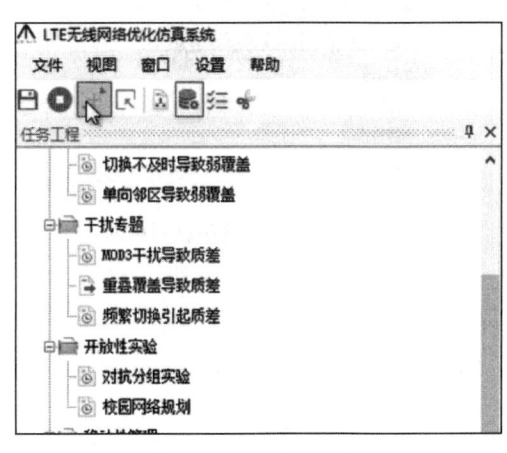

图 2-59 开始移动手机

图 2-60 测试场景

（9）测试完成后，停止记录、断开手机并停止仿真，如图 2-61 和图 2-62 所示。

（10）将场景中的路测基站信息导出到桌面上并保存成 CSV 文件如图 2-63 所示。

（11）将路测基站信息的 CSV 文件导入测试软件中，如图 2-64 所示，在步骤（10）中保存的位置找到 CSV 文件，如图 2-65 所示。

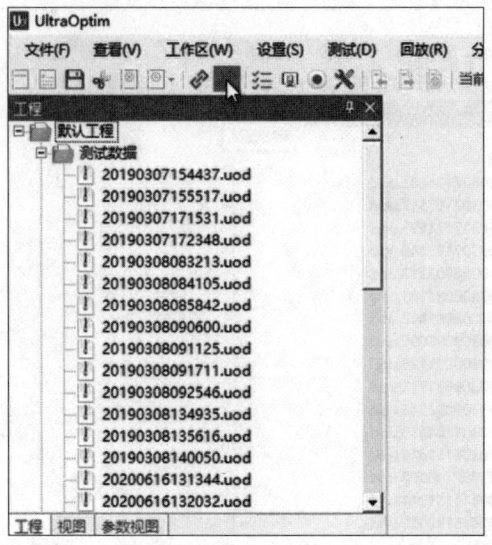

图 2-61　断开手机

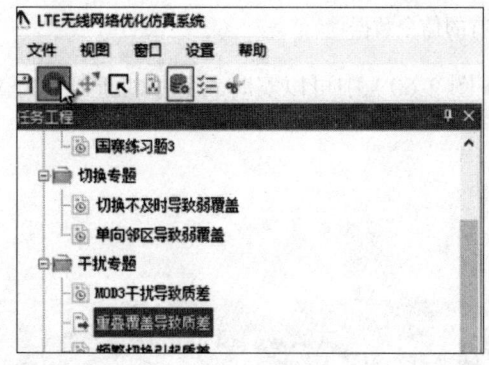

图 2-62　停止仿真

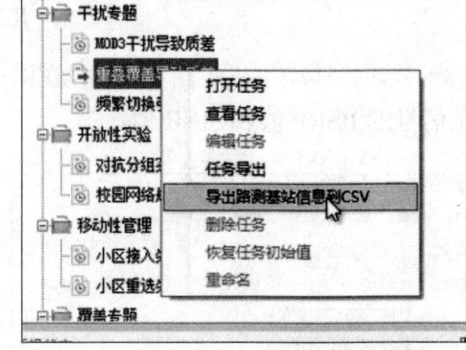

图 2-63　导出路测基站信息到桌面上
并保存成 CSV 文件

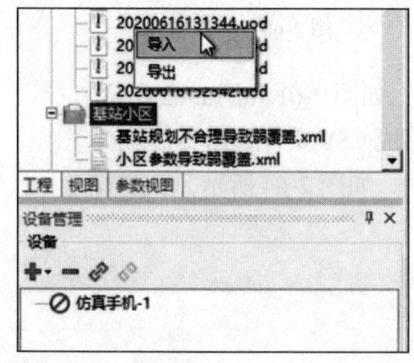

图 2-64　导入路测基站信息的 CSV 文件

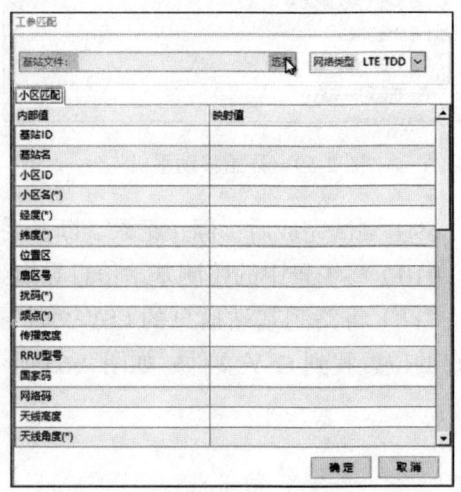

图 2-65　找到 CSV 文件所在的位置

（12）导入刚刚保存的测试数据文件，如图 2-66 所示。

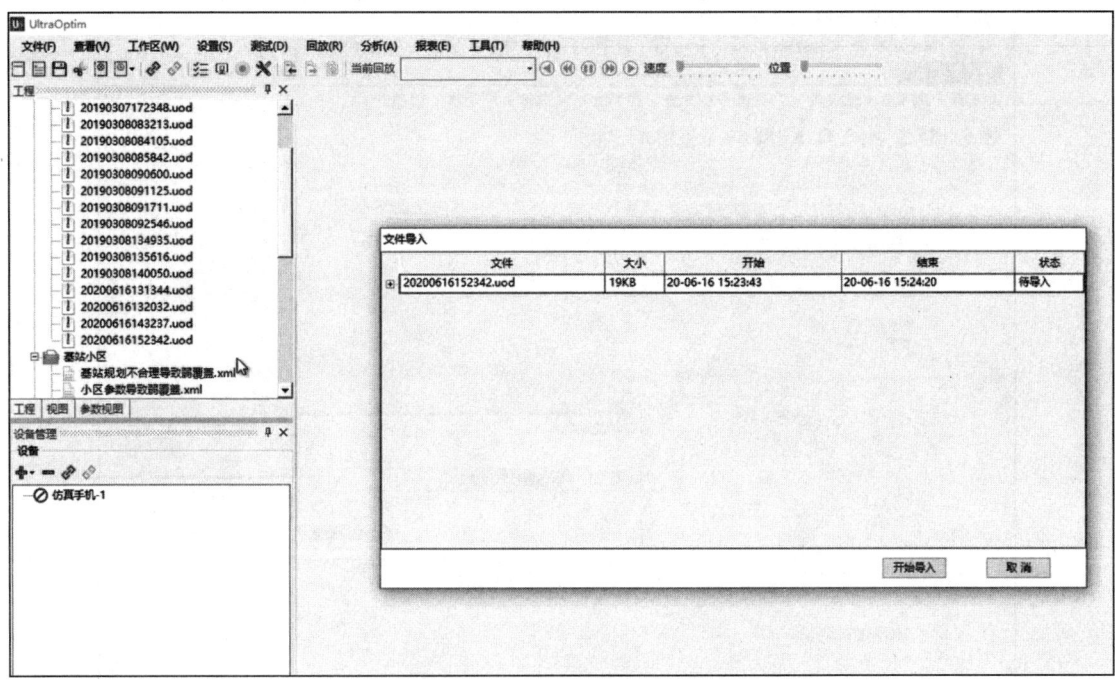

图 2-66 导入测试数据文件

（13）在"视图"下，选择"Common"选项，双击"Map"，在"Map"界面下导入室外地图，如图 2-67 所示。

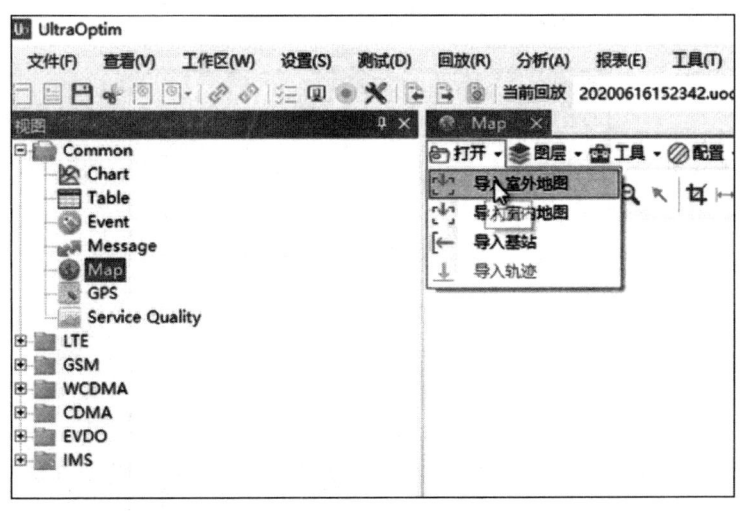

图 2-67 导入室外地图

（14）导入基站文件，如图 2-68 所示。

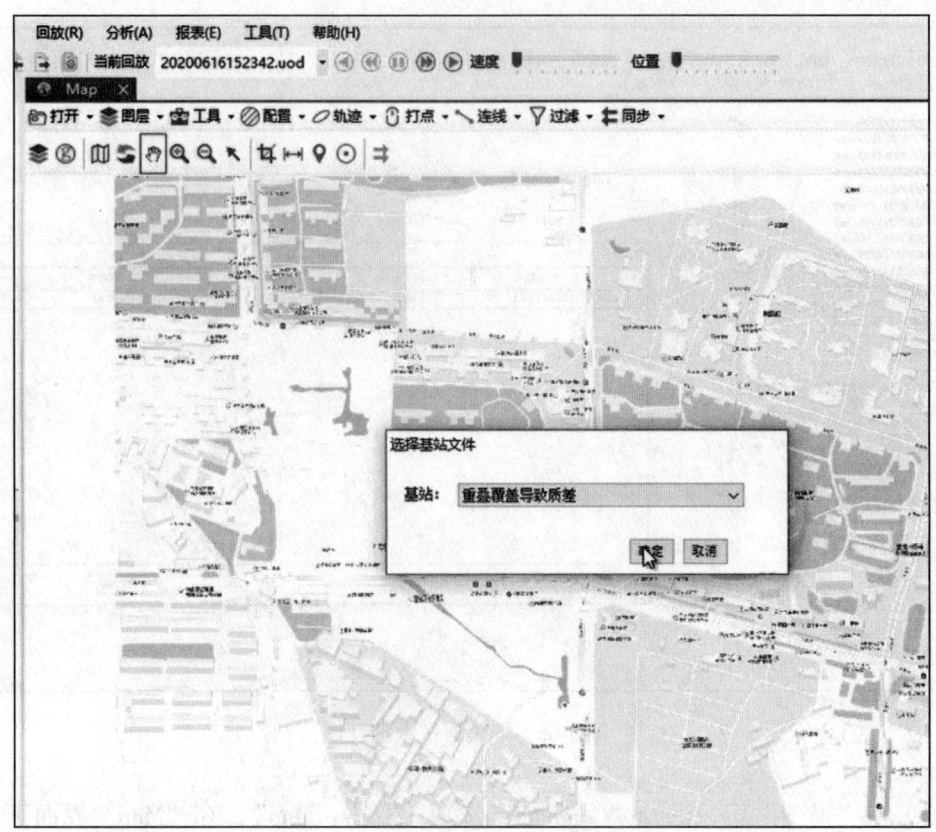

图 2-68　导入基站文件

（15）导入测试数据的轨迹，如图 2-69 所示。

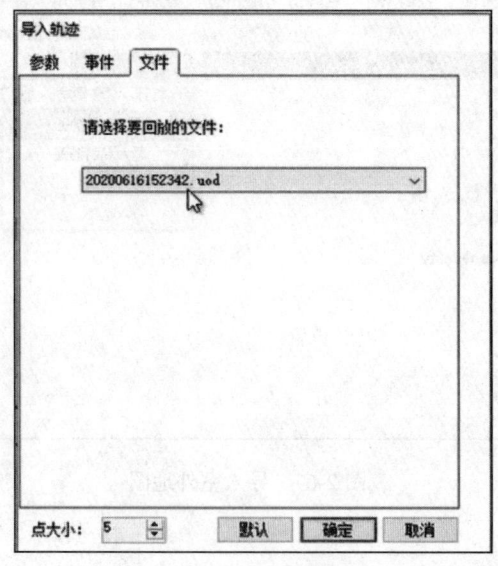

图 2-69　导入测试数据的轨迹

（16）查看连线及数据回放，可以看出随着手机逐渐远离南湖名都＿小区1，信号逐渐变差，相当于手机在小区的覆盖边缘通信，如图2-70所示。

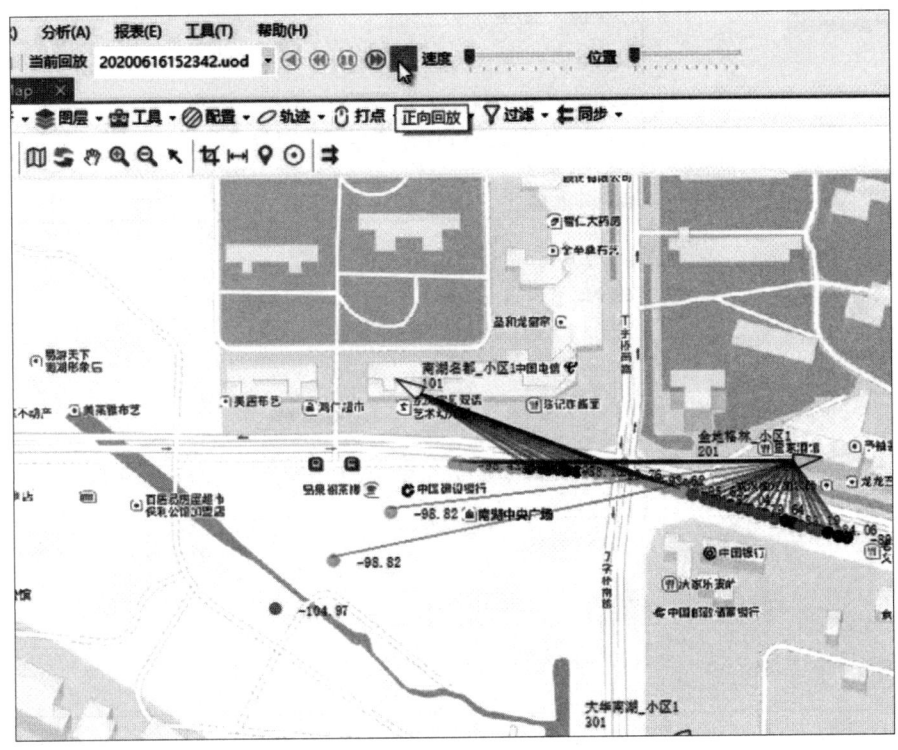

图2-70　数据连线图

（17）选择"分析"菜单，单击"统计"选项，如图2-71所示。

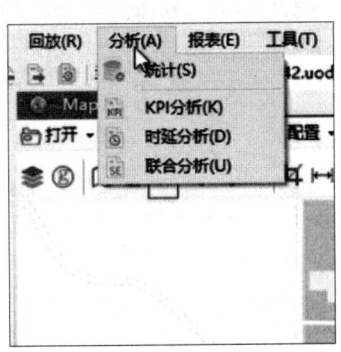

图2-71　选择"分析"菜单，单击"统计"选项

（18）默认统计的选项如图2-72所示，然后生成如图2-73所示的RSRP信号统计表和如图2-74所示的SINR信息统计表。

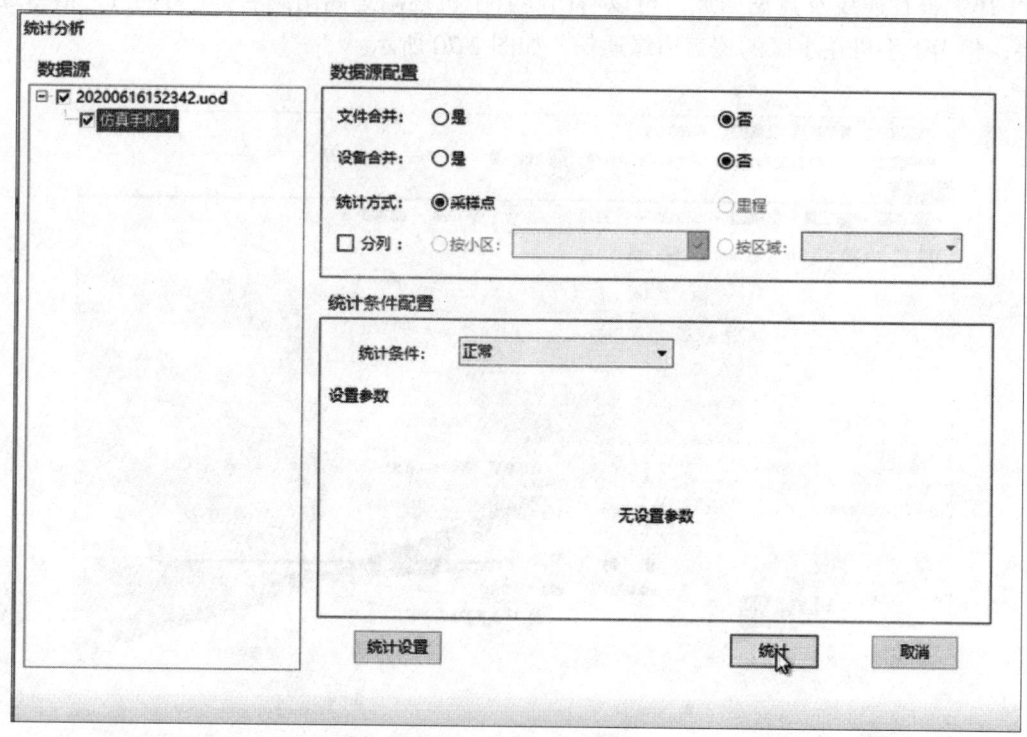

图 2-72　默认统计的选项

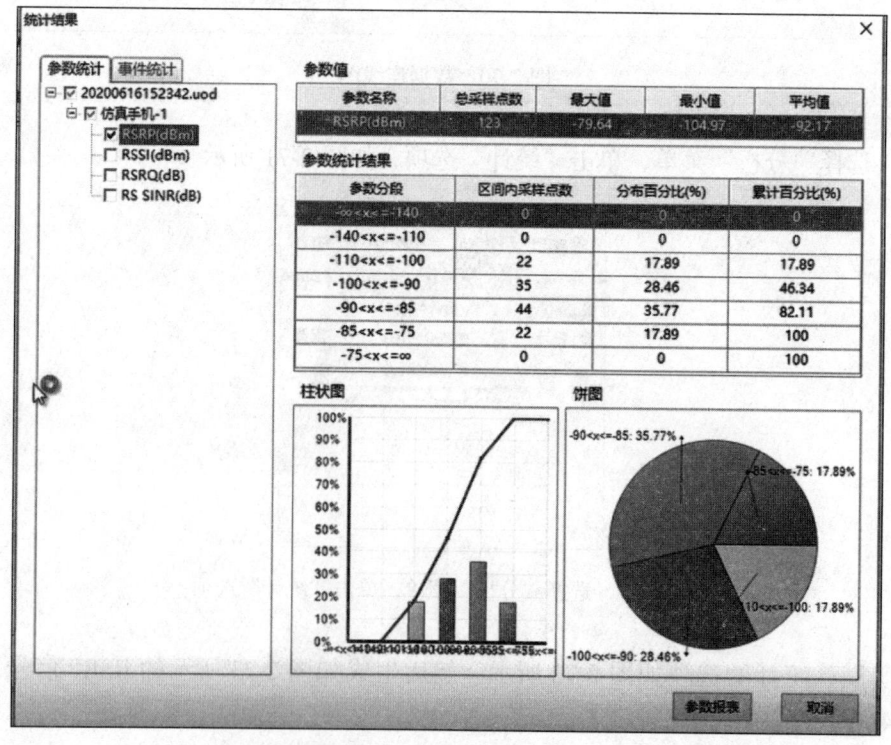

图 2-73　RSRP 信息统计表

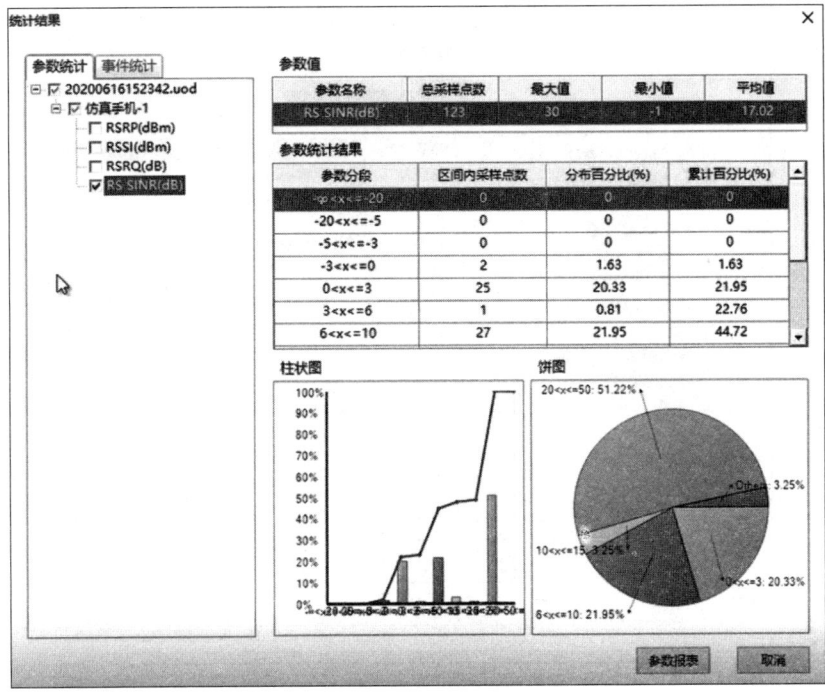

图 2-74 SINR 信息统计表

（19）在仿真场景中单击"编辑"图标，如图 2-75 所示。

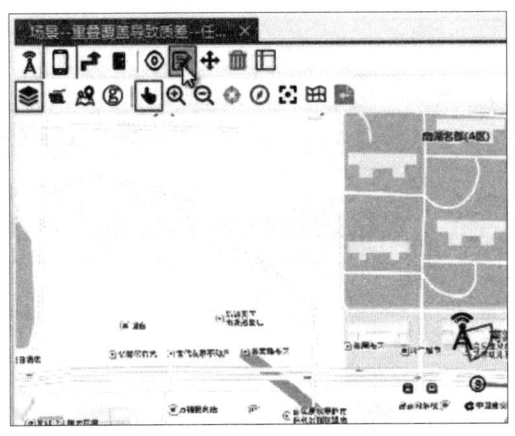

图 2-75 单击"编辑"图标

（20）单击各扇区，均可以看到天线的传输模式为 TM1，即为单天线端口传输，那么刚才所有的测试数据都是在天线传输模式为 TM1 的条件下测试得到的。接下来，不改变仿真场景中的其他参数，只修改天线传输模式，选择 TM2（即发送分集技术），然后保存修改的数据，如图 2-76 所示。TM2 这种方式更适宜于小区边缘的用户，通过分集发送改善其信号质量可以提高数据传输的速率。

（21）重复步骤（4）～（18），可以得到改变天线传输模式后的 RSRP 和 SINR 的统计值，如图 2-77 和图 2-78 所示。

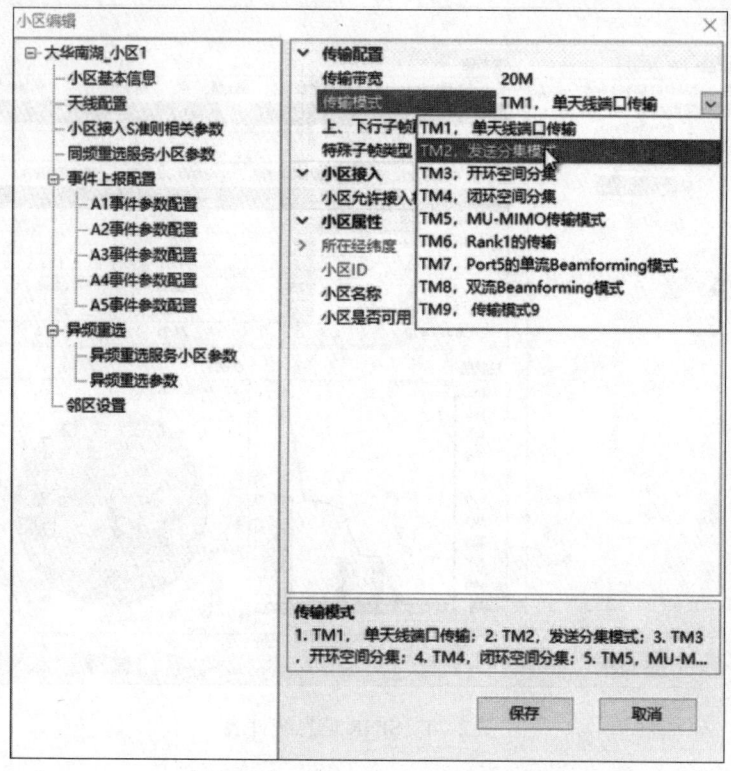

图 2-76　修改天线传输模式

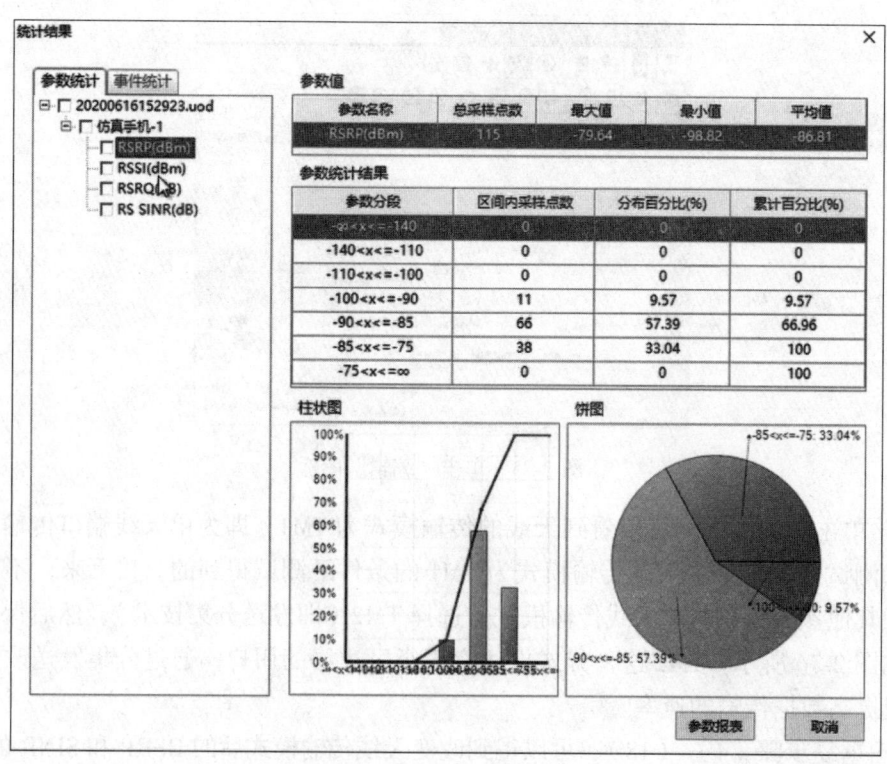

图 2-77　RSRP 的统计值

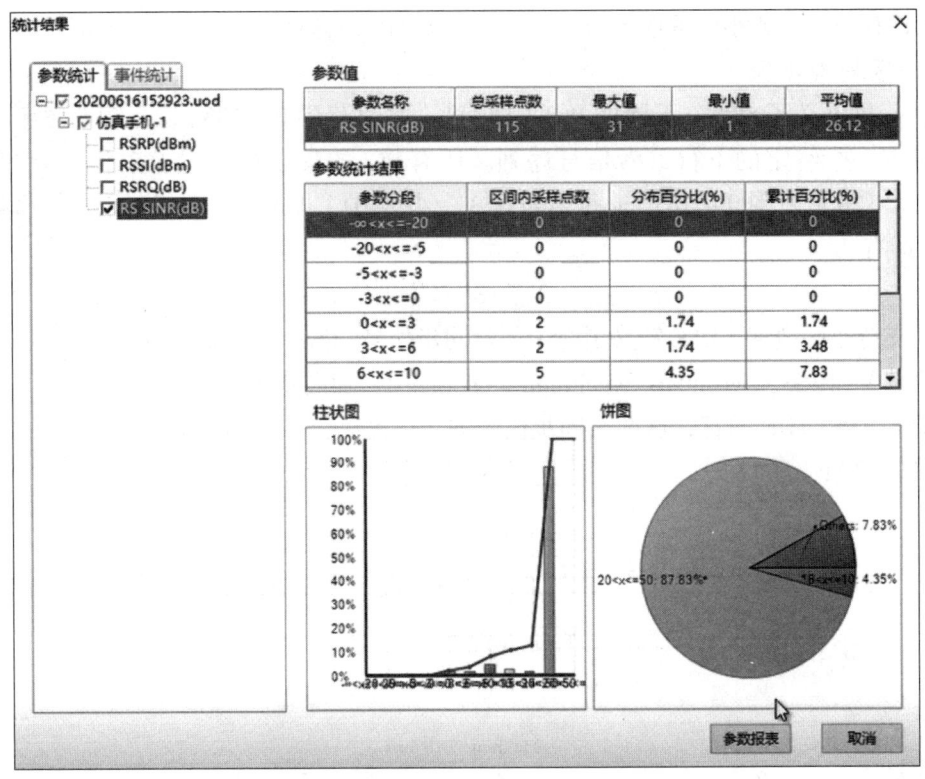

图 2-78　SINR 的统计值

（22）对比修改天线传输模式前后的 RSRP、SINR 值的统计数据可知，TM2 模式可以有效提升 RSRP 和 SINR 的信号质量，改善处于小区边缘的信号覆盖状况。

任务5　移动性管理过程

LTE 系统的移动性管理主要目的是实现资源均衡、频率复用，使用户始终在网络质量较好的小区进行业务活动；移动性管理根据 UE 状态可分为两个方面：一个是空闲态的移动管理，另一个则是连接态的移动管理。空闲态下的移动管理主要通过小区选择或者重选来实现小区的转换，由 UE 控制转换的发生；连接态下的移动性管理主要通过小区切换来实现，由基站控制切换的发生。

知识点1　同步与小区搜索

若 UE 要接入 LTE 网络，则必须经过小区搜索、获取小区系统信息、随机接入等过程。

小区搜索的主要目的有三个：与小区取得频率和符号同步；获取系统帧定时，即下行帧的起始位置；确定小区的 PCI（Physical-layer Cell Identity）。

UE 不仅需要在开机时进行小区搜索，而且为了支持移动性，还会不停地搜索邻居小区、取得同步并估计该小区信号的接收质量，从而决定是否进行切换（当 UE 处于 RRC_

CONNECTED 态时）或小区重选（当 UE 处于 RRC_IDLE 态时）。

1. 小区搜索步骤

LTE 一共定义了 504 个不同的 PCI（即 $N_{\mathrm{ID}}^{\mathrm{cell}}$，取值范围 0 ~ 503），且每个 PCI 对应一个特定的下行参考信号序列。所有 PCI 的集合被分成 168 个组（即 $N_{\mathrm{ID}}^{(1)}$，取值范围 0 ~ 167），每组包含 3 个小区 ID（即 $N_{\mathrm{ID}}^{(2)}$，取值范围 0 ~ 2），即有

小区搜索的步骤

$$N_{\mathrm{ID}}^{\mathrm{cell}} = 3 * N_{\mathrm{ID}}^{(1)} + N_{\mathrm{ID}}^{(2)} \qquad (2\text{-}1)$$

为了支持小区搜索，LTE 定义了 2 个下行同步信号：PSS（Primary Synchronization Signal，主同步信号）和 SSS（Secondary Synchronization Signal，辅同步信号）。

对于 FDD 和 TDD 而言，这两类同步信号的结构是完全一样的，但在帧中时域位置有所不同（图 2-79）：

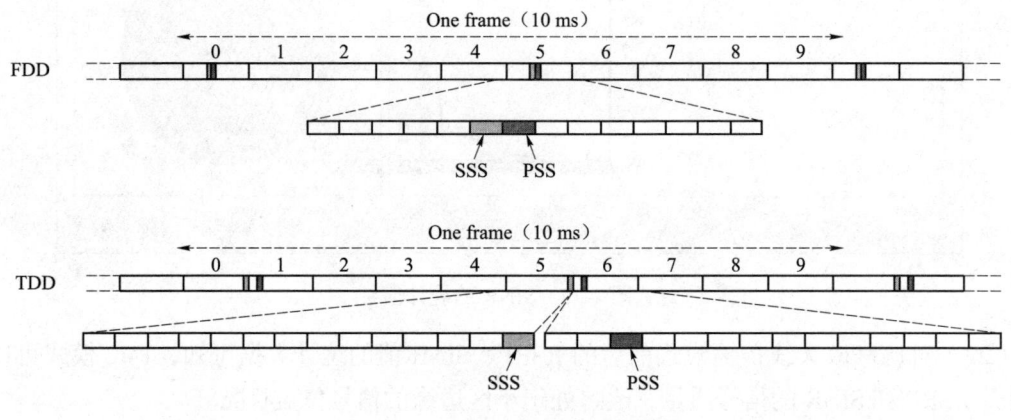

图 2-79　PSS 及 SSS 的时域位置

（1）对于 FDD 而言，PSS 在子帧 0 和 5 的第一个 slot 的最后一个 symbol 中发送；SSS 与 PSS 在同一子帧同一 slot 发送，但 SSS 位于倒数第二个 symbol 中，比 PSS 提前一个 symbol。

（2）对于 TDD 而言，PSS 在子帧 1 和 6（即 DwPTS）的第三个 symbol 中发送；而 SSS 在子帧 0 和 5 的最后一个 symbol 中发送，比 PSS 提前 3 个 symbol。

UE 刚开机时，不知道所在小区的系统带宽的大小，但是 UE 中保存有它所能支持的带宽参数。为了使 UE 能够尽快检测到系统的频率和符号的同步信息，LTE 系统中规定无论系统带宽大小，PSS 和 SSS 信号都位于带宽中心的 72 个子载波上，因此 UE 只需要在其支持的 LTE 频率中心点附近去接收 PSS 和 SSS 就一定能够获取这两个信号。UE 进行小区搜索的具体过程如图 2-80 所示。

小区搜索步骤如下：

（1）UE 开机，在可能存在 LTE 小区的几个中心频点上接收信号（PSS），以接收信号强度来判断这个频点周围是否可能存在小区，如果 UE 保存了上次关机时的频点和运营商信息，那么开机后会先在上次驻留的小区上尝试；如果没有，那么就要在划分给 LTE 系统的频带范围做全频段扫描，发现信号较强的频点去尝试。

（2）UE 在这个中心频点周围收 PSS（主同步信号），它占用了中心频带的 6RB，因此可

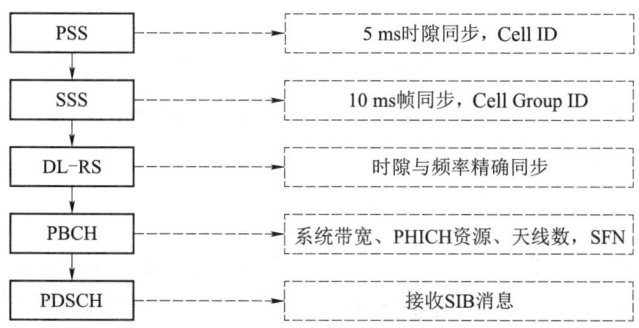

图 2-80　UE 进行小区搜索的具体过程

以兼容所有的系统带宽，信号以 5 ms 为周期重复，在子帧 #0 发送，并且是 ZC 序列，具有很强的相关性，因此可以直接检测并接收到，据此可以得到小区组里小区 ID，同时，确定 5 ms 的时隙边界，同时，通过检查这个信号就可以知道循环前缀的长度以及采用的是 FDD 还是 TDD（因为 TDD 的 PSS 放在特殊子帧里面的位置有所不同，基于此来做判断），由于它是 5 ms 重复，因此在这一步无法获得帧同步。

（3）5 ms 时隙同步后，在 PSS 基础上向前搜索 SSS，SSS 由两个伪随机序列组成，前后半帧的映射正好相反，因此只要接收到两个 SSS 就可以确定 10 ms 的边界，达到帧同步的目的。由于 SSS 信号携带了小区组 ID，跟 PSS 结合就可以获得物理层 ID（Cell ID），因此可以进一步得到下行参考信号的结构信息。

（4）获得帧同步后就可以读取 PBCH 了。通过上面两步获得下行参考信号结构，通过解调参考信号可以进一步精确时隙与频率的同步，同时，可以为解调 PBCH 做信道估计。PBCH 在子帧 #0 的 slot #1 上发送，位置紧靠 PSS，通过解调 PBCH，可以得到系统帧号和带宽信息以及 PHICH 的配置以及天线配置。系统帧号以及天线数设计相对比较巧妙：SFN 位长为 10 bit，也就是取值从 0 ~ 1 023 循环。在 PBCH 的 MIB 广播中只广播前 8 位，剩下的 2 位根据该帧在 PBCH 40 ms 周期窗口的位置确定，如果该帧位于 40 ms 周期的第 1 个 10 ms 内，后两位的编码为 00，位于第 2 个 10 ms 内，编码为 01，相应的在第 3 个 10 ms 内，编码为 10，在第 4 个 10 ms 内，编码为 11。PBCH 的 40 ms 窗口手机可以通过盲检确定，而天线数隐含在 PBCH 的 CRC 里面，在计算好 PBCH 的 CRC 后跟天线数对应的 MASK 进行异或。

至此，UE 实现了和 eNB 的定时同步；要完成小区搜索，仅接收 PBCH 是不够的，由于 PBCH 只是携带了非常有限的系统信息，更多更详细的系统信息是由 SIB 携带的，因此还需要接收 SIB，即 UE 接收承载在 PDSCH 上的 BCCH 信息。

（5）UE 接收 PCFICH，此时该信道的时频资源可以根据物理小区 ID 推算出来，通过接收解码得到 PDCCH 的 symbol 数目。

（6）在 PDCCH 信道域的公共搜索空间里查找发送到 SI–RNTI 的候选 PDCCH，如果找到一个并通过了相关的 CRC 校验，那么就意味着有相应的 SIB 消息，于是接收 PDSCH，译码后将 SIB 上报给高层协议栈。

（7）UE 不断接收 SIB，上层（RRC）会判断接收的系统消息是否足够，如果足够，那么将停止接收 SIB。至此，小区搜索过程结束。

2. 主同步信号

PSS 使用长度为 63 的 Zadoff–Chu 序列（中间有 DC 子载波，所以实际上传输的长度为 62），加上边界额外预留的用作保护频段的 5 个子载波，形成了占据中心 72 个子载波（不包含 DC）的 PSS。PSS 的结构如图 2-81 所示。

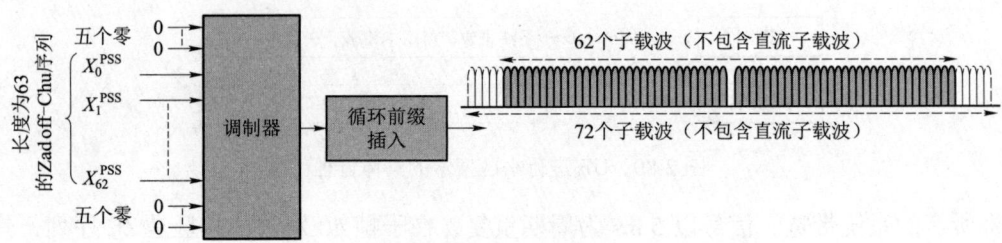

图 2-81　PSS 的结构

PSS 有三个取值，对应三种不同的 Zadoff–Chu 序列，每种序列对应一个 $N_{\mathrm{ID}}^{(2)}$。某个小区的 PSS 对应的序列由该小区的 PCI 决定，由式（2-1）可知，将 PCI 的值 $N_{\mathrm{ID}}^{\mathrm{cell}}$ 模 3 后，所得到的取值就是 $N_{\mathrm{ID}}^{(2)}$，共有 0，1，2 三种不同的取值，对应三种不同的 Zadoff–Chu 序列。

表 2-6　$N_{\mathrm{ID}}^{(2)}$ 与 Root index u 的对应关系

$N_{\mathrm{ID}}^{(2)}$	Root index u
0	25
1	29
2	34

UE 为了接收 PSS，会使用指定的 Root index u 来尝试解码 PSS，直到其中某个 Root index u 成功解出 PSS 为止。这样，UE 就知道了该小区的 $N_{\mathrm{ID}}^{(2)}$。又由于 PSS 在时域上的位置是固定的，因此 UE 又可以得到该小区的 5 ms 定时。一个系统帧内有两个 PSS，且这两个 PSS 是相同的，因此 UE 不能确定解出的 PSS 是第一个还是第二个，所以只能得到 5 ms 定时。

3. 辅同步信号

与 PSS 类似，SSS 也使用长度为 63 的 Zadoff–Chu 序列（中间有 DC 子载波，所以实际上传输长度为 62），再加上边界额外预留的用作保护频段的 5 个子载波，就形成了占据中心 72 个子载波（不包含 DC）的 SSS，且从图 2-82 中可以看出，无论是 FDD 还是 TDD，SSS 都在子帧 0 和 5 上传输。

LTE 中，SSS 的设计有其特别之处：

（1）2 个 SSS（SSS_1 位于子帧 0，SSS_2 位于子帧 5）的值来源于 168 个可选值的集合，其对应 168 个不同 $N_{\mathrm{ID}}^{(1)}$；

（2）SSS_1 的取值范围与 SSS_2 是不同的，因此允许 UE 只接收一个 SSS 就检测出系统帧 10 ms 的定时（即子帧 0 所在的位置）。这样做的原因在于小区搜索过程中，UE 会搜索多个小区，搜索的时间窗可能不足以让 UE 检测超过一个 SSS。

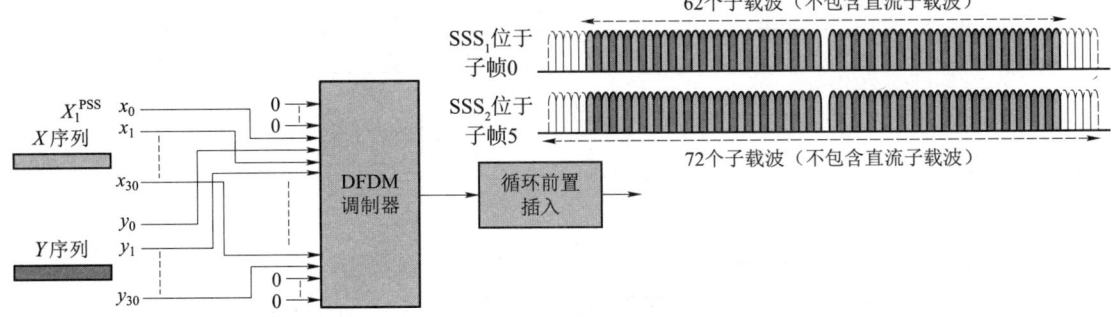

图 2-82　SSS 的结构

SSS 的结构如图 2-82 所示，SSS_1 是由 2 个长度为 31 的 m 序列 X、Y 交织而成的，每个都可以取 31 个不同的值（实际上是同一 m 序列的 31 种不同的偏移）。在同一个小区中，SSS_2 与 SSS_1 使用的是相同的 2 个 m 序列，不同的是，在 SSS_2 中，这 2 个序列在频域上交换了一下位置，从而保证了 SSS_1 和 SSS_2 属于不同的集合。对于 SSS_1 而言，偶数位偏移 m_0 位，奇数位偏移 m_1 位；对于 SSS_2 而言，偶数位偏移 m_1 位，奇数位偏移 m_0 位。

UE 解码 SSS 共分两步：

第一步：UE 知道 PSS 后，就知道了 SSS 可能的位置。

首先，UE 在检测到 SSS 之前，还不知道该小区是工作在 FDD 模式下还是 TDD 模式下。如果 UE 同时支持 FDD 和 TDD，那么会在 2 个可能的位置上去尝试解码 SSS；如果在 PSS 的前一个 symbol 上检测到 SSS，那么小区工作在 FDD 模式下；如果在 PSS 的前 3 个 symbol 上检测到 SSS，那么小区工作在 TDD 模式下。如果 UE 只支持 FDD 或 TDD，那么只会在相应的位置上去检测 SSS，如果检测不到，那么认为不能接入该小区。通过检测 SSS，UE 可以知道小区是工作在 FDD 模式下还是 TDD 模式下。

其次，SSS 的确切位置还和 CP（Cyclic Prefix）的长度有关，如图 2-83 和图 2-84 所示。在此阶段，UE 还不知道小区的 CP 配置（Normal CP 还是 Extended CP），因此会在这两个可能的位置对 SSS 进行盲检。通过检测 SSS，UE 可以知道小区的 CP 配置。

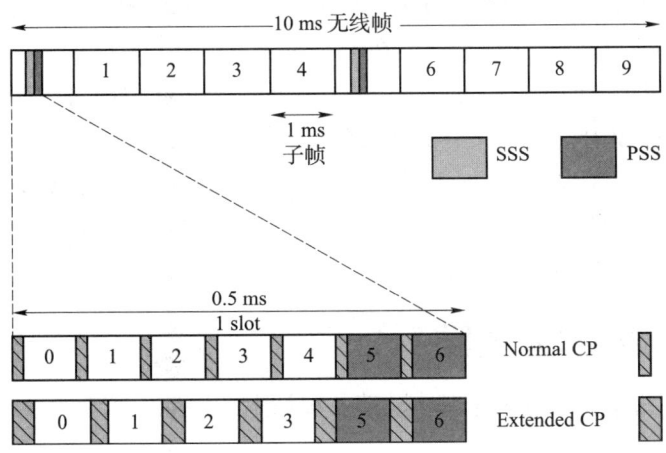

图 2-83　FDD 模式下 PSS/SSS 的帧和 slot 在时域上的结构

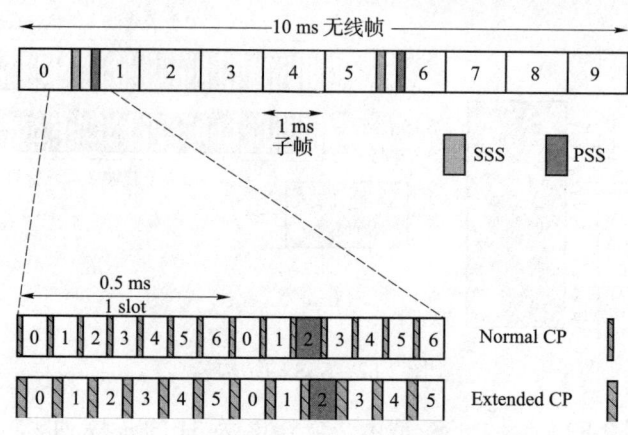

图 2-84　TDD 模式下 PSS/SSS 的帧和 slot 在时域上的结构

第二步：UE 会在 SSS 可能出现的位置（如果 UE 同时支持 FDD 和 TDD，则至多有 4 个位置），根据 PCI 的计算公式、PSS 可能出现的 168 种取值，以及 X 与 Y 交织的顺序（以便确定是 SSS_1 还是 SSS_2，其实都能体现在公式里）等，盲检 SSS。

如果成功解码出 SSS（当然也知道了该 SSS 是 SSS_1 还是 SSS_2），就确定了 168 种取值之一，也就确定了 $N_{ID}^{(1)}$。确定了 SSS 是 SSS_1 还是 SSS_2，也就确定了该 SSS 是位于子帧 0 还是子帧 5，进而也就确定了该系统帧中子帧 0 所在的位置，即 10 ms 定时。

综上所述，通过 SSS，UE 可以得到如下信息：

- $N_{ID}^{(1)}$，加上检测 PSS 时得到的 $N_{ID}^{(2)}$，也就得到了小区的 PCI；
- 由于 cell-specific RS 及其时频位置与 PCI 是一一对应的，因此也就知道了该小区的下行 cell-specific RS 及其时频位置；
- 10 ms 定时，即系统帧中子帧 0 所在的位置（此时还不知道系统帧号，需要进一步解码 PBCH）；
- 小区是工作在 FDD 模式还是 TDD 模式下；
- CP 配置：是 Normal CP 还是 Extended CP。

在多天线传输的情况下，同一子帧内，PSS 和 SSS 总是在相同的天线端口上发射，而在不同的子帧上，则可以利用多天线增益，在不同的天线端口上发射。

如果是初始同步（此时 UE 还没有驻留或连接到一个 LTE 小区），那么在检测完同步信号之后，UE 会解码 PBCH，以获取最重要的系统信息。

如果是识别邻居小区，那么 UE 并不需要解码 PBCH，而只需要基于最新检测到的小区参考信号来测量下行信号质量水平，以决定是进行小区重选（UE 处于 RRC_IDLE 态）还是切换（UE 处于 RRC_CONNECTED 态）。

知识点 2　随机接入过程

UE 可以通过随机接入实现两个基本功能：申请上行资源；实现与基站间的上行时间同步。

在以下场景会用到随机接入：

随机接入过程

- 从 RRC_IDLE 状态到 RRC_CONNECTED 状态的转换，即 RRC 连接过程，如初始接入和 TAU 更新；
- 无线链路失败后的初始接入，即 RRC 连接重建过程；
- 在 RRC_CONNECTED 状态，未获得上行同步但需发送上行数据和控制信息或虽未上行失败但需要通过随机接入申请上行资源；
- 在 RRC_CONNECTED 状态，从服务小区切换到目标小区；
- 在 RRC_CONNECTED 状态，未获得上行同步但需要接收下行数据。

根据 UE 发起的 Preamble 码是否存在碰撞风险，随机接入分为竞争随机接入和非竞争随机接入，非竞争随机接入只包括后两种。

1. 基于竞争的随机接入

基于竞争的随机接入过程如图 2-85 所示。

（1）Msg1：发送 Preamble 码。UE 随机选择 Preamble 码发送给 eNB，可以选择 64 个 Preamble 码中的部分或全部接入，接入请求承载于 PRACH 上。

（2）Msg2：随机接入响应。Msg2 由 eNB 的 MAC 层组织，并由 DL-SCH 承载，一条 Msg2 可同时响应多个 UE 的随机接入请求。eNB 使用 PDCCH 调度 Msg2，并通过 RA-RNTI 进行寻址，RA-RNTI 由承载 Msg1 的 PRACH 时频资源位置确定；Msg2 包含上行传输定时提前量、为 Msg3 分配的上行资源、临时 C-RNTI 等。

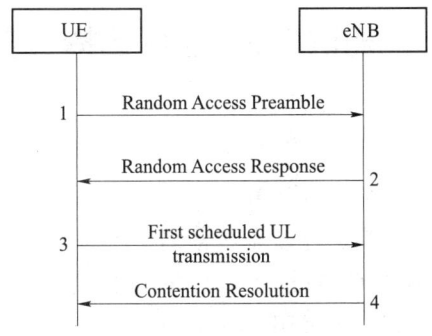

图 2-85 基于竞争的随机接入过程

（3）Msg3：第一次调度传输。UE 在接收 Msg2 后，在其分配的上行资源上传输 Msg3，针对不同的场景，Msg3 包含不同的内容：
- 初始接入：携带 RRC 层生成的 RRC 连接请求，包含 UE 的 S-TMSI 或随机数。
- 连接重建：携带 RRC 层生成的 RRC 连接重建请求，C-RNTI 和 PCI。
- 切换：传输 RRC 层生成的 RRC 切换完成消息以及 UE 的 C-RNTI。
- 上 / 下行数据到达：传输 UE 的 C-RNTI。

（4）Msg4：竞争解决。

不同场景的竞争解决见表 2-7。

表 2-7 不同场景的竞争解决

	初始接入和连接重建场景	切换、上 / 下行数据到达场景
竞争判定	Msg4 携带成功解调的 Msg3 消息的复制，UE 将其与自身在 Msg3 中发送的高层标识进行比较，两者相同则判定为竞争成功	UE 如果在 PDCCH 上接收到调度 Msg4 的命令，那么竞争成功
调度	Msg4 使用由临时 C-RNTI 加扰的 PDCCH 调度	eNB 使用 C-RNTI 加扰的 PDCCH 调度 Msg4
C-RNTI	Msg2 中下发的临时 C-RNTI 在竞争成功后升级为 UE 的 C-RNTI	UE 之前已分配 C-RNTI，在 Msg3 中也将其传给 eNB。竞争解决后，临时 C-RNTI 被收回，继续使用 UE 原 C-RNTI

2. 基于非竞争的随机接入

UE 根据 eNB 的指示，在指定的 PRACH 上使用指定的 Preamble 码发起随机接入（图 2-86）。

（1）Msg0：随机接入指示。对于切换场景，eNB 通过 RRC 信令通知 UE；对于下行数据到达和辅助定位场景，eNB 通过 PDCCH 通知 UE。

（2）Msg1：发送 Preamble 码。UE 在 eNB 指定的 PRACH 信道资源上用指定的 Preamble 码发起随机接入。

（3）Msg2：随机接入响应。Msg2 与竞争机制的格式与内容完全一样，可以响应多个 UE 发送的 Msg1。

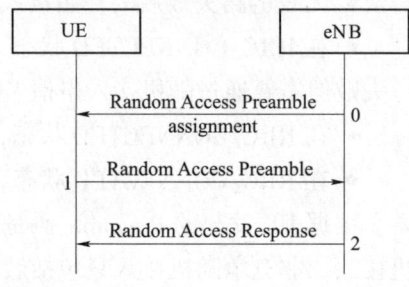

图 2-86　基于非竞争的随机接入

知识点 3　小区选择与重选

1. 小区选择

当 UE 从连接态转移到空闲态或当 UE 选择一个 PLMN 后，都需要进行小区选择，即选择一个小区驻留。

当从连接态转移到空闲态时，UE 将会选择在连接态中的最后一个小区驻留，或者根据在 RRC Connection Release 信息中分配的频率选择 Suitable Cell 驻留。若没有满足以上条件的小区，则采用 Stored Information Cell Selection 选择小区，寻找 Suitable Cell 驻留。若搜索不到 Suitable Cell，则启用 Initial Cell Selection 进行小区选择。

当采用 Stored Information Cell Selection 方式进行小区选择时，UE 会根据 USIM 卡上保存的关于 PLMN 载波频点的信息，以及测量控制信息或者以前侦测到的小区参数来选择小区驻留。这些信息可以加快小区选择速度。

Stored Information Cell Selection 的小区选择过程如下：根据已知的载波频点，搜索该频点上信号最强的小区。如果搜索到 Suitable Cell，那么 UE 将会选择驻留在该小区；如果没有搜索到 Suitable Cell，那么 UE 将会启动 Initial Cell Selection。

当采用 Initial Cell Selection 方式进行小区选择时，UE 事先不需要知道哪个频点是 E-UTRAN 的载波频点。

Initial Cell Selection 的小区选择过程如下：扫描 UE 支持的 E-UTRAN 带宽内的所有载波频点，搜索 Suitable Cell。在每个载波频点上，UE 仅会搜索信号最强的小区；如果搜索到 Suitable Cell，那么 UE 将会选择驻留在该小区；如果没有搜索到 Suitable Cell，那么 UE 将选择一个 Acceptable Cell 驻留。

2. 小区选择原则（S 准则）

进行小区选择时，UE 需要判断小区是否满足小区选择原则。小区选择原则的基础是 E-UTRAN 小区参考信号的接收功率测量值，即 RSRP。在小区选择时，小区的 RSRP 值必须高于配置的小区最小接收电平 Qrxlevmin，且 RSRQ 必须高于配置的小区最小接收信号质量 Qqualmin。这样，UE 才能够选择该小区驻留。

小区选择原则的判决公式为：Srxlev>0 且 Squal>0。

其中：

Srxlev=Qrxlevmeas–（Qrxlevmin+Qrxlevminoffset）–Pcompensation

Squal=Qqualmeas–（Qqualmin+Qqualminoffset）

- Qrxlevmeas：测量得到的小区接收信号电平值，即 RSRP，单位为 dBm。
- Qrxlevmin：在 eNB 中配置的小区最低接收电平值，单位为 dBm。
- Qrxlevminoffset：小区最小接收信号电平偏置值。这个参数只有在 UE 尝试更高优先级 PLMN 的小区时才能用到，即当 UE 驻留在 VPLMN 的小区时，将根据更高优先级 PLMN 的小区留给它的这个参数值来进行小区选择判决。
- Pcompensation：max（PMax–UE Maximum Output Power，0），单位为 dB。
- PMax：小区允许 UE 的最大发射功率，用在小区上行发射信号过程中，单位为 dBm。
- UE Maximum Output Power：UE 本身的最大射频输出功率，单位为 dBm。
- Qqualmeas：测量得到的小区接收信号质量，即 RSRQ，单位为 dB。
- Qqualmin：在 eNB 中配置的小区最低接收信号质量值，单位为 dB。
- QQualminoffset：小区最小接收信号质量偏置值。这个参数只有在 UE 尝试更高优先级 PLMN 的小区时才用到，即当 UE 驻留在 VPLMN 的小区时，将根据更高优先级 PLMN 的小区留给它的这个参数值来进行小区选择判决。

3. 小区重选（R 准则）

小区重选（Cell Reselection）是指 UE 在空闲模式下通过监测邻区和当前小区的信号质量以选择一个最好的小区提供服务信号的过程。当邻区的信号质量及电平满足 S 准则且满足一定重选判决准则时，终端将接入该小区驻留。

驻留到合适的 LTE 小区停留 1 s 后，UE 就可以进行小区重选的过程。小区重选过程包括测量和重选两部分过程，当满足条件时，终端根据网络配置的相关参数发起相应的流程。

（1）测量。

在进行小区重选以前，UE 首先根据当前服务小区的信号质量和邻区的优先级信息，对邻区进行测量，分为同频小区测量和异频 / 异系统小区测量。

同频小区测量启动的规则如下：

- 如果当前服务小区信号质量很好，Srxlev 值大于同频测量启动门限 SIntraSearch，并且 Squal 值大于同频 RSRQ 测量启动门限 SIntraSearchQ 时，UE 不进行同频小区测量。
- 如果当前服务小区的 Srxlev 值小于或等于同频测量启动门限 SIntraSearch 或者当前服务小区的 Squal 值小于或等于同频 RSRQ 测量启动门限 SIntraSearchQ 时，UE 将进行同频小区测量。
- 如果参数同频测量门限配置指示 SIntraSearchCfgInd 为不配置 NOT_CFG 时，那么不管当前服务小区信号质量如何，UE 都将进行同频小区测量。

异频和异系统小区测量启动的规则如下：

- 如果异频或异系统小区拥有比当前服务小区更高的优先级，那么不管服务小区质量如何，UE 都将对它们进行测量。
- 如果异频小区的优先级低于或等于当前服务小区，异系统小区的优先级低于当前

E-UTRAN 小区时，有以下两种情况：

——如果当前服务小区信号质量很好，Srxlev 值大于异频 / 异系统测量启动门限 SNonIntraSearch，并且 Squal 值大于异频 / 异系统 RSRQ 测量启动门限 SNonIntraSearchQ 时，则 UE 不对异频或异系统小区进行测量。

——如果当前服务小区的 Srxlev 值小于或等于异频 / 异系统测量启动门限 SNonIntraSearch，或者当前服务小区的 Squal 值小于或等于异频 / 异系统 RSRQ 测量启动门限 SNonIntraSearchQ 时，则 UE 将对异频或异系统小区进行测量。

● 如果参数异频 / 异系统测量门限值配置指示 SNonIntraSearchCfgInd 为不配置 NOT_CFG，那么不管异频或异系统小区信号质量如何，UE 都会对优先级低于或等于当前服务小区的异频小区或异系统小区进行测量。

（2）重选。

重选分为同频小区重选和异频小区重选。在 LTE 中，SIB3 ~ SIB8 全部为重选相关信息，见表 2-8。

表 2-8　SIB3 ~ SIB8 系统消息

消息块	所在域	对应载频
SIB3	cellReselectionServingFreqinfo	当前载频，即服务小区载频
SIB5	interFreqCarrierFreqLIst	某个 E-UTRA 异频载频
SIB6	carrierFreqListUTRA–TDD	某个 UTRA–TDD 载频
	carrierFreqListUTRA–TDD	某个 UTRA–FDD 载频
SIB7	carrierFreqsinfoList.commoninfo	某个 GERAN 载频
SIB8	parametersHRPD..physCellIdList	某个 CDMA2000 载频

与 2G、3G 网络不同，LTE 系统中引入了重选优先级的概念。在 LTE 系统，网络可配置不同频点或频率组的优先级，通过广播在系统消息中告诉 UE，对应参数为 cellReselectionPriority，取值为（0…7）；优先级配置单位是频点，因此在相同载频的不同小区具有相同的优先级；通过配置各频点的优先级，网络能更方便地引导终端重选到高优先级的小区驻留，达到均衡网络负荷、提升资源利用率、保障 UE 信号质量等作用。

重选优先级也可以通过 RRC Connection Release 消息告诉 UE。此时，UE 忽略广播消息中的优先级信息，以该信息为准。网络能主动引导 UE 进行系统间小区重选，完成 CS 域话音呼叫等。

1）同频 / 同优先级的小区重选。

小区重选通过小区重选规则来确定是否重选该小区。小区重选规则用于在同频或同优先级小区选择时，UE 比较邻区信号质量是否高于当前小区信号质量。对满足小区选择原则的小区，UE 才会根据小区重选规则对其进行评估。

对服务小区的信号质量等级 R_s 和邻区的信号质量等级 R_n 的计算公式如下：

$$R\_s=Qmeas，s + Qhyst \tag{2-2}$$

$$R\_n=Qmeas，n - CellQoffset \tag{2-3}$$

其中，

- Qmeas，s：UE 测量的服务小区的 RSRP 值，单位为 dBm。
- Qhyst：在 eNB 侧配置的服务小区的重选迟滞值，单位为 dB。
- Qmeas，n：UE 测量的邻区的 RSRP 值，单位为 dBm。
- CellQoffset：在 eNB 侧配置的邻区偏置值，单位为 dB。

根据小区重选规则，当下列条件都满足时，将会触发 UE 重选到新的小区：

- 在小区重选时间 TreselEutran 内，邻区的信号质量等级一直高于当前服务小区信号质量等级。
- UE 在当前服务小区驻留超过 1 s。

当有多个邻区的信号质量等级大于服务小区的信号质量等级时，UE 将会对信号质量等级最高的小区做重选。

对小区进行重选时，UE 还将根据系统消息 SIB1 中的"cellAccessRelatedInfo"检查是否能够接入该小区。如果该小区被禁止，那么必须从候选小区清单中排除，UE 不再考虑选择它。如果该小区由于属于禁止漫游 TA，或不属于注册 PLMN 或 EPLMN，而不能成为 Suitable Cell，则 UE 在 300 s 内不再考虑重选该小区或与该小区频率相同的小区。

2）不同优先级异频 / 异系统的小区重选。

不同优先级的异频小区和异系统小区重选分为对高优先级小区和低优先级小区进行重选。

对高优先级小区重选，如果系统消息 SIB3 中提供了参数 ThrshServLowQ，在以下条件下都满足时，小区重选将选择高优先级异频小区或高优先级异系统小区：

- 邻区满足如下条件：

——若邻区是 E-UTRAN 或 UTRAN：在设定的小区重选时间（TreselEutran、TreselUtran）内，被评估的 E-UTRAN 或 UTRAN 邻区 Squal 值大于高优先级重选 RSRQ 门限 ThreshXHighQ。

——若邻区是 GRAN 或 CDMA2000：在设定的小区重选时间（TReselGeran、Cdma1Xrtt-Treselection）内，被评估的 GRAN 或 CDMA2000 邻区 Srxlev 值大于高优先级重选门限 ThreshXHigh。

- UE 在当前服务小区驻留超过 1 s。

否则，在以下条件下都满足时，小区重选将选择高优先级异频小区或高优先级异系统小区：

- 在设定的小区重选时间内，被评估的邻区 Srxlev 值大于高优先级重选门限 ThreshXHigh。
- UE 在当前服务小区驻留超过 1 s。

对低优先级小区重选，如果系统信息 SIB3 中提供了 ThrshServLowQ，那么当以下条件都满足时，小区重选将选择低优先级异频小区或低优先级异系统小区：

- 高优先级异频小区或高优先级异系统小区不满足高优先级小区重选的条件。
- 在设定的小区重选时间内，服务小区的 Squal 值小于服务频点低优先级重选门限 ThrshServLowQ。

- 邻区满足如下条件：

——在设定的小区重选时间 TreselectionRAT 内，被评估的 E-UTRAN 或 UTRAN 邻区 Squal 值大于低优先级重选门限 ThreshXLowQ。

——在设定的小区重选时间内，被评估的 GRAN 或 CDMA2000 邻区 Srxlev 值大于低优先级重选门限 ThreshXLow。

- UE 在当前服务小区驻留超过 1 s。

否则，在以下条件都满足时，小区重选将选择低优先级异频小区或低优先级异系统小区：

- 高优先级异频小区或高优先级异系统小区不满足高优先级小区重选的条件。
- 在设定的小区重选时间内，服务小区的 Srxlev 值小于服务频点低优先级重选门限 ThrshServLow。
- 在设定的小区重选时间内，被评估的邻区 Srxlev 值大于低优先级重选门限 ThreshXLow。
- UE 在当前服务小区驻留超过 1 s。

知识点 4　跟踪区注册

为了确认移动台的位置，LTE 网络覆盖区将被分为许多个跟踪区（Tracking Area，TA），TA 功能与 3G 的位置区（LA）和路由区（RA）类似，是 LTE 系统中位置更新和寻呼的基本单位，通过 TAI 来标识一个 TA，TAI 由 MCC（Mobile Country Code）、MNC（Mobile Network Code）和 TAC（Tracking Area Code）构成。TAI List 长度为 8～98 字节，最多可包含 16 个 TAI，UE 附着成功时获取一组 TAI List（具体与 UE 关机前的状态有关），移动过程中只要进入的 TAI List 中没有 TA 就发生位置更新，把新的 TA 更新到 TAI List 中，如果表中已经存在 16 个 TA，则替换掉最旧的那个；如果 UE 在移动过程中进入一个 TAI List 表单中的 TA，则不发生位置更新。TA 更新成功与否直接关系到寻呼成功率问题，在 LTE 网络中，为了实现 CSFB 流程，附着和位置更新都是联合的。根据位置更新发生的时机，空闲态一般有设置激活和不设置激活的两种位置更新。设置激活就是位置更新后可立即进行数据传输。

跟踪区注册可通过两种方式进行，即跟踪区更新与附着 / 分离。

1. 跟踪区更新

当移动台由一个 TA 移动到另一个 TA 时，必须在新的 TA 上重新进行位置登记以通知网络来更改其所存储的移动台的位置信息，这个过程就是跟踪区更新（Tracking Area Update，TAU）。

当以下任一条件满足时，UE 发出跟踪区更新请求，开始跟踪区更新：

- 当 UE 检查到系统消息中的 TAI 不同于 USIM 里存储的 TAI，发现自己进入了一个新的 TA。
- 周期进行跟踪区更新的定时器超时。
- UE 从其他系统小区重选到 E-UTRAN 小区。
- 负载平衡的原因释放 RRC 连接时，需要进行跟踪区更新。
- EPC 存储的关于 UE 能力信息发生变化。
- 由 DRX 参数信息而引起变化。

UE 通过跟踪区更新告知 EPC 自己的 TA，EPC 根据 UE 所属的 TA，将寻呼消息发送到 UE 所属 TA 的所有 eNB。

（1）空闲态不设置"ACTIVE"的 TAU 流程（图 2-87）。

这种状态就是 UE 不做业务，只是位置更新，如周期性位置更新、移动性位置更新等。

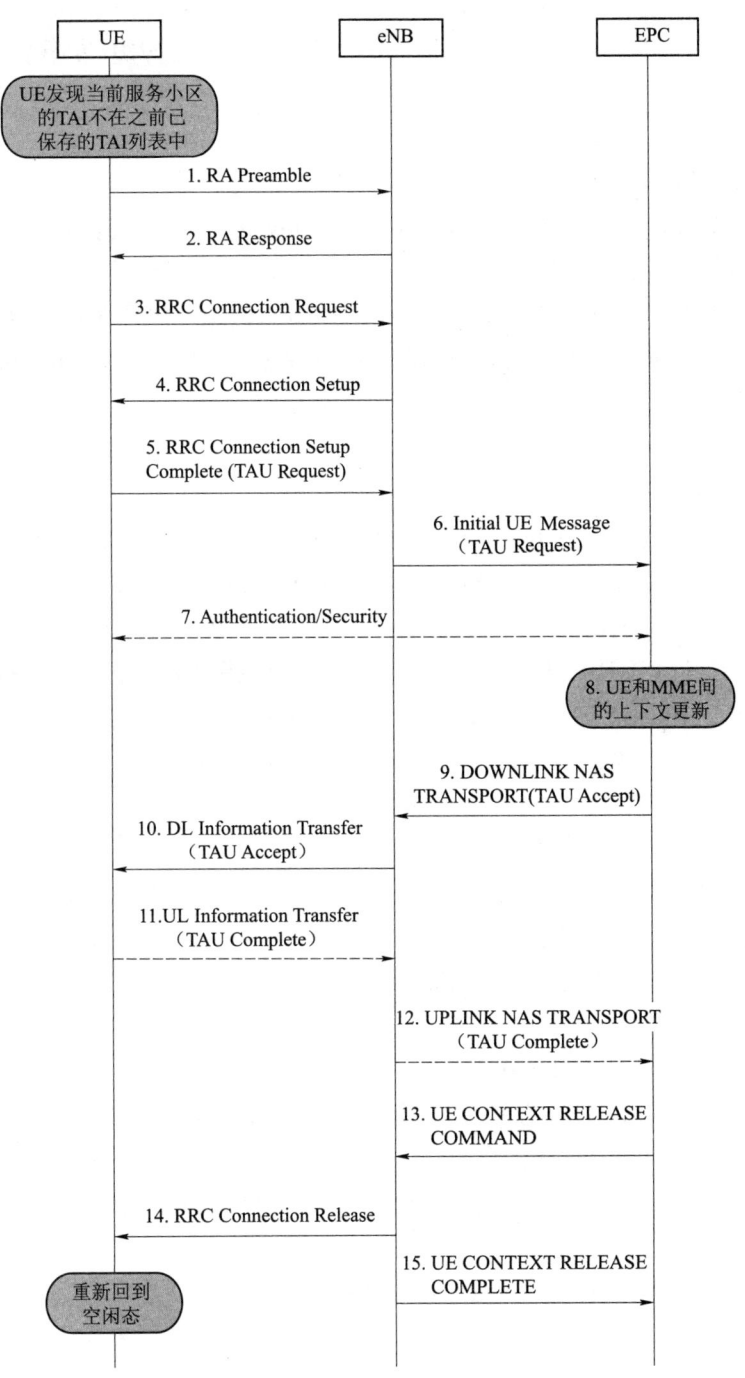

图 2-87 空闲态不设置"ACTIVE"的 TAU 流程

1）处在 RRC_IDLE 态的 UE 监听广播中的 TAI 不在保存的 TAU List 时，发起随机接入过程，即 Msg1 消息。

2）eNB 检测到 Msg1 消息后，向 UE 发送随机接入响应消息，即 Msg2 消息。

3）UE 收到随机接入响应后，根据 Msg2 的 TA 调整上行发送时机，向 eNB 发送 RRC Connection Request 消息。

4）eNB 向 UE 发送 RRC Connection Setup 消息，包含建立 SRB1 承载信息和无线资源配置信息。

5）UE 完成 SRB1 承载和无线资源配置，向 eNB 发送 RRC Connection Setup Complete 消息，包含 NAS 层 TAU Request 信息。

6）eNB 选择 MME，向 MME 发送 Initial UE Message 消息，包含 NAS 层 TAU Request 消息。

7）MME 向 eNB 发送 DOWNLINK NAS TRANSPORT 消息，包含 NAS 层 TAU Accept 消息。

8）eNB 接收到 DOWNLINK NAS TRANSPORT 消息，向 UE 发送 DL Information Transfer 消息，包含 NAS 层 TAU Accept 消息。

9）在 TAU 过程中，如果分配了 GUTI，UE 才会向 eNB 发送 UL Information Transfer，包含 NAS 层 TAU Complete 消息。

10）eNB 向 MME 发送 UPLINK NAS TRANSPORT 消息，包含 NAS 层 TAU Complete 消息。

11）TAU 过程完成释放链路，MME 向 eNB 发送 UE CONTEXT RELEASE COMMAND 消息指示 eNB 释放 UE 上下文。

12）eNB 向 UE 发送 RRC Connection Release 消息，指示 UE 释放 RRC 链路；并向 MME 发送 UE CONTEXT RELEASE COMPLETE 消息进行响应。

（2）空闲态设置"ACTIVE"的 TAU 流程（图 2-88）。

这种位置更新是指在做业务前或承载发生改变时正好有位置更新命令。

空闲态设置"ACTIVE"的 TAU 流程说明：

1）~ 12）同 IDLE 下发起的不设置"ACTIVE"标识的正常 TAU 流程相同；

13）UE 向 EPC 发送上行数据；

14）EPC 进行下行承载数据发送地址更新。

15）EPC 向 UE 发送下行数据。

（3）连接态 TAU 流程（图 2-89）。

1）处在 RRC_CONNECTED 态的 UE 进行 Detach 过程，向 eNB 发送 UL Information Transfer 消息，包含 NAS 层 TAU Request 信息。

2）eNB 向 MME 发送上行直传 UPLINK NAS TRANSPORT 消息，包含 NAS 层 TAU Request 信息。

3）MME 向基站发送下行直传 DOWNLINK NAS TRANSPORT 消息，包含 NAS 层 TAU Accept 消息。

4）eNB 向 UE 发送 DL Information Transfer 消息，包含 NAS 层 TAU Accept 消息。

5）UE 向 eNB 发送 UL Information Transfer 消息，包含 NAS 层 TAU Complete 信息。

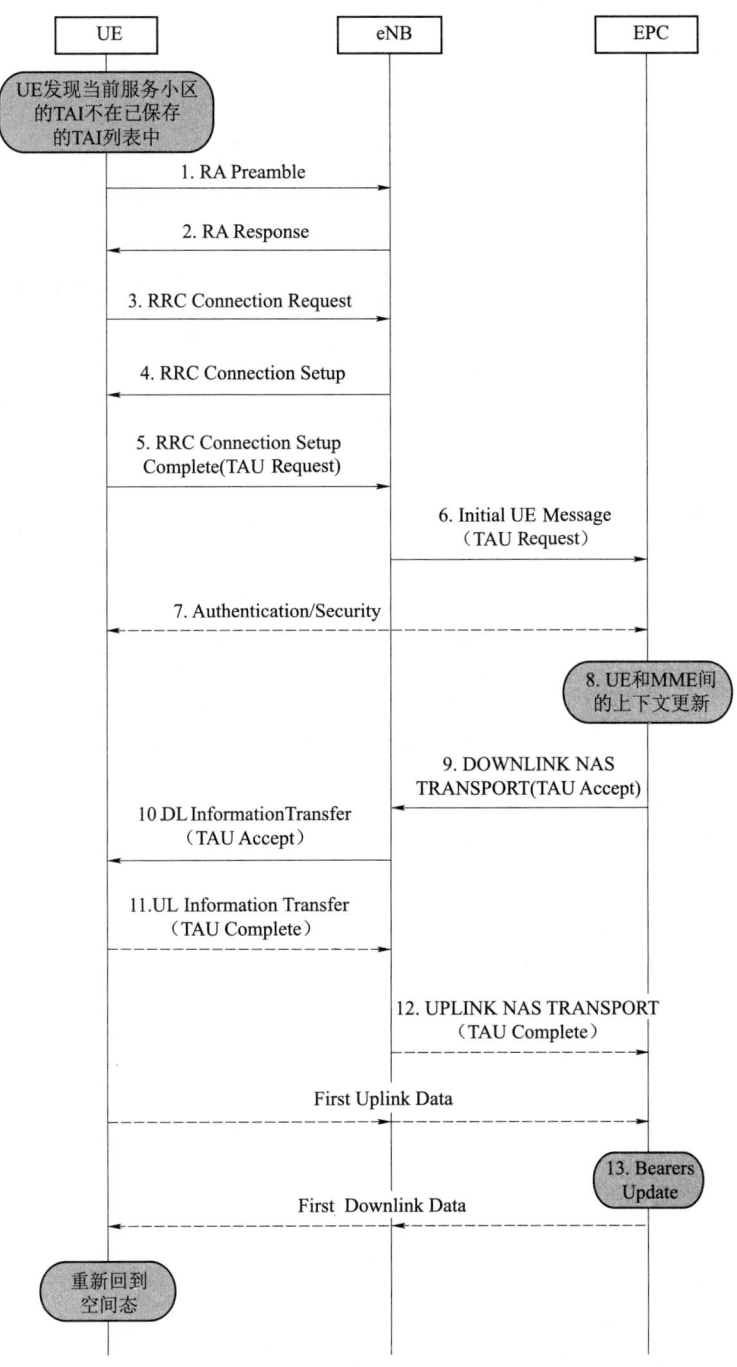

图 2-88　空闲态设置"ACTIVE"的 TAU 流程

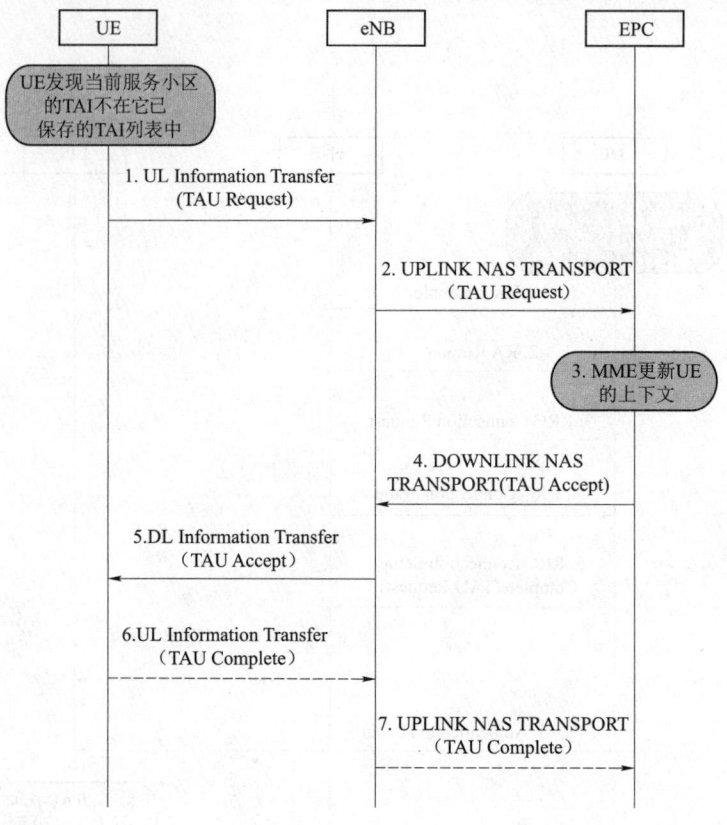

图 2-89　连接态 TAU 流程

6）eNB 向 MME 发送上行直传 UPLINK NAS TRANSPORT 消息，包含 NAS 层 TAU Complete 信息。

2. 附着/分离

当 UE 需要接受网络服务但未注册时，需要通过网络附着进行跟踪区注册。

在附着成功后，UE 将被分配一个 IP 地址，而该 UE 的 MEI（Mobile Equipment Identity）也被提交给 MME（Mobility Management Entity），供其做鉴定，确认 UE。

当 UE 不能接入 EPC 或者 EPC 不允许 UE 再接入时，则启动分离过程。分离后，EPC 就不会再寻呼 UE。

（1）附着。

正常开机附着流程（图 2-90）说明：

1）步骤 1～5 会建立 RRC 连接，步骤 6、9 会建立 S1 连接，完成这些过程即标志着 NAS Signalling Connection 建立完成。

2）消息 7 的说明：UE 刚开机第一次 attach，使用的 IMSI，无 Identity 过程；后续，如果有有效的 GUTI，则使用 GUTI Attach，核心网才会发起 Identity 过程（为上下行直传消息）。

3）消息 10～12 的说明：如果消息 9 带了 UE Radio Capability IE，则 eNB 不会发送 UE Capability Enquiry 消息给 UE，即没有 10～12 过程；否则会发送，UE 上报无线能力信息后，eNB 再发 UE Capability Information Indication，给核心网上报 UE 的无线能力信息。

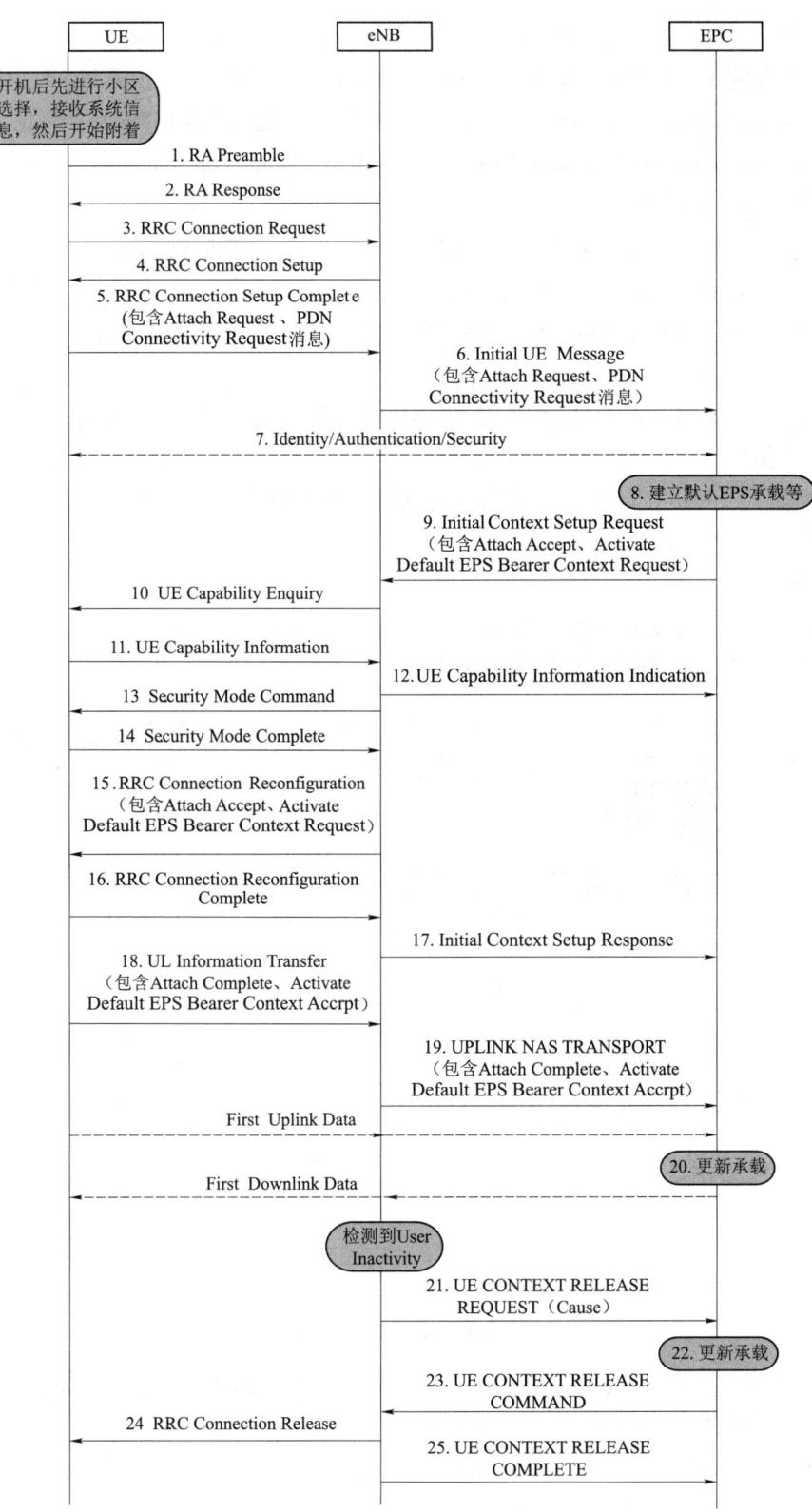

图 2-90 正常开机附着流程

4）发起 UE 上下文释放（即 21～25）的条件。

5）eNB 收到 Msg3 以后，DCM 给 USM 配置 SRB1，配置完后发送 Msg4 给 UE；eNB 在发送 RRC Connection Reconfiguration 前，DCM 先给 USM 配置 DRB/SRB2 等信息，配置完后发送 RRC Connection Reconfiguration 给 UE，收到 RRC Connection Reconfiguration Complete 后，控制面再通知用户面资源可用。

6）消息 13～15 的说明：eNB 发送完消息 13，并不需要等收到消息 14，就直接发送消息 15。

7）如果发起 IMSI Attach，UE 的 IMSI 与另外一个 UE 的 IMSI 重复，并且其他 UE 已经 Attach，则核心网会释放先前的 UE。如果 IMSI 中的 MNC 与核心网配置的不一致，则核心网会回复 Attach Reject。

8）消息 9 的说明：该消息为 MME 向 eNB 发起的初始上下文建立请求，请求 eNB 建立承载资源，同时，带安全上下文，可能带用户无线能力、切换限制列表等参数。UE 的安全能力参数是通过 attachrequest 消息带给核心网的，核心网再通过该消息送给 eNB。如果 UE 的网络能力（安全能力）信息改变，则需要发起 TAU。

（2）分离。

UE 关机时，需要发起去附着流程，来通知网络释放其保存的该 UE 的所有资源，其流程较为简单。其关机去附着流程如图 2-91 所示。

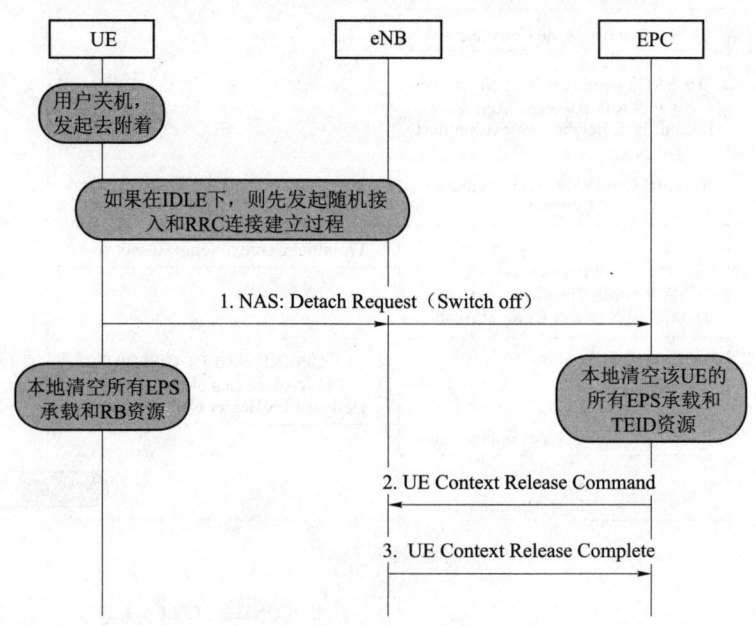

图 2-91　关机去附着流程

1）用户关机，发起去附着流程，若在 IDLE 状态下有 RRC 连接建立的过程，UE 向 EPC 发送消息中携带 NAS 消息（类型为关机）。

2）UE 侧清空所有的 EPS 承载和 RB 承载，EPC 侧清空所有的 EPS 承载和 TEID 资源，EPC 通知 eNB 释放 UE 文本信息。

3）eNB 释放 UE 文本信息并通知 EPC。

知识点 5　越区切换

越区切换的过程

当正在使用网络服务的用户从一个小区移动到另一个小区，或由于无线传输业务负荷量调整、激活操作维护、设备故障等原因，为了保证通信的连续性和服务的质量，系统要将该用户与原小区的通信链路转移到新的小区上。这个过程就是切换。

在 LTE 系统中，切换可以分为站内切换、站间切换（或基于 X2 口切换、基于 S1 口切换），当 X2 接口数据配置完善且工作良好的情况下就会发生 X2 切换，否则基站间就会发生 S1 切换。一般来说，X2 切换的优先级高于 S1 切换。

1. 切换发生的过程

基站根据不同的需要，利用移动性管理算法给 UE 下发不同种类的测量任务，在 RRC 重配消息中携带 MeasConfig 信元给 UE 下发测量配置；UE 收到配置信息后，对测量对象实施测量，并用测量上报标准进行结果评估，当评估测量结果满足上报标准后向基站发送相应的测量报告，如 A2\A3 等事件。基站通过终端上报的测量报告判决是否执行切换。

当判决条件达到时，执行以下步骤：

切换准备：目标网络完成资源预留；

切换执行：源基站通知 UE 执行切换，UE 在目标基站上完成连接；

切换完成：源基站释放资源、链路，删除用户信息。

值得注意的是 LTE 系统中，切换命令封装在消息 RRC_CONN_RECFG 信令消息中。

2. 站内切换

当 UE 所在的源小区和要切换的目标小区同属一个 eNB 时，发生 eNB 内切换。eNB 内切换是各种情形中最为简单的一种，因为切换过程中不涉及 eNB 与 eNB 之间的信息交互，即 X2、S1 接口上没有信令操作，只是在一个 eNB 内的两个小区之间进行资源配置，所以基站在内部进行判决，并且不需要向核心网申请更换数据传输路径。

站内切换流程（图 2-92）说明：

其中，步骤 1、2、3、4 为切换准备阶段，步骤 5、6 为切换执行阶段，步骤 7 为切换完成阶段。

1）eNB 向 UE 下发测量控制，通过 RRC Connection Reconfiguration 消息对 UE 的测量类型进行配置。

2）UE 按照 eNB 下发的测量控制在 UE 的 RRC 协议端进行测量配置，并向 eNB 发送 RRC Connection Reconfiguration Complete 消息表示测量配置完成。

3）UE 按照测量配置向 eNB 上报测量报告。

4）eNB 根据测量报告进行判决，判决该 UE 将发生 eNB 内切换，在新小区内进行资源准入，资源准入成功后为该 UE 申请新的空口资源。

5）资源申请成功后，eNB 向 UE 发送 RRC Connection Reconfiguration 消息，指示 UE 发起切换动作。

6）UE 接入新小区后，eNB 发送 RRC Connection Reconfiguration Complete 消息指示 UE 已

经接入新小区。

7）eNB 收到重配置完成消息后，释放该 UE 在源小区占用的资源。

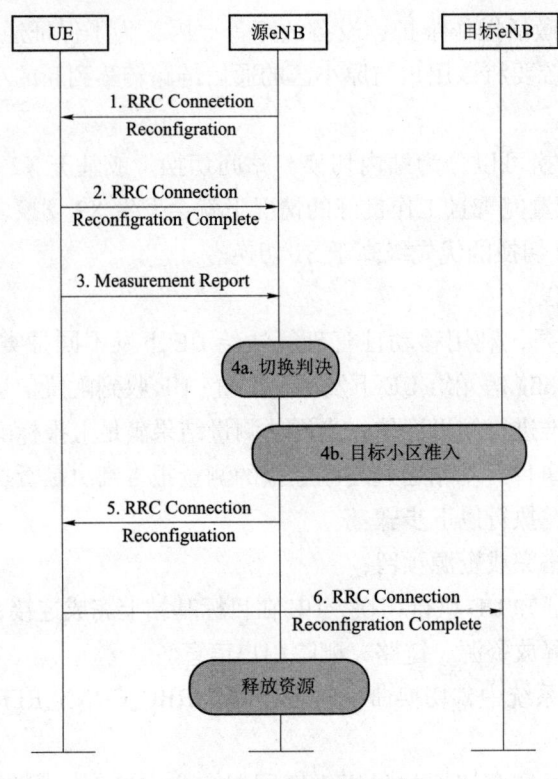

图 2-92　站内切换流程

3. X2 切换流程

当 UE 所在的源小区和要切换的目标小区不属于同一 eNB 时，发生 eNB 间切换。eNB 间切换流程复杂，需要加入 X2 和 S1 接口的信令操作。X2 切换的前提条件是目标基站和源基站配置了 X2 链路，且链路可用。

- 在接到测量报告后需要先通过 X2 接口向目标小区发送切换申请（目标小区是否存在接入资源）。

- 得到目标小区反馈后（此时目标小区资源准备已完成）才会向终端发送切换命令，并向目标侧发送带有数据包缓存、数据包缓存号等信息的 SN Status Transfer 消息。

- 待 UE 在目标小区接入后，目标小区会向核心网发送路径更换请求，目的是通知核心网将终端的业务转移到目标小区，更新用户面和控制面的节点关系。

- 切换成功后，目标 eNB 通知源 eNB 释放无线资源。X2 切换优先级大于 S1 切换，既保证了切换时延更短，也使用户感知更好。

X2 切换流程如图 2-93 所示。其中，步骤 1、2、3、4、5、6、7 为切换准备阶段，步骤 8、9 为切换执行阶段，步骤 10、11、12、13 为切换完成阶段：

1）源 eNB 向 UE 下发测量控制，通过 RRC Connection Reconfiguration 消息对 UE 的测量类型进行配置。

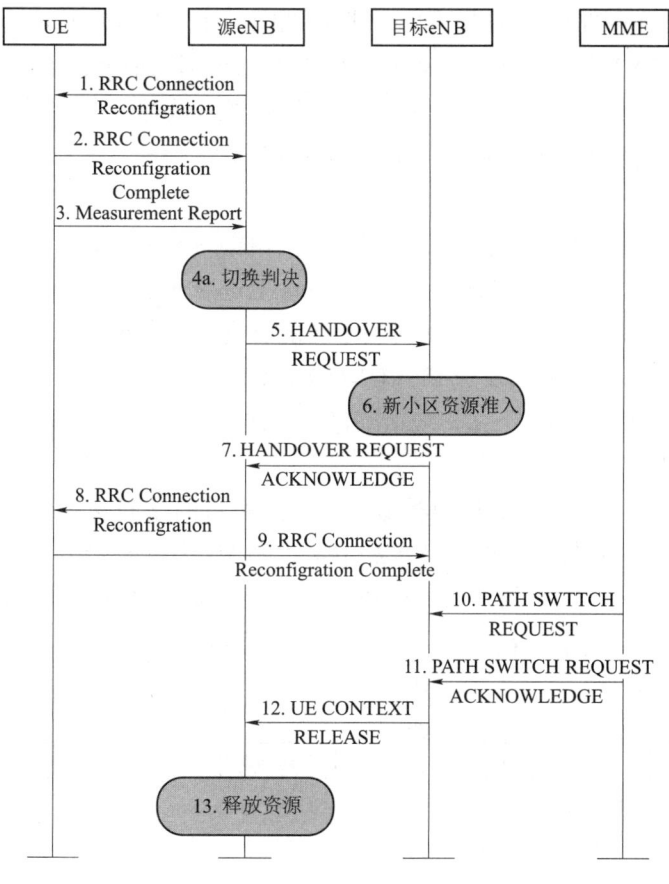

图 2-93　X2 切换流程

2）UE 按照 eNB 下发的测量控制在 UE 的 RRC 协议端进行测量配置，并向 eNB 发送 RRC Connection Reconfigration Complete 消息表示测量配置完成。

3）UE 按照测量配置向 eNB 上报测量报告。

4）源 eNB 根据测量报告进行判决，判决该 UE 发生 eNB 间切换，也有可能由于负荷分担的原因触发切换。

5）源 eNB 向目标 eNB 发送 HANDOVER REQUEST 消息，指示目标 eNB 进行切换准备，切换请求消息包含源 eNB 分配的 Old eNB UE X2AP ID，MME 分配的 MME UE S1AP ID，需要建立的 EPS 承载列表以及每个 EPS 承载对应的核心网侧的数据传送的地址。目标 eNB 收到 HANDOVER REQUEST 后开始对要切换入的 ERABs 进行接纳处理。

6）目标小区进行资源准入，为 UE 的接入分配空口资源和业务的 SAE 承载资源。

7）目标小区资源准入成功后，向源 eNB 发送"切换请求确认"消息，指示切换准备工作完成，"切换请求确认"消息包含 New eNB UE X2AP ID、Old eNB UE X2AP ID、新建 EPS 承载对应在 D 侧上下行数据传送的地址、目标侧分配的专用接入签名等参数。

8）源 eNB 将分配的专用接入签名配置给 UE，向 UE 发送 RRC Connection Reconfigration 消息命令 UE 执行切换动作。

9）UE 向目标 eNB 发送 RRC Connection Reconfigration Complete 消息指示 UE 已经接入新

小区，表示 UE 已经切换到了目标侧，同时，切换期间的业务数据转发开始进行。

10）目标 eNB 向 MME 发送 PATH SWITCH REQUEST 消息请求，请求 MME 更新业务数据通道的节点地址，通知 MME 切换业务数据的接续路径，从源 eNB 到目标 eNB，消息中包含原侧的 MME UE S1AP ID、目标侧分配的 eNB UE S1AP、EPS 承载在目标侧将使用的下行地址。

11）MME 成功更新数据通道节点地址，向目标 eNB 发送 PATH SWITCH REQUEST ACKNOWLEDGE 消息，表示可以在新的 SAE bearers 上进行业务通信。

12）UE 已经接入新的小区，并且在新的小区能够进行业务通信，需要释放在源小区所占用的资源，目标 eNB 向源 eNB 发送 UE CONTEXT RELEASE 消息。

13）源 eNB 释放该 UE 的上下文，包括空口资源和 SAE bearers 资源。

4. S1 切换流程

S1 切换流程（图 2-94）与 X2 切换类似，只不过所有的站间交互信令及数据转发都需要通过 S1 口到核心网进行转发，时延比 X2 口略大。协议中规定 eNB 间切换一般都要通过 X2 接口进行，但当如下条件中的任何一个成立时则会触发 S1 接口的 eNB 间切换，那么就有：源 eNB 和目标 eNB 之间不存在 X2 接口；源 eNB 尝试通过 X2 接口切换，但被目标 eNB 拒绝。

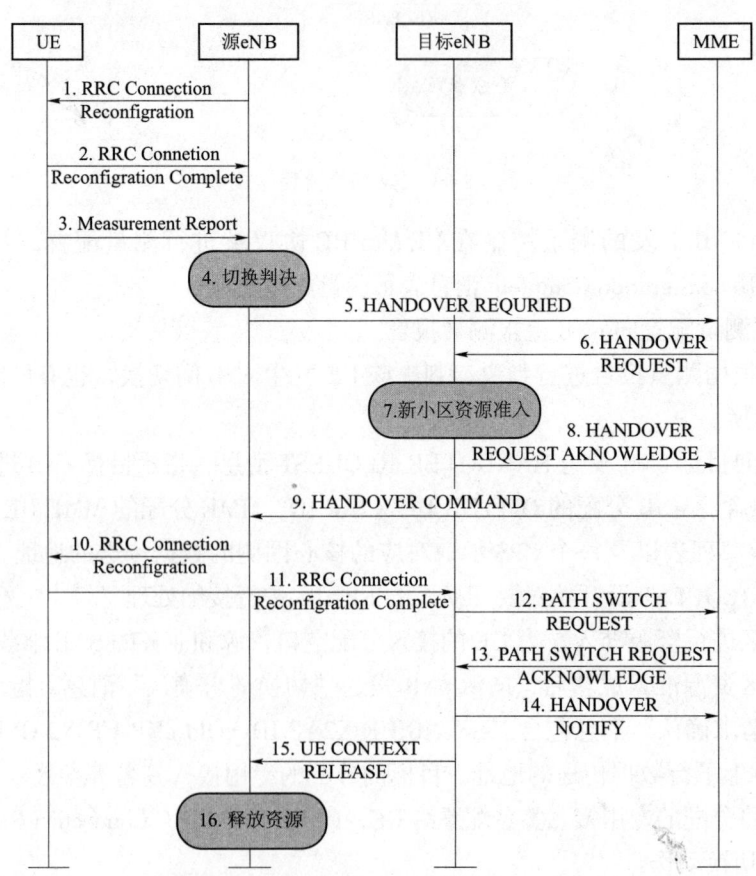

图 2-94　S1 切换流程

从 LTE 网络结构来看，可以把两个 eNB 与 MME 之间的 S1 接口连同 MME 实体看作是一个逻辑 X2 接口。相比较于通过 X2 接口的流程，通过 S1 接口切换的流程在切换准备过程和切换完成过程有所不同。S1 切换的前提条件：目标基站和源基站没有配置 X2 链路，或是配置的 X2 链路不可用。如果同时配置了 X2 和 S1 链路，那么优先走 X2 切换。图 2-94 中的流程没有跨 MME 和 SGW，相对简单。即使涉及跨 MME，主流程差异不大，主要在核心网的信令会更多一点而已。

其中，步骤 1 ~ 9 为切换准备过程，步骤 10 ~ 11 为切换执行过程，步骤 12 ~ 16 为切换完成过程。

1）~ 4）即图 2 ~ 94 中 1 ~ 4 步，与 X2 切换相同。

5）源 eNB 通过 S1 接口的 HANDOVER REQUIRED 消息发起切换请求，消息中包含 MME UE S1AP ID、源侧分配的 eNB UE S1AP ID 等信息。

6）MME 向目标 eNB 发送 HANDOVER REQUEST 消息，消息中包括 MME 分配的 MME UE S1AP ID、需要建立的 EPS 列表以及每个 EPS 承载对应的核心网侧数据传送的地址等参数。

7 ~ 8）目标 eNB 分配目标侧的资源后，进行切换入的承载接纳处理，如果资源满足，那么小区接入允许就给 MME 发送 HANDOVER REQUEST ACKNOWLEDGE 消息，包含目标侧分配的 eNB UE S1AP ID，接纳成功的 EPS 承载对应的 eNB 侧数据传送的地址等参数。

9）源 eNB 收到 HANDOVER COMMAND，获知接纳成功的承载信息以及切换期间业务数据转发的目标侧地址。

10）源 eNB 向 UE 发送 RRC Connection Reconfiguration 消息，指示 UE 切换指定的小区。

11）源 eNB 通过 eNB Status Transfer 消息，MME 通过 MME Status Transfer 消息，将 PDCP 序号通过 MME 从源 eNB 传递到目标 eNB。若目标 eNB 收到 UE 发送的 RRC Connection Reconfiguration Complete 消息，则表明切换成功。

12）目标 eNB 向 MME 发送 PATH SWITCH REQUEST 消息请求，请求 MME 更新业务数据通道的节点地址，通知 MME 切换业务数据的接续路径，从源 eNB 到目标 eNB，消息中包含原侧的 MME UE S1AP ID、目标侧分配的 eNB UE S1AP 、EPS 承载在目标侧将使用的下行地址。

13）MME 成功更新数据通道节点地址，向目标 eNB 发送 PATH SWITCH REQUEST ACKNOWLEDGE 消息，表示可以在新的 SAE bearers 上进行业务通信。

14）目标侧 eNB 发送 HANDOVER NOTIFY 消息，通知 MME 目标侧 UE 已经成功接入。

15）源 eNB 收到"UE CONTEXT RELEASE COMMAND"消息后，开始进入释放资源的流程。

5. 异系统切换

E-UTRAN 的系统间切换可以采用 GERAN 与 UTRAN 系统间切换相同的原则。

（1）系统间切换是源接入系统网络控制的。源接入系统决定启动切换准备并按目标系统要求的格式提供必要的信息即源系统去适配目标系统。真正的切换执行过程由源系统控制。

（2）系统间切换是一种后向切换，即目标 3GPP 接入系统中的无线资源在 UE 收到从源系统切换到目标系统的切换命令前已经准备就绪。

（3）为实现后向切换，当接入网（RAN）级接口不可用时，将使用核心网（CN）级控制接口。

异系统切换发生在 UE 在 LTE 小区与非 LTE 小区之间的切换过程中，涉及的信令流主要集中在核心网。以 UE 从 UTRAN 切换到 E-UTRAN 为例说明，UE 所在的 RNC 向 UTRAN 的 SGSN 发送切换请求，SGSN 需要与 LTE 的 MME 之间进行消息交互，为业务在 E-UTRAN 上创建承载，同时，需要 UE 具备双模功能，使 UE 的空口切换到 E-UTRAN 上，最后再由 MME 通知 SGSN 释放源 UTRAN 上的业务承载。

知识点 6　寻呼

1. 寻呼的触发

寻呼是为了发送寻呼消息给空闲状态或连接状态的 UE，寻呼消息根据使用场景既可以由 MME 触发也可以由 eNB 触发，用于通知某个 UE 接收寻呼请求或者 eNB 触发，用于通知系统信息更新以及通知 UE 接收 ETWS 以及 CMAS 等信息。寻呼信令流程如图 2-95 所示。

寻呼的处理流程

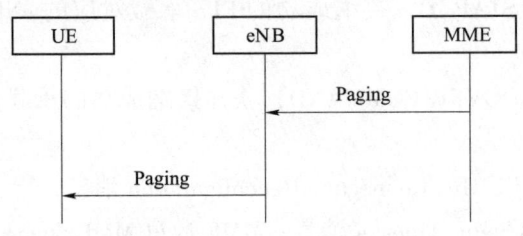

图 2-95　寻呼信令流程

MME 发送寻呼消息时，eNB 根据寻呼消息中携带的 UE 的 TAList 信息，通过逻辑信道 PCCH 向其下属于 TAList 的所有小区发送寻呼消息寻呼 UE。寻呼消息中包含指示寻呼来源的域以及 UE 标识，UE 标识可以是 S-TMSI 或者 IMSI。终端收到的寻呼消息中如果带有 UE ID 列表，终端需要用自己的 UE ID 来跟寻呼消息中携带的 UE ID 一一进行匹配，以判断此寻呼消息是否是在呼叫自己。在寻呼消息中如果所指示的 Paging ID 是 S-TMSI，则表示本次寻呼是一个正常的业务呼叫；如果 Paging ID 是 IMSI，则表示本次寻呼是一次异常的呼叫，用于网络侧的错误恢复。此种情况下，终端需要重新做一次附着过程。

系统消息变更时，eNB 将通过寻呼消息通知小区内的所有 EMM 注册态的 UE，并在紧随下一个系统消息修改周期中发送更新的系统消息。eNB 要保证小区内的所有 EMM 注册态 UE 能收到系统消息，即 eNB 要在 DRX 周期下所有可能时机发送寻呼消息。

2. 寻呼处理过程

eNB 收到发送寻呼消息指示，从下个 PO（Paging Occasion，寻呼时刻）开始，在每个 PO 上生成一个寻呼消息，填写 System Information Modification，持续一个 DRX 周期；或者计算 UE 的最近一个 PO，生成一个寻呼消息，填写 Paging Record，如果这个 PO 上已经有其他 UE 的 Paging Record 或者 System Information Modification，则进行合并再发送。

UE 使用空闲模式 DRX 来降低功耗。在每个 DRX 周期，UE 只会在自己的 PO 去 PDCCH 信道读取 P-RNTI，根据 P-RNTI 从 PDSCH 信道读取寻呼消息包，而不同的 UE 则可能会有相同的 PO。这样，当它们在同一个 DRX 周期内被 MME 寻呼时，RRC 层需要将他们的寻呼记录合并到同一个寻呼消息中。相同地，当某些特定 UE 的寻呼和系统消息改变触发的群呼同时发生时，RRC 层也需要合并 Paging 消息。

RRC_IDLE 状态的 UE 在每个 DRX 周期内的 PO 子帧打开接收机侦听 PDCCH。UE 解析出属于自己的寻呼时，UE 向 MME 返回的寻呼响应将在 NAS 层产生。UE 响应 MME 的寻呼体现在 RRC Connection Request 消息信元 Establishment Cause 值为 mt-Access。

当 UE 未从 PDCCH 解析出 P-RNTI 或者 UE 解析出了 P-RNTI，但未发送属于自己的 Paging Record 时，则 UE 立即关闭接收机，进入 DRX 休眠期，以节省电力。

实训任务　TAU 信令分析

任务目标

整理手机开机至呼叫完成过程中用到的逻辑信道，熟悉 LTE 系统中逻辑信道的功能，为后面网络优化实践项目中的信令分析做好准备。

任务要求

（1）能够操作使用鼎力后台分析软件 Pioneer。

（2）能够通过分析软件查看信令流程，并分析一次常规的跟踪区更新的信令流程。

任务实施

（1）打开测试数据，打开关键事件，找到一次 TAU Request 事件，如图 2-96 所示。

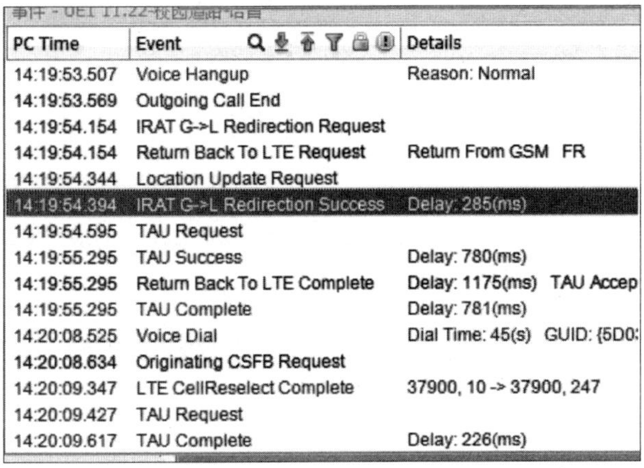

图 2-96　TAU Request 事件

（2）打开 TAU Request 之前的一条系统消息 1。解读系统消息 1 可以看到，该终端的目标 TA 码为 0101000111110111，如图 2-97 所示，转换成十进制为 20 983。

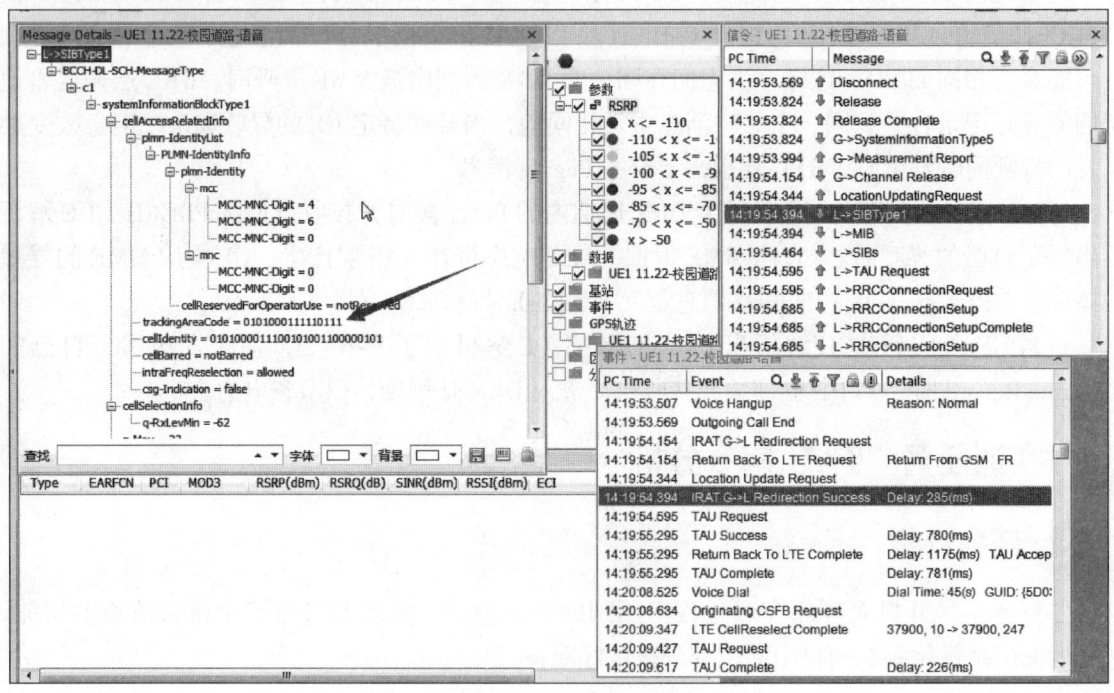

图 2-97　解读系统消息 1

（3）TAU 请求消息中，最后一次访问的 TAC 码是 20 634。解读 TAU Request 消息如图 2-98 所示。

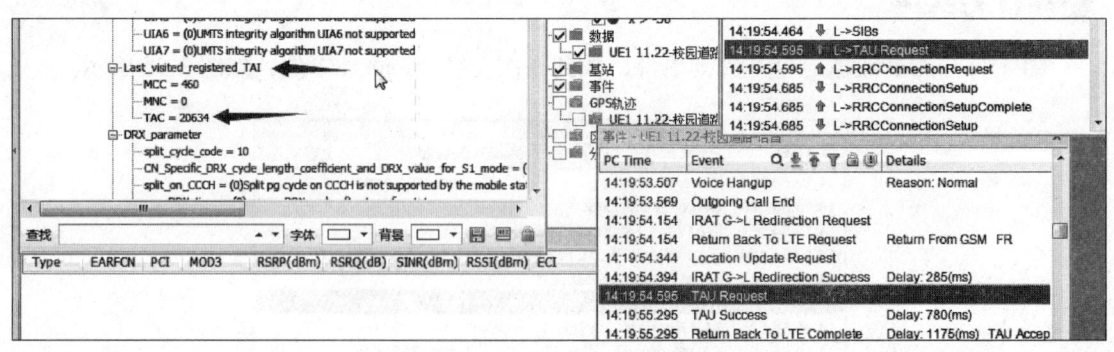

图 2-98　解读 TAU Request 消息

（4）由于 TAC 发生改变，RRC 请求发送随机数改写数据库，进行追踪区的更新请求，如图 2-99 所示。

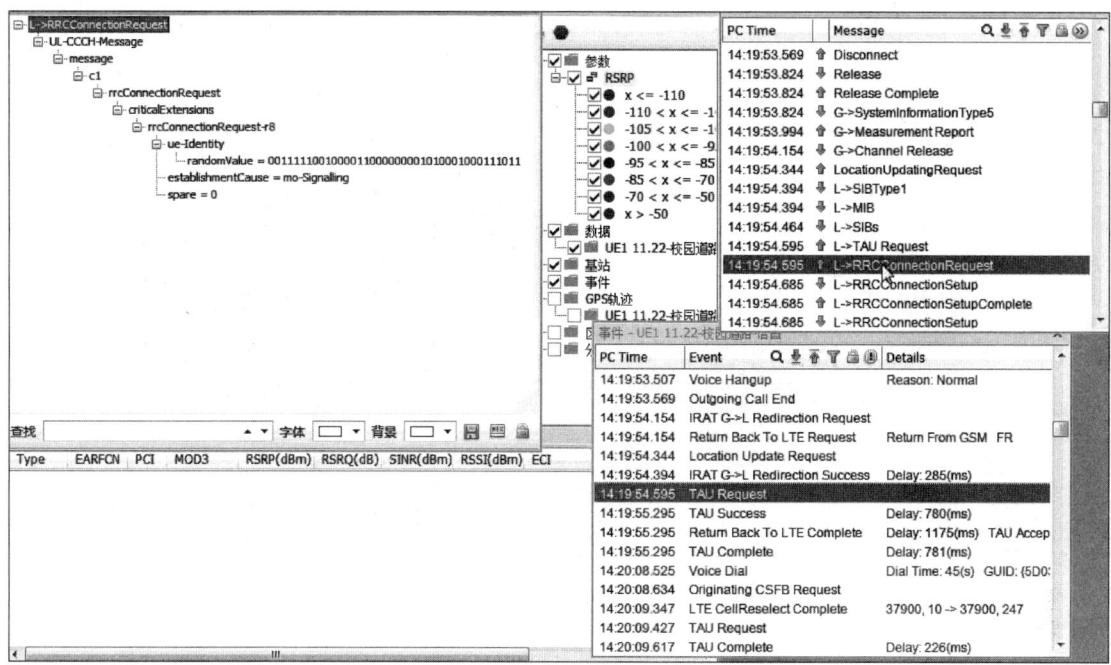

图 2-99 RRC 连接请求

（5）网络对用户身份进行鉴权。建立 RRC 连接，如图 2-100 所示。

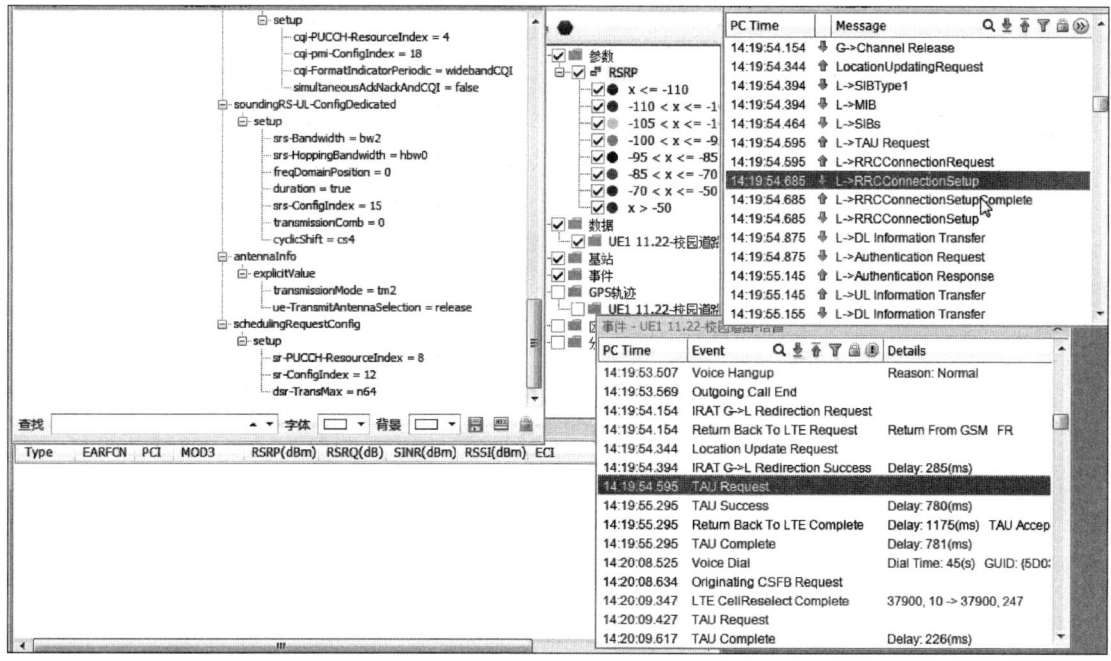

图 2-100 建立 RRC 连接

（6）更新完成后下，发指令 TAU Accept 给终端，更新完成 TA List，确认 TA 区码已经更新成 20 983，如图 2-101 所示。

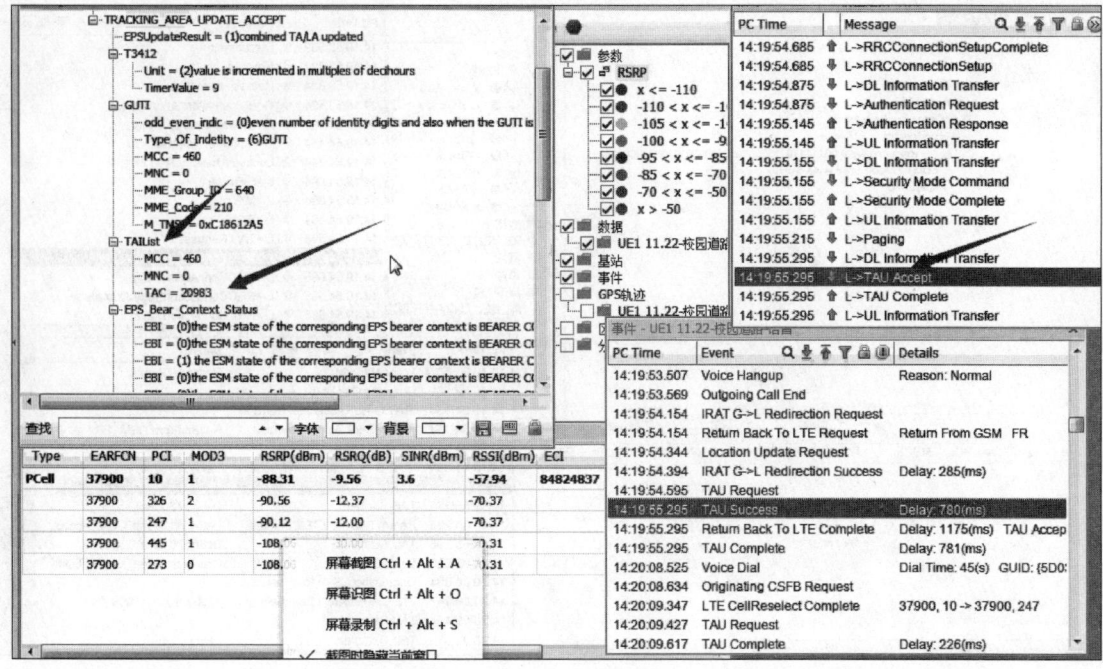

图 2-101　TAU 完成确认

（7）终端收到后，回信息 TAU Complete 给基站以确认收到，TAU 完成（图 2-102）。

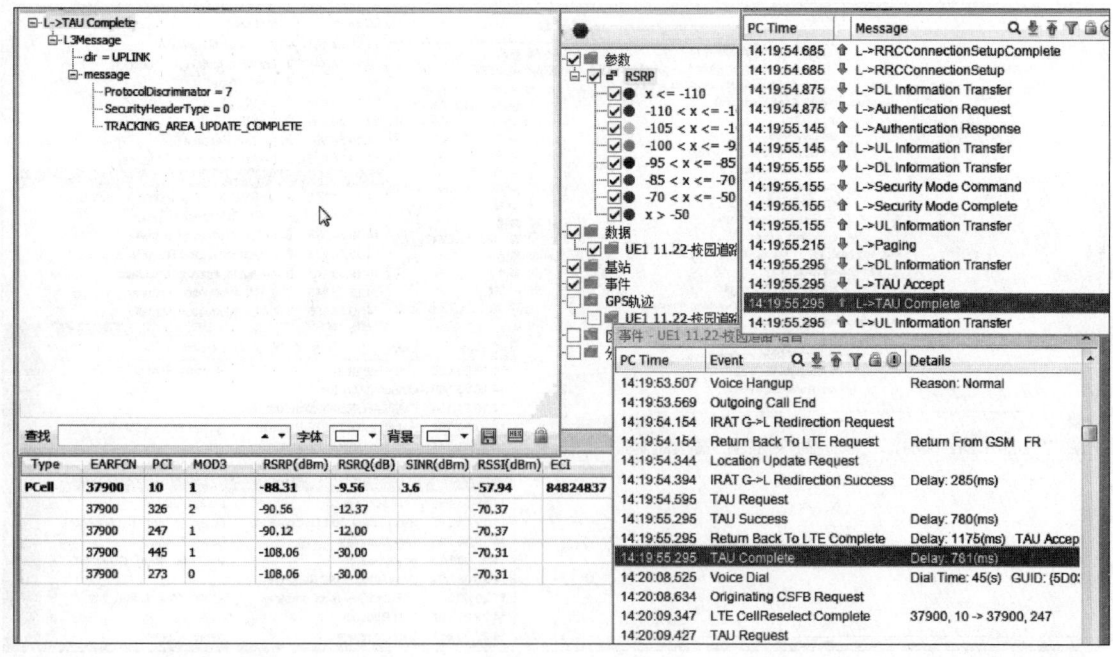

图 2-102　TAU 完成

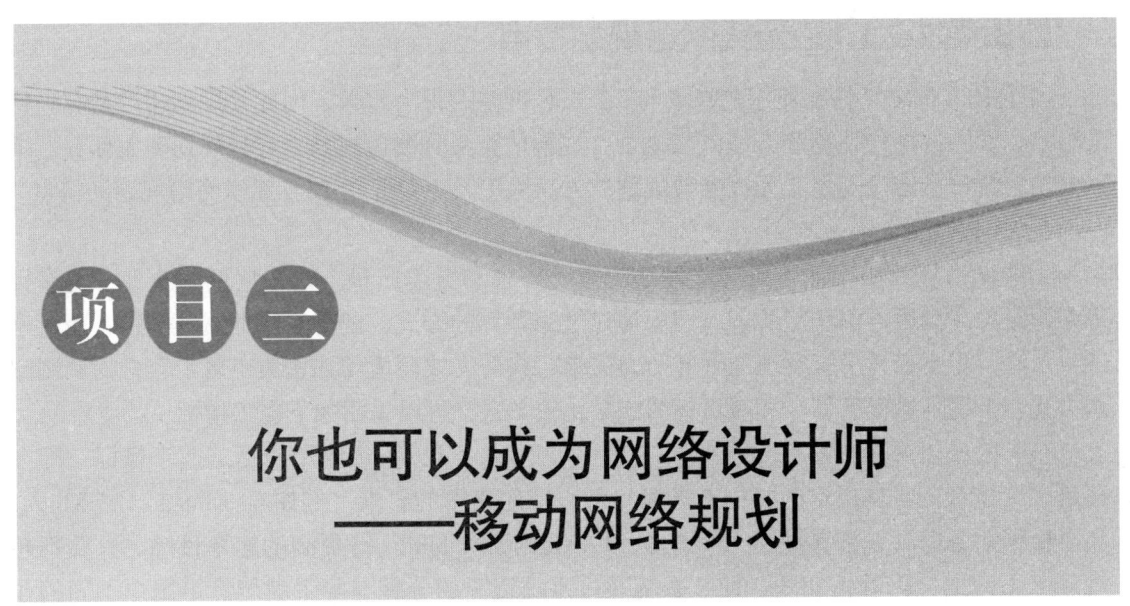

项目三

你也可以成为网络设计师
——移动网络规划

任务1 了解无线网络规划

知识点1 无线网络规划的定义

无线网络规划主要是指通过链路预算、容量估算，给出基站规模和基站配置，以满足覆盖、容量的网络性能指标以及成本指标。网络规划必须要达到服务区内最大程度无缝覆盖；科学预测话务分布，合理布局网络，均衡话务量，在有限带宽内提高系统容量；最大程度减小干扰，达到所要求的 QoS；在保证话音业务的同时，满足高速数据业务的需求；优化天线参数，达到系统最佳的 QoS。

网络规划是覆盖（coverage）、服务（service）和成本（cost）三要素的一个整合过程，如何做到这三要素的和谐统一，是网络规划必须面对的问题。一个出色的组网方案应该是在网络建设的各个时期以最低代价来满足运营要求；网络规划必须符合国家和当地的实际情况；必须适合网络规模滚动发展；系统容量以满足用户增长为衡量；要充分利用已有资源，平滑过渡；注重网络质量的控制，保证网络的安全和可靠；综合考虑网络规模、技术手段的未来发展和演进方向。

规划策略指导思想是覆盖点、线、面，充分吸收话务量。对于业务量集中的"点"，为重点覆盖区域，确保这些区域的覆盖称为"点"覆盖；对于业务量流动的"线"，把重点覆盖区域通过几条主要"线"连接在一起，保证用户满意度。确保这些区域的覆盖叫作"线"覆盖；对于业务量有一定需求的地区"面"，为进一步提高用户的满意度，同时，尽量吸收更多的用户，把次要"点"和次要"线"连接起来，确保这些区域在一定程度上的覆盖，称为"面"覆盖。

知识点 2　LTE 无线网络规划特点

由于 LTE 网络特性和使用的技术与 2G、3G 网络有很大差异，因此其规划建设又有独特的特点，要点有规模估算和无线参数规划，规模估算又分覆盖规划、容量规划两大部分，下面从覆盖规划、容量规划和无线参数规划三方面入手，简单介绍 LTE 无线网络规划的特点。

1. 覆盖规划

无线网络规划前期，需要确定网络的覆盖要求和覆盖质量。对于典型的业务，速率目标是固定的，然后再由确定的解调门限通过链路预算的方式，获得系统的覆盖半径，而对于 LTE 系统，需要定义系统实现的吞吐能力需求、典型无线环境（如密集市区）容忍的调制解调方式、干扰容忍程度等，覆盖目标的定义比较丰富，可以采用如下覆盖指标：

（1）区域边缘用户速率。在对 LTE 覆盖规划时，可以为边缘用户指定速率目标，即在覆盖区域边缘，要求用户的数据业务满足某一特定速率的要求，例如 64 Kbit/s，128 Kbit/s，甚至根据业务需要，在某些场景可提出 512 Kbit/s 或 1 Mbit/s 等更高的速率目标。只要不超过 LTE 系统的实际峰值速率，LTE 系统通过系统资源的分配与配置就能满足用户不同的业务速率目标要求。由此可见，与 TD-SCDMA 系统业务速率不同的是，LTE 系统业务速率目标的指定可以更加灵活。

（2）区域边缘用户频谱效率。除了边缘用户速率这一覆盖目标外，LTE 系统规划也可以采用用户的频谱效率这一指标。

频谱效率的定义为，通过一定传输距离的信息量与所用的频谱空间和有效传输时间之比。相对于用户的覆盖速率目标，频谱效率单位化了用户的传输时间资源和频率资源。因为 LTE 的速率可以通过系统资源配置来满足，而 LTE 系统资源是可以灵活配置的，如时间资源可以通过设置时隙切换点来调整上下行时隙比例，频率资源可以通过资源分配算法来为用户配置带宽，因此，以频谱效率为覆盖目标时，可根据系统配置算法机制将频谱效率指标转换为用户的速率指标，然后再通过用户的速率目标来规划覆盖。

（3）区域边缘用户调制编码方式。LTE 系统支持多种调制方式，包括 QPSK、16QAM 和 64QAM，还支持不同的编码速率。调制编码方式及编码速率也可以作为覆盖目标，因此调制编码方式与编码速率可以获得不同的用户频谱效率等级，也就体现了覆盖区域的用户速率等级。由于调制编码方式不同，因此解调门限也不同，进而直接影响接收机灵敏度要求，导致覆盖范围发生改变。

2. 容量规划

影响 LTE 网络容量的参数较多，而各参数之间又互相作用、互相制约，因此小区的吞吐量不易通过理论数据计算出来。考虑不同用户业务类型和话务模型来进行网络容量规划。一般在城区的业务量比在郊区业务量大，同时，各种地区的业务渗透率也有很大区别，应对规划区域进行合理区分，并进行业务量预测，来进行容量规划。

3. 无线参数规划

在确定站点位置后，需要进行无线参数规划，包括基本无线参数（Cell ID、PCI、频段、ICIC 等）、邻接关系、邻接小区等。

知识点 3 LTE 无线网络规划目标

LTE 网络规划设计目标是指导工程以最低的成本建造符合近期和远期话务需求，具有一定服务等级的移动通信网络，具体包括以下几个方面：

（1）达到服务区内最大程度的时间、地点的无线覆盖，满足所要求的通信概率；

（2）最大程度减少干扰，达到所要求的服务质量；

（3）在有限的带宽内通过频率再用的方法，为用户提供尽可能大的系统容量；

（4）保证话音业务的同时，满足数据业务的需求；

（5）优化设置无线参数，达到系统最佳服务质量；

（6）满足容量和服务质量前提下，尽量减少系统设备单元，以降低成本；

（7）科学预测话务分布，合理布局网络，均衡话务量。

实训任务 LTE 无线传播模型

任务目标

熟悉无线网络的常见传播模型的，学会计算信号在空间传播的损耗，能够根据给定数据计算小区的无线网络覆盖半径。

任务要求

（1）能够写出常见的无线电波的传播模型。

（2）能够熟练计算电磁波在自由空间传播的损耗。

（3）能够熟练操作 UltraRF LTE 网络优化仿真系统。

（4）能够通过选择不同的电播传播模型对比分析电波传播模型对信号覆盖的影响。

任务实施

（1）打开 UltraRF LTE 网络优化仿真系统软件，其界面如图 3-1 所示。

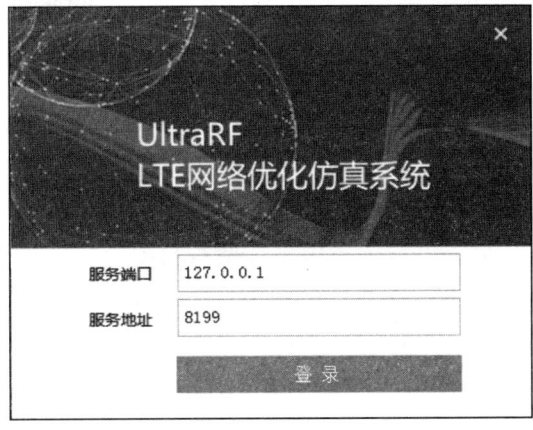

图 3-1 LTE 网络优化仿真系统界面

（2）选择"小区参数导致弱覆盖"场景（图3-2）。

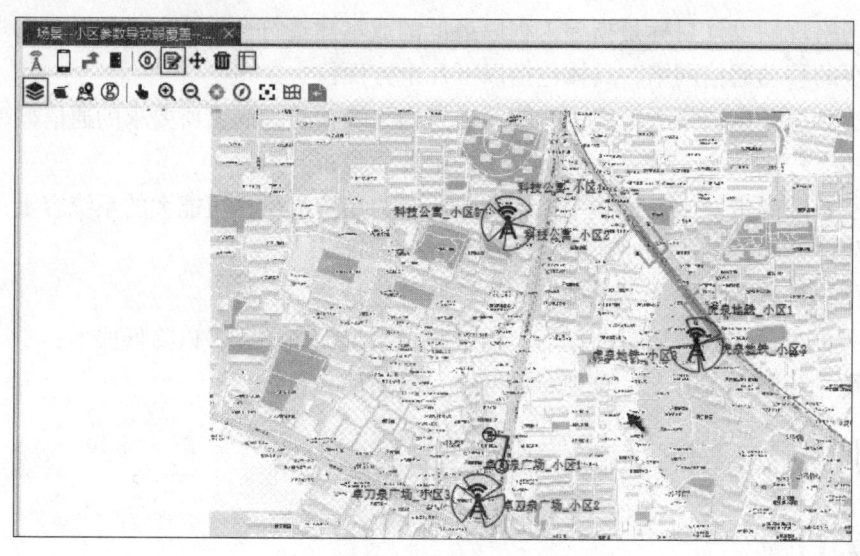

图3-2　"小区参数导致弱覆盖"场景

（3）单击手机图标，在场景中添加手机（图3-3），参数默认不修改，单击"确定"按钮。在场景的左下侧可以看到添加的手机的实时状态（图3-4）。

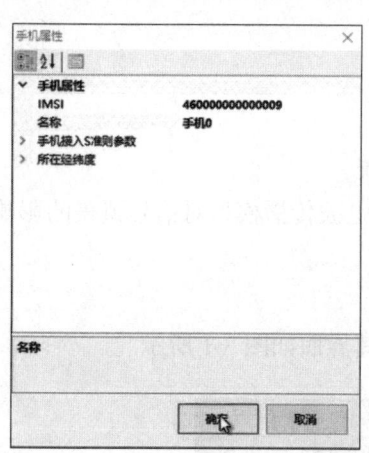

图3-3　添加手机

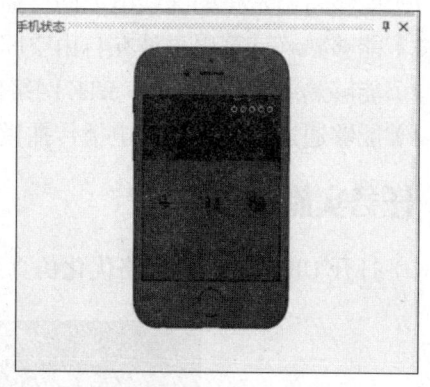

图3-4　场景中的手机

电波传播模型

（4）查看仿真场景中的电波传播模型（图3-5），确认现在场景中的传播模型为SPM模型。

（5）常见的电波传播模型主要有自由空间传播模型、Okumura-Hata模型、COST231-Hata模型、SPM模型、FastTrModel模型等。

1）自由空间传播模型。

所谓自由空间传播是指天线周围为无限大真空时的电波传播，它是理想传播条件。电波在自由空间传播时，其能量既不会被障碍物

图3-5　电波传播模型

所吸收，也不会产生反射或散射。

无线电波在自由空间的传播是电波传播研究中最基本、最简单的一种。所谓自由空间，严格地说应指真空，但通常把满足下述条件的一种理想空间视为自由空间。其主要特点如下：均匀无损耗的无限大空间；各向同性；电导率为零。

在这种理想空间中，不存在电波的反射、折射、绕射、色散和吸收等现象，而且电波传播速率等于真空中光速。

应用电磁场理论可以推出，在自由空间传播条件下，接收信号功率 P_r 可用下式计算：

$$P_r = P_t \left(\frac{\lambda}{4\pi d} \right)^2 g_t g_r \tag{3-1}$$

式中，P_t 为发射机送至天线的功率；g_t 和 g_r 分别为发射和接收天线增益；λ 为波长；d 为接收天线与发射天线之间的距离。

在移动通信电路设计中，通常用传输损耗来表示电波通过传输媒质时的功率损耗。定义发送功率 P_t 与接收功率 P_r 之比为传输损耗。由式（3-1）可得出传输损耗的表达式为

$$L_s = \frac{P_t}{P_r} = \left(\frac{4\pi d}{\lambda} \right)^2 \frac{1}{g_t g_r} \tag{3-2}$$

损耗常用分贝表示，由式（3-2）可得

$$\lfloor L_s \rfloor = 32.45 + 20\lg f + 20\lg d - 10\lg (g_t g_r) \tag{3-3}$$

式中，距离 d 以 km 为单位；频率 f 以 MHz 为单位。

式中，$\lfloor \ \rfloor$ 符号表示求对数，即 $\lfloor y \rfloor = 10\lg y$。

式（3-3）也可表示为

$$\lfloor L_s \rfloor = \lfloor L_{fs} \rfloor - \lfloor g_t \rfloor - \lfloor g_r \rfloor \tag{3-4}$$

$$\lfloor L_{fs} \rfloor = 32.45 + 20\lg f + 20\lg d \tag{3-5}$$

L_{fs} 定义为自由空间路径损耗，有时又称为自由空间基本传输损耗。它表示自由空间中两个理想电源天线（增益系数 $g=1$ 的天线）之间的传输损耗。

需要指出，自由空间是不吸收电磁能量的理想介质。所谓的自由空间传输损耗是指球面波在传播过程中，随着传播距离增大，电磁能量在扩散过程中引起的球面波扩散损耗。实际上，接收天线所捕获的信号功率仅仅是发射天线辐射功率的很小的一部分，而大部分能量都散失掉了，自由空间损耗正反映了这一点。

此处请计算，若 2 600 MHz 频段的电磁波，在自由空间传输 10 km，则自由空间的传播损耗是多少 dB？

2）Okumura-Hata 模型。

Okumura-Hata 模型提供了大量的图表曲线，利用它们可以得到所需要的路径损耗预测值，但是利用查图表的方法进行路径损耗不够方便。日本人哈达（Hata）将奥村的曲线进行解析化，得到预测路径损耗的经验公式。其适用于宏蜂窝（小区半径大于 1 km）系统的路径损耗预测。其适用频率范围是 150 ~ 1 500 MHz，适用于小区半径为 1 ~ 20 km 的宏蜂窝系统，基站有效天线高度为 30 ~ 200 m，移动台有效天线高度为 1 ~ 10 m。

在市区，Okumura–Hata 经验公式如下：

$$L_m=69.55+26.16\lg f-13.82\lg h_b-\alpha(h_m)+(44.9-6.55\lg h_b)\lg d \tag{3-6}$$

式中，$\alpha(h_m)$ 是移动天线校正因子（dB），其数值取决于环境；h_m 是指移动台天线的有效高度；h_b 是指基站台天线的有效高度。

3）COST231–Hata 模型。

欧洲科学技术研究协会（EURO–COST）组成 COST–231 开发组，通过分析 Okumura–Hata 的传播曲线在高频段的特征，把 Okumura–Hata 传播模型扩展到适用于频段宽度为 1 500 MHz ≤ f ≤ 2 000 MHz，称为 COST231–Hata 模型。

在市区，公式为

$$L_m=46.3+33.9\lg f-13.82\lg h_b-\alpha(h_m)+(44.9-6.55\lg h_b)\cdot(\lg d)^v+C_m \tag{3-7}$$

其中，$\alpha(h_m)$ 同上。

$$C_m=\begin{cases}0\text{ dB} & \text{对于中等城市和有中等树林密度的郊区中心}\\3\text{ dB} & \text{对于大城市}\end{cases}$$

$$v=\begin{cases}1 & (d\leq 20\text{ km})\\1+(0.14+1.87\times10^{-4}f+1.07\times10^{-3}h_b)\left(\lg\dfrac{d}{20}\right)^{0.8} & (d>20\text{ km})\end{cases} \tag{3-8}$$

该模型适用范围为

1 500 MHz ≤ f ≤ 2 000 MHz，30 m ≤ h_b ≤ 20 m，1 m ≤ h_m ≤ 10 m，d ≥ 1 km。

此模型限制于大的和小的宏蜂窝，基站天线高度高于屋顶，不能用于微蜂窝环境。

4）SPM 模型。

现在很多的网络规划软件中经常使用标准传播模型，也叫 SPM（Standard Propagation Model）模型。它建立在 COST231–Hata 经验模型的基础上，使用该模型的路径传播损耗 L 的计算公式为

$$L=K_1+K_2\lg d+K_3\lg h_{eff}+K_4L_{Diffraction}+K_5\lg d\lg h_{eff}+K_6\lg H_{meff}+K_7f_{Clutter} \text{（dB）} \tag{3-9}$$

式中的系数和各参数的含义，在表 3-1、表 3-2 中给出。

表 3-1　SPM 模型系数

系数	说明	默认值
K_1	与频率相关因子	23.5
K_2	距离衰减因子	44.9
K_3	移动台天线高度相关因子	5.83
K_4	与衍射计算相关的因子	1（>0）
K_5	与发射天线有效高度和距离相关的因子	−6.55
K_6	移动台高度相关因子	0
K_7	地貌相关因子	1

表 3-2　SPM 模型参数

参数	含义	单位
d	发射点到接收点的直线距离	m
h_{eff}	基站天线有效高度	m
Diffraction	下标，表示衍射损耗	无
H_{meff}	移动台有效高度	m
Clutter	下标，表示地貌校正因子	无
f_{Clutter}	发射点和接收点之间剖面图上所经历的各种地貌类型的函数	无

标准传播模型是一种特别适用于带宽在 150 ~ 2 000 MHz 以及超过长距离（1 km<d< 20 km）传播的模型，并且非常适合于 GSM900 和 DCS1800 系统。这种模型利用地形、衍射原理并考虑地形分类、天线挂高、天线倾角、天线种类来计算传播，可应用于任何技术中。

（6）重复项目二中的"实训任务　MIMO 天线的工作模式"操作步骤的（4）~（18），可以得到"小区参数导致弱覆盖"场景中的 RSRP 和 SINR 值统计数据，如图 3-6 和图 3-7 所示。

（7）将"小区参数导致弱覆盖"仿真场景中的传播模型修改为"COST231–Hata"，重复项目二中的"实训任务　MIMO 天线的工作模式"操作步骤的（4）~（18），可以得到新的 RSRP 和 SINR 值统计数据，如图 3-8 和图 3-9 所示。

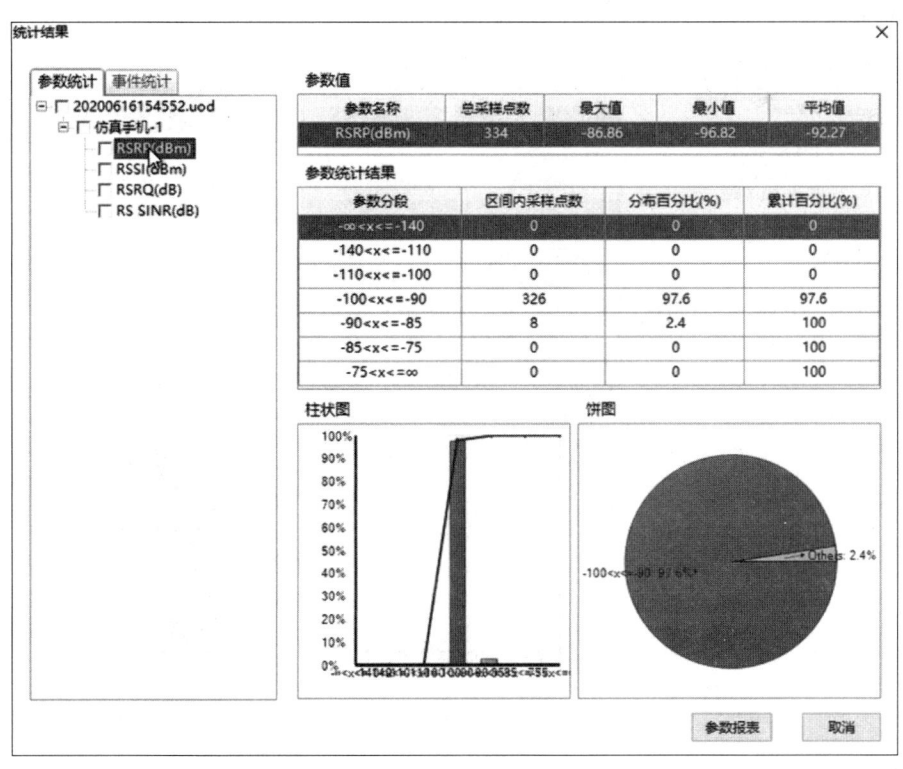

图 3-6　RSRP 值统计数据

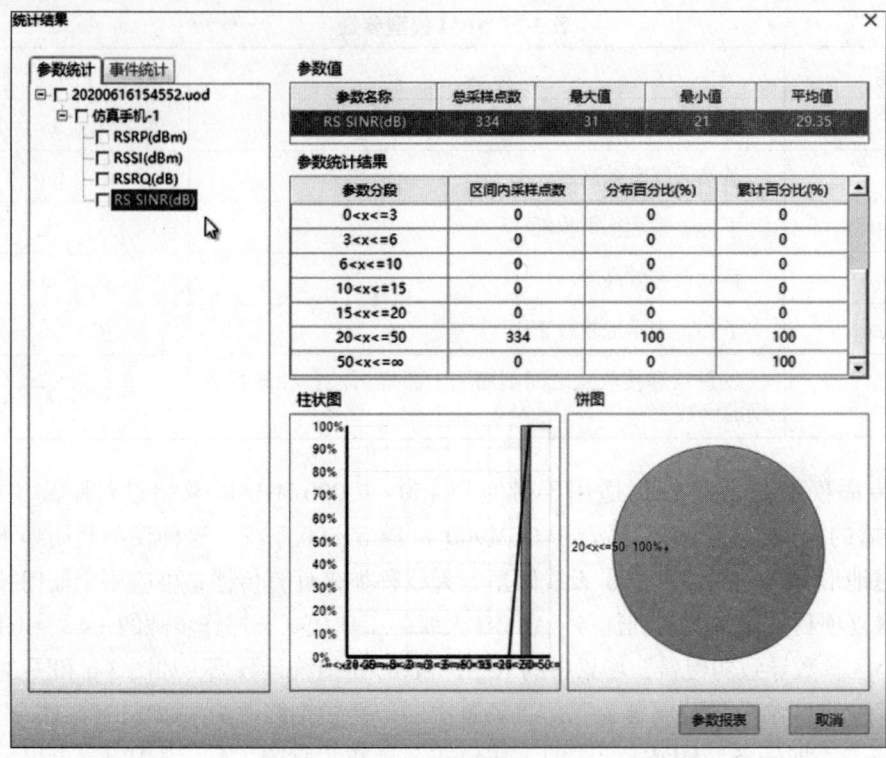

图 3-7　SINR 值统计数据

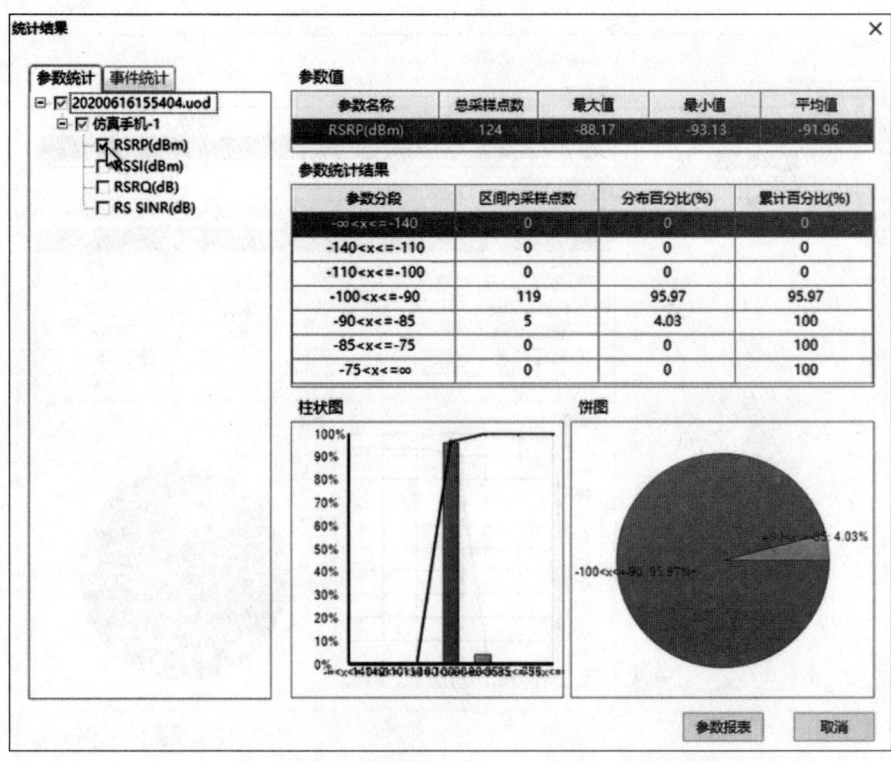

图 3-8　修改参数后的 RSRP 值统计数据

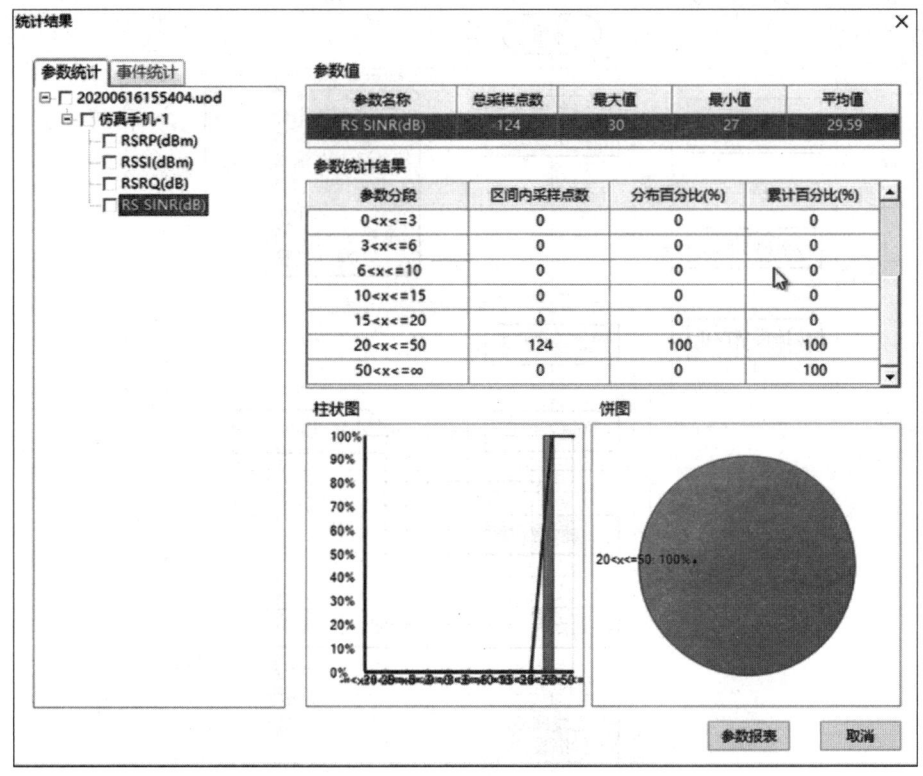

图 3-9　修改参数后的 SINR 值统计数据

（8）对比分析修改参数前后的 RSRP 和 SINR 值统计数据可以得知同一场景下不同电波传播模型对无线网络覆盖的影响情况。

任务 2　LTE 无线网络规划流程

LTE 无线网络规划流程（图 3-10）：

（1）需求分析：主要是分析网络覆盖区域、网络容量和网络服务质量。这是网络规划要求达到的目标。

（2）无线环境分析：包括清频测试和传播模型测试校正。其中清频测试是为了找出当前规划项目准备采用的频段是否存在干扰，并找出干扰方位及强度，从而为当前项目选用合适频点提供参考，也可用于网络优化中问题定

无线网络
规划流程

位。传播模型测试校正是通过针对规划区的无线传播特性测试，由测试数据进行模型校正后得到规划区的无线传播模型，从而为覆盖预测提供准确的数据支持。

（3）规模估算：包含覆盖规模估算和容量规模估算；针对规划区的不同区域类型，综合覆盖规模估算和容量规模估算，做出比较准确的网络规模估算。

（4）预规划仿真：根据规模估算的结果在电子地图上按照一定的原则进行站点的模拟布点和网络的预规划仿真。

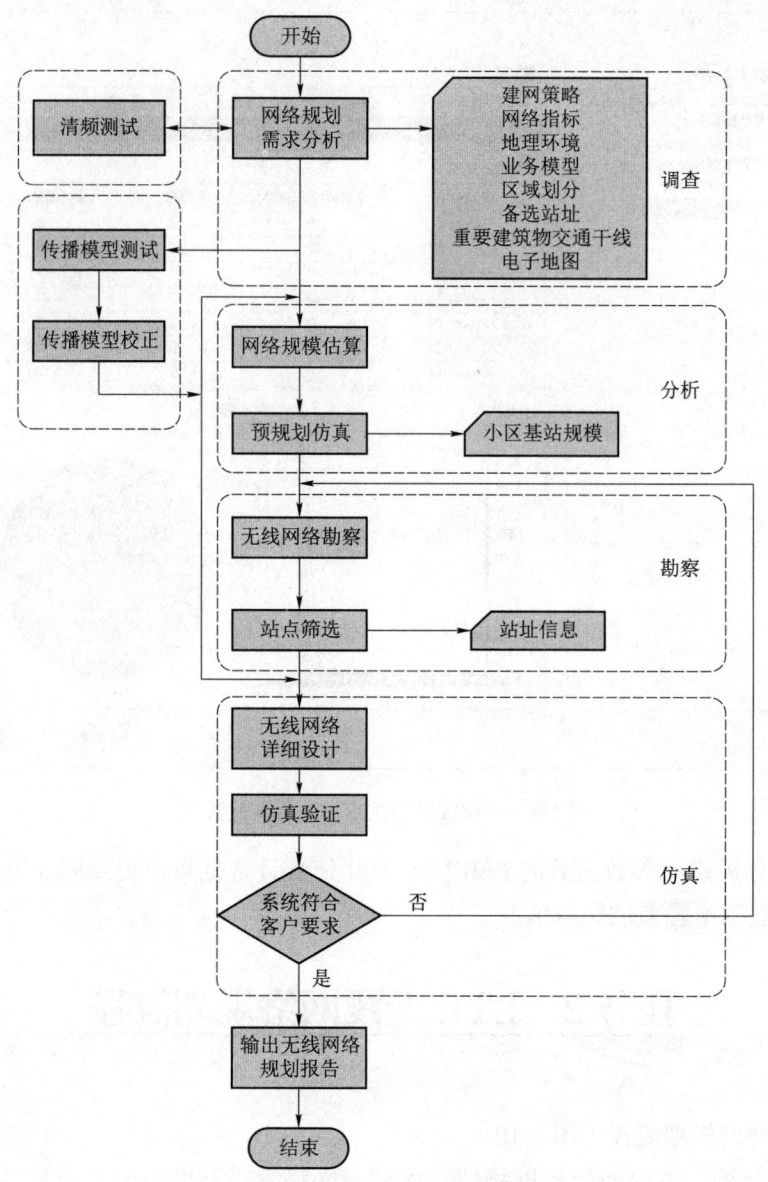

图 3-10　LTE 无线网络规划流程

（5）无线网络勘察：根据拓扑结构设计结果，对候选站点进行勘察和筛选；

（6）无线网络详细设计：主要指工程参数和无线参数的规划等；

（7）网络仿真验证：验证网络站点布局后的网络的覆盖、容量性能；

（8）规划报告：输出最终的网络规划报告。

知识点 1　需求分析

1. 本阶段工作内容

需求分析就是通过与客户的沟通和交流，确定并确认客户对网络性能方面的要求，从客户处收集足够多的对网络规划起指导意义的信息。

需求分析是规划工作的基础，其内容主要包括以下几个方面：了解规划区域地形地貌信息；了解客户的建网目标，主要包括覆盖、容量需求，以及无线设计参数要求；确认和客户分工界面；实地勘察，了解无线传播环境，确定是否需要进行场强测试。

需要了解的信息具体如下：

（1）地形地貌环境和人口分布状况。

地形地貌环境：包括规划区域地形起伏、地貌信息、稀疏程度、密集区分布等信息；对于郊区或乡村，还需要给出山地河流分布、公路铁路分布、厂矿分布、村镇分布等信息；这些信息对于无线传播模型的选取及覆盖规划有重要意义。这些信息可以通过各种途径得到，如果规划工程师对规划区域无线环境把握程度不高，需要对规划区域进行实地勘察。

人口分布情况：为容量规划提供参考，要求提供人口分布情况，可以按区域为单位（乡村一般以乡镇为单位，城区以片区为单位，如××街道办、××社区等，最好能够细化到大概一个站点的覆盖范围），要求同时给出大致的收入情况，以便估算潜在的用户；对于专网（如军网、厂矿企业内部网），给出可能用户分布情况（如军网，主要覆盖军营、办公场所、医院、主要街道等地区）。

（2）无线网络频点环境。

需求分析阶段应该收集当前项目准备所用频段范围信息，以及该频段当前占用情况，需要通过客户或其他途径了解。若条件许可，则应该了解该频段是否被专网等无线网络占用，如银行、公安、机场、火车站、有线电视、电力的专网。

（3）客户的网络建设战略。

客户网络建设整体的思路对规划影响也比较大，需要了解现有网络 / 本期网络 / 下一期网络的容量和覆盖需求、现有网络存在的问题，以及各期网络建设的时间等信息，整个网络的建设应该作为一个整体考虑。

根据得到的这些信息，可以确定大致的建网原则。比如，本期网络和下一期网络时间相差不大，则可以将两期网络一起规划，根据本期的容量从中抽取一部分作为本期的解决方案。

（4）系统设计参数要求。

包括每用户 Erl 容量、阻塞率、数据业务速率、覆盖率等参数，具体参数根据客户要求调整，这些参数需要分密集城区 / 城区 / 郊区分别给出，如每用户 Erl 容量，密集城区可能设为 0.03 Erl，而郊区为 0.02 Erl。

这些参数对于系统设计非常重要，如每用户 Erl 容量和阻塞率直接影响基站数的计算。

数据业务方面的需求可能影响站点的覆盖半径，如果满足数据业务要求的覆盖半径和话音业务的覆盖半径不一致，那么按照二者中较小的一个进行设计。

覆盖率等参数难以衡量，如果客户没有相应要求，可以在需求分析报告中去掉。

（5）覆盖需求。

网络规划的目的就是满足客户覆盖和容量要求，需要详细了解这方面的信息。

覆盖需求包括覆盖区域范围和重点覆盖区域信息。

对于扩容网络，覆盖范围包括现有网络覆盖范围、存在的问题、本期网络要求覆盖的范围等信息，对新建网络只有最后一项。

重点覆盖区一般包括繁华商业区、重要办公区、重要住宅区、流动人口密集区等，具体类型可根据客户要求确定。

（6）客户可提供站点信息。

网络规划要求以最小的投资满足客户的需求，客户可提供站点需要被充分利用。

客户可提供站点可用来作为网络拓扑结构设计的基础，也可以用作场强测试点。充分利用这些站点可以节省客户的投资，加快网络建设速度。

（7）现有无线网络站点分布和话务分布信息。

现有无线网络话务分布可以为容量规划提供参考，现有网络站点分布可以为网络拓扑结构设计提供参考。

有必要提供数据业务较多站点的信息。

如果没有无线网络的相关信息，那么需要提供固定网络接入点分布情况和放号信息。

（8）用户特殊需求。

除覆盖和容量需求外，客户可能还有一些特殊的需求，如某些区域不能建塔（会影响天线挂高）、必须利用现有机房（影响站点选择）、搬迁网络不能更换站点等。

（9）搬迁网络需要了解的信息。

对于搬迁网络，除了上面的内容，还需要了解搬迁的动机（通过其他途径了解）、现有网络存在的问题及现有网络比较成功的方面等信息。

如果由于现有网络存在明显问题才进行搬迁，那么规划阶段必须避免重犯这些错误；对现有网络存在问题的区域和存在问题的站点，规划时应重点关注，以避免类似问题出现。如可能存在部分站点客户不准备继续采用，则应详细了解这些站点信息；如果必须采用，则需要列出充分理由，否则不采用。

（10）各测试项目参数设置、验收标准及分工界面。

网络规划结构需要验收，相关内容测试过程中参数的设置和验收的标准需要客户确定；分工界面主要指规划过程中不同单位的任务分担，也需要预先确定。

参数设置主要涉及网络评估和频谱扫描，如果合同没有规定，那么需要在本阶段确定；如果客户提不出要求，可以提出参考其他的标准，提请客户确认。

对网络评估，需要确定测试路线和测试点的选择标准、各项目的评分标准等。

对频谱扫描，需要确定测试频段、分辨率带宽、测试路线和测试点选择标准等；其中分辨率带宽不能低于 10 kHz（仪器的精度不够）。

验收标准主要包括各项目的验收项、指标、要求完成的时间等内容，验收指标必须量化。

2. 需求分析的流程

需求分析的流程如图 3-11 所示。

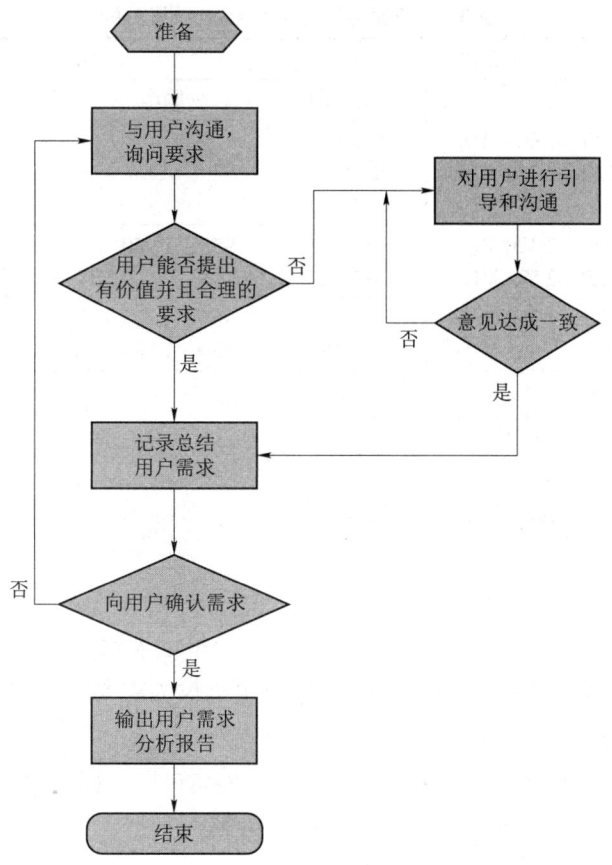

图 3-11　需求分析的流程

知识点 2　无线环境分析

无线环境分析包括频谱扫描和场强测试（Field Test）。

频谱扫描用于了解系统使用频段是否存在干扰，包括扫描和干扰查找两部分内容，一般只进行扫描工作，干扰查找需要由具备相关资质的单位实施。

场强测试用于得到能反映无线传播环境特征的无线传播模型，只有确保没有现成可用模型，且网络比较复杂，需要进行仿真的情况下才需要执行场强测试。

（1）在客户授权许可的情况下对规划区域进行频谱扫描确认，确保频率资源干净可用。

（2）根据规划区域地形地貌的实际情况，进行传播模型的校正。

1．频谱扫描

（1）目的。

频谱扫描是为了测试当前项目准备采用的频段是否干净，为当前项目选用合适频点提供参考。

（2）频谱扫描范围。

对于目前商用的 LTE 系统，三家电信运营商的频段分配见表 3-3。

表 3-3 三家电信运营商 LTE 频段分配

归属方	TDD		FDD		合计
	频谱	频谱资源	频谱	频谱资源	
中国移动	1 880 ~ 1 900 MHz 2 320 ~ 2 370 MHz 2 575 ~ 2 635 MHz	20 MHz 50 MHz 60 MHz			130 MHz
中国联通	2 300 ~ 2 320 MHz 2 555 ~ 2 575 MHz	20 MHz 20 MHz	1 955 ~ 1 980 MHz 2 145 ~ 2 170 MHz	25 MHz 25 MHz	90 MHz
中国电信	2 370 ~ 2 390 MHz 2 635 ~ 2 655 MHz	20 MHz 20 MHz	1 755 ~ 1 785 MHz 1 850 ~ 1 880 MHz	30 MHz 30 MHz	100 MHz

根据用户的要求，可以适当调整扫频范围。

（3）测试方式。

扫频的测试方式包括路测和定点测试。

1）路测。

目的：找出可能存在干扰的区域。

测试方式：在计划好的路线上测试，通过 GPS 定位记录频谱随位置变化的情况。

设置：分辨率带宽（RBW）设为 30Hz，扫频范围设为需要扫频的上行或下行频段。

说明：

- 上下行都要进行路测扫频，如果设备允许，那么可以一次完成上行和下行的扫频；
- 采用全向天线测试，和 GPS 天线一起置于车顶；
- 记录测试数据随位置实时变化情况；
- 选择的测试路线应到达所有需要覆盖的区域。

2）定点测试。

目的：找出测试点所在位置的干扰的频点及干扰的强度。

测试方式：在选定的位置，用全向天线进行测试，包括底噪测试和干扰测试。

如果路测数据显示有区域存在干扰，那么根据干扰区域的相对位置，选择测试点；并非每个干扰区域都选择测试点，如果距离在 2 km 以内，可以用同一个测试点。

存在干扰区域的测试点选好后，对于没有测试点的区域，每 3 ~ 5 km 范围（半径）选择一个测试点；如果路测没有测到干扰，那么根据范围选择测试点，每 3 ~ 5 km 范围（半径）选择一个测试点；对于地形起伏很大的区域，则可以在比较大的低洼区域中间选择测试点，多个比较小的低洼区域（半径小于 2 km）选择中间的高点测试。

3）底噪过高情况的测试。

如果测试过程中出现底噪比较高的情况，并且确认不是由于设备精度低导致，则需要加宽扫频范围，一直扩到找到真正的底噪；如果确定是一个宽谱的干扰，且干扰强度超过底噪 3 dB 以上，则肯定对系统产生干扰。

（4）数据分析与报告输出。

1）数据分析。

测试完成后，需要分析测试数据，找出存在干扰的位置、干扰的频率及强度。

干扰信号可以通过回放、测试界面图形分析及测试数据分析来确定造成干扰的原因。

2）测试报告应该说明的内容。

测试完成后，填写《××（业务区）扫频报告》。

测试报告中应该包括：测试设备、测试方式、测试地点（对定点测试）、测试步骤、测试数据分析、分析结果等内容。

测试数据给出能表明存在干扰的图片以及统计出来的存在干扰的频点和强度。

测试数据分析结果从整个测试区域出发，给出整个频段上存在干扰的情况，由于各频段存在干扰的数量及强度不同，因此应指出相对比较干净的频点，作为建议系统使用的频点。

由于测试时间和测试点的限制，测试结果不能完全反映扫描频段的频带利用情况，频谱扫描只能得出频带内存在的干扰信息，不能得出不存在干扰的结论。

2. 场强测试

场强测试是对传播模型进行校正的工作，对仿真起着至关重要的作用。

频点设置：场强测试频点应使用或尽量接近实际系统所用频点。

场强测试路线的选择需要遵循如下原则：

● 东西向和南北向的道路都应包括；各种距离的位置都应跑到；各种地物附近区域都应跑到；应尽量包括所有能跑到的道路，以一般道路为主，多跑小道（包括地物内的小道），避免在同样的路线反复测试。

● 测试半径应该尽量大，保证接收机接收到的信号最弱低于 –140 dBm；根据实际测试过程中的信号情况调整测试的路线。

● 中速行驶，一般为 30 ~ 60 km/h。

● 建议用类似如下的原则选择道路：先跑东西向道路，再跑南北向道路，最终测试的道路形成网状结构。图 3-12 所示为场强测试路线选择示例。

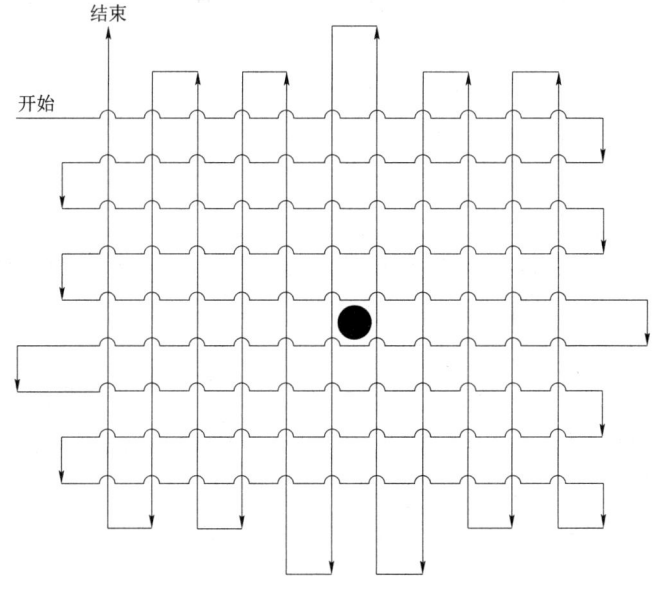

图 3-12　场强测试路线选择示例

场强测试数据记录遵循如下原则：

- 测试过程中停车时（如红灯）不记录数据（使用测试软件中的暂停）；
- 同一条道路上反复跑时，只记录第一次的数据；
- 记录数据方式设为根据距离记录。

这是为了确保不同道路上的数据在校模过程中有同样的权重。

知识点 3 规模估算

网络规模估算是指根据需求分析和无线环境分析，给出规划区域所需要站点数，通常规模估算包括覆盖估算和容量估算。

根据规划区域无线传播模型，通过链路预算估算小区覆盖距离，得到满足覆盖需求的站点数；根据人口分布以及容量需求，结合话务模型，估算满足容量需求的站点数。最后，取最大站点数作为规划区域的站点数。

1. 覆盖规划

（1）覆盖估算流程。

覆盖估算流程如下：

- 确定链路预算中使用的传播模型。
- 根据传播模型，通过链路预算表分别计算满足上下行覆盖要求的小区半径。
- 根据站型计算单个站点覆盖面积。
- 用规划区域面积除以单个站点覆盖面积得到满足覆盖的站点数。

（2）LTE 链路预算。

链路预算是通过对上、下行信号传播途径中各种影响因素的考察和分析，估算覆盖能力，得到保证一定信号质量下链路所允许的最大传播损耗。链路预算是网络规划的前提，通过计算信道最大允许损耗求得一定传播模型下小区的覆盖半径，从而确定满足连续覆盖条件下的站点规模。

LTE 链路预算的特点如下：

- 不同业务速率对应不同干扰余量；
- 馈线损耗较小，是因为 LTE 中的馈线是指从 RRU 的输出到天线的输入这一段跳线；
- 影响链路预算的因素很多，除了手机的发射功率，基站的接收灵敏度外，还有阴影衰落余量，建筑物穿透损耗，业务速率和业务解调门限等，所以链路预算也应该区分地理环境和业务种类进行。

结合实际用户需求，设置链路预算各参数，可得出上下行的链路预算结果：

允许的最大路径损耗（下行）=+ 终端天线增益 + 频率选择性增益 – 人体损耗 – 穿透损耗 – 阴影衰落 + 切换增益

允许的最大路径损耗（上行）= 终端最大发射功率 + 终端天线增益 + 基站天线增益 – 人体损耗 – 基站馈缆损耗 – 基站接收机噪声功率 – 所需 SINR – 干扰余量 – 穿透损耗 – 阴影衰落 + 切换增益

（3）传播模型。

常用的提供了标准宏小区传播模型，其通用表达式为：

$$P_{RX}=P_{TX}+k_1+k_2\lg(d)+k_3\lg(H_{eff})+k_4+k_5\lg(H_{eff})\lg(d)+k_6(H_{meff})+k_{CLUTTER} \quad (3-10)$$

式中，P_{RX} 为接收功率；P_{TX} 为发射功率；d 为基站与移动终端之间的距离（m）；H_{meff} 为移动终端的高度（m）；H_{eff} 为基站距离地面的有效天线高度（m）；H_{eff} 为绕射损耗；k_1 为参考点损耗常量；k_2 为地物坡度修正因子；k_3 为有效天线高度增益；k_4 为绕射修正因子；k_5 为奥村哈塔乘性修正因子；k_6 为移动台天线高度修正因子；$k_{CLUTTER}$ 为移动台所处的地物损耗。

（4）站型与单站覆盖面积的关系见表3-4。

表3-4　站型与单站覆盖面积的关系

	全向站	定向站（广播信道65°，三扇区）	定向站（广播信道90°，三扇区）
站间距	$D=\sqrt{3}R$	$D=1.5R$	$D=\sqrt{3}R$
面积	$S=2.6R_2$	$S=1.95R_2$	$S=2.62R_2$

站型（图3-13）一般包括全向站和三扇区定向站。规模估算中，根据广播信道水平3 dB波瓣宽度的不同，常用的定向站有水平3 dB波瓣宽度为65°和90°两种。

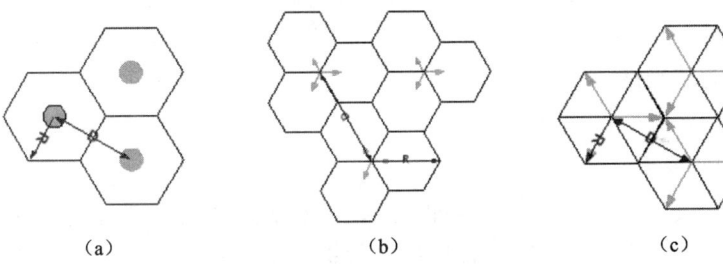

图3-13　站型

（a）全向站型；（b）定向站型（65°，三扇区）；（c）定向站型（90°，三扇区）

（5）覆盖站点数估算。

首先，通过链路预算表获得最大允许路径路损；其次，根据站型和传播模型计算小区最大覆盖半径；最后，根据规划区域面积得到满足覆盖的站点数。

具体步骤如下：

1）计算小区最大覆盖半径。

通过链路预算表得到最大允许路径路损。将其代入传播模型公式可以得到小区最大覆盖半径。

其中 $PassLoss=|R_{PX}-P_{TX}|$，则可以求得 $PassLoss=k_1+k_2\lg(d)+k_3\lg(H_{eff})+k_4+k_5\lg(H_{eff})\lg(d)+k_6(H_{eff})+k_{CLUTTER}$，此等式中只有一个未知数 d，因此可以求出 d 值，也即小区最大覆盖半径。

2）计算单站最大覆盖面积。

根据站型的不同，通过小区半径可以计算单站最大覆盖面积。

3）计算站点个数。

站点个数 = 规划区域面积 / 单站最大覆盖面积。

2. 容量规划

（1）容量估算流程。

容量规划计算

● 计算基站吞吐量。根据系统仿真结果，得到一定站间距下的单站吞吐量。

● 根据话务模型计算用户业务的吞吐量需求或者由用户给出。其中，吞吐量需求的因素包括地理分区、用户数量、用户增长预测、保证速率等。

● 根据以上两条计算基站数量。

上述流程是理论计算方法，通常情况可能无法直接获得话务模型或者直接估算基站吞吐量。

（2）影响容量估算结果的因素。

● 干扰消除。连续覆盖时的干扰消除技术（如 ICIC）的应用将影响 TD-LTE 系统的吞吐量。

● 多天线技术。不同的天线配置（即不同的传输模式）影响 TD-LTE 系统的吞吐量，需要根据实际的组网情况进行仿真分析。

● 调度算法。不同的调度算法将影响 RB 资源的利用率，最终影响吞吐量。

● 实际传播环境。不同传播环境下的干扰情况和传播距离不同，通过系统仿真分析，得到的吞吐量不同。

● 话务模型的准确性。

（3）话务模型分析。

1）话务模型的要素。

● 业务种类和流量需求。业务种类即 TD-LTE 数据业务的主要种类，每种业务需要的单位数据流量需求即业务模型。TD-LTE 仅提供数据业务，如 VoIP、实时视频、交互式游戏、流媒体、视频点播、网络电视等。为了简化分析，业务模型的关键因子只包含每次会话中的激活数和每次激活的数据量。

● 用户分类。不同的用户所需要的数据业务模型和呼叫模型不同，需要对不同的数据业务用户进行分类；需要说明的是，相比而言，不同用户群的业务模型的差异要小一些，呼叫模型的差异是主要的。这是因为业务模型主要受限于技术能力和业务开发情况，业务模型的变化是缓慢的，在不同用户群之间的差异主要是由终端类型的差异引起的（如终端屏幕的大小）；而呼叫模型则主要由运营策略和资费策略决定，在不同用户群之间的差异更大，变化也更快。

● 每种业务的忙时呼叫次数。不同用户种类、业务种类的忙时呼叫次数，加上业务的单位数据流量需求，即决定了总的数据业务流量需求，同时，每种业务的忙时呼叫次数与用户分类、用户行为、运营商策略等因素直接相关。

● 根据话务模型的上述重要因素，可以得到需要的数据吞吐量需求。结合系统容量、规划区域用户数，可以进行容量估算，确定满足容量需求的站点数。

2）话务模型参数。

表 3-5 列举了 TD-LTE 话务模型中的参数含义。

表 3-5 TD-LTE 话务模型中的参数含义

参数代码	参数中文名	参数英文名	单位	说明 / 关系式
NT	总用户数	Number of Total Subscriber		总用户数
FO	在线比	Online Subscriber Ratio	%	在线用户数与总用户数的比例
NO	在线用户数	Number of Online Subscriber		在线用户数 NO=NT*FO;
Oversubscription	集线比，超卖比，或在线并激活比	Online and Active Subscriber Ratio in Total Subscriber	%	Oversubscription=NOA/NT;
Activeratio	激活比	Active Subscriber Ratio in Online Subscriber	%	Activeratio=NOA/NO;
NOA	在线并激活用户数	Online and Active Subscriber		NOA=NT* Oversubscription=NO* Activeratio;
Subratio	业务渗透率	Service Subratio	%	
DL$_{av}$	下行平均数据量	Average DL Throughput	Kbit	下行用户平均数据量，用户行为习惯
UL$_{av}$	上行平均数据量	Average DL Throughput	Kbit	上行用户平均数据量，用户行为习惯
D	平均会话时长	Average Session Duration	s	用户从上网到下网的平均时长，用户行为习惯
G	激活连接比例	Active Link Ratio in One Session	%	上网链路激活比例，其余为休眠比例，用户行为习惯
H	忙时每用户会话次数	Busy Hour Sessions Per Subscriber		用户使用网络的频繁程度
DL$_{act}$	激活链路下行平均吞吐量	Average Active DL Throughput	Kbit	下行链路的流量，DL*D*G*H/3600
UL$_{act}$	激活链路上行平均吞吐量	Average Active UP Throughput	Kbit	上行链路的流量，UL*D*G*H/3600

对表 3-5 中的参数解释如下：

- 总用户数 NT：系统设计时所能支持的用户数。

- 在线比 FO：在线用户数占总用户数的比例。
- 在线用户数 NO：已经登记注册到网络中，但不一定有业务发生的用户；总用户数与在线用户数的关系为：NO=NT×FO。
- 在线并激活用户数 NOA：已经登记注册到网络中，而且有业务发生的用户。
- Oversubscription 被称为集线比，超卖比或者在线激活比，代表用户使用业务的繁忙程度；例如 Oversubscription 为 20，就表示在忙时，每 20 个用户中会有 1 个用户在使用该业务。
- 总用户数与在线并激活用户数的关系为：NOA=NT×Oversubscription。
- 在线用户数与在线并激活用户数的关系为：NOA=NO×Activeratio。
- 集线比与在线比和激活比的关系为：Oversubscription=FO×Activeratio。

（4）容量估算方法。

1）容量估算理论方法。

- 通过话务模型可以计算忙时单用户的平均上、下行速率。
- 根据规划区域用户数，乘以忙时单用户的平均上、下行速率，得到规划区域总的上、下行吞吐量需求。
- 规划区域总的吞吐量需求除以单站平均吞吐量，可以得到站点数。

注：分别根据上、下行吞吐量需求得到的站点数取最大值，作为规划站点数。

2）容量估算简化方法。

在没有话务模型的情况下，可以采用一种简化的估算方法。

根据规划区域无线环境和系统带宽、多天线模式、一定子帧配置、基站类型（全向站）、基站天线数、基站总发射功率等条件，通过系统仿真得到该规划区域内小区平均吞吐量或单站吞吐量。

其中，小区平均吞吐量 = 系统带宽 *SE* 下行子帧配比系数。

例如，仿真条件：在站间距 ISD=500 m，小区发射功率 43 dBm，SCME（Spatial Channel Model Extension，拓展空间信道模型）信道，FR=1，子帧配置 =2：2，系统带宽 =10 MHz。系统仿真结果见表 3-6。

表 3-6　系统仿真结果

多天线模式	SE/（bit·Hz^{-1}）	系统带宽 /MHz	小区平均吞吐量 /Mbit
Beamforming	2.46	10	13.284

通常情况下用户容量需求以 2 种方式给出：

- 方式 1：

用户给出不同计划时间下的规划区域总吞吐量需求见表 3-7。

表 3-7　总吞吐量需求（一）

计划时间	规划区域总吞吐量 /Mbit
计划时间 1	345.6

- 方式 2：

用户给出单用户的速率要求、规划区域总用户数，推算总吞吐量需求见表 3-8。

表 3-8 总吞吐量需求（二）

计划时间	用户数	单用户业务速率要求	规划区域总吞吐量 /Mbit
计划时间 1	900	下行 384 Kbit、上行 64 Kbit	345.6

通常情况，按照下行速率要求计算总吞吐量。

规划区域总吞吐量 = 用户数 × 下行业务速率。

例如，计划时间 1 的总吞吐量 =900 × 0.384=345.6 Mbit。

3）站点规模计算。

根据用户需求和系统仿真结果与站型，可以推算满足上述条件的站点数。

站点数 = 用户吞吐量需求 / 单站平均吞吐量。

例如满足计划时间 1 的站点数 =345.6/（13.284 × 3）=9。

知识点 4 网络勘察

收集客户可提供站点有关无线传播环境的信息，在满足网络拓扑结构和用户需求的情况下，尽量利用用户已经有条件的站点，最大限度地减少用户的投资。

根据需求分析阶段对无线传播环境的把握程度，可能需要在需求分析后对部分或全部用户可提供站点进行勘察。根据项目的实际情况，可以只对关键位置站点进行勘察，选择其中合适站点作为网络拓扑结构设计的基础，其余可提供站点可在规划站点勘察阶段作为候选点进行勘察。对于规划站点勘察阶段勘察的可提供站点，如果满足网络拓扑结构设计要求，应作为首选候选点；只有在可提供站点不能满足覆盖和容量需求时，才选择其他候选点。

对乡村 / 公路网络，网络一般比较简单，可提供站点比较分散，预先对所有可提供站点进行勘察，一方面，难以实现；另一方面，也没有必要。这种情况下，一般根据地形地貌，基于用户可提供站点搭建网络拓扑结构，在规划站点勘察阶段，将可提供站点作为首选候选点进行勘察。

可提供站点大部分都是已建好机房、电源和传输部分的站点，对此类站点关注的是：

- 规划得到的扇区朝向方向不能有明显遮挡，保证规划朝向可行。
- 机房内是否有足够大的安装位置。
- 避免和其他系统之间的干扰。
- 机房结构和地网设施是否合理。
- 楼顶 / 塔上是否有足够的位置架设天馈。
- 铁塔的高度和结构是否能够达到要求。

1. 站点选择规范

（1）站点周围不能有明显的遮挡。

遮挡造成覆盖盲区，扇区正对方向的遮挡对信号形成反射，影响后面区域的覆盖，产生导频污染等问题。

站点勘察

117

规划站点应保证能够提供满足规划所得朝向的天线安装位置、保证朝向主瓣方向没有遮挡。站点扇区朝向设置对周围区域的覆盖和周围站点的设置影响都很大，一个站点的变动可能引起很多站点的调整，勘察时应尽量保证规划得到的朝向在实际环境中能够实现。

（2）站点高度要求。

城区天线挂高应比周围平均高度高 10～15 m，郊区及农村应超出 15 m 以上。

要求站点天线挂高和规划所得高度比较接近，对于可以采用增高方式的站点，楼高度可以低于规划所得高度，但不能超过规划高度的 30%，如果楼顶有塔，那么规划所得高度最好位于楼面到塔的顶层平台之间。

对于海拔特别高的站点，如果使用全向天线，那么容易出现"塔下黑"的情况，即距离基站很近的地方覆盖不好，需考虑近处用户是否较多酌情使用定向天线。

另外，要考虑高站覆盖距离较远，尽量避免对附近其他基站的越区覆盖、重叠覆盖，影响网络质量和容量。

（3）站址和规划站点位置距离要求。

为了保证网络性能，必须保证根据规划位置勘察得到的站点距离规划位置不超过规划覆盖半径的 1/4，否则影响网络拓扑结构。

2. 天线选型

（1）天线选型的基本原则。

• 要选择有第三方检验证明的、定型的天线型号，产品要按信息产业部的标准，进行环境试验，如高温、低温、振动、冲击、运输。

• 天线的驻波比及三阶互调指标要经过 100% 检测。

天线的分类
及选型

• 对 WCDMA 无线系统，所选天线的工作频段应包含协议要求的频段，上行频段 1 920～1 980 MHz 和下行频段 2 110～2 170 MHz，选择带宽以满足需要为准。

• 选择赋形天线（上旁瓣抑制、下旁瓣零值填充），可以降低其他基站带来的干扰，避免发生"灯下黑"的问题。

• 在密集城区和环境复杂地区，选择有电子下倾的天线。

• 在城区，以选择 65° 定向 ±45° 双极化天线为主。

• 在公路，以选择 30° 或 65° 定向 ±45° 双极化天线为主。

（2）高密集城区。

1）话务量高密集区。

在北京、上海等大城市的密集城区，覆盖区以高级商业中心和高级写字楼为主。由于基站数目众多，因此每个基站的覆盖半径较小；而且，在覆盖区内还存在大量室内覆盖系统；密集市区站点的高低起伏比较大，规划站点的选择非常困难；密集城区的无线环境极其复杂多变，RF 系统调整概率比较大。综合上述理由，必须控制城区基站覆盖半径，因此需较大的下倾角，以减少对相邻小区的干扰。如果使用过大的机械下倾角会带来天线波束的畸变，使无线信号变得更加难以控制，给优化工作带来极大的不便，因此，必须使用具有电子下倾的天线。

在话务量非常高的密集市区，基站间距离为 300～500 m，我们必须选择可调电子下倾的天线或固定电子下倾 6° 以上的天线。

在天线安装时，其紧固件可以提供 14° 左右的机械下倾。在实际工程中，当机械下倾超过 10° 时，天线的主瓣就会出现畸变，因此机械下倾不宜超过 10°。电子下倾和机械下倾配合使用，可以得到水平半功率宽度在主瓣下倾 10° ~ 20° 内无异常变化，以满足高话务密集城区对基站半径的控制需要。

2）话务量中等密集区。

对于省会城市或北京、上海等城区的次中心区。覆盖区有大量的商业区，有少量的高级住宅。基站间距离在 500 ~ 700 m，同样基站密度大，覆盖半径小。为了有效控制对相邻扇区的干扰，必须选择内置电子下倾 4° ~ 6°、水平半功率瓣宽 65° 的定向天线，以保证主瓣在下倾的 6° ~ 16° 内水平半功率宽度无变化，可满足对中密话区覆盖且不干扰的要求。

3）话务量较底密集区。

覆盖区以规划整齐的商品居民小区为主，有少量的商务楼。基站间距离可能更大一些，为 700 ~ 900 m，我们选择内置电子下倾 2° ~ 4°、水平半功率瓣宽 65° 的定向天线，可保证天线的主瓣在下倾的 2° ~ 14° 内水平半功率宽度无变化，可满足对低密话区覆盖且不干扰的要求。

（3）一般城区。

一般市区以居民住宅为主，规划整齐的商品小区、企事业单位家属小区和普通的居民住宅，其间有低矮平房和旧式二层楼房。这些区域的话务量不大，而且覆盖区房屋低矮传播环境比较好，主要考虑覆盖大的要求，基站间距在 1 ~ 2 km，可以选用单极化空间分集或双极化天线，如增益较高的（17 dB）65° 定向天线或在网络的边缘选择 11 dB 90° 定向天线。

（4）郊区、乡镇、农村地区。

由于话务量很小，因此主要考虑大覆盖，与覆盖区低矮的房屋相比基站都比较高，无线传播环境好。

在方向性明确的覆盖区，尽可能选择 65° 定向天线，选择的天线和一般城区天线基本一致；覆盖区有一定的方向性，同时，要兼顾有少量话务需求而覆盖范围很大，就尽量选择 90° 高增益天线；当覆盖区没有明确的方向性，而覆盖区相对比较宽阔，可以选择高增益全向天线，为了避免由于天线挂高过高，造成"灯下黑"的现象。根据基站架设高度，可选择主波束下倾 3°、5°、7° 的全向天线。

（5）铁路、高速公路（或公路）。

1）平原、草原公路。

平原和草原的公路（高速公路）地势平坦，视野非常开阔。相对高度 50 m 基站覆盖半径为 5 ~ 8 km，甚至更远。

如果只考虑公路的无缝覆盖，则可以选择水平和垂直波瓣束比较窄的、高增益的天线；如果考虑公路覆盖，则应同时兼顾其他区域的覆盖，可以根据实际的环境选择 65°、90°、360° 天线。

2）丘陵、山区公路。

山区和丘陵地带的公路、高速公路都是分布在山间谷地，对话务量的需求很小；公路两侧是山体，而且公路经常被山体遮挡，无线信号的多径和衰减比较严重。基站的覆盖半径为

3~5 km，甚至会更小。在这样的无线环境，希望选择水平波瓣束窄、增益高的天线。电磁能量更集中，以获得更好的覆盖效果。

3）穿越城镇公路。

对于既要覆盖铁路、公路，又要覆盖乡镇的小话务量地区，一般采用全向天线，或大水平波瓣角的天线，以便于城镇和公路的覆盖。

4）盘山公路。

需要根据覆盖区内的地形、地物、山体高度变化、基站位置及覆盖半径来选取天线；一般情况下，若基站位于山顶，则应该首选高增益、下倾角较大的天线。

（6）景区。

1）远离城市景区。

自然景区远离喧嚣的城市。景区与城市的无线信号在地理空间上是隔离的，景区无线信号不会与市区的无线信号混杂。由于景区都有很强的季节性，而且游客相对集中，因此无线主要集中在某些比较固定的景点。

在这样的景区天线高度没有限制，在容量要求不大的情况下，一般选择在景区的制高点建设机房，我们会选择全向天线。

对于热点景区，由于容量要求比较大，因此必须考虑利用山体或自然环境的隔离，采取分层覆盖的方案，这个时候适合选择水平波束小、增益小，易于控制的天线。

2）城市近郊景区。

城市近郊景区由于距离市区比较近，很容易出现与市区基站的重叠覆盖，因此，基站高度要严格控制，避免对市区基站的干扰。

3）城市中心景区。

这些城市中心景区具有非常高的人文价值，不能用金钱来衡量。考虑到景区的安全问题，是不能建设室内分布系统的，只能通过在近距离建设基站，利用室外信号的覆盖解决室内覆盖的问题。另外，这些景区都处于城市的中心地带，对整个市区的无线网络具有非常大的影响，所以，这样的景区应尽量选择高增益的、水平波瓣角窄的、垂直波瓣角宽的天线。

3. 勘察报告

可提供站点勘察现场填写《×× 业务区 ××（可提供）站点勘察报告》，规划站点勘察现场填写《×× 业务区 ××（规划）站点勘察报告》。

可提供站点勘察报告内容可以分为网规部分、工程基本条件部分和说明部分；规划站点的勘察报告相对可提供站点，增加了一些和分布规划站点相关的信息。

勘察报告的撰写

下面分别对各项目进行说明。

（1）网规部分勘察项目。

网规部分包括以下一些内容：

1）经纬度和 GPS 精度：通过 GPS 定位得到，如果站点楼面较大，在中间位置定位；GPS 打开后，精度值达到一定的水平后才能记录，显示卫星信号强度的窗口右上角可以看到精度值，要求精度值不能大于 6 m；"mark" 站点时，先取 "Average"，得到 "GPS 精度" 值

120

后再 "save"，存为度的形式；经纬度属于关键项目，必须填写。

楼高：是指楼顶到地面的高度，由测距仪从楼顶测试得到。

2）是否与 G 网共站：在对应项目画勾，对 800 MHz 的 C 网，如果和 900 MHz 的 GSM 共站，在 900 MHz 项后面画勾；对 1.9 GHz 的 CDMA，如果和 1.8 GHz 的 GSM 共站，在 1.8 GHz 项后面画勾。

3）共站 G 网频点 /G 网所属客户：如果与 G 网共站，那么根据实际情况在相应项目画勾。

4）现有 G 网天线位置：指现有 G 网天线位于哪一个位置，可以是楼的顶层平台、低一级平台或塔上的顶层平台 / 二层平台 / 三层平台等，根据实际情况填写。

5）现有 G 网站型、现有 G 网扇区朝向：填写相应的 G 网当前参数，不共站的空缺。

6）现有 C 网天线位置、站型、扇区朝向：针对搬迁项目现有 C 网站点，按照实际情况填写；对搬迁站点，这些项目属于关键项目，必须填写。

7）规划 C 网天线位置：本期规划的 C 网天线准备架设的位置，和 "G 网天线所处位置" 类似，C 网天线位置需要保证和 G 网的隔离；搬迁可和现有 C 网用同一层平台，如果没有位置再调整到其他平台，一般合同中会规定是否利用现有天线。

8）基站所处位置：指根据地形情况，基站天线所在的房子 / 铁塔的位置，如平地 / 斜坡上部 / 半山腰 / 山顶 / 小山包上 / 谷底 / 斜坡下等，根据实际情况填写。

9）建议站型：根据勘察情况选择的站型，为硬件意义上的站点类型。

10）拉远模块主基站：如果站型为射频拉远，给出主设备所在基站的站名。

11）是否有塔 / 高度：是否有塔，如有，则给出高度，根据实际情况可以在斜杠前后给出不同平台的高度，塔分楼顶和落地两种，楼顶塔高度为平台到楼面的高度。

12）可否增高 / 允许增高方式：根据用户和业主的意见，允许增加的增高方式，优先级为楼顶塔、落地塔、增高架、长抱杆、抱杆，填写最高优先级的项。

13）周围有无严重遮挡：给出遮挡物相对本站角度、距离、超出高度和遮挡物大小，可以有多组，其中遮挡物大小可以是长 × 高，单位为 m；和不能设扇区角度范围对应。

下列内容分扇区给出。

1）拉远模块目标站点：如果有扇区用作射频拉远，在扇区对应的位置填上准备采用该拉远模块的站点，对于本站点硬件配置超过 3 个扇区的情况，在表格后面另外给出拉远模块的目标站点信息。

2）是否功分：是指当前扇区是否是功分器分出来的两路或更多路中的一路。

3）现有 / 建议天线参数：对搬迁项目有 C 网的站点，给出现有天线参数，如 65° / 17 dBi/7°；对其他站点，给出建议的天线参数。

4）现有 / 建议天线挂高：对搬迁项目有 C 网的站点，给出现有挂高；对其他站点，勘察工程师根据周围地貌、站点分布和天线架设条件给出建议高度。

5）建议方位角：勘察工程师根据周围地形地貌和覆盖要求（主要是重点覆盖区），建议采用的扇区朝向设置，和站型相结合。

6）现有下倾角：对搬迁项目有 C 网的站点，给出现有下倾角。

7）分集方式 / 距离：双极化或空间分集；如果双极化，则在括号里画勾，如果空分，则给出分集距离，要求 1.9 GHz 分集距离不小于 3 m，800 MHz 分集距离大于 4 m，450 MHz 分集距离大于 7 m；双极化和空分根据《天线选用规范》确定，按照天线选用规范应选用空分天线，但满足不了隔离要求，所以可以调整为双极化天线。

8）与联通隔离方式 / 距离：指天线和联通 GSM 之间采用水平隔离还是垂直隔离，以及准备采用的隔离距离，需要满足隔离要求。

9）与移动隔离方式 / 距离：指天线和移动 GSM 之间采用水平隔离还是垂直隔离，以及准备采用的隔离距离，需要满足隔离要求。

10）估算馈线长度：根据机房位置、天线位置和走线设置估算馈线长度，分扇区给出；该项目必须填写。

（2）工程基本条件项目说明。

1）有无天馈安装位置。

指楼顶 / 塔上是否有天线的安装位置及馈线是否能够走通，如临街的建筑物一般不让从临街一侧走馈线，若铁塔用空分天线，不一定有足够的位置，等等；需要和机房位置结合考虑，由客户相关人员和业主沟通后确认。

2）有无可用机房 / 位置。

能否提供机房，在几楼，客户和业主沟通后确认。

3）有无传输。

是指有无传输资源。

4）有无电源、接地点。

是指机房内有无通信电源，是否有接地铜排。

5）是否射频拉远。

是指某个扇区是否用射频拉远替代普通馈线，馈线长度超过一定长度时，采用射频拉远，直接填写是或否，分扇区给出。

（3）说明部分项目。

分方向给出周围环境描述。

周围地貌：和电子地图地貌定义一致，根据实际地貌选择，该项目必须给出，尤其是周围没有照片的情况，地貌选项一般有海洋、内陆水域、开阔地、林地、绿地、村庄、工商业区、高级住宅区、一般城区、密集城区、密集高层建筑群、分立的高层建筑物、一般建筑、密集建筑群、城区开阔地。

干扰情况：根据周围存在的可能和本站相互有干扰的设备选择相应参数。

距离：给出干扰源到当前站点的距离，以 m 为单位。

重点覆盖区：根据周围存在的重点覆盖区情况选择，可以是多选，重点覆盖区主要有客户领导居住区、客户职工居住区、客户办公区、客户营业厅、政府部门所在地、繁华商业区、写字楼密集区、三星级以上酒店、重要娱乐场所、高档住宅区、汽车站 / 火车站 / 机场、高速公路、旅游区、其余重点覆盖区。

本站相对周围高度：指考虑地势变化后，本站相对周围其他建筑物顶部或其他地物高 / 低的大致数值，分方向给出，单位为 m，比周围高为正，比周围低为负，该项目必须提供。

本站需要覆盖区域类型/方位/范围大小：当前站点需要覆盖区域属于密集城区/一般城区/郊区/乡镇/农村/高速公路等中的哪一种，覆盖区域位于站点的哪个方位，覆盖区域的大小信息，如北面 X km，东面 Y km 等；该项目必须给出。

楼顶草图：根据网络规划对工程草图的相关要求，给出天面草图。

数码相机照片：根据《数码相机使用说明》，按北面、东北、东面、东南、南面、西南、西面、西北八个方向和楼面的顺序依次拍摄九张照片，如果天面较大，可以分多次拍摄，照片统一命名为"××（业务区）××（站点）北面（或东北、东面、天面等）"。

（4）规划站点勘察报告专有内容。

规划站点的勘察报告中，存在一些和用户可提供站点勘察报告不一致的项目，某些相同项目也应该有不同的内容，具体情况如下：

规划所得站点参数：指分布规划得到的站点参数，包括站型、天线挂高、经纬度、天线朝向、下倾角和选用天线的参数，这些参数由网络拓扑结构设计得到。

建议站型：如果勘察工程师认为规划得到的站型不合适，可以给出建议；如果没有异议，写上规划得到的站型。

参考方位角：如果规划得到的方位角没有遮挡，使用原方位角；如果有遮挡，给出方位角设置建议。

机房承重/是否危房：机房能否满足放置机架、电源等的需要。

门牌号/联系人/联系方式：用于用户征楼。

知识点 5　参数规划

LTE 的参数规划包括频率规划、PCI 规划、TA 规划、PRACH 规划、邻区规划等。

1. 频率规划

在 LTE 中有三种不同的频率复用方式，即部分频率复用、软频率复用、频率移位频率复用。

（1）部分频率复用（FFR），只能使用部分频带，如图 3-14 所示。主频分配给小区边缘用户，复用因子大于 1；副频分配给小区中心用户，可以全功率发送。

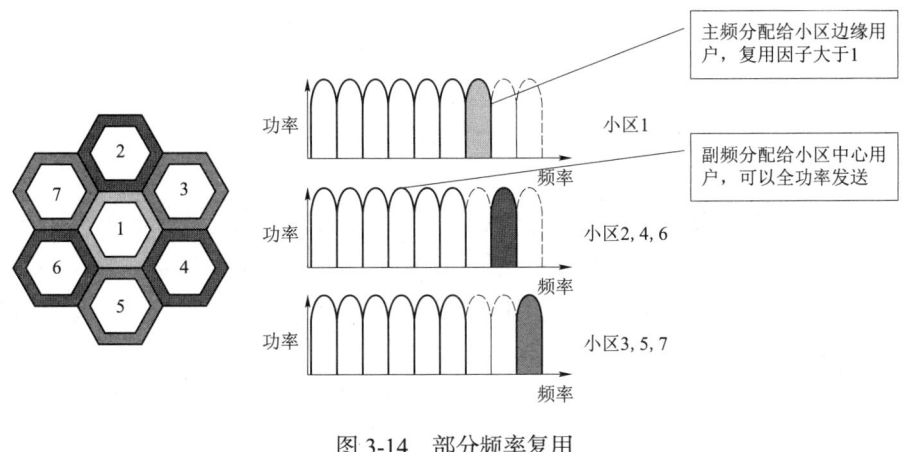

图 3-14　部分频率复用

（2）软频率复用（SFR）如图 3-15 所示。主频分配给小区边缘用户，复用因子 >1；小区中间用户可以使用全部频带，但属于其他小区的主频必须降功率发送。

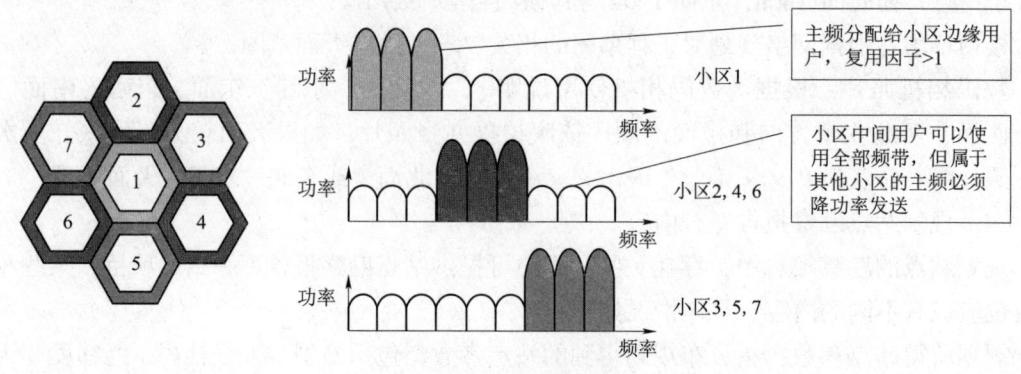

图 3-15　软频率复用

（3）频率移位频率复用（FSFR）。按图 3-16 所示把 30 MHz 频带划分为 3 组（每组 20 MHz，组与组之间有部分频带重叠），分别分给相邻的三个 cell 作为各自的系统带宽。

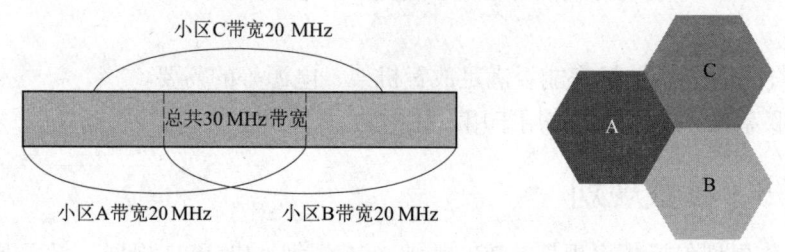

图 3-16　频率移位频率复用

基站调度资源时：

- 小区 A 优先使用整个带宽左边 1/3 的频带（10 MHz）。
- 小区 B 优先使用右边 1/3 的频带。
- 小区 C 优先使用中间 1/3 的频带。
- 当小区负载上升时，每个 cell 都可以使用各自分得的 20 MHz 带宽。

2. TD-LTE 无线网络频率规划

频率规划方面，本节以 TD-LTE 频率规划为例。

（1）TD-LTE 网络的频谱规划。

中国分配给 TD-SCDMA 及 TD-LTE 使用的频段包括 4 段，分别是 F 频段：1 880～1 920 MHz；A 频段：2 010～2 025 MHz；E 频段：2 300～2 400 MHz；D 频段：2 570～2 620 MHz。其中，TD-LTE 可能使用 FED 频段，且 D 频段为 TD-LTE 专用频段，其网络频谱划分见表 3-9。

TD-LTE 频段若要与邻频 FDD 或其他系统共存，则还需考虑在合法使用频带内预留一定的频率隔离带，以符合国家频率使用要求，并保证异系统共存的性能。由表 3-9 可知，TD-LTE 与 TD-SCDMA 既可以同频组网，也可以异频组网。同频组网时，TD-LTE 与 TD-SCDMA

表 3-9 TD-LTE 网络频谱划分

	频率范围 /MHz	支持模式		应用场景	
		TD-LTE	TD-SCDMA	室外	室内
F 频段	1 880 ~ 1 920	√	√	√	
A 频段	2 010 ~ 2 025		√	√	√
E 频段	2 300 ~ 2 400	√	√		√
D 频段	2 570 ~ 2 620	√		√	√

可以同时采用 F 频段；异频组网时，TD-SCDMA 采用 F、A 频段，而 TD-LTE 可以采用 D 频段。

（2）TD-LTE 网络的频率复用。

TD-LTE 系统是基于 OFDM 或 OFDMA 多载波调制技术的系统。与 TD-SCDMA 系统通过码字来区分用户和让用户共享载频资源的机制不同，TD-LTE 系统通过时间或频率子信道来区分用户。TD-LTE 系统的频率规划需要考虑如何合理分配和复用有限的频段，以减少小区间的干扰。

网络拓扑模型中，以共站址的 3 个扇区为一簇，1 个簇结构中的 3 个扇区工作于同一系统带宽下，可以采用频率复用系数为 1 和 3 两种频率复用方法。频率复用系数为 1，即表示 1 个簇结构中的 3 个扇区共同使用该系统带宽下所有子载波资源，即服务小区与相邻小区之间同频，而频率复用系数为 3，表示将该系统带宽分为不重叠的 3 组，分别由一个簇结构中的 3 个扇区分别调度使用，即服务小区与相邻小区之间保持异频。

异频和同频组网分别具有各自的优势。

1）异频组网的优势。

异频组网引发的干扰相对较小。相对于同频组网，异频组网的小区载干比 C/I 能力得到了很大提高。这意味着：

● 在同样覆盖的面积下，用户通信质量比较稳定，在获得同样频率资源单位的情况下，用户有更高的传输速率，同时，覆盖区域的边缘用户的峰值速率可获得提高。

● 覆盖范围相对较大，基于 C/I 能力的提高，基于边缘用户速率的提升，可使基站覆盖范围较大，相对节省网络投资。

2）同频组网的优势。

● 频谱利用率最高，节约频率资源：TD-LTE 系统采用时分双工工作方式，不需要成对的上下行频段，而且不需要上、下行载波之间的保护隔离频率。采用同频组网能在最大程度上发挥 TD-LTE 系统频谱利用率高的优势，节省运营商频率资源支出费用。

● 简化频率规划：在网络设计、建设、扩容时频率规划非常简单。

TD-LTE 系统同频组网在实现上需要考虑组网系统的干扰问题。一个是小区内的干扰问题，基于现在已有的成熟的技术，可以比较成功地消除或者避免小区内的干扰；另一个则是小区间的干扰问题。这在以前的系统里面也没有得到充分验证和成功解决。

不同的频率复用方式将会影响 LTE 系统的频谱效率及网络容量。从各种频率复用方式来看，半静态的频率协调管理机制将是 LTE 系统中主要采用的频率复用方式。这种频率复用方式的主要特点如下：

- 小区中心区域频率复用系数为 1，即小区中心的用户占用整个系统带宽。
- 小区边缘区域频率复用系数随着网络负载情况动态进行调整，平均频率复用系数为 1/3。
- 小区不同区域其允许的终端发射功率会有所不同，边缘区域允许终端以更高的发射功率来传输数据。

上面的分析可以在网络建设初期容量低、频率资源丰富的情况下采用复用系数为 3 的异频组网方案。随着容量增加可以采用复用系数为 1 的同频组网方案，或者采用软频率复用方式以协调小区间的干扰问题。

（3）TD-LTE 网络的频率干扰。

1）F 频段上 TD-LTE 与其他系统间干扰。

TD-LTE 工作于 F 频段时，与 TD-SCDMA 应用于 F 频段是类似的，会与其他系统（包括 PHS、CDMA2000、GSM900/1800 和 3G FDD 补充频段等）具有特殊的频率关系，它们之间的干扰情况较为复杂，如图 3-17 所示。

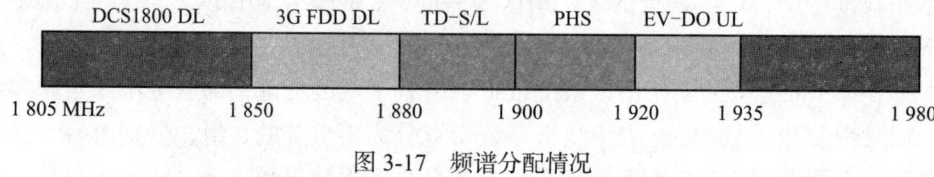

图 3-17 频谱分配情况

- 对 CDMA2000 EV-DO 系统的干扰。

电信的 CDMA2000 EV-DO 系统的上行频段为 1 920～1 935 MHz，当与 F 频段的 TD 系统共存共址时，会受到 TD 基站下行杂散信号的干扰。若需满足共址要求，则需要更多的过渡带，将大大损失 F 频段的频谱资源，建议不做此要求。

- 和 DCS1800 频段系统的干扰。

目前，中国移动和中国联通的 DCS1800 下行频率为 1 805～1 850 MHz，但滤波器多为 1 805～1 880 MHz（共 75 MHz），与 F 频段的 TD 系统邻频，它们共存共址时，会对 TD 基站的上行链路造成杂散和阻塞干扰。建议 TD-LTE 尽量工作于 F 频段高端，可在一定程度上减小 DCS1800 的杂散干扰，或者利用工程手段，如空间隔离和加装滤波器来规避干扰。

- GSM900 系统的干扰。

GSM900 系统的二次谐波和二阶互调会落在 F 频段，对 F 频段 TD 系统会产生干扰，尤其是共室分情况下。建议通过频率规划、加严合路器指标、TD-LTE 末端合路以及分室分等措施来规避干扰。

- 和 3G FDD 补充频段系统的干扰。

3G FDD 补充频段的下行频率为 1 850～1 880 MHz，当与 F 频段的 TD 系统共存共址时，会对 TD 基站的上行链路造成邻频杂散和阻塞干扰。

2）E 频段上 TD-LTE 与其他系统间干扰。

E 频段主要用于室内覆盖。此时，需要注意多系统合路间的干扰。TD-LTE 与各系统间的干扰隔离度要求见表 3-10。

表 3-10　干扰隔离度要求

系统	GSM900 DCS1800	TD-SCDMA	WCDMA	CDMA800 CDMA2000	PHS	WLAN
室外系统所需 MCL	46 dB	30 dB	33 dB	33 dB	66 dB	86 dB
室外天线间距（垂直、水平）	0.4 m/2 m	0.17 m/0.4 m	0.2 m/0.5 m	0.5 m/1.6 m	1.1 m/20 m	
室内共用室分的合路器要求	46 dB	30 dB	33 dB	33 dB	66 dB	70（采用末端合路）
分室分天线间距	<0.1 m	<0.1 m	<0.1 m	<0.1 m	0.2 m	1 m

由表 3-10 可以得知，2.3GHz 的 TD-LTE 与 2.4GHz 的 WLAN 工作频段接近，且二者都以数据应用为主，相互干扰较为严重，因此在共场景下部署 TD-LTE 应尽量配置于 2.3GHz 低端频率，并提高 TD-LTE 终端的杂散和阻塞指标，以应对 WLAN 的干扰。

3. PCI 规划

（1）PCI 规划原则。

1）Collision-free 原则。

PCI 规划

假如两个相邻的小区分配相同的 PCI，那么这种情况会导致重叠区域中至多只有一个小区会被 UE 检测到，而初始小区搜索时只能同步到其中一个小区，而该小区不一定是最合适的，因此称这种情况为 collision，如图 3-18 所示。

所以在进行 PCI 规划时，需要保证同 PCI 的小区复用距离至少间隔 4 层站点（参考 CDMA PN 码规划的经验值）以上，大于 5 倍的小区覆盖半径。

2）Confusion-free 原则。

一个小区的两个相邻小区具有相同的 PCI。这种情况下，如果 UE 请求切换到 ID 为 A 的小区，eNB 不知道哪个为目标小区。这种情况称为 confusion，如图 3-19 所示。

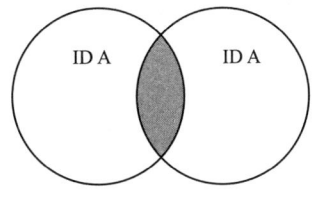

图 3-18　PCI 规划中的 collision

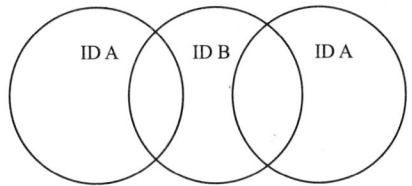

图 3-19　PCI 规划中的 confusion

Confusion-free 原则除了要求同 PCI 小区有足够的复用距离外，为了保证可靠切换，还要求每个小区的邻区列表中小区 PCI 不能相同，同时，规划后的 PCI 也需要满足在二层邻区列表中的唯一性。

3）邻小区导频符号 V-shift 错开最优化原则。

LTE 导频符号在频域的位置与该小区分配的 PCI 码相关，通过将邻小区的导频符号频域位置尽可能地错开，可以一定程度降低导频符号相互之间的干扰，进而对网络整体性能有所提升（验证结果表明，在 50% 小区负载下，错开邻区导频符号位置导频 SINR 有大约 3 dB 的提升）。导频符号位置分布在规划界面上的显示如图 3-20 所示，其中各小区的 PCI 模 3 后的余值 0、1、2 表示了不同的导频符号位置。

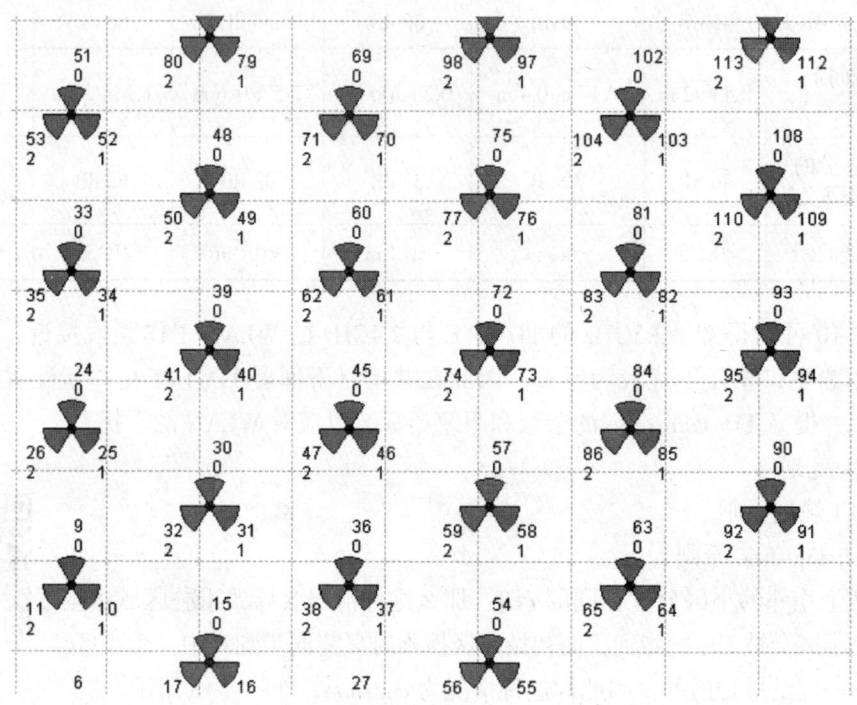

图 3-20　导频符号位置分布在规划界面上的显示

4）基于实现简单、清晰明了、容易扩展的目标，目前采用的规划原则是：同一站点的 PCI 分配在同一个 PCI 组内，相邻站点的 PCI 在不同的 PCI 组内。

5）在存在室内覆盖场景时，需要单独考虑室内覆盖站点的 PCI 规划。

目前网规推荐按照图 3-20 规划实例进行 PCI 规划，即对于三扇区 eNB，三个小区按照顺时针方向从正北方向开始，组内 ID 分别配置为 0、1、2；相邻 eNB 分配不同的小区组 ID 并在整网复用。

6）避免模 3 和模 6 相同的 PCI 分配到相邻。

避免模 3 相同即规避相邻小区的 PSS 序列相同和相邻小区 RS 信号的频域位置相同。避免模 6 相同即规避相邻小区 RS 信号的频域位置相同。

在同频的情况下，如果单天线端口两个小区 PCI 模 6 相等或两天线端口两个小区 PCI 模 3 相等，那么这两个小区之间的 RS 位置也是相同的，同样会产生较严重的干扰，导致信噪比下降。

避免邻区 PCI 模 3 和模 6 相同的规划示例如图 3-21 所示。

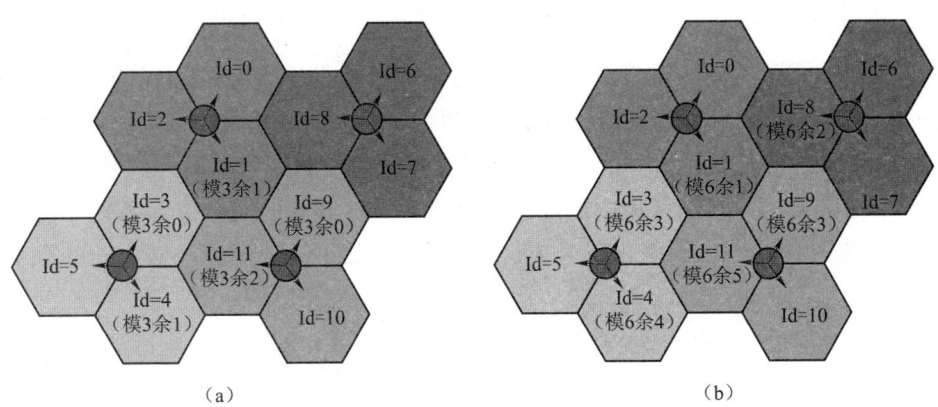

图 3-21 避免邻区 PCI 模 3 和模 6 相同的规划示例

（a）避免模 3 相同；（b）避免模 6 相同

注：规划中应尽量避免相邻小区的模 3 和模 6 相同，对强干扰邻区一定要避免 PCI 模 3 相同，PCI 模 3 相同时对性能有较大影响。

7）避免模 30 相同的 PCI 分配到相邻。

RB 分配时利用正交的 ZC 序列，这种序列用于产生 LTE 终端的上行参考信号。将这些序列编为组，记为 Group0 ~ Group29（共 30 组），不同组代表不同的序列。规划时注意相邻小区不能使用相同的组，以保证终端的上行参考信号的正交性。上行参考信号的组号与小区 PCI 相关，组号 =（PCI+"设定的组号"）Mod30，通常各小区的"设定的组号"设为一致，所以只需考虑 PCI 模 30 不同即可保证小区下上行参考信号的序列不同组。该原理较为复杂，本处不详细解释。

建议 PCI 模 30 相同的小区间复用距离要足够远，以防出现共覆盖区的情况。

避免邻区 PCI 模 30 相同的规划示例如图 3-22 所示。

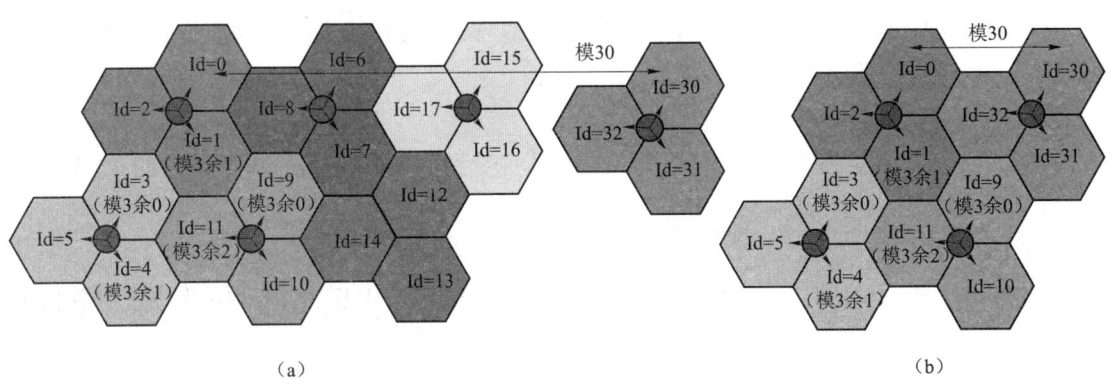

图 3-22 避免邻区 PCI 模 30 相同的规划示例

（a）正确的规划；（b）错误的规划

8）复用距离足够远。

保证 PCI 相同或模 30 相同的小区具有足够的复用距离，并在同频邻小区之间选择干扰最优的 PCI 值进行设计。

（2）PCI 规划的注意事项。

1）在多载波同覆盖的场景下，尽量为共站址同覆盖的小区分配相同的 PCI，以便于参数的维护（目前共站 D 频段的 PCI 是在原 F 的 PCI 基础上加 3 获得的）。

2）尽量为同一站点下的 3 个相邻同频小区分配同一组 PCI，以便于参数的维护。

3）新建场景下，为规划区域内的新建小区分配合适的 PCI；在扩容场景下，维持既有小区的 PCI 不变，仅为新增小区分配 PCI；在重分配场景下，为规划区域内的已有小区重新分配 PCI。

4）异频的 PCI 可以一样，且异频之间不需要考虑模 3 干扰。

4. TA 规划

（1）TA 及 TA List。

跟踪区（TA）是 LTE 系统为 UE 的位置管理设立的概念。TA 功能与 3G 系统的位置区（LA）和路由区（RA）类似。通过 TA 信息核心网络能够获知处于空闲态的 UE 的位置，并且在有数据业务需求时，对 UE 进行寻呼。

TA 规划

一个 TA 可包含一个或多个小区，而一个小区只能归属于一个 TA。TA 用 TA 码（TAC）标识，TAC 在小区的系统消息（SIB1）中广播。

LTE 系统引入了 TA List 的概念，一个 TA List 包含 1 ~ 16 个 TA。MME 可以为每一个 UE 分配一个 TA List，并发送给 UE 保存。UE 在该 TA List 内移动时不需要执行 TA List 更新；当 UE 进入不在其所注册的 TA List 中的新 TA 区域时，需要执行 TA List 更新。此时，MME 为 UE 重新分配一组 TA 形成新的 TA List。在有业务需求时，网络会在 TA List 所包含的所有小区内向 UE 发送寻呼消息。

因此在 LTE 系统中，寻呼和位置更新都是基于 TA List 进行的。TA List 的引入可以避免在 TA 边界处由于乒乓效应导致的频繁 TA 更新。

（2）TA 规划原则。

TA 作为 TA List 下的基本组成单元，其规划直接影响到 TA List 规划质量，需要做如下要求：

1）TA 面积不宜过大。

若 TA 面积过大，则 TA List 包含的 TA 数目将受到限制，降低了基于用户的 TA List 规划的灵活性，TA List 引入的目的不能达到。

2）TA 面积不宜过小。

若 TA 面积过小，则 TA List 包含的 TA 数目就会过多，MME 维护开销及位置更新的开销就会增加。

3）应设置在低话务区域。

TA 的边界决定了 TA List 的边界。为降低位置更新的频率，TA 边界不应设在高话务量区域及高速移动等区域，并应尽量设在天然屏障位置（如山川、河流等）。

在市区和城郊交界区域，一般将 TA 区的边界放在外围一线的基站处，而不是放在话务密集的城郊结合部，避免结合部用户频繁进行位置更新。

同时，TA 划分尽量不要以街道为界，一般要求 TA 边界不与街道平行或垂直，而是斜交。此外，TA 边界应该与用户流的方向（或者说是话务流的方向）垂直而不是平行，避免产生乒乓效应的位置或路由更新。

（3）TA List 规划原则。

由于网络的最终位置管理是以 TA List 为单位的，因此 TA List 的规划要满足三个基本原则：

1）TA List 不能过大。

TA List 过大则 TA List 中包含的小区过多，寻呼负载随之增加，可能造成寻呼滞后，延迟端到端的接续时长，直接影响用户感知。

2）TA List 不能过小。

TA List 过小则位置更新的频率会加大，这不仅会增加 UE 的功耗，增加网络信令开销，同时，UE 在 TA 更新过程中是不可及的，用户感知也会随之降低。

3）应设置在低话务区域。

如果 TA 未能设置在低话务区域，则必须保证 TA List 位于低话务区。

5. PRACH 规划

根序列规划原则如下：

（1）基于用户开放的 ZC 根资源计算每个 ZC 根可产生的 Preamble 数目，对于逻辑编号连续的若干个可用 ZC 根，若这些 ZC 根产生的 Preamble 数目刚好等于（或大于）64，则将这些 ZC 根作为一个 ZC 根分组。对所有的可用 ZC 根按上述原则进行排列组合，则可以得到 LTE 小区可用的 ZC 根分组资源。

（2）为 LTE 小区进行 ZC 根分配，应尽量使待规划小区的 ZC 根序列不同于其一阶、二阶同频邻区对应的 ZC 根。若没有这样的 ZC 根分组，则进行降阶处理；若不与一阶同频邻区对应的 ZC 根相同，则可以与一阶同频邻区对应的 ZC 根相同。

（3）若有多个 ZC 根分组满足邻区阶数的约束，则：

Case1，若存在从未被使用过的 ZC 分组，则将未使用过的 ZC 分组分配给 LTE 小区；

Case2，若可用的 ZC 分组都被使用过，则计算网络中已规划小区与待规划小区的距离和拓扑层数，让待规划小区复用"间隔最远的已规划小区"对应的 ZC 根分组，该分组被称为最优 ZC 根分组。

（4）若没有 ZC 根满足邻区约束，则计算网络中已规划小区与待规划小区的距离和拓扑层数，让待规划小区复用"间隔最远的已规划小区"对应的 ZC 根分组，该 ZC 根分组称为最优 ZC 根分组。

（5）最后，将最优 ZC 分组对应的起始 ZC 根序列（用逻辑编号标识）作为 LTE 小区的 ZC 根序列分组。

（6）异频的根序列可以一样。

6. 邻区规划

LTE 的邻区规划需综合考虑各小区的覆盖范围及站间距、方位角等信息进行规划，同时，LTE 与 GSM 等异系统间的邻区规划也需要关注。在进行邻小区设置时，需要考虑多个方面的因素：一是服务质量，二是系统的负载。

邻区参数规划

如果定义过多的邻小区，则将会导致信令负载加重，而且受 UE 测试能力的限制，会导致测量的精度和测量的周期增大；如果邻小区过少，则会导致 UE 错过最佳目标小区，造成信号变差，通信质量下降。

（1）初始小区列表设置建议。

最初的邻小区设置应该在仿真的基础上进行（最好借助于最佳小区覆盖）。当一个小区与服务小区具有共同地理边界时，即可将其加入邻小区列表中。该项功能一般的仿真软件都可以自动生成。如图 3-23 所示，对于服务小区 S 而言，其中邻小区有 1、3、4、5，而小区 2 由于和服务小区 S 不具有共同的边界，所以自动生成的服务小区邻小区列表中没有它。

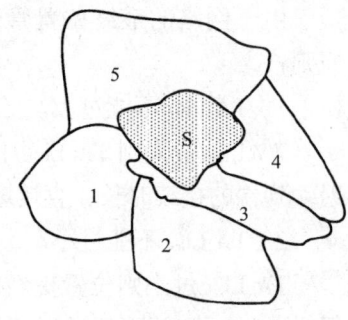

图 3-23　小区 S 的邻小区

在图 3-23 中，服务小区 S 和小区 2 之间虽然没有共同边界，但是由于二者之间小区 3 的服务距离较小，所以在实际的网络中，应该把小区 2 作为小区 S 的邻小区进行配置，所以小区 S 最后的邻小区列表应为 1、2、3、4、5。

（2）对丘陵公路类型邻小区的设置建议。

在进行邻小区规划时，需要认真考虑丘陵地带或者公路等地形。例如虽然有些小区信号是相邻的，但是由于 UE 根本不可能在二者之间跨越，即使配置了邻小区，切换几乎是不发生的，即可在邻小区列表中删除掉。不过这些都需要在性能统计和实际测试的基础上进行调整。

（3）开阔地带邻小区设置建议。

在城区的广场、公园等开阔地带，无线传播特性较好，如果服务小区较近，那么可把该地带周围的小区都加入邻小区列表中。当然，如果该地带距离服务小区较远，那么被多个小区分割时，该地带即按照通用方式进行邻小区配置，不再作为一个小区来考虑，同时，要注意避免"乒乓切换"效应的产生。

知识点 6　仿真验证

移动通信网络规划仿真的目的主要是基于仿真结果的，从备选方案中选择最佳方案，给出无线参数初始设置值。

仿真包括两方面任务：从备选方案中选择最佳方案和确保规划结果满足用户需求。第一个报告侧重对备选方案的选择，第二个报告填写其中的工作表《仿真基站信息表》，给出仿真得到的无线参数。前一个报告不需要归档。

仿真工具有很多不同的软件，如 Mentum 公司的 Planet 仿真工具、中兴通讯的 CNP 等。

仿真工具一般需要支持如下功能：

（1）支持数字地图的导入；

（2）支持多边形的统计；

（3）支持基站 / 小区工程参数的导入，包括基站小区的经纬度、站高、天线的方向角和下倾角、天线文件的导入；

（4）支持传播模型校正功能，并输入规划工具中；

（5）支持传播预测；

（6）支持基于地物类型配置阴影衰落方差；

（7）支持配置建筑物穿透损耗；

（8）支持配置室内外用户百分比；

（9）支持配置地物类型用户分布权重；

（10）支持邻区规划；

（11）支持频率规划；

（12）支持物理小区 ID 规划；

（13）支持数据业务建模；

（14）支持语音业务建模；

（15）支持 LTE 各种公共信道和业务信道发射功率配置；

（16）支持配置基站和终端的射频性能，包括 ACLR、噪声系数以及馈线损耗；

（17）支持小区 RB 利用率门限配置；

（18）支持上行底噪抬升门限配置；

（19）支持子帧配比、支持特殊子帧配比；

（20）支持 RS-SHIFFTING；

（21）支持静态 ICIC 功能；

（22）支持基站上下行端口配置；

（23）支持终端上下行端口配置；

（24）支持配置 MCS 承载等级和 SNR 的对应关系；

（25）支持 TM7/TM3/TM2 传输模式；

（26）支持无线资源调度，包括正比公平、最大 C/I 和轮询调度；

（27）支持上行功率控制。

知识点 7　规划报告

移动网络规划仿真报告，应包含以下各项内容：

（1）要对整体项目的情况进行介绍，包括规划的区域、基站的数量、输出报告的主要仿真参数等。

（2）要对使用的仿真工具进行说明，列出仿真工具能够支持的功能，并明确仿真中使用的地图精度。

（3）报告中应明确小区级参数，包括工作频段、频率具体规划、子帧配置、小区下行总功率、CP 模式、特殊子帧配比、天线配置、多天线技术、调度算法等。

（4）报告中应明确调制相关参数。

（5）报告中应明确仿真中所采用的传播模型，并说明是否对传播模型进行了修正。

（6）报告中应给出仿真结果及相关图表。

仿真输出结果包括网络分析和蒙特卡洛仿真，网络分析输出主要包括：

- RSRP；
- RS–SINR；
- 下行业务信道平均速率（50%）；
- 上行业务信道平均速率（50%）。

蒙特卡洛仿真始终限制最大 RB 利用率为 50% 的条件下的仿真统计结果，输出内容包括用户接入成功率、输出每个小区 RB 利用率、接入用户数、小区上行平均吞吐率、小区下行平均吞吐率、小区上行边缘吞吐量、小区下行边缘吞吐量。

实训任务1　系统容量规划设计

任务目标

掌握 LTE 系统容量规划的流程及相关的分析、计算方法。

任务要求

（1）能够根据项目背景描述获知正确的容量估算相关参数信息。
（2）能够正确计算不同类型业务的话务量。
（3）能够完成大、中、小型城市的话务量的估算。

任务实施

有大型、中型及小型三种不同城市计划部署 LTE 网络，目前三个城市已经完成一部分网络建设工作，但尚未完工。请基于系统当前数据，继续完善补全无线的容量规划工作。具体任务如下。

1. 计算容量

根据以下背景说明及话务模型，进行容量计算。

（1）大型城市：该市总移动上网用户数为 1 100 万，规划覆盖区域 590 km²，分布在各高楼林立的居民区和几个大规模商业区，用户高密度集中，初期建网部署 TDD–LTE 无线网络。大型城市网络话务模型见表 3-11。

表 3-11　大型城市网络话务模型

	HTTP WWW	256
单业务速率 /Kbit	FTP	1 024
	VOD/AOD	1 024
	HTTP WWW	20.00%
单业务忙时占比系数	FTP	35.00%
	VOD/AOD	45.00%
平均上网总业务忙时激活时间 /s	630	
本市移动上网用户数 / 万	（根据背景说明自填）	

续表

Z 运营商 4G 移动用户占比	5%
制式选择	（根据背景说明自选）
单站三小区吞吐量 /Mbit	225
MIMO 2×2 吞吐量增加系数	2
本市规划区域面积 /km²	（根据背景说明自填）
小区覆盖半径基准 /km	0.36
制式调整因子	1.1
半径调整比例	65° 定向站：1
在线用户比	0.9
附着激活比	0.5

（2）中型城市：该市总移动上网用户数为 480 万，规划覆盖区域 705 km²，小城镇规模，用户密度低，规划初期建网部署 TDD-LTE 无线网络。中型城市网络话务模型见表 3-12。

表 3-12　中型城市网络话务模型

单业务速率 /Kbit	HTTP WWW	256
	FTP	1 024
	VOD/AOD	1 024
单业务忙时占比系数	HTTP WWW	45.00%
	FTP	20.00%
	VOD/AOD	35.00%
平均上网总业务忙时激活时间 /s		590
本市移动上网用户数 / 万		（根据背景说明自填）
Z 运营商 4G 移动用户占比		4%
制式选择		（根据背景说明自选）
单站三小区吞吐量 /Mbit		157
MIMO 2×2 吞吐量增加系数		2
本市规划区域面积 /km²		（根据背景说明自填）
小区覆盖半径基准 /km		0.85
制式调整因子		1
半径调整比例		90° 定向站：0.9
在线用户比		0.8
附着激活比		0.5

（3）小型城市：该市总移动上网用户数为 570 万，规划覆盖区域 650 km²，分布在一般楼房建筑的居民区和个别商业区，用户密度相对分散，初期建网部署 FDD–LTE 无线网络。小型城市网络话务模型见表 3-13。

表 3-13　小型城市网络话务模型

单业务速率 /Kbit	HTTP WWW	256
	FTP	1 024
	VOD/AOD	1 024
单业务忙时占比系数	HTTP WWW	35.00%
	FTP	25.00%
	VOD/AOD	40.00%
平均上网总业务忙时激活时间 /s		620
本市移动上网用户数 / 万		（根据背景说明自填）
Z 运营商 4G 移动用户占比		5%
制式选择		（根据背景说明自选）
单站三小区吞吐量 /Mbit		157
MIMO 2×2 吞吐量增加系数		2
本市规划区域面积 /km²		（根据背景说明自填）
小区覆盖半径基准 /km		0.58
制式调整因子		1
半径调整比例		全向站：0.6
在线用户比		0.8
附着激活比		0.5

2. 完成容量规划报告

在表 3-14 内填写相应容量规划数据，完成大、中、小三个城市的容量规划报告。

（1）单用户忙时业务平均吞吐量计算。

单用户忙时业务平均吞吐量可用式（3-13）进行计算：

单用户忙时业务平均吞吐量 = 单业务速率 × 单业务忙时占比系数 ×

平均上网总业务忙时激活时间（s）/3 600　　　　（3-13）

分别将 HTTP WWW 业务、FTP 业务、VOD/AOD 业务的数据代入式（3-13）中完成计算，将三种业务的单用户忙时平均吞吐量值相加，即可得到单用户忙时业务平均吞吐量。

将三种城市的数据一一进行计算，分别填入表 3-14 中相应的位置。

（2）本市 4G 总用户数计算。

按照下面的计算公式完成大、中、小三个城市的 4G 总用户的计算，并将计算结果填写入表 3-14 中的相应位置。

$$Z 运营商 4G 移动用户数（万）= 本市移动上网用户数（万）×$$
$$Z 运营商 4G 移动用户占比 \tag{3-14}$$

（3）本市规划区域总吞吐量计算。

$$本市规划区域总吞吐量 = 本市 4G 总用户数（万）× 10\,000 ×$$
$$单用户忙时业务平均吞吐量（Kbit）/1\,000 \tag{3-15}$$

按照式（3-15）计算各市规划区域总吞吐量，并将计算结果填入表 3-14 中的相应位置。

（4）容量估算站点数计算。

$$容量估算站点数 = 本市规划区域总吞吐量（Mbit）/ 单站三小区的吞吐量（Mbit） \tag{3-16}$$

按照式（3-16）计算各市容量估算的站点数，并将计算结果填入表 3-14 中的相应位置。

表 3-14 大、中、小三个城市的容量规划报告

城市类型	大型城市		中型城市		小型城市	
容量估算	单用户忙时业务平均吞吐量 /Kbit		单用户忙时业务平均吞吐量 /Kbit		单用户忙时业务平均吞吐量 /Kbit	
	本市 4G 总用户数 / 万		本市 4G 总用户数 / 万		本市 4G 总用户数 / 万	
	本市规划区域总吞吐量 /Mbit		本市规划区域总吞吐量 /Mbit		本市规划区域总吞吐量 /Mbit	
	容量估算站点数		容量估算站点数		容量估算站点数	

实训任务 2 系统覆盖规划设计

任务目标

熟悉 LTE 网络覆盖规划设计的流程，根据项目描述，能够选择合适的基站覆盖站型，完成相关的分析、计算过程，结合本实训任务中的计算结果，合理选择不同城市的站点数。

任务要求

本实训任务所需要的数据参考"实训任务 1 系统容量规划设计"内容中给出的相关数据。

（1）根据不同类型城市的传播模型，选择合适的站型。

（2）根据不同的站型，结合小区覆盖半径的值，计算单站覆盖的面积。

（3）计算三个不同类型城市满足覆盖需求所需要的站点数。

任务实施

1. 基站站型选择

站型一般包括全向站和三扇区定向站。根据广播信道水平 3dB 波瓣宽度的不同，常用的定向站又分为水平 3dB 波瓣宽度为 65° 和 90° 两种。

（1）大型城市。

一般选用水平 3 dB 波瓣宽度为 65° 的定向站，如图 3-24 所示。

（2）中型城市。

一般选用水平 3 dB 波瓣宽度为 90° 的定向站，如图 3-25 所示。

（3）小型城市。

一般选用全向站型，如图 3-26 所示。

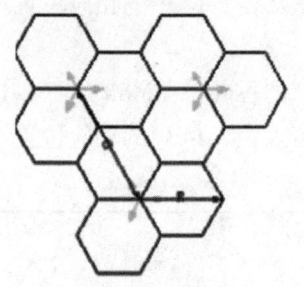 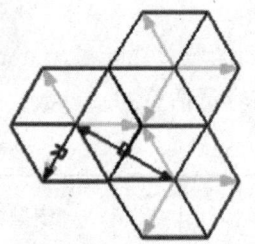 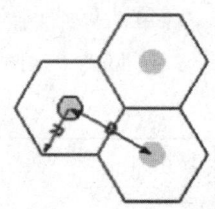

图 3-24　定向站型（65°，三扇区）　　图 3-25　定向站型（90°，三扇区）　　图 3-26　全向站型

根据项目的描述，不同类型的城市要选择合适的站点类型并填入表 3-15 中。

2. 单站覆盖面积计算

（1）65° 的三扇区定向站的单站覆盖面积为

$$S=1.95R^2 \tag{3-17}$$

（2）90° 的三扇区定向站的单站覆盖面积为

$$S=2.6R^2 \tag{3-18}$$

（3）全向站的单站覆盖面积为

$$S=2.6R^2 \tag{3-19}$$

根据系统容量规划设计中计算出来的小区半径，结合式（3-17）~式（3-19），完成单站覆盖面积的计算，并将计算结果填入表 3-15 中。

3. 计算覆盖站点数

$$覆盖站点数 = 规划区域的总面积 / 单站最大覆盖面积 \tag{3-20}$$

根据式（3-20）可以计算出满足覆盖要求需要建设的站点数。根据项目描述分别计算出大、中、小三种类型城市具体的覆盖站点数，并填入表 3-15 中。

表 3-15　大、中、小三个城市的覆盖规划报告

城市类型	大型城市		中型城市		小型城市	
覆盖估算	本市站点选型		本市站点选型		本市站点选型	
	单站覆盖面积 /km²		单站覆盖面积 /km²		单站覆盖面积 /km²	
	覆盖站点数		覆盖站点数		覆盖站点数	

任务 3　MapInfo 软件在通信工程中的应用

知识点　了解 MapInfo 软件

移动通信网络在中国已经迅速发展起来，而且日渐成熟。本任务主要研究在通信网络建设与运行中必不可少的软件平台——MapInfo 软件。作为地理数据图形化处理的解决方案，MapInfo 软件能够融入移动通信系统的各个环节。从网络建设初始阶段的规划与设计，到模拟仿真，到运营后的网络优化环节，MapInfo 发挥了重要作用。

从 2001 年便开始支持 MapInfo 在通信方面做应用，第一次的成熟产品是加拿大北方电讯公司基于 MapInfo Professional 开发的 Mapper4.0。其充分利用了 MapInfo Professional 支持多种数据格式的优点，从网络系统中获取数据，与 MapInfo Professional 有机结合，生成可视化图形处理界面。工程师们运用复杂详尽的数据分析做出有效的决策。相比之下，瑞典爱立信公司的应用相对较系统化。爱立信公司的话务分析软件 MCOM，从设计上讲究了人性化。它以 MapInfo Professional OLE 的方式与开发工具相结合，同样支持多种数据格式的导入，它继承了原有话务分析软件的功能，增加了多种网络运行指标在地图上显示的功能。尽管 MapInfo Professional 可将数据附加到地图对象，但其真正的分析能力体现在其分组和组织数据的能力上。MCOM 利用其特点，在频点选择上集成了频点分配准则与 MapInfo 数据处理功能，快速、准确地做出规划。另外，它还利用 MapInfo 图形绘制与标注功能显示指标特点，把系统中很多工程师头疼的切换问题解决，工程师在地图上对切换的各种原因与冗余情况一目了然。MapInfo Professional 专题图绘制强大的功能可实现数据的分析和可视化，MCOM 在专题图功能上把以小区为单位的话务量、拥塞率等指标以图形的形式在地图中展示，解决了以往在数据表中几乎无法检测到的模式和趋势。

在后来的支持中，国内的一些通信软件开发商在基于 MapInfo 平台的开发中积累了一定的成果，并填补了一些空白。珠海鼎力公司开发的通信网络测试软件在国内占有很大份额，同时，这也是 MapInfo 的成功应用案例。当然，这样的案例还很多，比如亿阳通信，是一家很大的通信解决方案公司，从它们的成功应用上可知，MapInfo 的应用理念越来越接近目前的最主流的模式，即 MapInfo 所谓的位置智能。

定位、可视化、分析、规划，这些都是在解决"在哪里"和"该怎么办"这些问题时非常重要的环节。获取信息、数据并能将其在地图上展示出来是一种非常强大和有效的工具，能够帮助人们在充分了解信息的基础上制定出最佳决策。这就是我们所说的位置智能。

移动通信系统中的数据复杂、有序，但它可以运用地图形象地展示，运用 MapInfo 技术来理解数据比在数据表中更有效。在地图上将信息形象地展示出来，其实已经在实现位置智能这个概念了。实现位置智能，用"事半功倍"这个词来形容再恰当不过了。

"哪里的基站出了问题？""哪里经常出现这种情况？""基站的维护人员将派往哪里？最快的路线是什么？""现在的话务分布是怎样的？怎样才能调整到最好？""如果该基站断站（基站电源停止供电），会影响多大的范围？"从以上问题中，其实我们已经概括了

MapInfo 在移动通信系统中的应用。

一切都从经纬度开始。今天所提及的地理信息与经纬度（坐标）是紧密不可分的。在大家的理解中，一旦偏离了这个基础，应用也就无从可谈了。MapInfo 提供了多种数据的支持。利用 MapInfo Professional 可直接打开文件，经过相应的设置后，便可把属性中的 X、Y 列数据生成点信息，完成定位。在工作中，我们基于 X、Y 为基准的坐标列，把相应的指标数据（频点，相邻小区列表）也列在文件中，使当前点具有了自身的属性数据。

无论在电子数据表还是在数据库中，MapInfo 都可以对地址进行地理编码。地理编码即赋予地址或地址任一部分经纬度的过程。利用 MapInfo 的图层控制分别加入基站图层和城市地图图层，这样能够发现距给定基站地址的最近位置。

（1）可视化。

了解基站的基本分布情况，规划位置区是否合理，各基站的自身服务范围，利用 MapInfo 的一个简单操作就能完成以上任务。以下举例说明了通过在地图上展示数据即可以解决的问题：提供点击地图界面，以一种直观的方式为基站系统维护工程师展示信息。查看地图使系统工程师能够迅速获得自己想要的答案。经过软件的二次开发，工程师们把地图界面与系统数据库很好地进行结合，能够实现以地图为索引来查找后台数据库，比如，系统中的切换数据就能够以这种方式显示在地图上。

（2）分析。

刚才在可视化中提出了后台数据可视化的解决方案，我们把数据进行了可视化，因此就要利用 MapInfo 技术将可视化的数据加以图形化的分析。当取得了数据，并根据所在位置将数据联系起来后，则可以在地图上用不同颜色对这些数据进行分类，从而发现那些可能暗藏的指标劣化。

"指定当前频点，用颜色表示出与当前频点的相同频点、相邻频点。""以当前颜色来区分话务量，来分析当前网络的话务分布情况。"采用一种被称为专题图的技术，可以利用话务量的实际指标在范围专题图中区分几个变量的值。通常把橙色作为最高的话务拥塞告警，把黄色作为话务拥塞预警，把绿色作为小区的正常服务。

与城市地图相结合，判断当前地理环境是否影响到了网络中的指标运行状态。如某小区的掉话率指标一直偏高，经过测试，发现频点规划、覆盖均属正常，经过检查硬件也没有出现问题。通过查看地图，我们发现有一条铁路线经过了该小区的服务范围。在火车通过时进行测试，发现信号质量严重下降，导致系统掉话。这一发现解决了很长时间来一直困扰人们的问题。根据通过位置收集的信息进行规划，从而做出决策。

（3）规划。

经过定位、可视化和分析之后，位置智能就剩下规划这一环节了。利用位置智能可以更加有效地决策未来网络的发展。以下是规划活动举例：细分话务密集区，看是否能够增加硬件来解决话务拥塞情况。可以查看各个基站服务区域的人口统计信息和公共场所，如果确实不能加载硬件来解决话务问题，那么将规划在其间增加基站；如果发现附近基站有空闲，可以以话务均衡的方式来解决。确定应该在哪里增加基站；如果增加基站，则可以通过对原来基站信息进行"泰森多边形"模拟规划来模拟预测。预测分析有助于使选址和优化工作更加科学化。利用 MapInfo 技术，对网络的频点、基站的信息完全能够做到规划仿真，来解决目前网络中存在的一些问题。

现在，国内很多开发商都基于 MapInfo 技术在电信行业中展开了软件应用，如管线资源管理、移动通信资源管理、网络优化路测软件、网络优化话务分析软件。根据不同的开发平台，MapInfo 目前已经发行 dotNet 环境下的 MapXtreme 2005，Java 环境下的 MapXtreme for Java，演进了过去的产品模型，同时，支持 B/S、C/S 模式的开发，满足了在电信业应用软件中网络架构的需求。在国外，基于 MapInfo 通信软件中，MapInfo Professional OLE 方式开发仍是主流，其开发方式利用 MapInfo 这个平台本身的强大功能来实现应用。MapInfo 以其自身的特点同样成为通信软件工具的首选。随着版本的不断升级，MapInfo 自身的功能将越来越人性化和简易化。它将帮助通信行业用户在效率上提升到一个新的高度。

实训任务 1　用 MapInfo 制作基站 TAB 地图

任务目标

利用资源包提供的工勘参数制作基站站点的 TAB 地图，并利用 SiteSee 插件制作站点扇区相关信息的 TAB 文件，并展示出来。

任务要求

（1）能够将 .xls 文件正确导入 MapInfo 软件。

（2）能够利用 MapInfo 软件制作基站站点。

（3）能够利用 SiteSee 插件完成基站扇区图层文件的制作。

（4）能够完成 Word 版的实训报告，用图文结合的方式完成整个设计流程的说明。

任务实施

（1）在知识点给定的课程资源中，先解压"MapInfo 使用 – 创建点 .rar"，如图 3-27 所示，选择"MapInfo 使用 – 创建点 .rar"，单击，在出现的下拉列表中单击"解压到当前文件夹"。

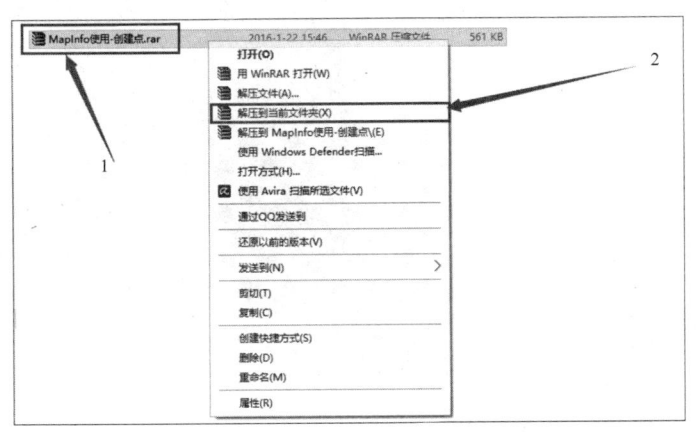

从工勘参数到
TAB 地图

图 3-27　解压资源

（2）打开 MapInfo 程序，在出现的窗口单击"Cancel"，取消快速启动（图 3-28）。

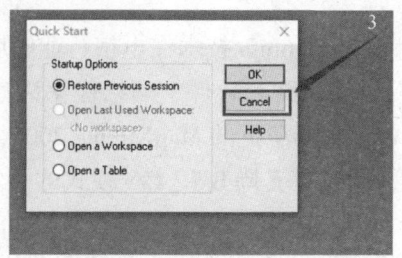

图 3-28　取消快速启动

（3）单击菜单栏"文件"，在出现的列表中单击"打开"（图 3-29）。

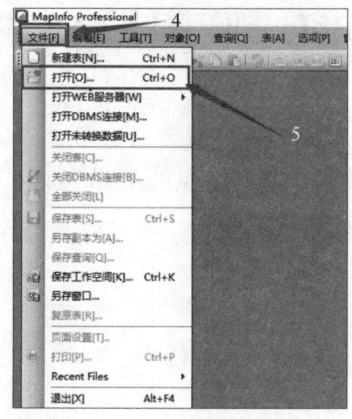

图 3-29　打开文件

（4）在出现的对话框中，先选择"工程参数表 .xls"的路径，在"文件类型"下选择"Microsoft Excel"（图 3-30）。当"工程参数表 .xls"出现后，单击"工程参数表 .xls"，则文件名自动变为"工程参数表 .xls"，单击"打开"（图 3-31）。

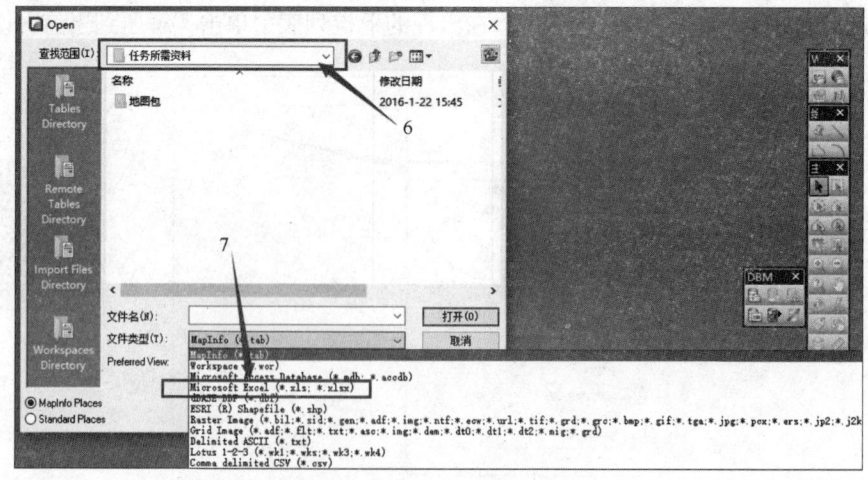

图 3-30　选择文件类型为 .xls

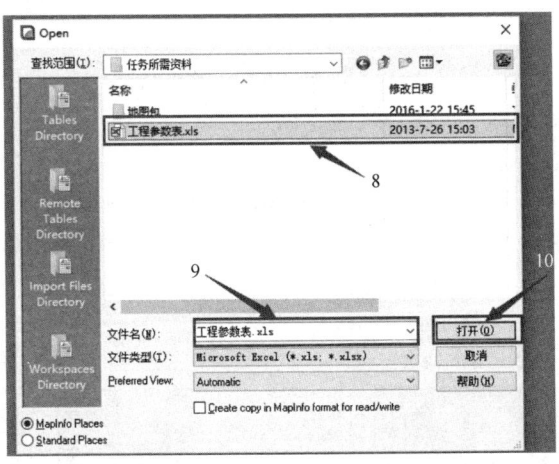

图 3-31　打开工程参数表

（5）在出现的窗口中勾选"Use Row Above Selected Range for Column Titles"，然后单击"OK"，如图 3-32 所示。

（6）在出现的窗口中单击"OK"后，出现一个窗口。窗口内容为"工程参数表 .xls"里的内容，将第一行作为表头，如图 3-33 和图 3-34 所示。

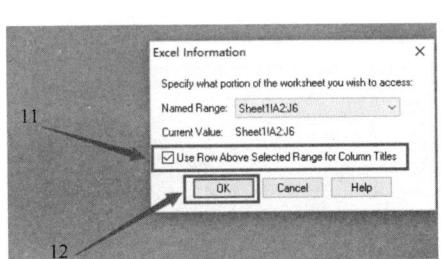

图 3-32　选择将第一行作为表头

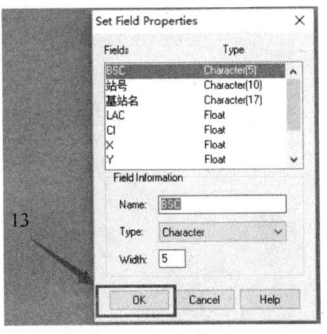

图 3-33　将 Excel 表格导入
MapInfo 软件中

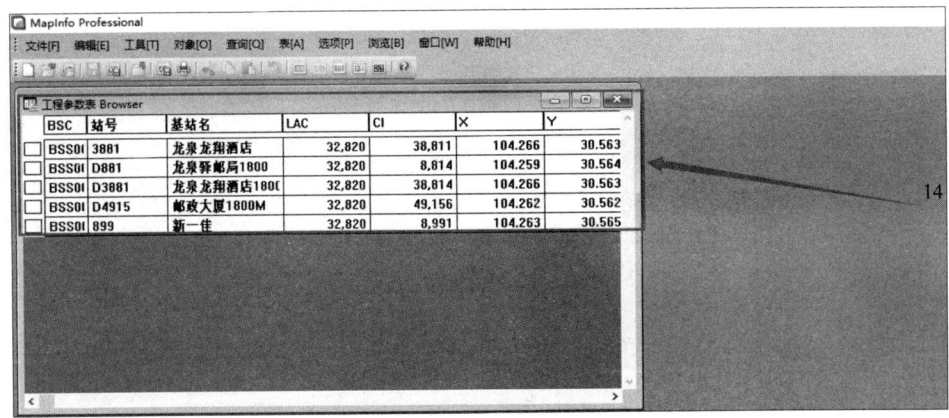

图 3-34　数据导入结果

（7）单击菜单栏"表"，在出现的下拉列表中单击"创建点"。在出现的窗口中，单击"LAC"，在出现的列表中选择"X"，单击"CI"，在出现的列表中选择"Y"，然后单击"OK"，即将"工程参数表.xls"里的经纬度创建为点，如图3-35~图3-37所示。

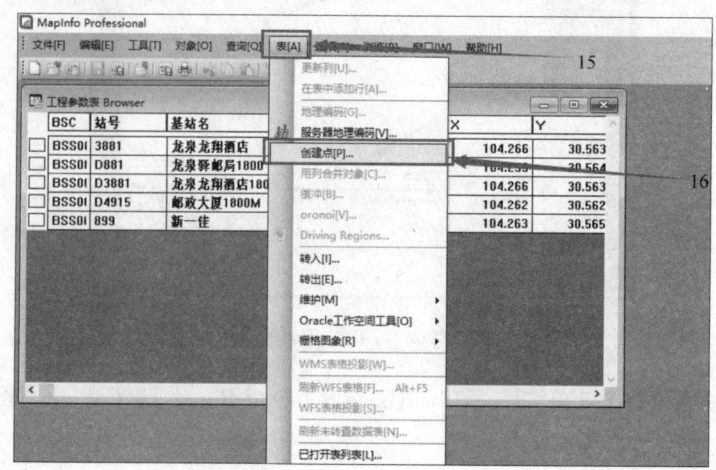

图3-35　创建点

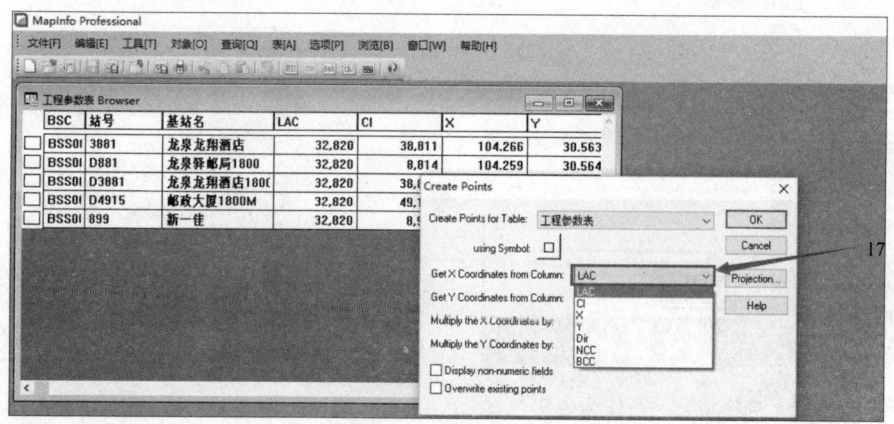

图3-36　选择正确的工程参数表

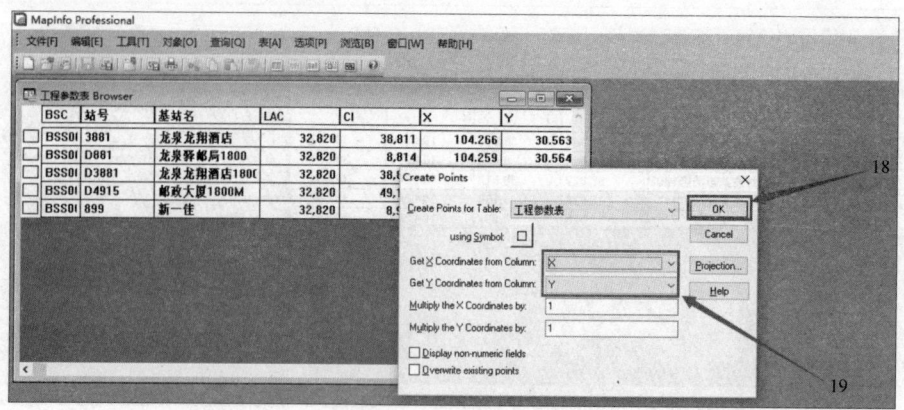

图3-37　用经纬度创建点

（8）单击菜单栏"文件"，在出现的下拉列表中选择"打开"（图3-38）。

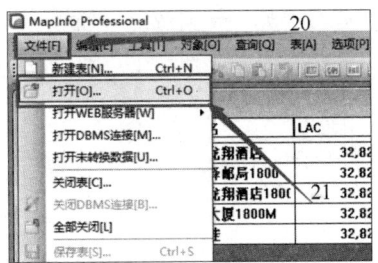

图3-38　在文件中选择"打开"

（9）在出现的对话框中，单击"工程参数表.TAB"，下方文件名自动变为"工程参数表.TAB"，然后单击"打开"，将出现的地图窗口最大化（图3-39和图3-40）。

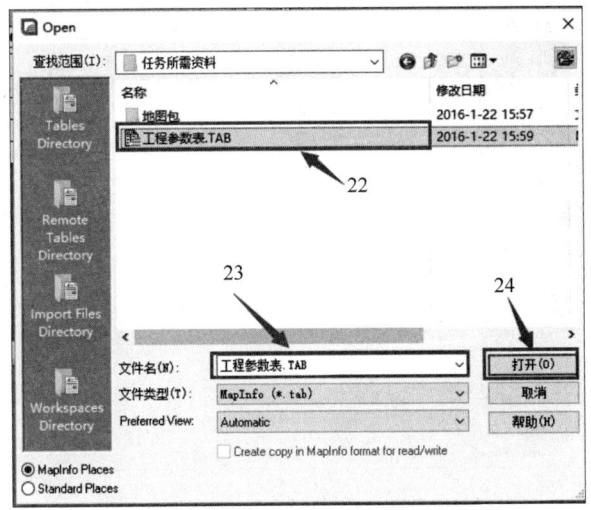

图3-39　打开"工程参数表.TAB"文件

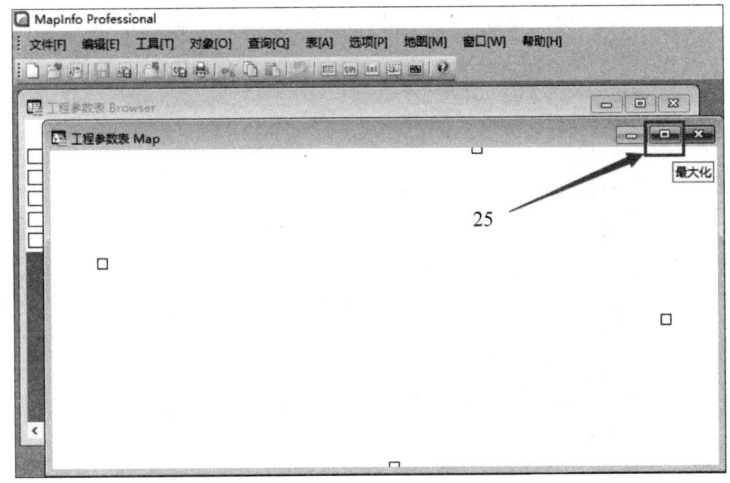

图3-40　将出现的地图窗口最大化

（10）单击菜单栏"文件"，在出现的下拉列表中选择"打开"（图 3-41）。

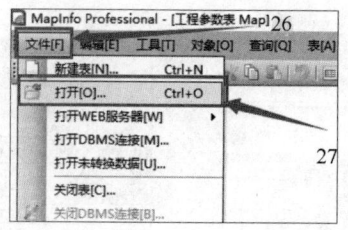

图 3-41　在文件中选择"打开"

（11）在出现的对话框中，双击"地图包"，按住"Ctrl"键，单击"street.TAB"和"town.TAB"，单击"打开"，如图 3-42 和图 3-43 所示。

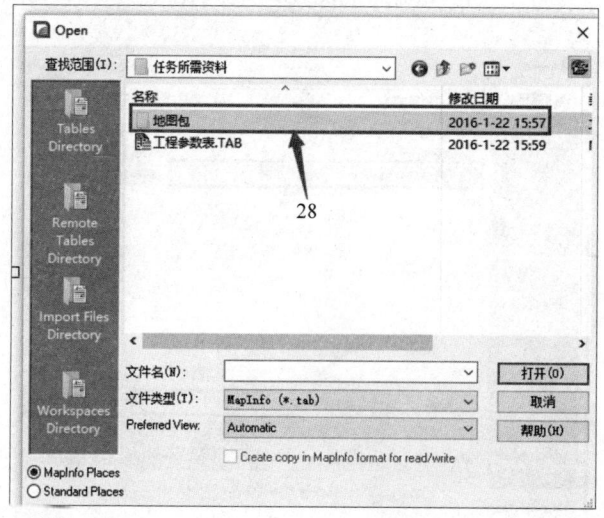

图 3-42　双击"地图包"

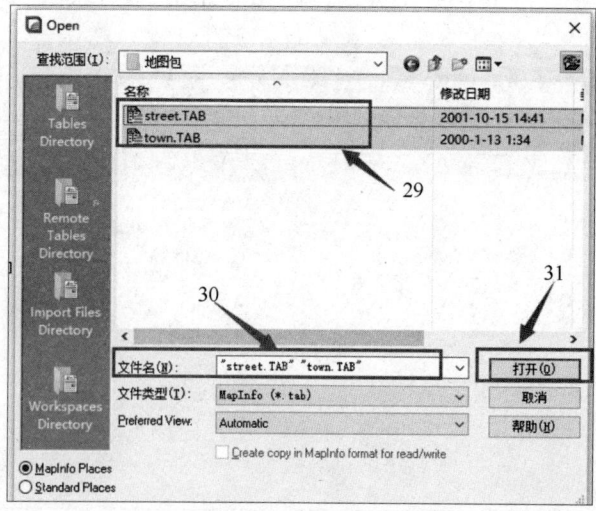

图 3-43　选择两个图层文件

（12）单击"打开"后，地图窗口出现了街道图，再单击"图层控制"，如图 3-44 所示。

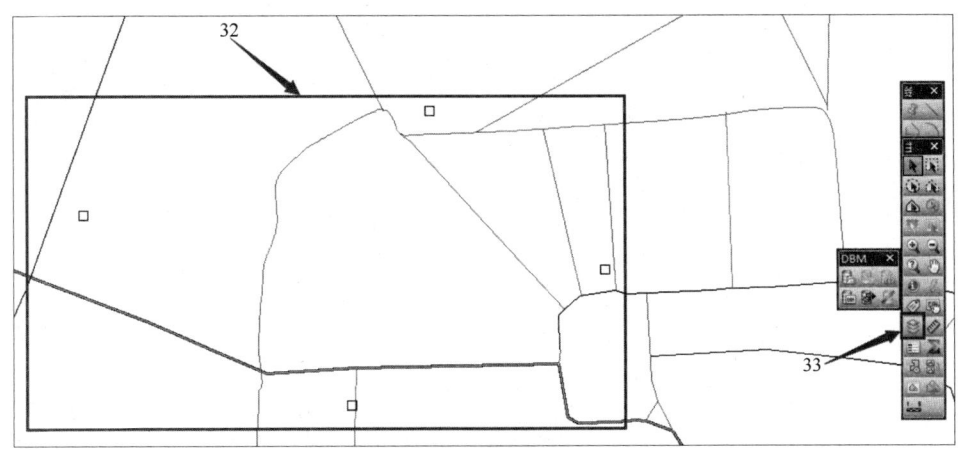

图 3-44　图层控制图标

（13）在出现的窗口中，双击"工程参数表"，在出现的对话框中，单击"Label Display"，在"Label with"中选择"基站名"，然后单击"OK"，如图 3-45 和图 3-46 所示。

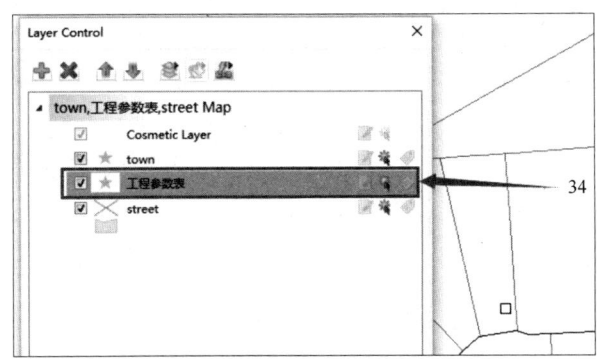

图 3-45　双击"工程参数表"

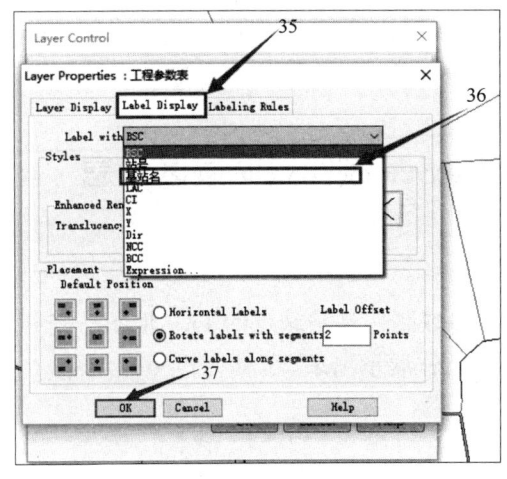

图 3-46　选择"基站名"

（14）在"图层控制"中，单击"工程参数表"中的"显示开关"。然后单击"OK"，地图窗口四个点的基站名被显示出来，完成创建点，如图 3-47 和图 3-48 所示。

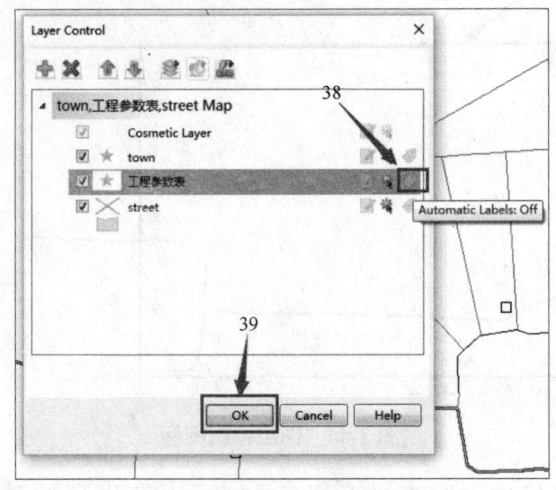

图 3-47　显示开关

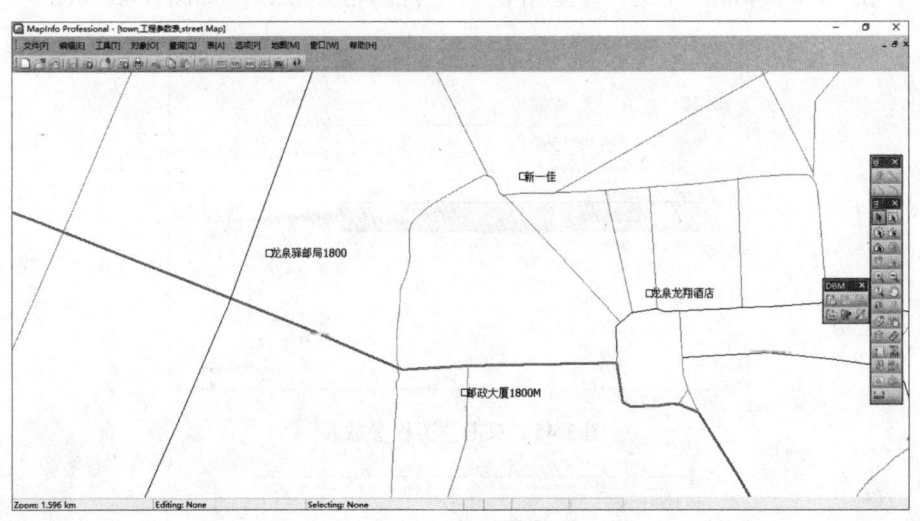

图 3-48　完成创建点

实训任务 2　用 SiteSee 制作基站扇区信息

任务目标

利用资源包提供的工勘参数制作基站站点的 TAB 地图，并利用 SiteSee 插件制作站点扇区相关信息的 TAB 文件，最后，展示出来。

任务要求

（1）能够将 .xls 文件正确导入 MapInfo 软件。

（2）能够利用 MapInfo 软件制作基站站点。

（3）能够利用 SiteSee 插件完成基站扇区图层文件的制作。

（4）能够完成 Word 版的实训报告，以图文结合的方式完成整个设计流程的说明。

任务实施

SiteSee 插件是一个网络规划优化分析工具，可以实现的主要功能模块如下：

制作基站
扇区地图

- 基站地理分析模块。
- GSM 和 LTE 网络规划仿真模块。
- GSM 和 LTE 网络优化仿真分析模块。
- 数据库指标查询分析模块。
- 家园卡数据地理分析模块。
- 栅格分析模块。
- 点归属和位置、距离关系分析。
- 干扰矩阵应用模块。

在网络优化项目中，信令分析中通常需要查看基站扇区的相关信息。作为网络优化工程师，应具备利用工勘参数表制作基站扇区信息的技能。接下来将介绍如何采用 SiteSee 插件完成基站扇区信息的步骤。

（1）选择文件，打开给定资源包中的"南京地图"文件夹。

（2）选择文件类型为 Excel（图 3-49）。

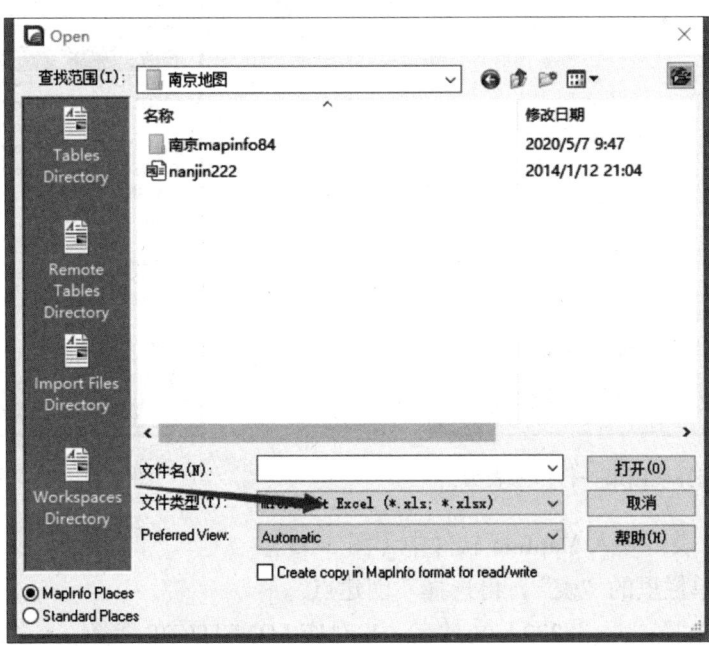

图 3-49　选择文件类型

（3）选择"nanjin222"文件（图3-50）。

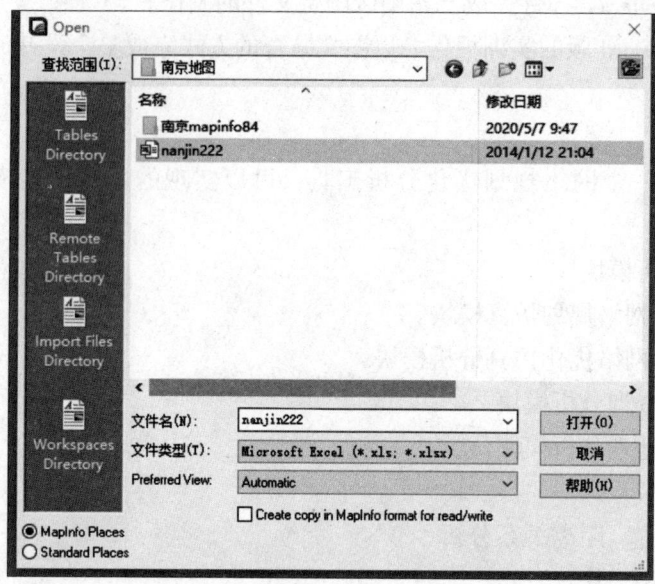

图3-50　选择"nanjin222"文件

（4）单击打开，出现如图3-51所示对话框，勾选"Use Row Above Selected Range for Column Titles"，单击"OK"。

（5）设置字节属性（图3-52），默认单击"OK"。

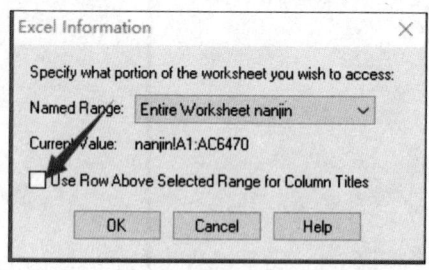

图3-51　选择使用第一行作为表头

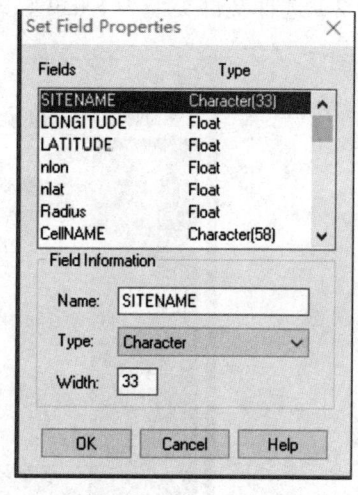

图3-52　设置字节属性

（6）将Excel表格导入MapInfo软件中（图3-53）。

（7）单击菜单栏里的"表"，再选择"创建点"。

注意第一行选择"nanjin222"文件名，X对应LONGITUDE参数，Y对应LATITUDE参数，再单击"OK"（图3-54）。

（8）给创建的点选择喜欢的颜色和形状，单击"OK"（图3-55）。

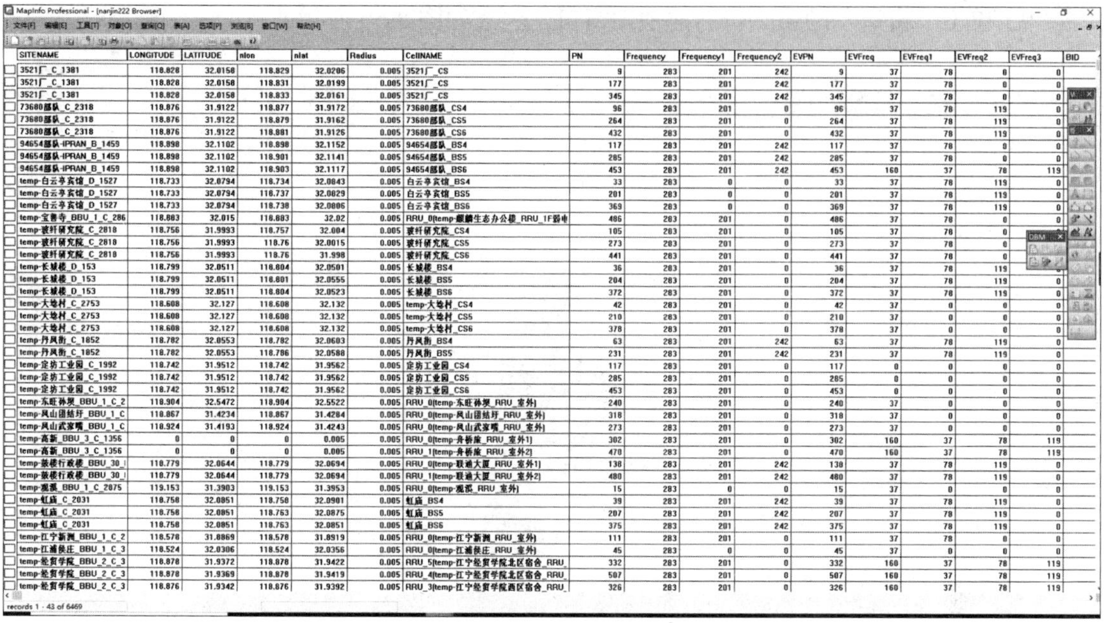

图 3-53 导入 Excel 表格

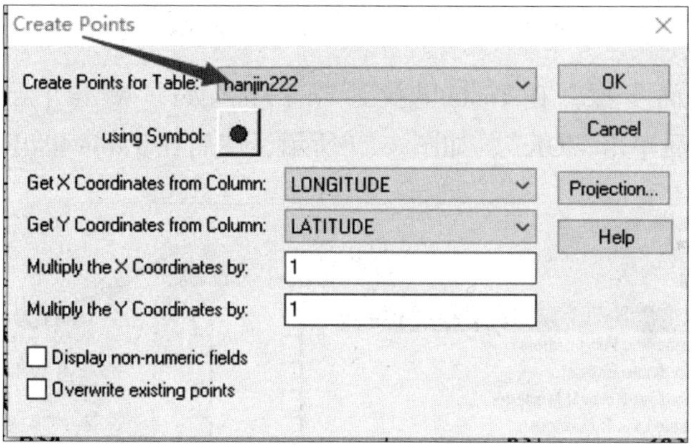

图 3-54 以经纬度创建点

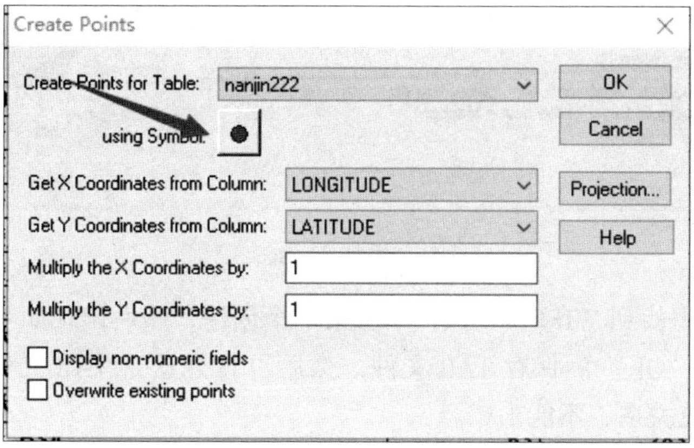

图 3-55 给创建的点选择颜色和形状

（9）单击"窗口"的第二行新建地图窗口，生成如图 3-56 所示的点。

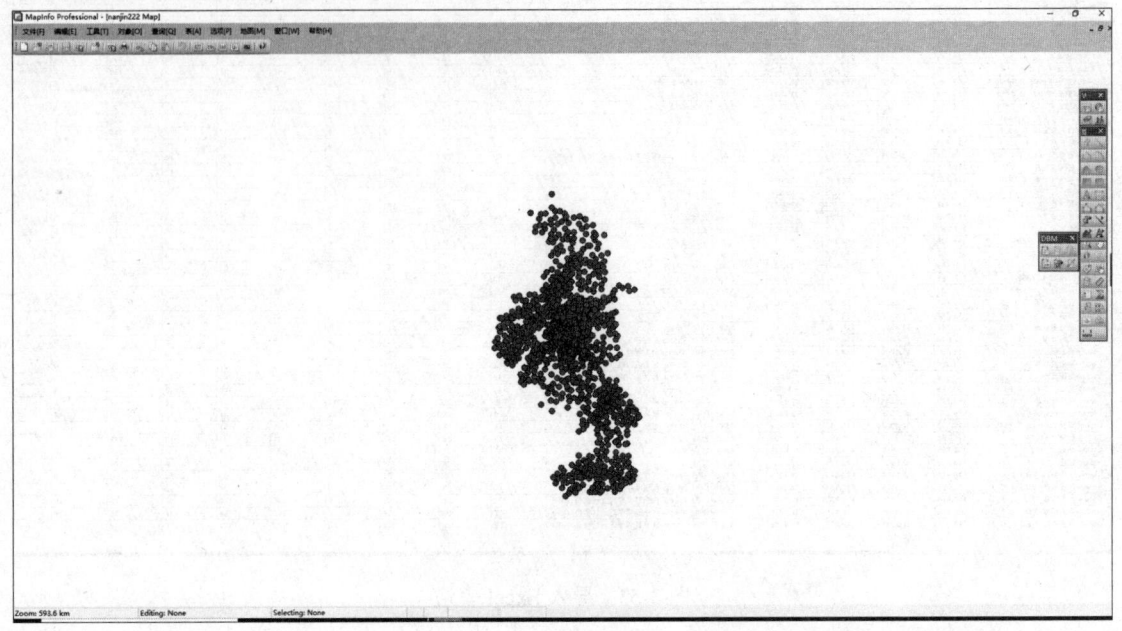

图 3-56　生成南京地区的基站站点 TAB 地图

（10）紧接着上面步骤，在 Tools 里找到 Tool Manager，单击并导入"SiteSee"，单击"Add Tool"，设置完后单击"OK"，如图 3-57 所示，然后在 Table 里出现 WIFI SiteSee。

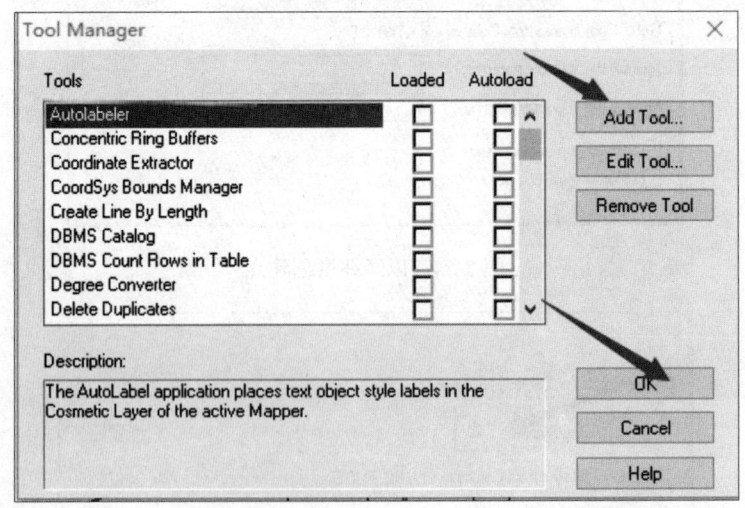

图 3-57　添加 SiteSee 工具

（11）在 Table 里找到 WIFI SiteSee，单击第一个创建，然后出现如下框图，把框里的数据填写完整，单击"OK"后保存 TAB 文件，然后再打开这个 TAB 文件。如图 3-58 所示，一定注意参数的对应关系，不能出错。

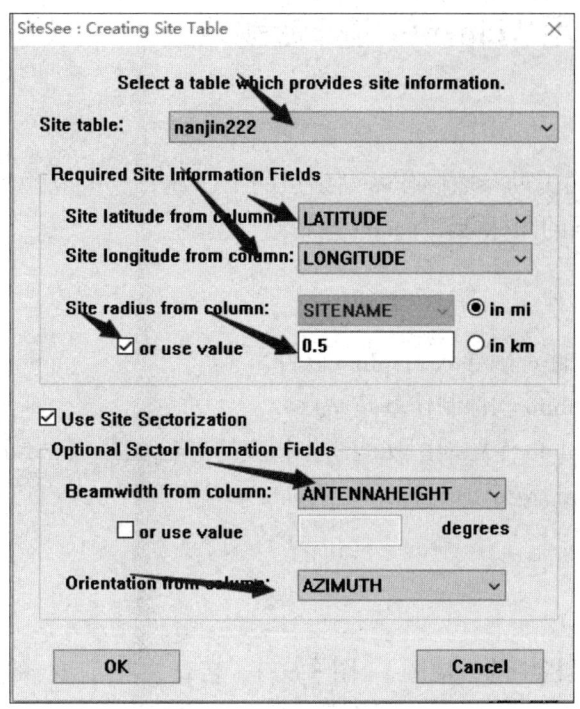

图 3-58　参数设置

（12）制作扇区 TAB 文件（图 3-59）。

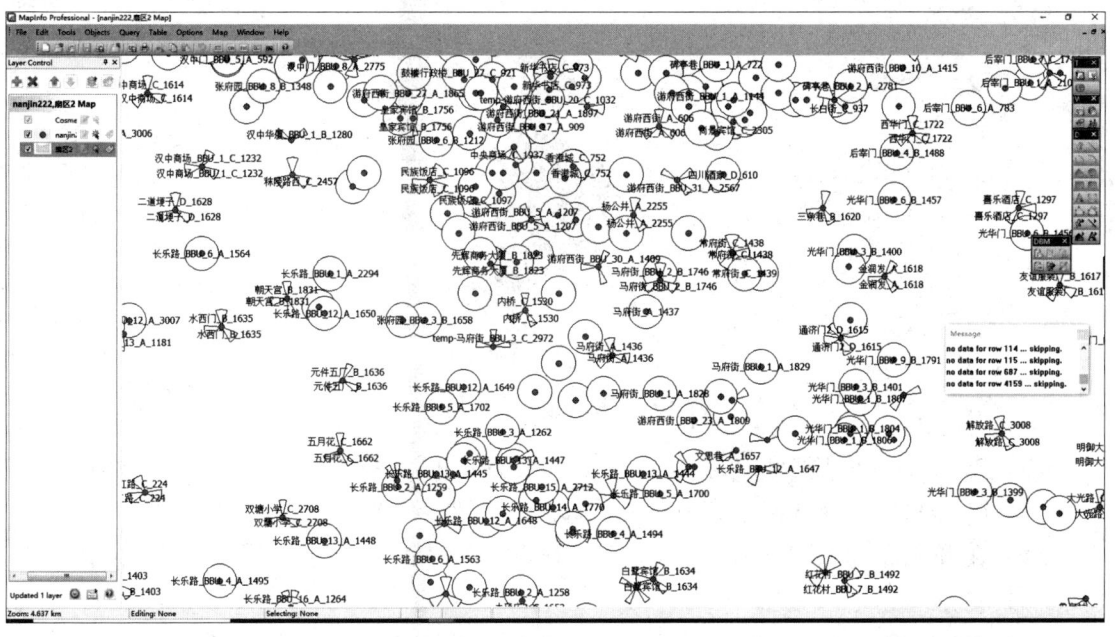

图 3-59　制作扇区 TAB 文件

实训任务 3　用 MapInfo 制作专题地图

任务目标

利用资源包提供的工勘参数制作基站站点的 TAB 地图，并利用某个典型的工勘参数制作专题地图，通过不同的图标标识不同的基站站点类型。

任务要求

（1）能够将 .xls 文件正确导入 MapInfo 软件。

（2）能够利用 MapInfo 软件制作基站站点。

（3）能够利用 MapInfo 专题地图功能制作相应的专题地图，区分不同类型的基站站点。

（4）能够完成 Word 版实训报告。

任务实施

制作专题地图的步骤如下：

（1）单击上方工具栏中的"地图"（图 3-60），接着单击第四行的"创建专题地图"。

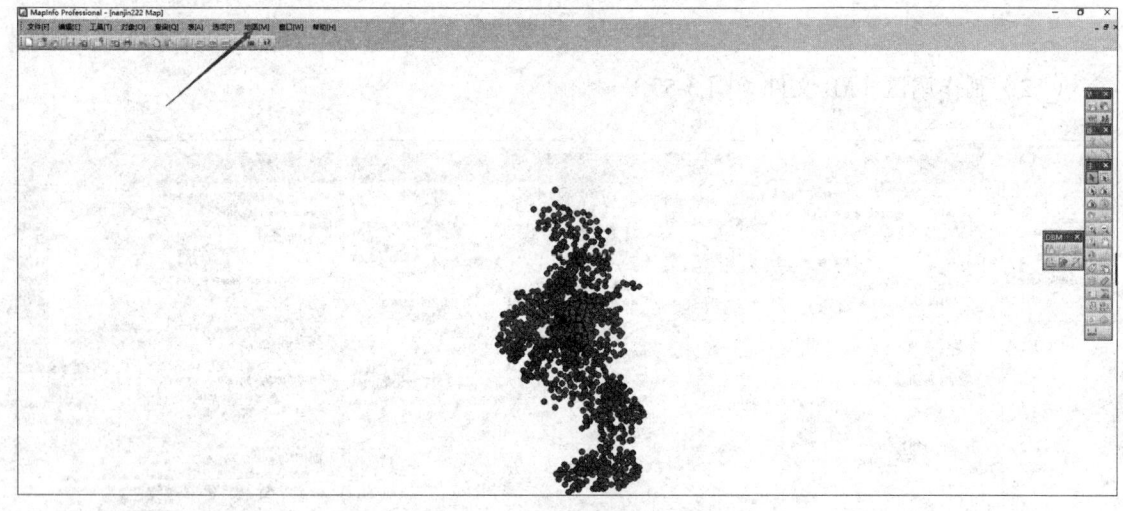

图 3-60　打开创建的点的地图

（2）选择 Individual 类型中的"Point IndValue Default"（图 3-61），然后单击"Next"。

（3）在 Field 里选择 BSC 进行分类，勾选白框（图 3-62），再单击"Next"。

（4）在弹出的框图中单击"Styles"，对点进行修改，若不用修改，则单击"OK"（图 3-63）。

（5）生成专题地图（图 3-64）。不同 BSC 控制的基站站点用不同的颜色呈现，便于优化分析。

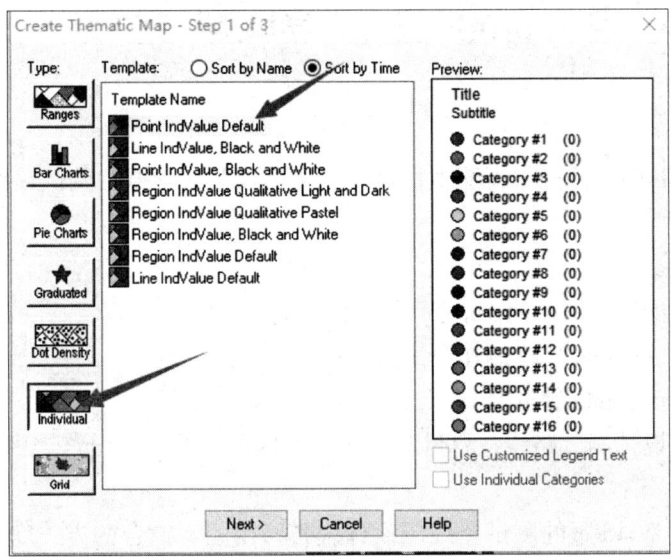

图 3-61　选择专题地图类型

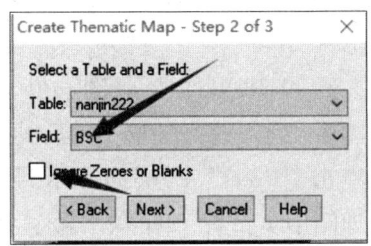

图 3-62　选择以 BSC 参数划分不同专题

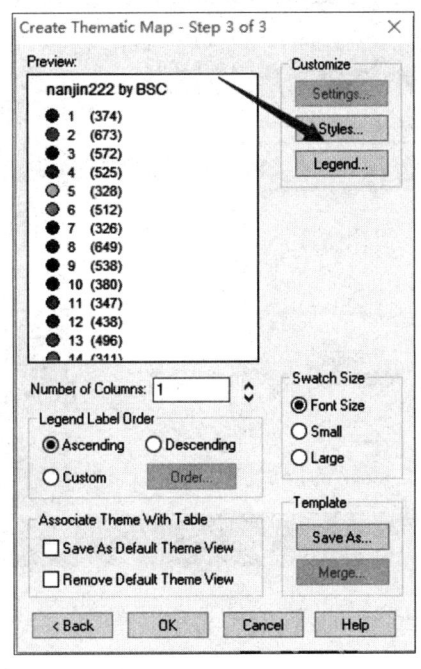

图 3-63　修改 Styles

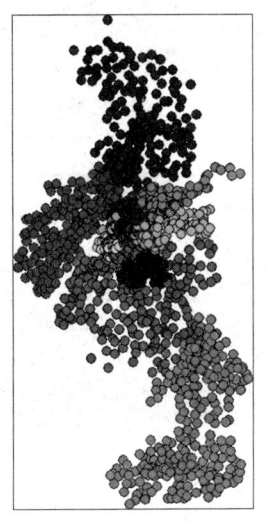

图 3-64　生成专题地图

155

实训任务 4　用 MapInfo 设计大学城测试路线图

任务目标

熟练使用 MapInfo 软件操作，能根据任务要求完成某大学城的测试路线图的设计。

任务要求

（1）能够明确测试区域的范围。

（2）能够利用 MapInfo 软件制作测试路线图。

（3）能够利用 MapInfo 软件修改测试路线图。

（4）能够合理设计测试路线，尽量测试大学城内所有的主干道路，尽量避免重复测试某一个路段。

（5）能够完成 Word 版的测试路线图设计报告，用图文结合的方式完成整个设计流程的说明。

任务实施

（1）先打开 MapInfo 软件，再打开文件夹地图包中的 "street.TAB" 和 "town.TAB"（图 3-65），并将打开的地图窗口最大化。打开图层文件后的效果如图 3-66 所示。

（2）打开 "图层控制"，单击 "street" 图层的显示开关，然后单击 "OK"，再单击 "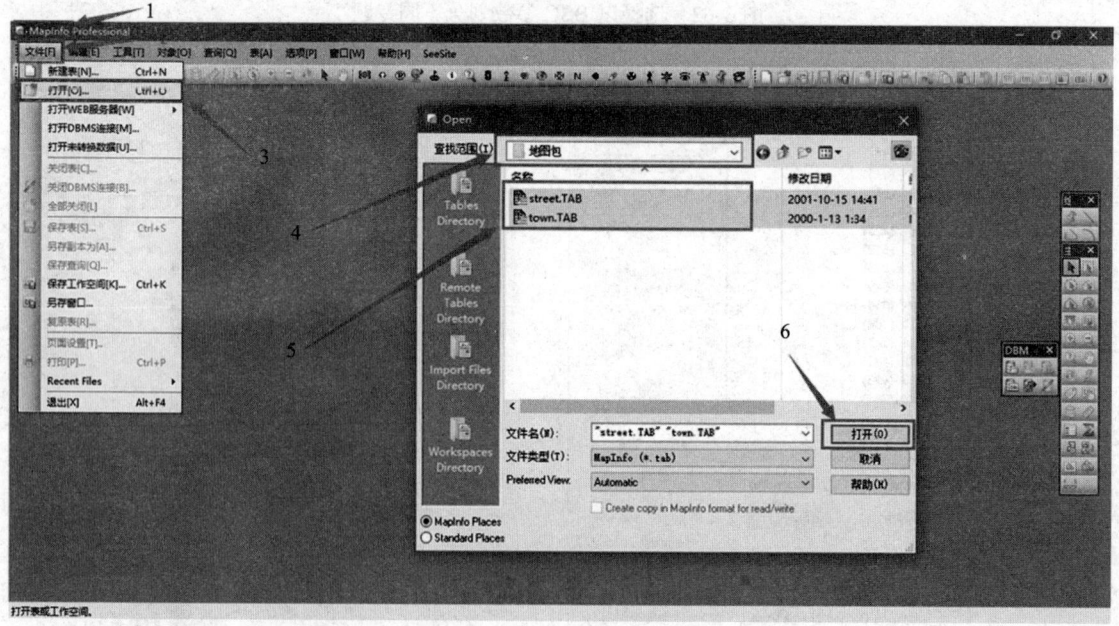"，拖动地图，使市中心在地图中央位置（图 3-67 和图 3-68）。

图 3-65　打开 "street.TAB" 和 "town.TAB" 文件

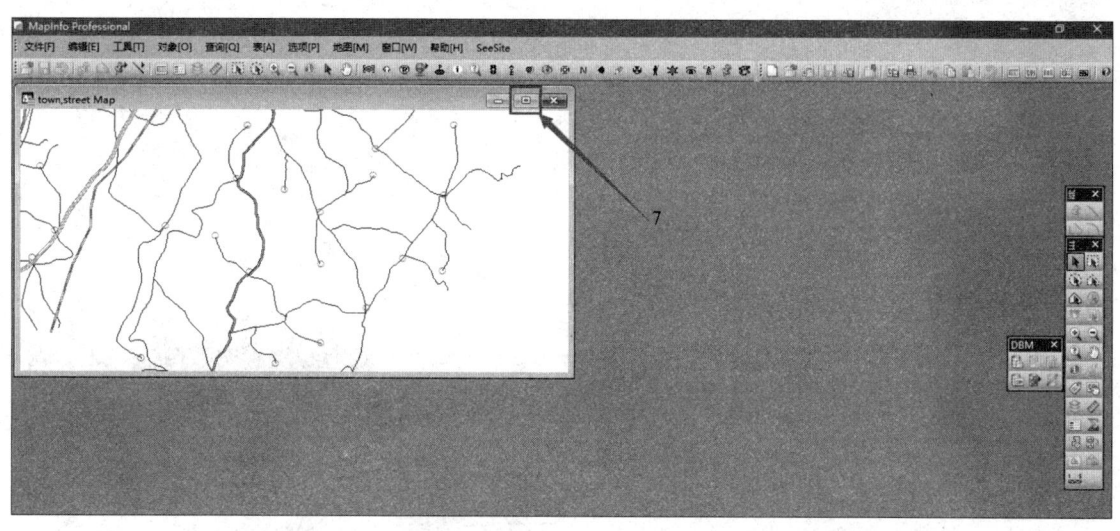

图 3-66 打开图层文件后的效果

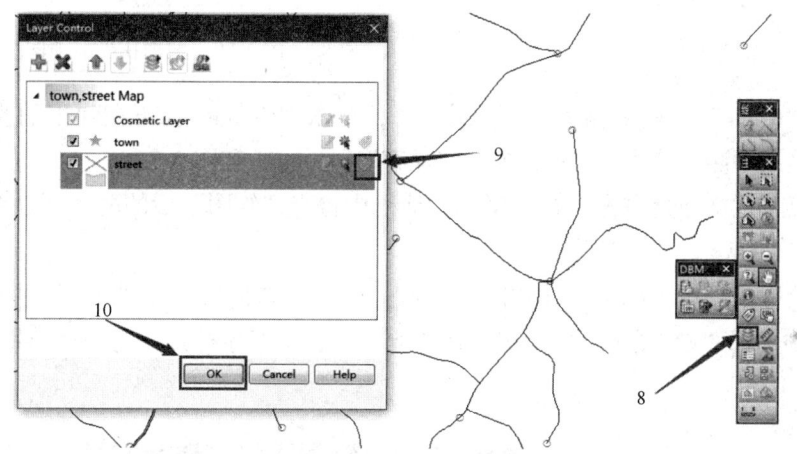

图 3-67 "street"图层控制

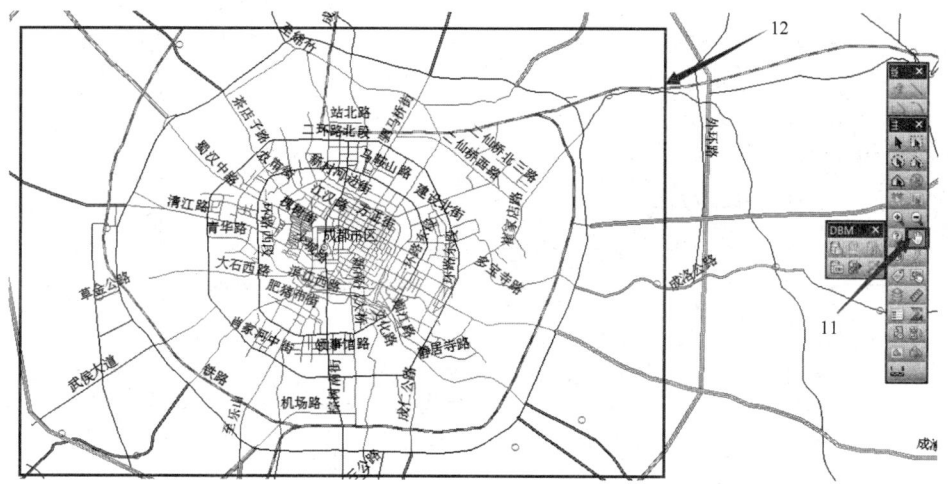

图 3-68 显示图层标签后的效果

（3）在菜单栏"文件"下选择"新建"，在弹出的对话框中，将"Open New Mapper"前的"√"取消，再在"Add to Current Mapper"前打钩，然后单击"Create"（图 3-69 和图 3-70）。

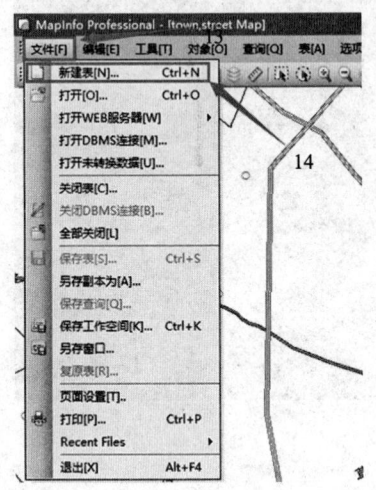

图 3-69　新建表

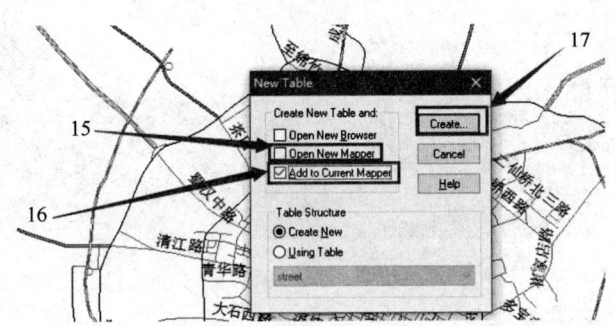

图 3-70　增加在当前地图上

（4）在"Name"一栏中输入"测试路线"，单击"Create"，再在弹出的窗口中的"文件名"一栏输入"测试路线"，然后单击"保存"（图 3-71 和图 3-72）。

（5）在菜单栏空白处右击，在弹出的对话框中检查"绘图"后的两个框是否打钩，若打钩了，再单击"OK"（图 3-73）。

（6）在绘图工具栏中单击线样式图标"〡"，弹出新窗口，在"Style"中选择"B14"，在"Color"中选择"E1"，在"Pixels"中选择"2"，则线条样式变为 ✕ ，然后单击"OK"（图 3-74 ~图 3-76）。

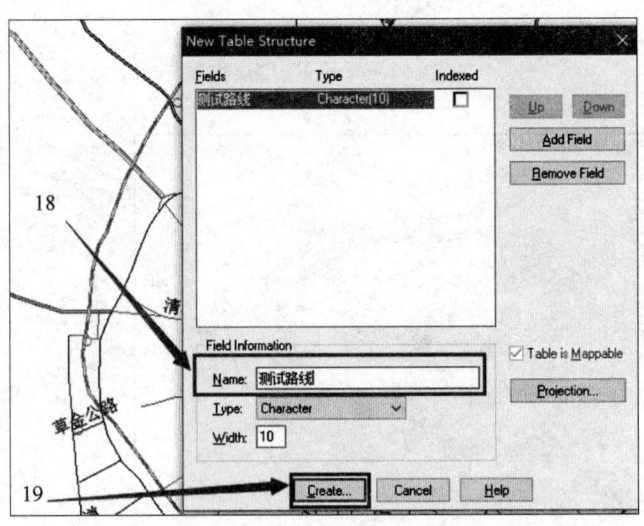

图 3-71　创建"测试路线"结构

158

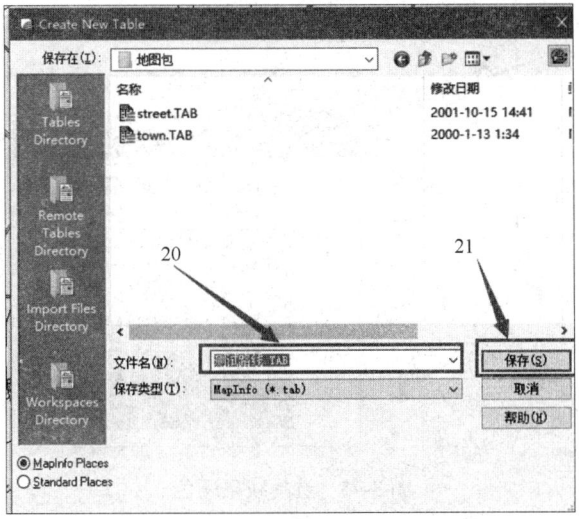

图 3-72 创建"测试路线"TAB 文件

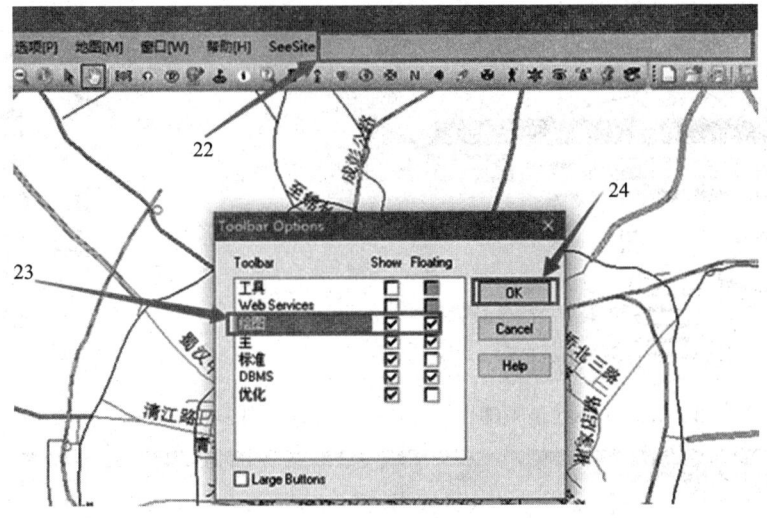

图 3-73 确认绘图工具选项

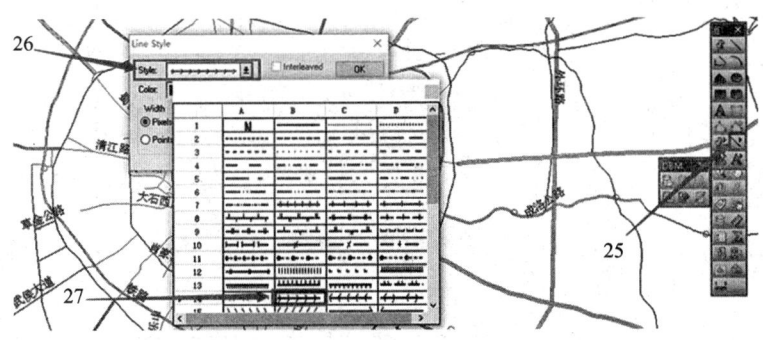

图 3-74 选择线条形状

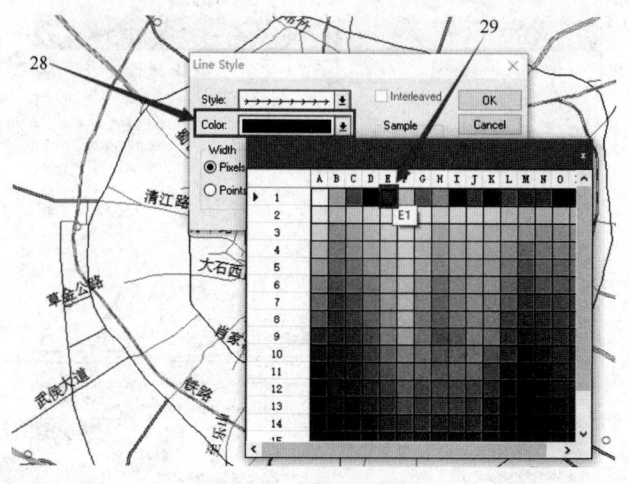

图 3-75 选择线条颜色

（7）再在绘图工具栏中单击折线图标"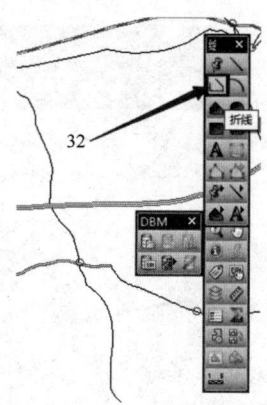"，然后顺着三环路逆时针方向，单击，完成后按"Esc"键，则界面显示如图 3-77 和图 3-78 所示。

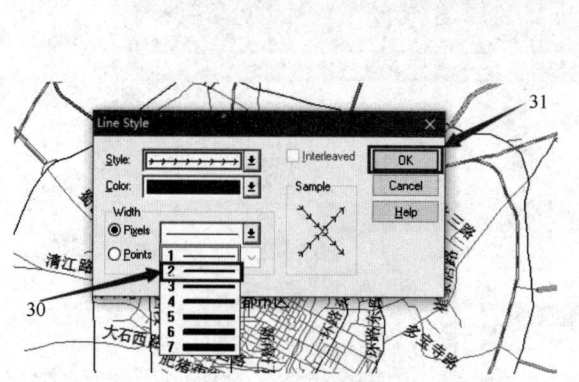

图 3-76 选择线条粗细

图 3-77 选择工具栏中的折线图标

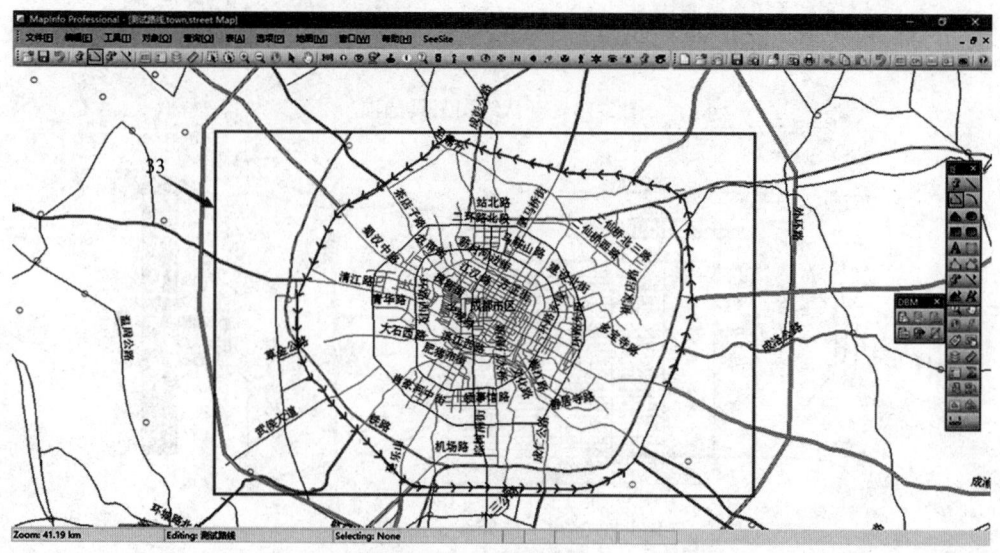

图 3-78 选择测试路线

（8）标注起点终点：在绘图工具栏中单击符号样式图标"🐕"。在弹出的对话框中的"Font"中选择"Map Symbols"，在"Symbol"中选择"E1"，在"Color"中选择"E1"，在"Background"中选择"None"，然后单击"OK"（图 3-79 ~图 3-81）。

（9）在绘图工具栏中单击符号图标"🐕"，再单击起点和终点位置（图 3-82）。

（10）再在绘图工具栏中，单击文本样式图标"A"，在弹出的对话框中的"Test Color"中选择"E1"，"Background"中选择"None"，然后单击"OK"，再在开始和终点图标旁单击，分别输入"起点"和"终点"（图 3-83 和图 3-84）。

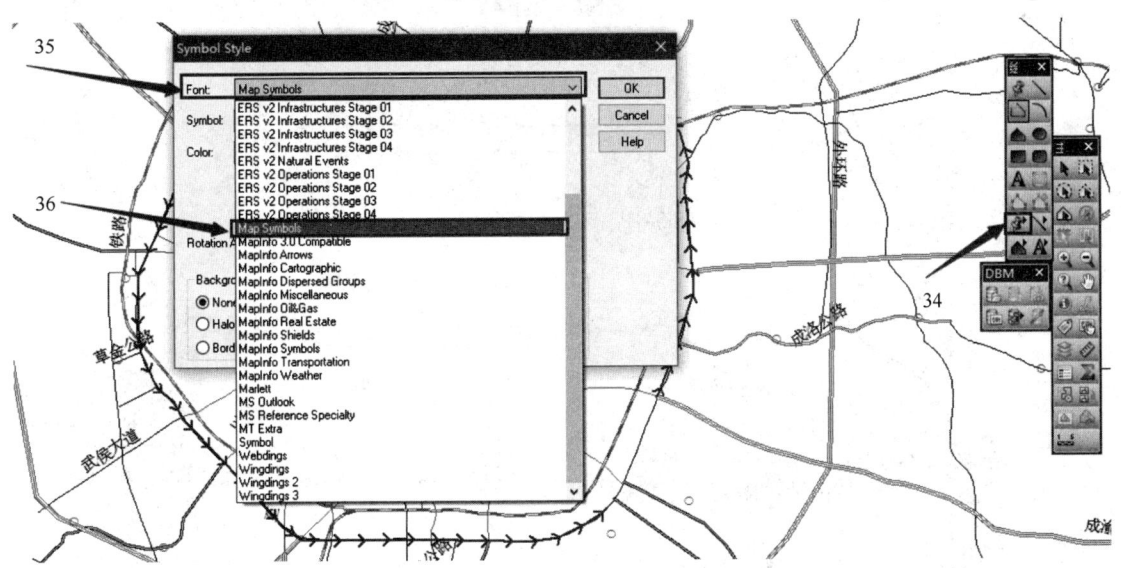

图 3-79 选择"Font"样式

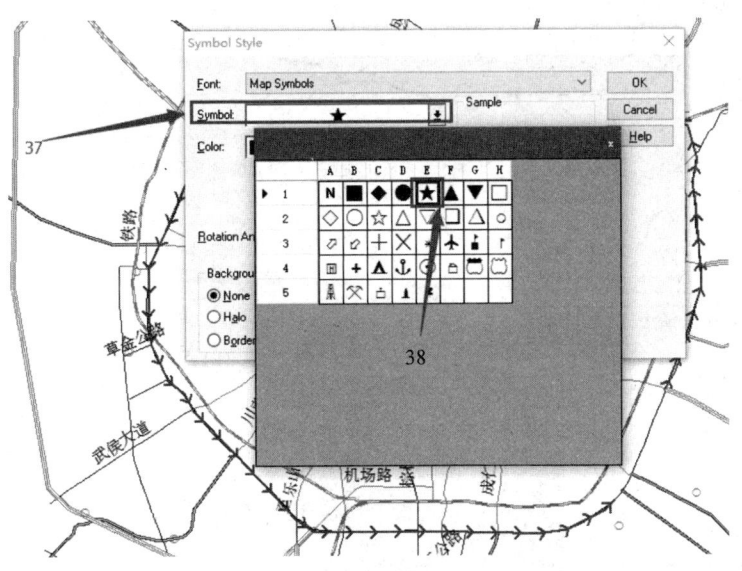

图 3-80 选择"Symbol"样式

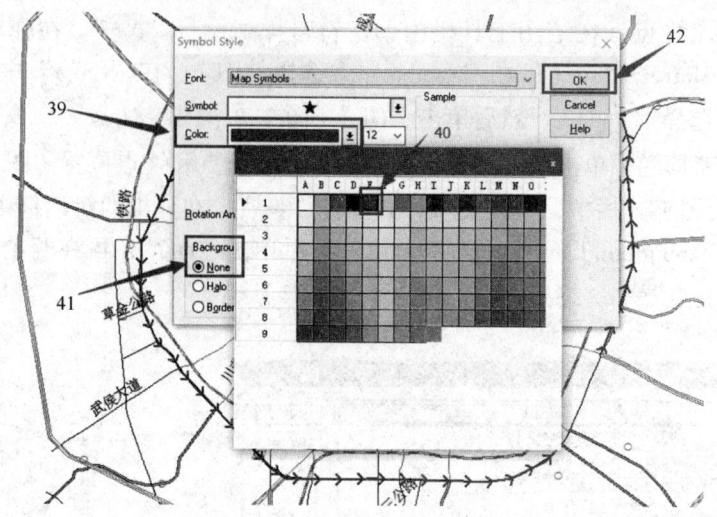

图 3-81　选择颜色和背景

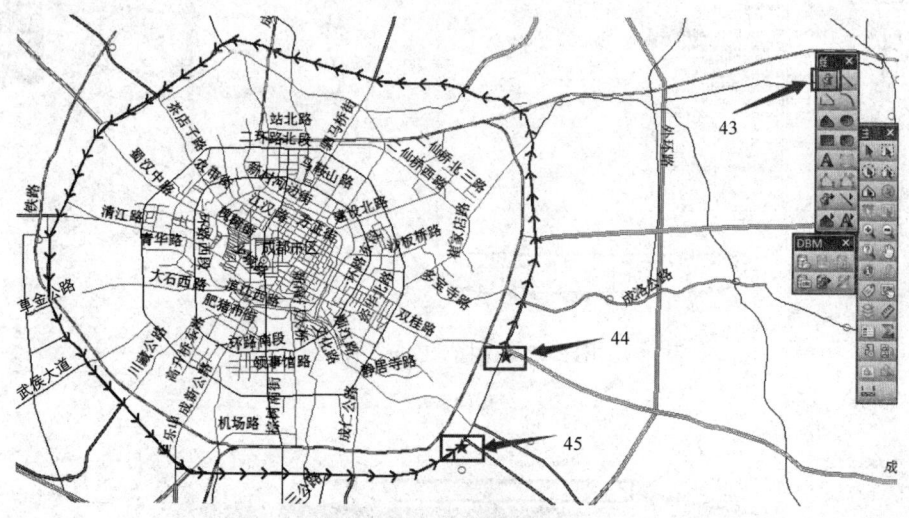

图 3-82　标记起点、终点

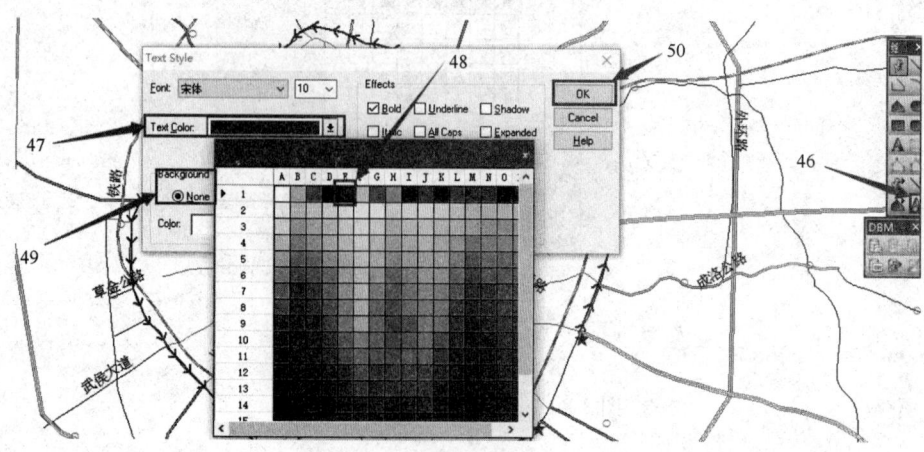

图 3-83　选择文字的颜色和背景

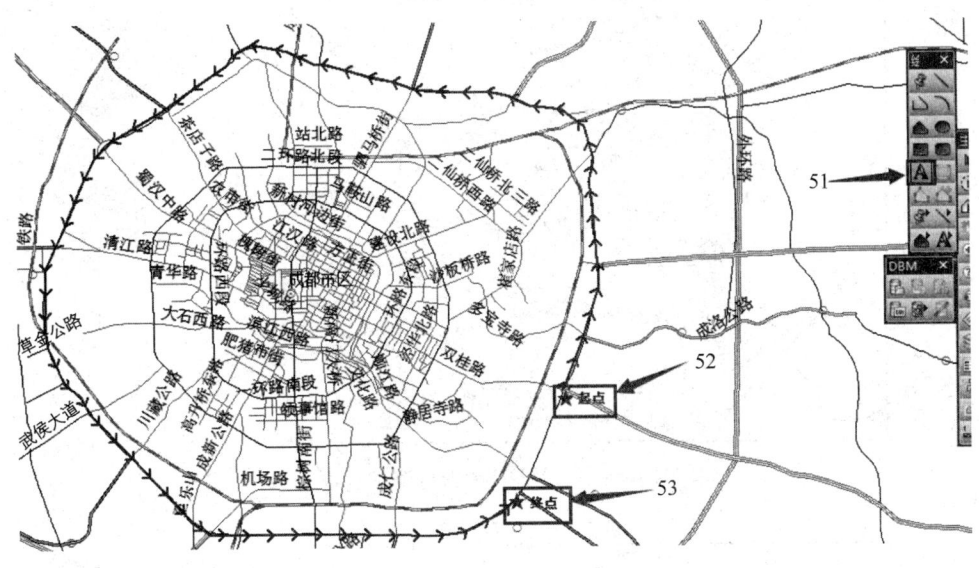

图 3-84　给起点、终点添加文字标签

（11）完成所有操作后，界面显示如图 3-85 所示。

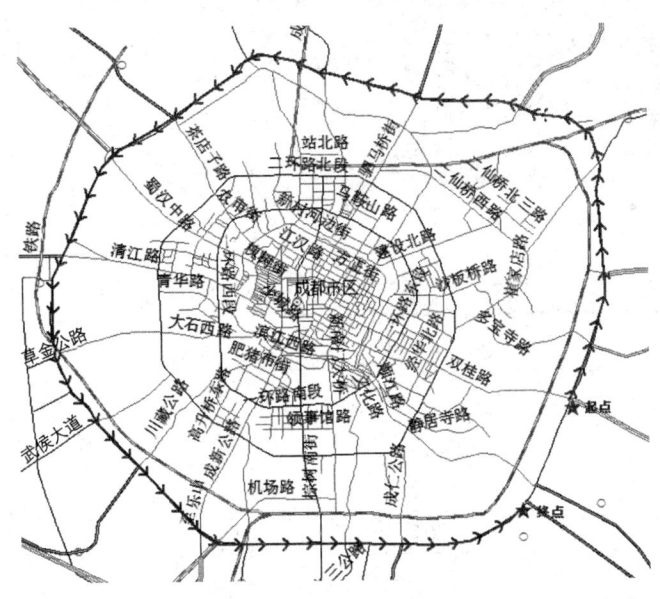

图 3-85　完成测试路线

测试路线完成后，有时不一定能够满足测试要求。此时，可以修改测试路线。修改测试路线的步骤如下：

（12）在主菜单工具栏中单击选择图标"⯈"，然后单击需要修改的路线，再单击绘图工具栏中整形图标"⯅"，则测试路线中单击的地方通过节点的形式显示出来（图 3-86 和图 3-87）。

（13）拖动显示出来的节点（图 3-88）即可完成测试路线的修改。

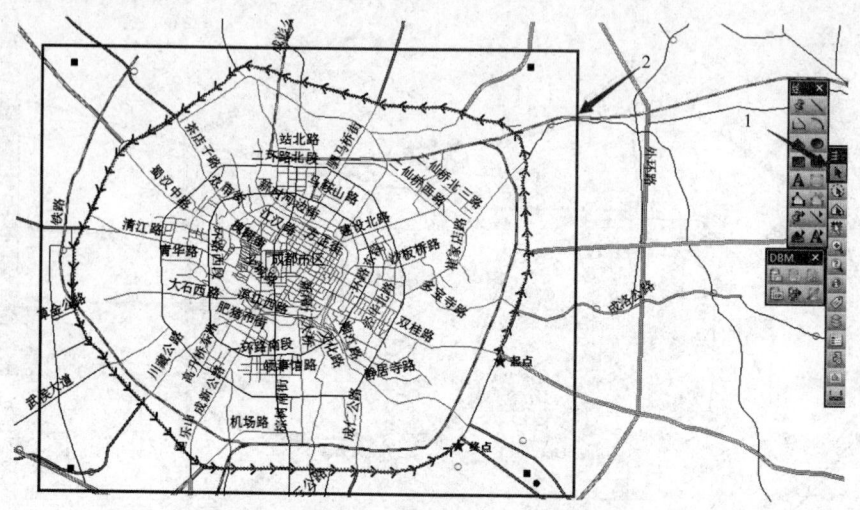

图 3-86　单击需要修改的测试路线

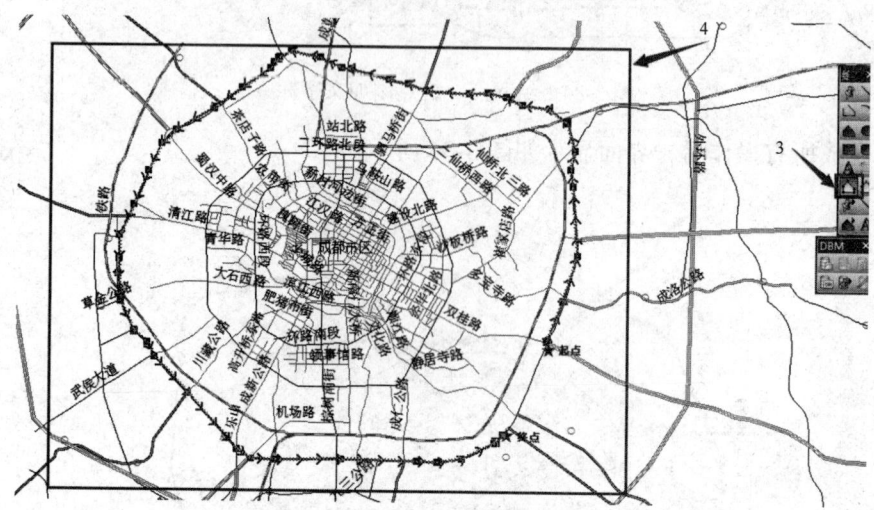

图 3-87　单击工具栏的整形图标

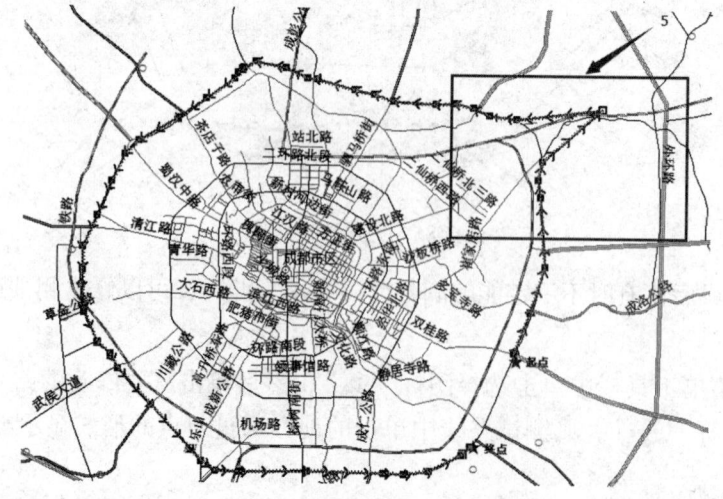

图 3-88　拖动需要修改的测试节点

（14）有时候发现原来的节点不够用，单击绘图工具栏中的增加节点图标"<img_1 icon>"，再单击需要增加节点的地方，然后可以通过拖动节点完成路线图的修改（图 3-89 和图 3-90）。

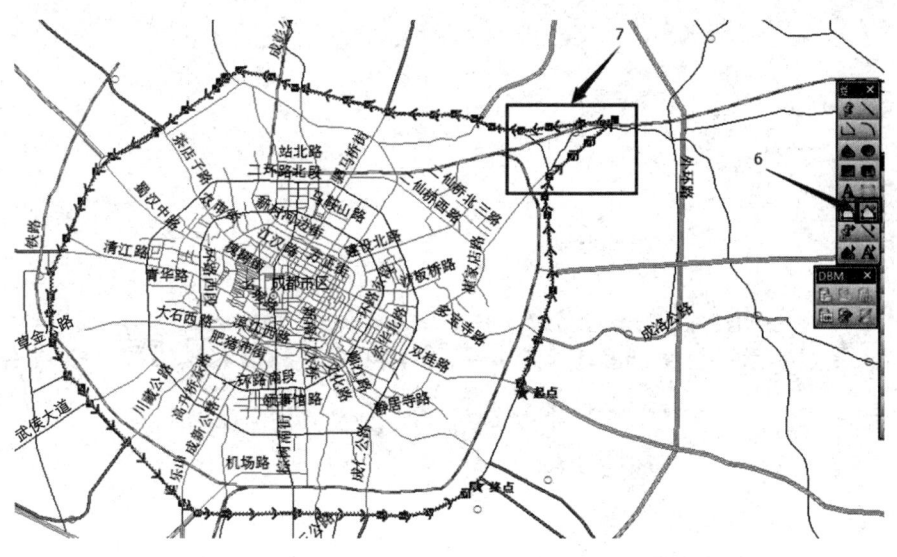

图 3-89　选择"增加节点"图标

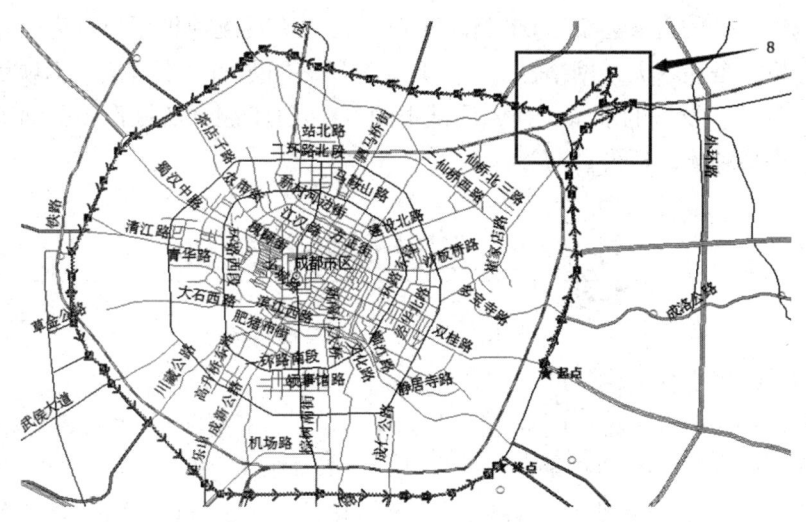

图 3-90　拖动节点完成线路的修改

（15）修改完成后，单击地图中其余空白处，保存，完成所有操作。

项目四

深入了解无线信号的质量
——移动网络测试

无线网络只有通过实际网络质量的检查测试才能获得真正意义上的网络运行质量信息并了解用户对网络质量的真实感受。DT测试和CQT测试在现场模拟用户行为，并结合专业测试工具进行分析，是获取无线网络性能、发现无线网络问题的主要方法。本项目主要完成测试前的知识、软件、设备的准备工作，测试中的DT、CQT测试的操作步骤训练，以及测试后的网络质量评估和测试报告撰写等任务。

任务1　测试设备和软件

测试网络需要提供相应网络的测试设备及软件。

测试硬件设备一般有笔记本电脑、移动终端、GPS、扫频仪、硬件加密狗等。

许多不同公司都有无线网络的测试软件，比较常用的如：珠海鼎力的Pioneer、Pilot Navigator，华为的Probe，爱立信的TEMS，中兴通讯的NetArtist CXT等。本任务中将采用鼎力的Pioneer完成测试软件安装的操作说明。

知识点　测试设备

1. 笔记本电脑

对于笔记本电脑，由于要安装Pioneer软件，因此基本要求如下：

（1）操作系统。

Windows 8（64/32位）/ Windows 7（64/32位）/ Windows XP（要求SP2或以上）。

（2）最低配置。

CPU：Pentium4 1.8 GHz。

内存：1.00 GB。

显卡：VGA。

显示分辨率：800×600。

硬盘空间：50 GB 或以上。

（3）建议配置。

CPU：Intel（R）Core（TM）i5。

内存：2.00 GB。

显卡：SVGA，16 位彩色以上显示模式。

显示分辨率：1 366×768。

硬盘空间：100 GB 或以上。

2. 移动终端

测试的终端需要连接在电脑的 USB 接口上，需要提前安装测试手机的驱动程序，才能通过测试软件识别后，利用软件读取手机与基站之间的通信信令，需要注意的是，并不是所有的手机都能够被测试软件识别，所以需要选择测试软件能够识别的手机型号作为测试的终端。

3. GPS

GPS（图 4-1）主要是获取定位信息，并将位置信息的经纬度值通过连接的 USB 口发送给软件，记录在 Log 文件中。在室外打点时需要用到 GPS，在室内打点时是不需要 GPS 的，需要人工手动打点。

图 4-1　环天 GPS

4. 扫频仪

扫频仪主要用来对指定频点或全频点进行扫频，在邻小区优化、外部干扰检查、清频测试方面发挥作用。

建网初期，使用扫频仪器对新设频段进行的全频段摸底测试，统称清频测试。LTE 网络建设中，也有将一些低频谱效率系统进行清频转作 LTE。LTE 信号带宽可以达到 20 M，散落在其带宽内的干扰信号会淹没在其信号内，对 LTE 数据业务的影响是巨大的，网络建设完成后，想从宽带的 LTE 信号中分离这些干扰信号是很困难的。清频测试可以在预设频段使用前，对干扰基站信号的无线干扰源进行定位，找出干扰的方向、大小、频段，所以清频测试对 LTE 预设频段内干扰程度进行的评估，可以净化频段、降低底噪、减轻后续网优工作的难度。

LTE 扫频接收机是高精度、高速度采集无线空口信号的扫频接收设备，能扫频接收LTE-TDD 信号，扫频输出 RSSI、RP、RQ、Timing、CellID 等主要参数，广泛用于网络勘察、规划、建设、优化等使用场合，同时，LTE 扫频仪还具备频谱分析功能，对指定频段进行信号功率的测量，以二维频谱图、三维频谱图、采样点信号强度轨迹图等形式展现测量结果，并具备测试数据回放和导出功能，同时，配备专业的数据分析平台，具有很强的可分析性。它在指定频段内的频谱分析功能与传统频谱仪相似，在清频测试的应用上相对于频谱仪又具有独特的优势。扫频仪与频谱仪对比见表 4-1。

表 4-1 扫频仪与频谱仪对比

对比项目	扫频仪	频谱仪	备注
扫频指标	采样速率典型值 2S，测试车速 5～60 km/h，测量底噪 –130 dBm	采样速率不详，测量底噪 –145 dBm～–120 dBm	参照 ASPS 对数据要求，扫频仪指标满足路测需求
数据采集	配有内置 GPS，支持外置 GPS，可在路测工程中自动导航，通过 PC 软件采集路测数据	一般不配备 GPS 接口，数据存在设备内存卡上，数据量大小受限于内存卡容量	频谱仪常规使用于定点测试，数据存储量小
数据处理	配备专业的数据分析平台，可对频谱数据做二次处理，展现方式多样有轨迹、表格柱状图等	数据导出多为频谱图片，不具备二次分析功能。	频谱仪数据处理方式比较单一，灵活性较差

从上述对比中可以看出，相比于频谱仪，扫频仪测试数据量大，数据分析平台对于测试数据的分析多样化展现，更适用于路测形式的清频测试，便于网络规划和优化人员使用。

5. 硬件加密狗

软件的硬件加密狗主要是授权软件使用的。安装的测试软件必须经过硬件加密狗验证后才能正常打开使用。

实训任务 测试软件安装

任务目标

熟悉测试软件安装的流程。

任务要求

（1）能够根据软件要求设置合适的运行环境。

（2）能够正确安装测试软件。

（3）能够处理软件安装过程中出现的问题。

任务实施

（1）安装驱动程序及运行环境。

计算机中安装的杀毒软件有可能会导致本软件无法正常安装或者引发软件在运行过程中出现异常，如软件安装或使用时出现异常，请关闭杀毒软件重新安装或把本软件添加到"信任列表"中。

运行 PioneerDriversSetup.exe（图 4-2）。该程序为 Pioneer 创建软件的运行环境以及测试前的准备。

PioneerDriversS etup.exe

图 4-2 Pioneer 基础库安装包

安装时会出现如图 4-3 所示的组件选择界面。

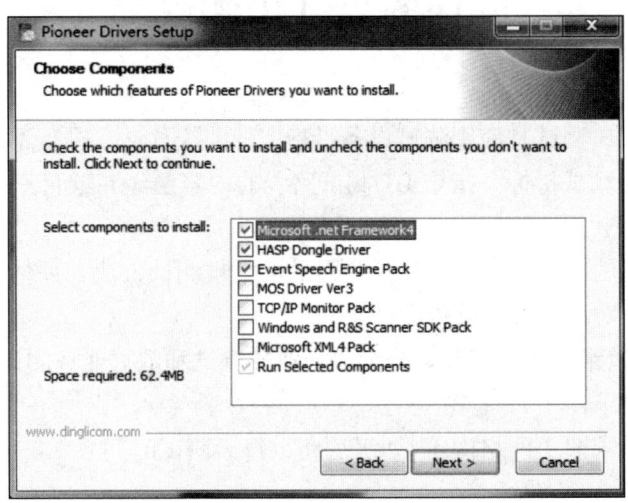

图 4-3 基础包组件选择

Pilot Pioneer 基础包组件说明见表 4-2，用户可以根据实际需要选择安装。

表 4-2 **Pilot Pioneer 基础包组件说明**

组件名称	组件说明
Microsoft .net Framework4	微软 .net 框架基础组件，初次使用必须安装
HASP Dongle Driver	Pioneer 硬件加密锁驱动程序，初次使用必须安装
Event Speech Engine Pack	事件语音播报程序，安装后 Pioneer 中的事件才可进行语音提醒，推荐安装
MOS Driver Ver3	语音质量测试驱动，可以按需求进行安装
TCP/IP Monitor Pack	TCP/IP 抓包功能库，可以按需求进行安装
Windows and R&S Scanner SDK Pack	使用 R&S 扫频仪时，需要的组件库，可以按需求进行安装
Microsoft XML 4 Pack	微软 XML 组件包，初次使用必须安装
Run Selected Components	系统默认组件，必须安装

注：若计算机已经安装过运行环境和驱动程序，则不需要重复安装，只需直接安装 Pilot Pioneer 软件。

（2）安装测试软件。

运行 PioneerSetup.exe（图 4-4），按照提示安装 Pioneer 软件。

安装成功后，把加密狗插到计算机的 USB 接口上，软件能正常进行数据采集及分析。若未插入加密狗，则软件只允许使用数据回放等简单的功能，其他大部分功能将不能使用。

图 4-4 Pioneer 主程序安装包

任务 2 DT 测试

DT（Driving Test）测试是使用测试设备沿指定的路线移动，进行不同类型的呼叫，记录测试数据，统计网络测试指标。指定 DT 测试路线的内容已经在项目三中完成了相关技能的训练。

本任务主要介绍的是以评估网络质量为目的的常规测试方法，评估网络质量应根据测试和优化的目的，选取对应的方法进行测试。

DT 测试主要为道路测试。其又可分为语音业务测试和数据业务测试两种。

城区道路测试要求：

（1）道路测试要求遍历网格内 1～4 级道路，每天测试时间 8：00—22：00（新疆和西藏延后 2 h）。

（2）按照指定路线进行道路遍历性测试，合理规划路线，尽量减少重复道路测试，确保测试渗透率达到 90%。

（3）测试卡不欠费、取消流量门限，4G 数据测试卡需支持 2G/3G/4G 网络。限流量的卡根据需求更换。

（4）DT 测试所有设备及业务同车测试，测试速度不得低于 30 km/h。

（5）FTP 数据业务统一使用各省服务器，并且要求移动、电信和联通三网共用同一服务器。

（6）城区网格按"地理位置"和"话务密度"两个因素划分为一类核心网格和二类一般网格。

知识点 1 语音业务测试

语音业务主要是指 2G/3G 三网竞对语音业务，4G（CSFB 及 VOLTE）语音业务（表 4-3）。

表 4-3 DT 语音业务测试方法

序号	测试业务	测试方法
1	2G/3G语音业务	拨打设置：通话时长 180 s，呼叫间隔 30 s；
2	CSFB语音业务	拨打设置：通话时长 30 s，呼叫间隔 30 s；
3	VOLTE语音业务	1. 拨打设置：通话时长 180 s，呼叫间隔 30 s； 2. 呼叫方式： （1）锁网在 2G/3G 网络的 VOLTE 终端呼叫 LTE 网络的 VOLTE 终端； （2）LTE 网络的 VOLTE 终端呼叫锁网在 2G/3G 网络的 VOLTE 终端； （3）双端 VOLTE 呼叫

1. 语音业务测试目的

通过长呼测试，对网络覆盖质量、保持性能、切换性能、吞吐率进行评估。

通过短呼测试，对网络接入性能、用户面时延进行评估。

2. 测试时间

建网初期可在任意时间测试，在 LTE 正式商用并且用户数量具备一定规模后，建议测试安排在工作日（周一至周五）9：00—19：00 进行。新疆和西藏的测试时间由于时差延后 2 h。

3. 测试范围

测试范围主要包括城区主干道、商业密集区道路（商业街）、住宅密集区道路、学院密集区道路、机场路、环城路、沿江两岸、城区内主要桥梁、隧道、城内风景点周边道路等。要求测试路线尽量均匀覆盖整个城区主要干道和次级街道，并且尽量不重复，在主/次干道已测完的情况下和工作负荷允许的情况下，建议对重点业务区域所有道路进行遍历测试。

4. 测试速度

在城区应尽量保持正常行驶速度（30 ~ 60 km/h）；在城郊快速路车速应尽量保持在 60 ~ 80 km/h，高速公路尽量保持在 80 km/h 以上，不限制最高车速。

5. 测试步骤

（1）全采样方式。

全采样方式适宜在无流量成本压力，并且网络对大流量测试不敏感时使用。

测试内容：

FTP 上传/下载测试，通过上传/下载超大文件，长时间保持 FTP 业务测试。

测试条件要求：

测试时，保持车窗关闭，将 LTE 终端、支持 LTE 测试的路测设备放置在第二排座位中间，连接好 GPS；根据测试的要求，仪表设置为"Hybrid"模式。

测试步骤：

● 确认测试终端已经成功附着网络，并能连接网络发起业务。

● 利用测试软件中的内置 FTP 测试功能，从 FTP server 上下载一个足够大的文件（5 GB 以上），设置 5 线程下载，每个线程独立下载完整文件（不使用断点续传），下载次数设置无限次（或设置大于测试时间的次数），保证行驶期间测试不中断，业务可循环进行。

● 利用测试软件中的内置 FTP测试功能，向 FTP server 上传足够大的文件（2 GB 以上），设置为多文件上传（并发数量设置为 5），上传次数设置无限次（或设置大于测试时间的次数），保证行驶期间测试不中断，业务可循环进行。

● 当终端离开 LTE 网络回落/切换到 EHRPD 网络时，测试软件自动停止 FTP 业务，终端回到休眠态。当终端在休眠态重选到 LTE 网络后，自动发起 FTP 测试。

● 上传、下载分别在两部终端同时进行测试。

● 当发生拨号连接异常中断后，应间隔 10 s 后重新发起连接：

· 如果属于因人为误操作终端未到周期就主动释放造成拨号连接中断，则不计为掉话，但拨号异常中断前的传输过程 FTP 速率采样点和时间纳入统计。

· 测试过程中若连续 10 s FTP 层没有任何数据传输，开始自动尝试 Ping 服务器，包大小为 32 Byte，间隔时间 1 s，超时时间 2 s，直到 FTP 传输恢复或 FTP 测试失败后停止；测试过程中若超过 30 s FTP 层没有任何数据传输，此时需断开网络连接，并记为一次业务掉线；该数据传输过程最后 30 s 对应的 FTP 速率采样点和时间不纳入 LTE 的速率统计。

● 测试过程中若出现 FTP 服务器登录失败，应间隔 4 s 后重新登录；连续 10 次登录失败，应断开网络连接，间隔 10 s 后重新进行测试。

（2）抽样测试方式。

抽样方式适宜在有流量成本压力，并且网络对大流量测试敏感时使用，如多运营商网络对比测试。

测试内容：

时间抽样的 ABM 测试，长时间保持 UDP 业务测试。

测试条件要求：

测试时，保持车窗关闭，将 LTE 终端、支持 LTE 测试的路测设备放置在第二排座位中间，连接好 GPS；根据测试的要求，仪表设置为"Hybrid"模式；同时，准备基于 UDP 业务的测试服务器。

测试步骤：

● 确认测试终端已经成功附着网络，并能连接网络发起业务。

● 下载测试测试采用抽样带宽方式，在每 1 s 时间内，只在连续的 100 ms 内进行 UDP 传输。

● 上传测试测试采用抽样带宽方式，在每 1 s 时间内，只在连续的 100 ms 内进行 UDP 传输。

● 当终端离开 LTE 网络回落 / 切换到 EHRPD 网络时，测试软件自动停止抽样业务测试，终端回到休眠态。当终端在休眠态重选到 LTE 网络后，自动发起抽样测试。

● 上传、下载分别在同一终端分时隙进行测试。

● 当发生拨号连接异常中断后，应间隔 10 s 后重新发起连接。

· 如属于因人为误操作终端未到周期就主动释放造成拨号连接中断，则不计为掉话，但拨号异常中断前的传输过程抽样速率采样点和时间纳入统计。

· 测试过程中若超过 30 s 应用层没有任何数据传输，此时需断开网络连接，并记为一次业务掉线；该数据传输过程最后 30 s 对应的抽样速率采样点和时间不纳入 LTE 的速率统计。

知识点 2　数据业务测试

数据业务主要包括 FTP 上传 / 下载、HTTP 浏览、视频业务（表 4-4）。其中每个网络制式一个模块，进行 FTP 下载 /HTTP 浏览 / 视频三种业务串行测试；另一个模块则进行上行业务测试。

表 4-4　DT 数据业务测试方法

序号	测试业务	测试方法
1	FTP 大数据量上传、下载业务	（1）文件大小：LTE 网络 FTP 下载 500 MB 文件，LTE 网络 FTP 上传 200 MB 文件；TD-SCDMA 网络 FTP 下载 8 MB 文件；GSM 下载 2 M 文件； （2）线程设置：下载 5 线程、上传单线程； （3）业务间隔：15 s； （4）网络选择：混网测试，即 2G/3G/4G 自由选网

续表

序号	测试业务	测试方法
2	HTTP 浏览	（1）浏览网站： 百度、淘宝、新浪微博、腾讯新闻、网易新闻等； （2）业务间隔：15 s； （3）网络选择：混网测试，即 2G/3G/4G 自由选网
3	视频业务	（1）视频网站： 腾讯视频、搜狐视频、爱奇艺、迅雷视频、优酷土豆视频； （2）业务间隔：15 s； （3）网络选择：混网测试，即 2G/3G/4G 自由选网

1. DT 数据业务测试

测试条件要求：

测试时，保持车窗关闭，将 LTE 数据卡、支持 LTE 测试的路测设备放置在第二排座位中间，连接好 GPS；根据测试的要求，仪表设置为"LTE ONLY"模式。

测试步骤：

● 检查 Ping 服务器及测试系统配置，可使用 FTP 服务器作为 Ping 服务器，要求服务器打开 Ping 功能。

● 终端在 IDLE 状态发起 Attach Request 附着 LTE 网络。当终端处于激活态时，终端对 Ping 服务器的 IP 地址进行 Ping 操作，开始 Ping 测试。

● 每次 Ping 包测试（成功或超时）间隔为 10 s，Ping 包超时时间为 5 s，Ping 包长为 512 Byte。

● 每次连接在重复 10 次 Ping 包测试后，发起 Detach 去附着断开网络连接，使终端回到 IDLE 状态；间隔 10 s 后，重新执行上述操作，保证测试期间任务循环执行。

● 若出现网络连接异常中断，则应断开拨号，间隔 10 s 后重新连接并继续测试，该次异常事件对应的 Ping 周期内的 Ping 时延、尝试及失败次数不纳入统计。

2. FTP 服务器设置

（1）FTP 服务器功能要求。

支持断点续传功能，支持多线程，服务端支持 PASSIVE 被动模式，放开账号登录数限制，放开用户上传下载权限并打开 Ping 功能，放开带宽限制，保留操作日志。

注：服务端 PASSIVE 被动模式对应客户端连接属性的 PASV 模式配合使用。

建议配置服务器软件：

● Linux：vsftpd-2.0.1 以上。

● Win32：FileZilla Server version 0.9.41 beta。

（2）FTP 服务器部署要求。

● 采用专用服务器用于测试，操作系统优先采用 UNIX，启用 FTP 服务，安装 FTP 服务器端，允许 Ping 操作，硬盘预留空间容量不少于 1 TB。如有防火墙，需放开 FTP 和 Ping 服务端口，系统应安装所有安全漏洞补丁。

● 支持断点续传功能，支持多线程，服务端支持 PASSIVE 被动模式，放开账号登录数

173

限制，放开带宽限制，保留操作日志。

● 各省需配置至少两台公网 FTP 服务器，吞吐量带宽 1 000 Mbit 的带宽与性能要求尽量减少外围因素对数据吞吐量的影响。

知识点 3　锁定测试

锁定测试指根据测试优化的要求，以锁定制式、锁定频点、锁定模式、锁定小区等方式进行测试。

1. 锁定制式测试

锁定 LTE 网络测试主要用于评估 LTE 网络质量，避免终端切换至其他网络（2G/3G）导致部分区域 LTE 未测试。

建议：在 LTE 网络质量评估的 DT 测试中锁定 LTE 网络。具体操作可在终端或路测软件中将网络设置为 LTE only。

2. 锁定频点测试

在多频组网的 LTE 网络中，锁定频点测试用于评估 LTE 网络的单频网络质量，而且优化人员通过单频网络测试数据，可获得各频段 LTE 小区分别对道路的覆盖情况，为多频组网的网络优化提供数据参考。

建议：根据网优需求进行测试，不要求常规化。具体操作可在终端或路测软件中选择锁定频点，设置 EARFCN 后再执行。

3. 锁定模式测试

在 FDD/TDD 混合组网的 LTE 网络中，锁定模式测试用于评估 LTE 网络的 FDD/TDD 网络质量，通过锁定模式的测试数据，可分别获得 FDD 及 TDD 网络的覆盖及质量情况，为 FDD/TDD 混合组网的建设及结构优化提供数据参考。

建议：根据网优需求进行测试，不要求常规化。具体操作可在终端或路测软件中选择模式，设置后执行即可。

4. 锁定小区测试

锁定小区功能一般用于单个小区的性能评估/验证工作。例如，进行拉远测试等。

建议：根据网优需求进行测试，不要求常规化。具体操作可在终端或路测软件中选择锁定小区，设置小区的 EARFCN 和 PCI 后再执行。

实训任务　室外语音业务测试

任务目标

掌握 LTE 网络室外测试的流程，能够观察室外测试的信令、关键事件、无线参数等数据。

任务要求

（1）能正确打开鼎力测试软件。

（2）能正确安装手机驱动程序，在测试软件中连接手机和 GPS。

（3）能设置正确的测试模板，导入室外测试地图。

（4）能观察到 GPS 在电子地图中自动打点记录数据。

（5）能完成测试数据的保存，并观察测试的信令、关键事件、无线参数等数据信息。

操作步骤

（1）准备相关硬件设备，如笔记本电脑、手机（测试卡）、GPS、软件加密狗、逆变器等。

（2）将 GPS 和手机、加密狗连接到笔记本电脑上，单击"自动连接"，如图 4-5 所示。

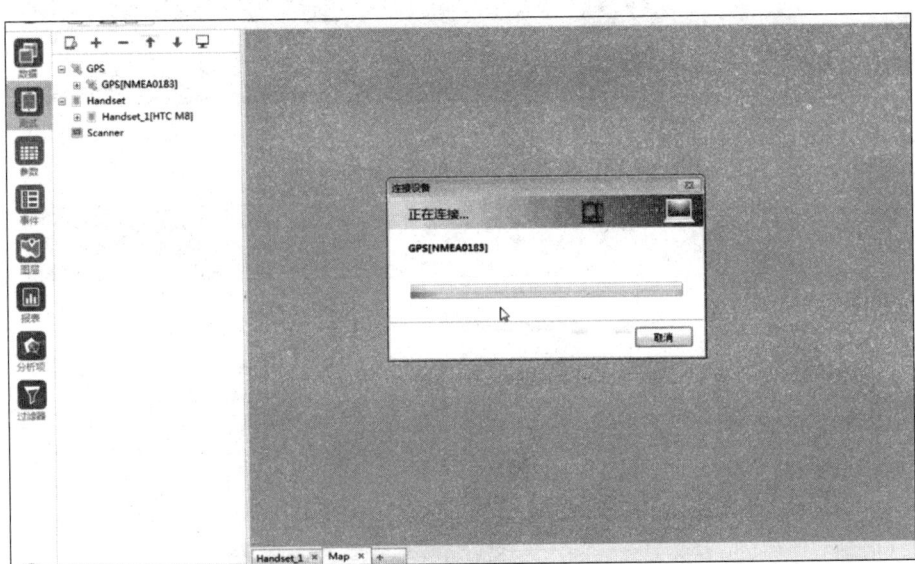

室外语音
业务测试

图 4-5　连接硬件设备

（3）制定测试计划，如图 4-6 所示。

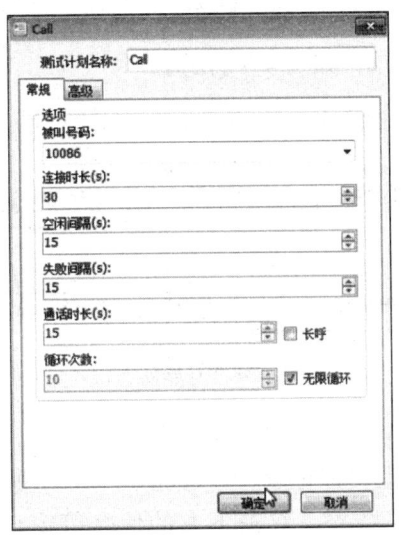

图 4-6　制定测试计划

（4）开始记录数据，注意数据的保存路径，如图4-7和图4-8所示。

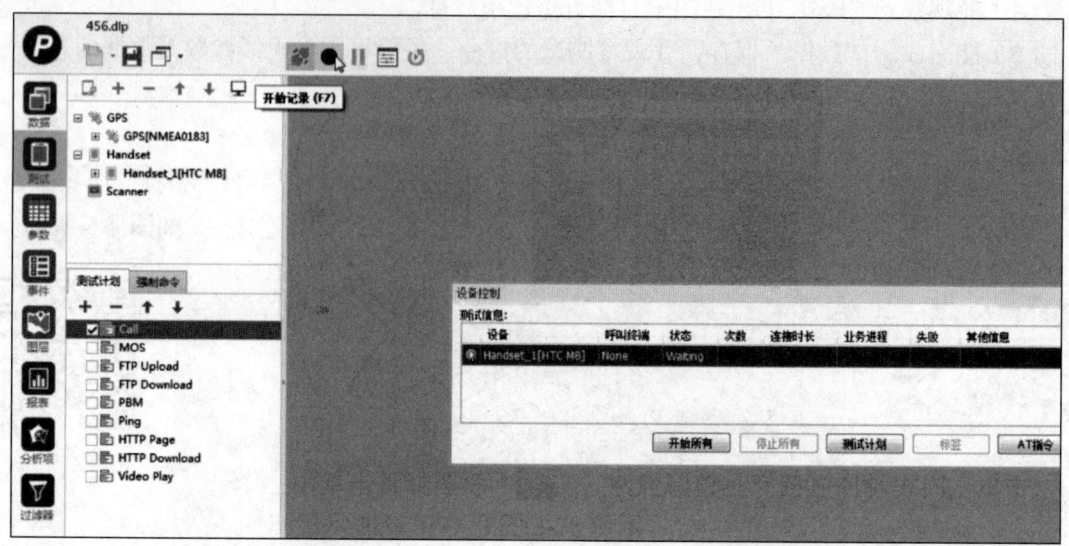

图4-7　开始记录数据

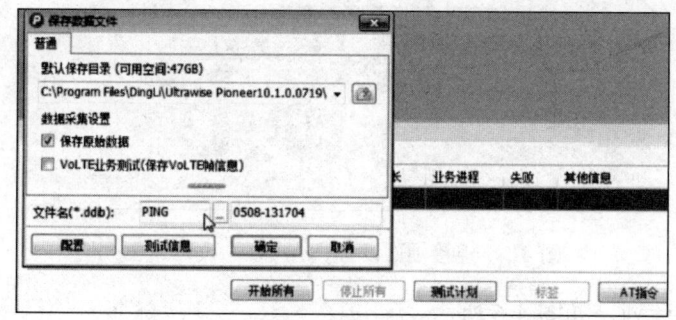

图4-8　数据的保存路径

（5）单击"开始所有"记录，如图4-9所示。

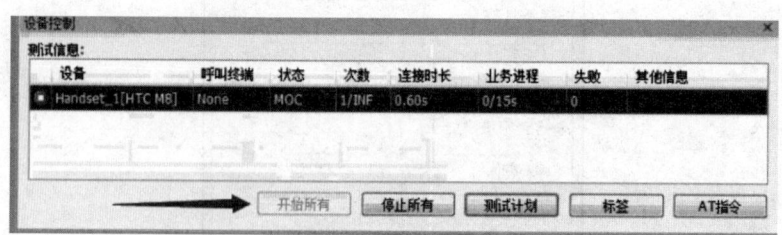

图4-9　"开始所有"

（6）在地图中添加需要观察的参数（图4-10）。

（7）开始移动，GPS将自动打点记录，其情况如图4-11所示。

（8）开始移动手机。单击数据，双击下方的信令等窗口，查看数据记录，如图4-12所示。

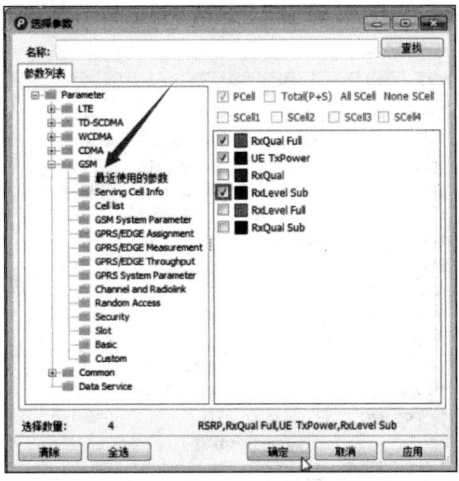

图 4-10　添加参数

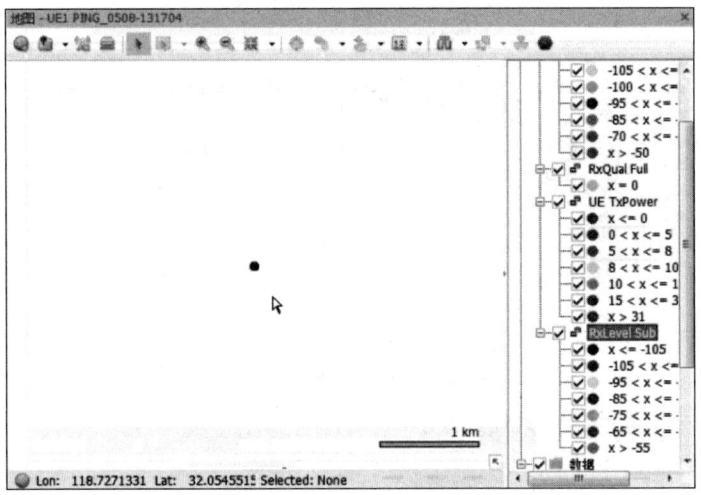

图 4-11　GPS 自动打点

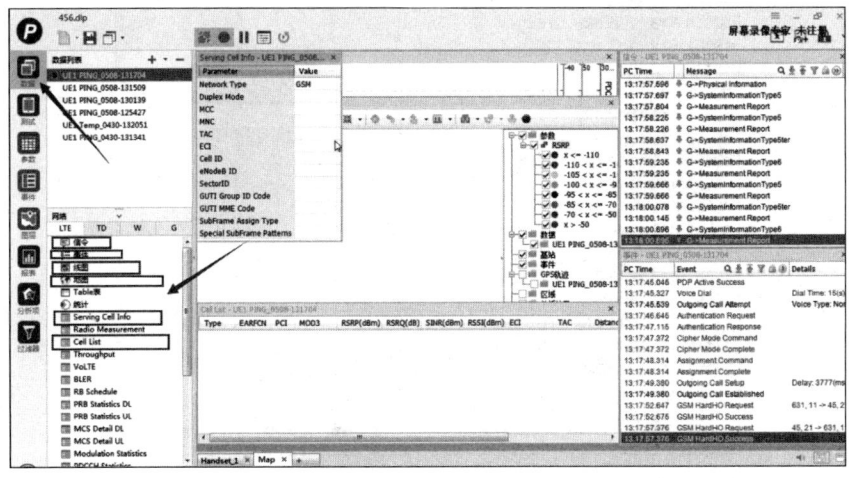

图 4-12　打开信令、事件、地图、无线参数窗口

（9）查看记录的各种参数及图表，如图 4-13 ~图 4-16 所示。

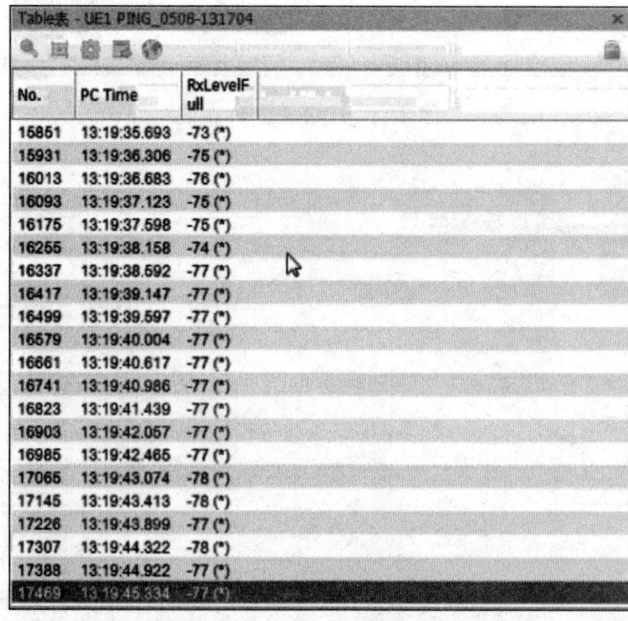

Serving Cell Info - UE1 PING_0508-131704

Parameter	Value	Parameter	Value
MCC	460	GSM Band	DCS 1800
MNC	00	Network State	GSM Idle
LAC	20494	RR State	
Cell ID	52309	RLT Maximum	
BCCH	631	RLT Current	
BSIC	11	DSC Max	
BCCHLev(dBm)	-67	DSC Counter	45
RxLevFull(dBm)	-67	DTX	
RxLevSub(dBm)		TSC	1
RxQualFull		IsHopping	0
RxQualSub		Hopping Type	Single RF
(G)TxPower		TCH	596
TA		HSN	
TCH C/I(dB)		MAIO	
BCCH C/I(dB)	20.11	V-Codec	

图 4-13　服务小区信息

Cell List - UE1 PING_0508-131704

BCCH	BSIC	RxLevel(dBm)	C1	C2	Cell ID	LAC	Cell Name	Distance(m)
631	11	-73			52309	20494		
59	62	-50						
45	21	-60						
55	51	-72						
626	56	-96						
636	44	-97						
63	77	-74						

图 4-14　小区列表

Table表 - UE1 PING_0508-131704

No.	PC Time	RxLevelFull
16851	13:19:35.693	-73 (*)
15931	13:19:36.306	-75 (*)
16013	13:19:36.683	-76 (*)
16093	13:19:37.123	-75 (*)
16175	13:19:37.598	-75 (*)
16255	13:19:38.158	-74 (*)
16337	13:19:38.592	-77 (*)
16417	13:19:39.147	-77 (*)
16499	13:19:39.597	-77 (*)
16579	13:19:40.004	-77 (*)
16661	13:19:40.617	-77 (*)
16741	13:19:40.986	-77 (*)
16823	13:19:41.439	-77 (*)
16903	13:19:42.057	-77 (*)
16985	13:19:42.465	-77 (*)
17065	13:19:43.074	-78 (*)
17145	13:19:43.413	-78 (*)
17226	13:19:43.899	-77 (*)
17307	13:19:44.322	-78 (*)
17388	13:19:44.922	-77 (*)
17469	13:19:45.334	-77 (*)

图 4-15　Table 表

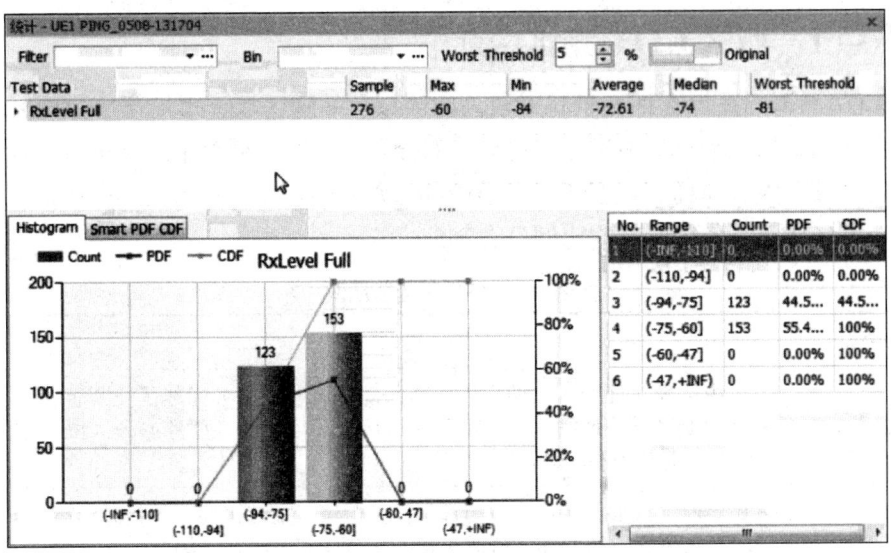

图 4-16　RxLevel 统计数据

（10）结束打点，断开连接（图 4-17）。

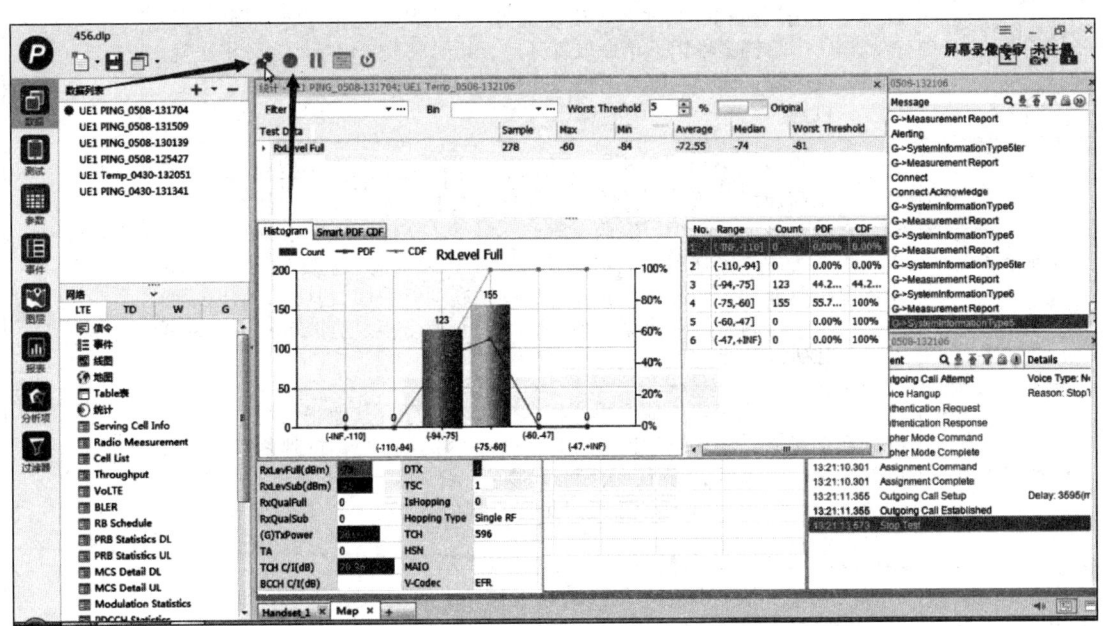

图 4-17　断开连接

任务 3　CQT 测试

CQT（Call Quality Test）测试是在特定的地点使用测试设备进行一定规模的拨测，记录测试数据，统计网络测试指标。

知识点 1　城区 CQT 测试点选取

城区 CQT 测试的重点在话务量相对较高的区域、品牌区域、市场竞争激烈区域、特殊重点保障区域内选取位置点。地理上尽可能均匀分布，场所类型尽量广。重点选择有典型意义的大型写字楼、大型商场、大型餐饮娱乐场所、大型住宅小区、高校、交通枢纽和人流聚集的室外公共场所等。各场所选取比例见表 4-5。

表 4-5　各场所选取比例

测试场所类型	场所类型	所占比例
商务办公类	五星级标准认证酒店、四星级标准认证酒店、三星级标准认证酒店、三星级标准以下认证酒店、快捷商务酒店、其他旅舍、商务办公大厦、会务中心、展览中心、交易所	15%
机关企业类	人民政府、人大、政协、政府部门、公检法、街道机构、各党派和社团、厂矿农企、新闻媒体、科研机构、社会福利院、特殊场所、其他企事业、外国驻华大使馆、领事馆、军事机关、军用运输、其他军事场所	10%
教育医疗类	公立重点高校、公立普通高校、私立民办高等院校、成人教育院校、省市级重点中小学、普通中小学、中等专业学校、幼儿园、特殊学校、社会就业培训机构、其他教育培训机构、历史文化场馆、艺术场馆、科教场馆、书籍档案场馆、革命教育基地、其他科教文化场所、三甲医院、普通公办医院、民办医院、其他医疗机构、卫生防疫站、保健体检中心、休疗养机构	15%
商业市场类	大型综合百货公司、中小型百货商店、大型超市、中小型超市、美容连锁、服饰连锁、汽车服务连锁、婴幼儿连锁、家电连锁、其他连锁机构、食品、服饰、纺织、医药、汽配、电子、文体、农贸市场、五金交电、工艺美术、家居建材、办公用品、宠物、其他专业零售批发市场、中国电信营业厅、中国移动营业厅、中国联通营业厅、其他通信运营商营业厅、银行储蓄类营业厅、水/电/气/煤营业点、有线电视运营商营业点、其他行业营业厅	15%
餐饮娱乐类	酒楼饭店、快餐店、地方小吃街、休闲咖啡厅、其他餐饮场所、文化娱乐活动场所、游乐场、KTV、舞厅酒吧、洗浴中心、棋牌茶室、歌舞剧院、其他类型娱乐场所、公园、动物园、植物园、步行街、社会广场、国家 5A 级风景区、国家 4A 级风景区、其他旅游景区、体育运动场所、健身俱乐部、其他类型体育场所	15%
居民住宅类	低层住宅、高层住宅、混合式小区住宅、普通低层住宅、城中村住宅、其他旧式住宅居民区、花园洋房式住宅、独立别墅区住宅、联排别墅区住宅	20%
交通枢纽类	火车站、地铁站、城市轻轨客站、磁悬浮客站、海港、河港、城市轮渡、民用机场、军民合用的机场、长途客运站、高速公路服务区、城市汽车站、交通广场、机动车停车场库、非机动车停车场库	10%

室内测试点选取必须遵循以下原则：

（1）每轮测试选取测试点不重样；

（2）已达标的测试点不再列入选点范围；

（3）网络类型的选取与现网实际情况比例一致。

全国范围室内测试点数量每轮为 1 680 个。其中要求一类及二类网格均需有室内测试点，一类网格室内测试点数占 70%，二类网格室内测试点数占 30%。具体每个城市测试点数量见表 4-6。

表 4-6　重点城市室内测试点数量分配表

城市	测试数量	城市	测试数量	城市	测试数量
合肥	40	哈尔滨	40	西安	40
北京	80	武汉	60	上海	80
福州	40	长沙	40	成都	40
厦门	40	大连	40	青岛	40
兰州	30	长春	40	天津	60
广州	80	南京	40	拉萨	30
深圳	80	宁波	40	乌鲁木齐	30
南宁	40	南昌	40	重庆	60
贵阳	40	沈阳	40	昆明	40
海口	40	呼和浩特	30	杭州	40
石家庄	40	银川	30	苏州	40
郑州	40	西宁	30	青岛	40
太原	40	济南	40	全国	1 680

针对每个测试点测试量的具体要求如下：

（1）若测试点为多层楼宇建筑，则选择高低两层进行测试，高层优选顶层、低层优选 1 层。

（2）每层均进行 5 次语音呼叫，3 次数据业务测试。若测试点属于 WLAN 室分点，则进行 3 次 AP 关联、认证、刷新及下载。

（3）若数据测试超过 40 min 还有个别通道没有完成，则可以结束当前测试任务。

知识点 2　测试位置的选取

测试位置点的选取应合理分布，选取人流量较大和无线业务使用习惯的地方，容易暴露区域性覆盖问题，而不是孤点覆盖问题。每个 CQT 测试场所重点测试以下位置及其主要通道。

（1）建筑物内要求分顶楼、楼中部位、底层。某一楼层内的采样点应在以下几处位置选择，具体以测试时用户经常活动的地点为首选。

（2）大楼出入口、电梯口、楼梯口和建筑物内中心位置。

（3）人流密集的位置，包括大堂、餐厅、娱乐中心、会议厅、商场和休闲区等。

（4）成片住宅小区重点测试深度、高层、底层等覆盖难度较大的场所，以连片 4 ~ 5 栋楼作为测试对象选择采样点。

（5）医院的采样点重点选取门诊、挂号缴费处、停车场、住院病房、化验窗口等人员密集的地方。有信号屏蔽要求的手术室、X 光室、CT 室等场所不安排测试。

（6）风景区的采样点重点选取停车场、主要景点、购票处、接待设施处、典型景点及景区附近大型餐饮、娱乐场所。

（7）火车客站、长途汽车客站、公交车站、机场、码头等交通聚集场所的采样点重点选取候车厅、站台、售票处、商场和广场。

（8）学校的采样点重点选取宿舍区、会堂、食堂、行政楼等人群聚集活动场所，如学生活动中心（会场 / 舞厅 / 电影院等）、体育场看台、露天聚集场所（宣传栏）、学生宿舍 / 公寓、学生 / 教工食堂、校部 / 院系所办公区、校内商业区、校内休闲区 / 博物馆 / 展览馆、校医院、校招待所 / 接待中心 / 对外交流中心 / 留学生服务中心，校内 / 校外教工宿舍（住宅小区）、小学 / 幼儿园校门口以及校外毗邻商业区（如学生街）等。教学楼主要测试休息区和会议室。

（9）步行街的采样点应该包括步行街两旁的商铺及休息场所。

知识点 3　测试参数设置

CQT 业务测试前，应通过 GPS 记录测试点的经纬度，准备测试场景的室内地图（可拍摄室内疏散通道分布图），测试时，应根据行走的路线在地图上面打点。针对不同的评估维度及角度，可采用锁定 LTE 或者混合模式的方法进行测试。

1. CQT FTP 业务测试

同 DT 测试方法，长呼测试时，指定每个测试点的测试时长不少于 5 min。

2. CQT Ping 业务测试

同 DT 测试方法，需设置 Ping 包大小为 32 Byte、512 Byte 分别进行测试。每种包大小分别进行 Ping 测试 100 次。其余要求则同 DT 测试方法。

实训任务　室内语音业务测试

任务目标

掌握 LTE 网络室内测试的流程，能够观察室内测试的信令、关键事件、无线参数等数据。

任务要求

（1）能正确打开鼎力测试软件。

（2）能正确安装手机驱动程序，在测试软件中连接手机。

（3）能设置正确的测试模板，导入室内测试地图。

（4）能在室内地图中完成手动打点。

（5）能完成测试数据的保存，并观察测试的信令、关键事件、无线参数等数据信息。

操作步骤

（1）打开软件，确认加密狗，手机准备完毕，如图 4-18 所示（注意，手机需要一张可正常使用的 SIM 卡）。

（2）单击菜单栏中的"Record/Automatic Detection"选项，自动检测相关硬件，单击连接手机（图 4-19）。

室内语音
业务测试

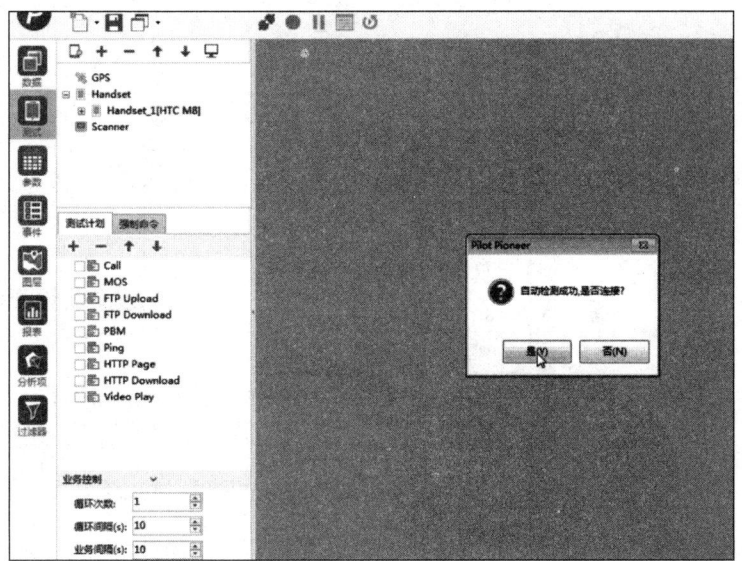

图 4-18　带 SIM 卡的手机　　　　图 4-19　自动检测相关硬件并单击连接手机

（3）制定测试计划模板。在测试计划中将 Call 选项勾选，并配置相关参数（图 4-20）。

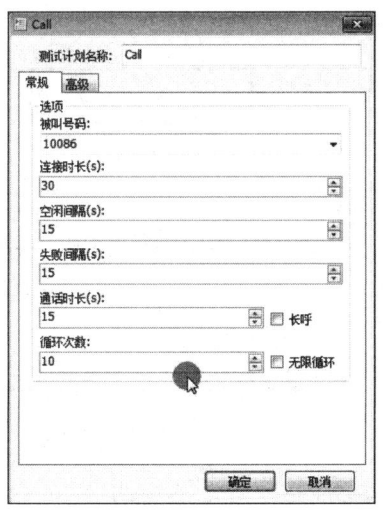

图 4-20　制定测试计划模板

183

（4）单击"保存数据"，开始记录信令数据，并在弹出的对话框选择"确定"，如图 4-21 和图 4-22 所示。

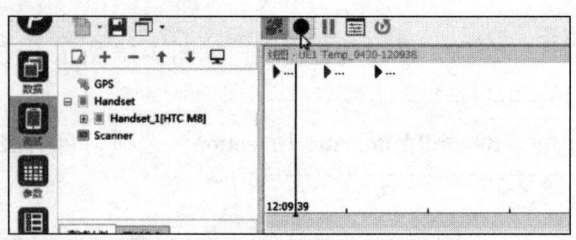

图 4-21　单击保存

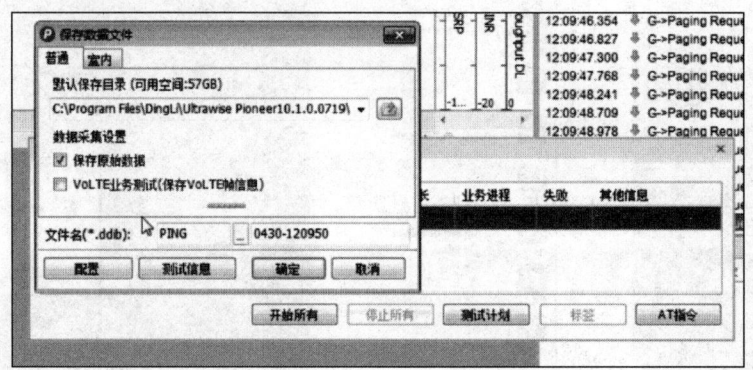

图 4-22　保存以测试时间命名的测试数据

（5）导入室内打点地图。单击"Map"，打开室内测试地图的文件（图 4-23）。

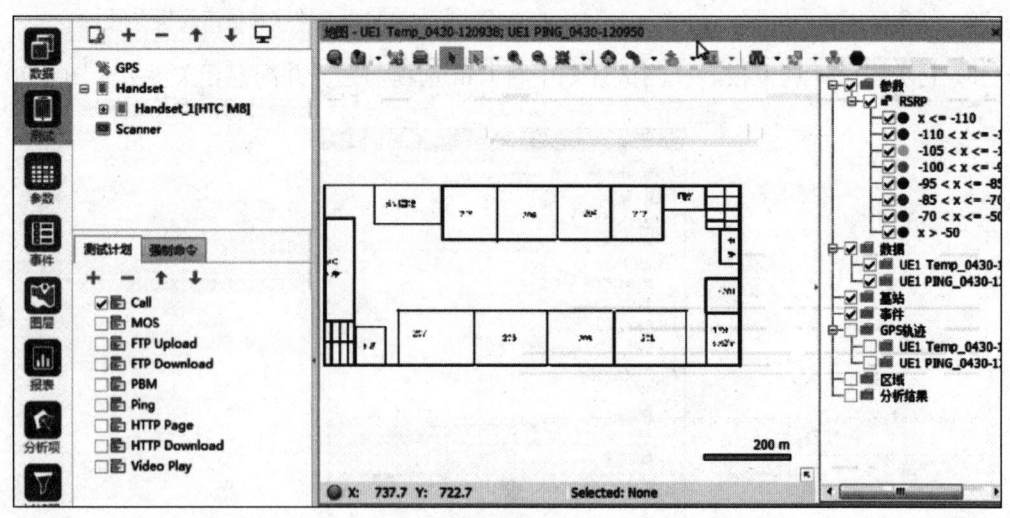

图 4-23　导入室内打点地图

（6）单击"打点"，如图鼠标所指位置（图 4-24）。

（7）手动打点。鼠标移至图中标志位置，开始在走廊内沿一边移动，并在显著位置进行打点，记录相关数据（图 4-25）。

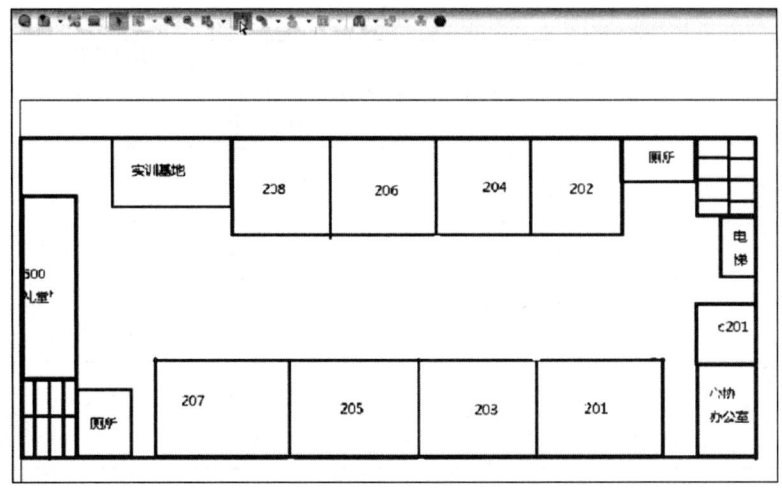

图 4-24 启动打点功能

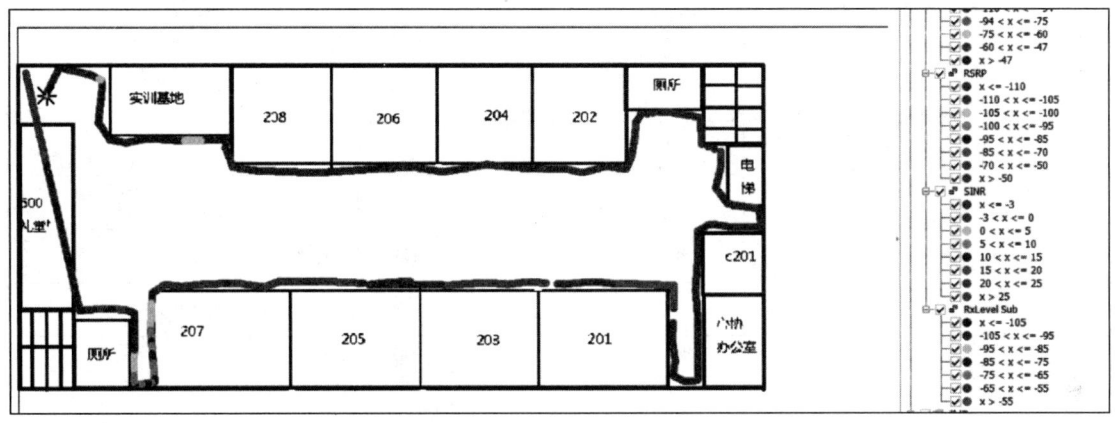

图 4-25 手机接收功率的打点

（8）停止记录，断开设备，完成室内语音业务测试。

任务4 移动网络业务评估指标

LTE 网络质量主要可以从以下几个方面进行评估：覆盖，接入性能，业务保持能力，业务性能和移动性能，见表 4-7。每个网络的评估类别均有其相对应的关键指标。

表 4-7 网络质量评估指标

评估类别	关键指标
覆盖	覆盖率
	里程覆盖率
	3G/4G 占用时长

评估类别	关键指标
接入性能	RRC 连接建立成功率
	E-RAB 建立成功率
	无线接通率
	ATTACH 成功率
	Service 成功率
业务保持能力	业务掉线率
	无线掉线率
业务性能	应用层速率
	Ping 时延
	PRB 调度
	MCS
	CQI
	BLER
	单双流调度比例
	MIMO
移动性能	切换成功率
	切换控制面时延
	切换用户面时延
	LTE → CDMA2000 系统间小区切换出成功率
	LTE → CDMA2000 系统间小区切换出时延

下面将介绍关键参数。

知识点 1 覆盖评估

1. 关键参数

（1）RSRP。

RSRP（Reference Signal Receive Power，参考信号接收功率）用于衡量某扇区的参考信号的强度，在一定频域和时域上进行测量并滤波。可以用来估计 UE 离扇区的大概路损，LTE系统中测量的关键对象。在小区选择中起决定作用。

通常说的 RSRP 是指 CRS 的 RSRP，CRS 即 Cell-specific Reference Signals，具体下行链路 CRS 映射如图 4-26 所示。

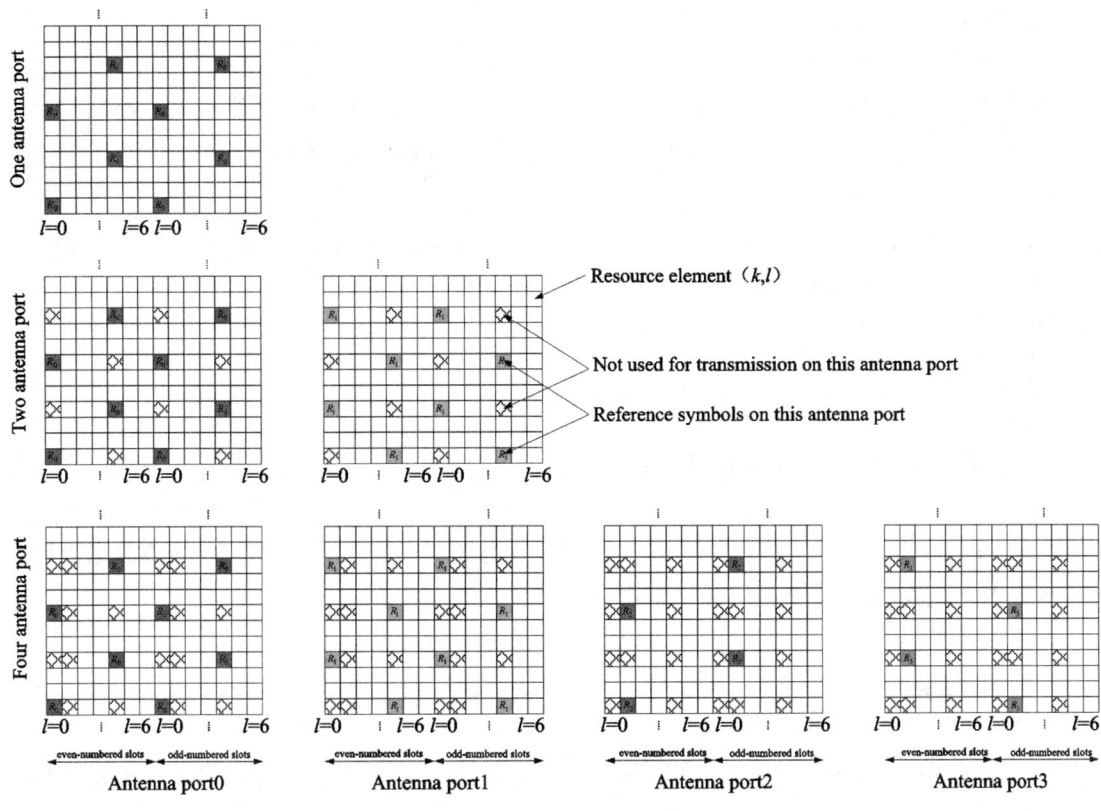

图 4-26 下行链路 CRS 映射

单位: dBm; 取值范围: −140 ~ −40 dBm。

备注: 一般取第一个天线端口的数值 R0, 如果第二个天线端口测量值 R1 可靠, 则取 R0 和 R1 的最大值。

（2）SINR。

SINR（Signal to Interference–plus–Noise Ratio）即信号与干扰加噪声比。一般情况下, SINR 是指 CRS 的 SINR, 即关注测量频率带宽内的小区, 小区的参考信号的无线资源的信号干扰噪声比。

单位: dB; 取值范围: −20 ~ 50 dB。

对于两个天线端口的测量值, SINR 取 SINR0 及 SINR1 的平均值。

（3）RSRQ。

RSRQ（Reference Signal Received Quality, 参考信号接收质量）即小区参考信号功率相对小区所有信号功率（RSSI）的比值。RSRQ 计算方法为: $N \times \mathrm{RSRP/RSSI}$, 其中 N 为 RSSI 测量带宽内的 RB 数。

单位: dB; 取值范围: −40 ~ 0 dB。

（4）PUSCH–TxPower。

物理上行共享信道（Physical Uplink Shared Channel）发射功率。LTE 的上行数据在 PUSCH 上传输, 因此 PUSCH–TxPower 反馈的是上行数据传输时的发射功率。

$$P_{\mathrm{PUSCH}}(i) = \min\{P_{\mathrm{CMAX}}, 10\lg(M_{\mathrm{PUSCH}}(i)) + P_{\mathrm{O\_PUSCH}}(j) + a(j) \cdot \mathrm{PL} + \Delta_{\mathrm{TF}}(i) + f(i)\} \quad (4-1)$$

单位：dBm；取值范围：–40～23 dBm。

（5）PUCCH–TxPower。

物理上行控制信道（Physical Uplink Control Channel）发射功率，即终端上行控制信道上发送控制信息时的发射功率，在一些情况下控制信息在 PUSCH 上传输，PUCCH 空闲，因此 PUCCH–TxPower 可能值为空。

$$P_{PUCCH}(i) = \min \{ P_{CMAX}, P_{0\_PUCCH} + PL + h(n_{CQI}, n_{HARQ}) + \Delta_{F\_PUCCH}(F) + g(i) \} \qquad (4\text{-}2)$$

单位：dBm；取值范围：–40～23 dBm。

2. 关键指标

（1）覆盖率。

定义：

$$覆盖率 = （RSRP \geqslant -105\,dBm \,\&\, SINR \geqslant -3\,dB）的采样点数 / 采样点总数 \times 100\% \qquad (4\text{-}3)$$

注：

- 本定义适用于城区、农村、乡镇、景区等各类场景下 LTE 网络测试时的覆盖率统计。
- 采样点总数为所有测试终端的采样点样本数之和。
- 覆盖率综合通话状态、空闲状态以及网络无覆盖时的结果。

（2）里程覆盖率。

定义：

$$里程覆盖率 = （RSRP \geqslant -105\,dBm \,\&\, SINR \geqslant -3\,dB）的里程 / 测试总里程 \times 100\% \quad (4\text{-}4)$$

注：

- 本定义适用于高速公路、铁路、航道等场景下 LTE 网络测试的里程覆盖率统计。
- 测试路段总里程数：含 GPS 数据的采样点间距离之和。
- 里程覆盖率综合通话状态、空闲状态以及网络无覆盖时的结果。

（3）4G/3G 占用时长。

定义：

$$4G 占用时长 = 混合模式下 4G 网络占用时长 / 测试总时长 \qquad (4\text{-}5)$$

$$3G 占用时长 = 混合模式下 3G 网络占用时长 / 测试总时长 \qquad (4\text{-}6)$$

注：

- 本定义侧重于从用户感知层面评估用户面的 4G 业务覆盖率。4G 占用时长包含满足（RSRP $\geqslant$ –105 dBm $\&$ SINR $\geqslant$ –3dB）的时间以及不满足（RSRP $\geqslant$ –105 dBm $\&$ SINR $\geqslant$ –3dB）的时间两部分。

知识点 2　接入性能评估

1. 数据维度

终端接入主要包括 Attach 和 Service。从接入步骤来看，重点关注 RRC 建立（含随机接入）（图 4-27）和 ERAB 建立。

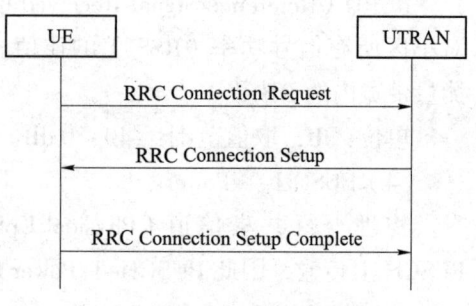

图 4-27　RRC 建立过程

2. 关键信令 / 事件

（1）attach 流程。

图 4-28 为 3GPP 中的 Attach 流程图。图中，Attach Request 是指在 RRC Connection Setup Complete 携带的 Attach Request。在此之前，有 RRC 建立的过程。

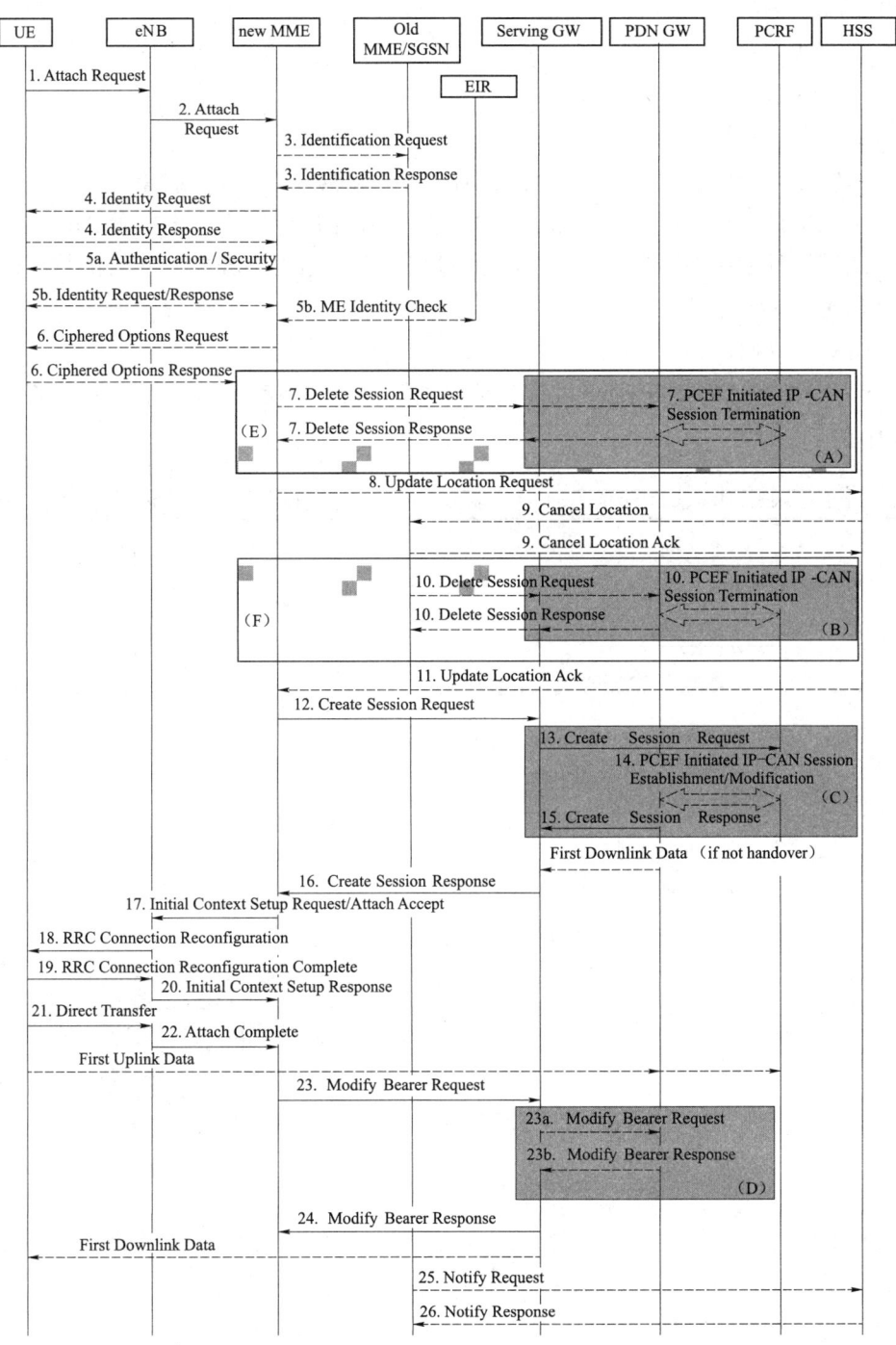

图 4-28　3GPP 中的 Attach 流程图

在测试过程中体现的是终端的流程，先有 Attach Request，由 Attach Request 触发 RRC Connection Request，当 RRC 建立完成时 Attach Request 才发送给网络。

在实际测试过程中看到终端的 attach 流程顺序是：

- Attach Request。
- RRC Connection Request。
- Msg1：RA。
- Msg2：RAR。
- ……

Attach 的几种重要的步骤包括：鉴权、加密、终端能力上报、承载建立。

一般情况下在开机阶段自动完成 Attach 过程，在测试计划中，未配置 Attach 相关设置的时候，测试过程中一般情况没有 Attach 的过程，只有当出现异常，网络侧将终端 Detach 后，才会有 Attach 的过程。

（2）Service 流程。

在 IDLE 态由业务触发 Service 过程包括终端触发和网络触发两种，其流程如图 4-29 和图 4-30 所示。

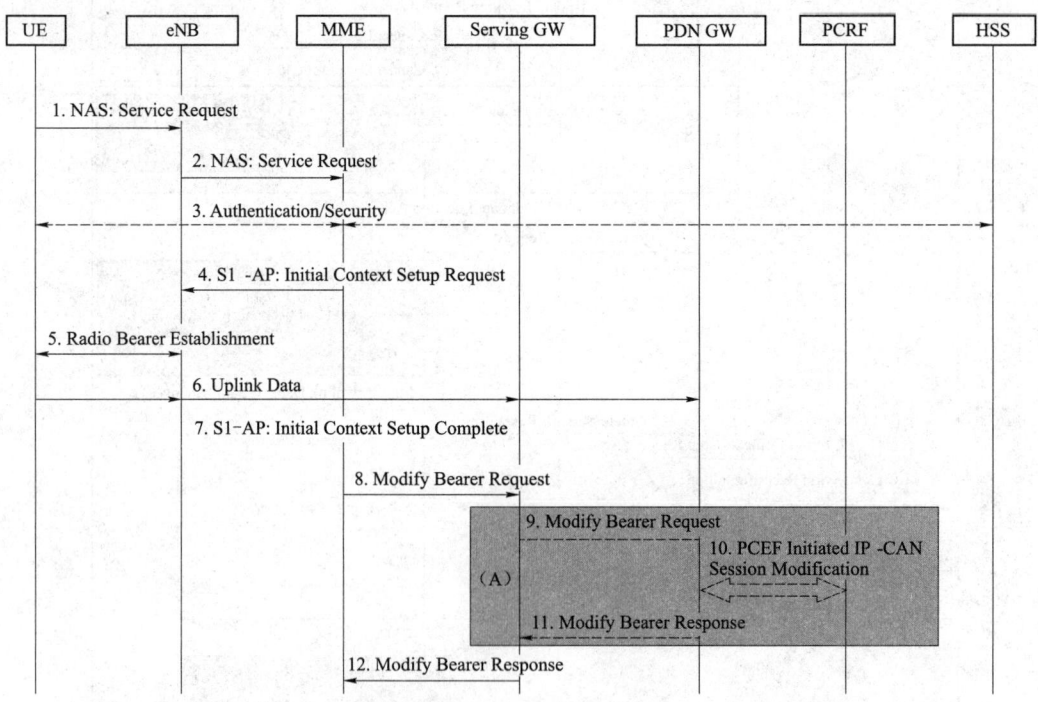

图 4-29　UE 触发服务请求流程

与 Attach 的过程类似，上图中的 Service Request 是在 RRC 建立完成消息携带的 Service Request，测试中在终端侧看到 Service 过程还包括 RRC 建立过程。

在 Service 过程中也包括鉴权、加密、承载建立。与 Attach 主要的区别在于网络侧已经存储终端能力，终端不需要再上报终端能力。在 RB 建立过程中，Service 只需要建立

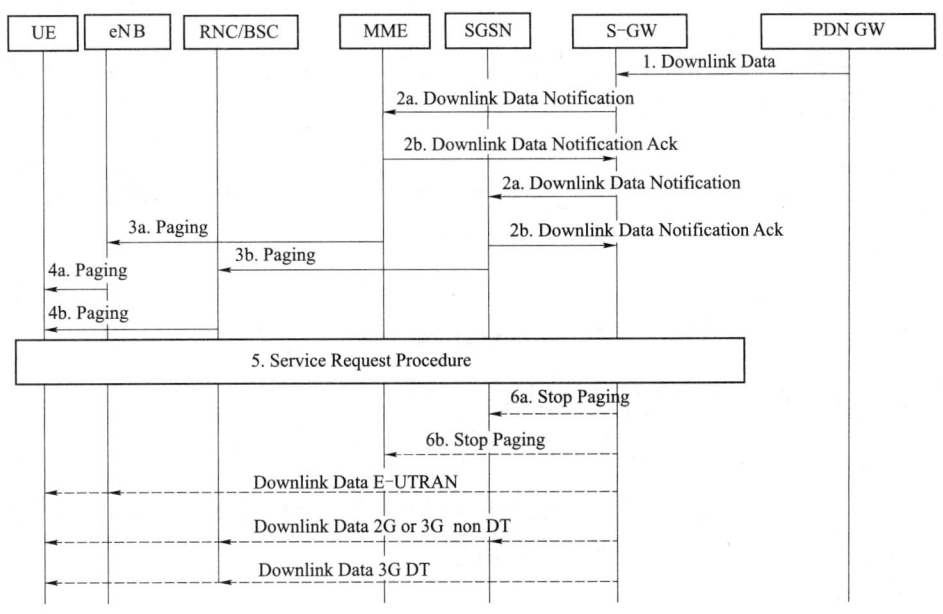

图 4-30　网络触发服务请求流程

DRB/SRB2，不再需要建立 EPS 默认承载。

3. 关键指标

（1）RRC 连接建立成功率。

定义：

RRC 连接建立成功率 = RRC 连接建立成功次数 /RRC 连接建立尝试次数 ×100%。

注：

RRC 连接建立尝试次数：系统收到一次 UE 发出的"RRC Connection Request"消息，计为一次 RRC 连接建立尝试。

RRC 连接建立成功次数：收到 RRC Connection Setup Complete 消息计为一次 RRC 连接建立成功。

（2）E-RAB 建立成功率。

定义：

E-RAB 建立成功率 = （Attach 过程 E-RAB 建立成功次数 +Service Request 过程 E-RAB 建立成功次数 + 承载建立过程 E-RAB 建立成功次数）/（Attach 过程 E-RAB 请求建立次数 +Service Request 过程 E-RAB 请求建立次数 + 承载建立过程 E-RAB 请求建立次数）×100%。

注：

E-RAB 请求建立：搜索 RRC 连接重配完成消息。找到后，继续判断其最近上一条 RRC Connection Reconfiguration，如果信元 Mobility Control Information 不存在，且 Radio Resource Configure Dedicated 的 DRB-To Add Modify List 存在，则表示为 RRC 重配事件为 E-RAB 建立请求。

E-RAB 建立成功：收到 RRC Connection Reconfiguration Complete 消息。

（3）无线接通率。

191

定义：

$$无线接通率 = E\text{-}RAB\ 建立成功率 \times RRC\ 连接建立成功率（业务相关）\times 100\%。$$

（4）Attach 成功率。

定义：

$$Attach\ 成功率 = Attach\ 成功次数/Attach\ 尝试次数 \times 100\%。$$

（5）Service 成功率。

定义：

$$Service\ 成功率 = Service\ 成功次数/Service\ 尝试次数 \times 100\%。$$

知识点 3　业务保持能力评估

1. 数据维度

掉线率可分为两个层面，即业务掉线率和无线掉线率。业务掉线率侧重于用户感知，无线掉线率侧重于体现网络侧存在的业务中断问题。

2. 关键信令/事件

（1）FTP Download/Upload Failed。

FTP Download/Upload Failed 事件触发条件：

- 根据设定的超时时间 N，持续出现 N s 应用层无流量。
- 拨号连接主动断开。

（2）RRC Release

RRC Release 包括两个方面：

- 终端收到网络侧下发的 RRC Connection Release 消息，终端状态转变为 IDLE。
- 由于弱覆盖等一些原因，终端无法保持 RRC 连接态，终端自动将状态转变为 IDLE。

（3）RRC Connection Reestablishment Request。

终端会在一些异常情况下重建立 RRC 连接，具体情况包括：

- 终端检测到底层无线链路失败。
- 切换失败。
- 收到 PDCP 包完整性校验失败。
- RRC 重建立失败。

3. 关键指标

（1）业务掉线率。

定义：

$$业务掉线率 = 业务掉线次数/业务总次数 \times 100\%。$$

注：

业务掉线：业务过程中，持续出现 30 s 应用层无流量或网络连接主动断开均视为业务掉线。

（2）无线掉线率。

定义：

　　无线掉线率 = 无线掉线次数 / 无线业务建立成功总次数 ×100%。

注：

业务建立成功；采用其他业务或者长呼时，测试正常进行，每 90 s 记为一次业务建立成功。

无线掉线次数：

1）在业务过程中，触发 RRC 重建立，记为一次掉线；若重建失败导致的多次连续重建，则只记为一次掉线。

2）在业务过程中，若没有触发 RRC 重建立，则终端返回 RRC IDLE 或脱网状态，记为一次掉线。

　　其中，上述两种情况的掉线情况不重复计算：

● 终端因为 IDLE TIMER 释放 RRC 连接，返回 IDLE 状态不计为掉线。

● 终端切换失败后，在第一次 RRC 链路重建成功的，不计为掉线。

● 业务掉线率的评估，建议采用 FTP 上传和 FTP 下载业务测试方式。

知识点 4　业务性能评估

1. 数据维度

数据业务评估主要考察上下行的速率，最终目的是希望获得良好的上下行速率。影响速率的关键因素是分析的重点：资源调度、调制方式、MIMO。可以从上述三个方面评估网络。除此之外，时延也是用户感知的一个重要部分，从指标上看，可分为用户面和控制面时延。

2. 关键参数

（1）RB。

RB（Resource Block）即资源块（图 4-31），通常情况下提到的 RB 是指 PRB，即物理上实际分配的 RB。网络给用户调度的 RB 越多，则可能获得越高的速率。由下表可以看到：在 Normal CP 的情况下 RB 在频域上是占用 180 kHz（12 个频宽为 15 kHz 的子载波），时域上是占用 7 个 Symbol（OFDM 符号）。上行 RB 的资源和下行 RB 的资源见表 4-8 和表 4-9。

表 4-8　上行 RB 的资源

Configuration		N_{sc}^{RB}	N_{symb}^{DL}
Normal Cyclic Prefix	Δf=15 kHz	12	7
Extended Cyclic Prefix	Δf=15 kHz		6
	Δf=15 kHz	24	3

表 4-9　下行 RB 的资源

Configuration	N_{sc}^{RB}	N_{symb}^{UL}
Normal Cyclic Prefix	12	7
Extended Cyclic Prefix	12	6

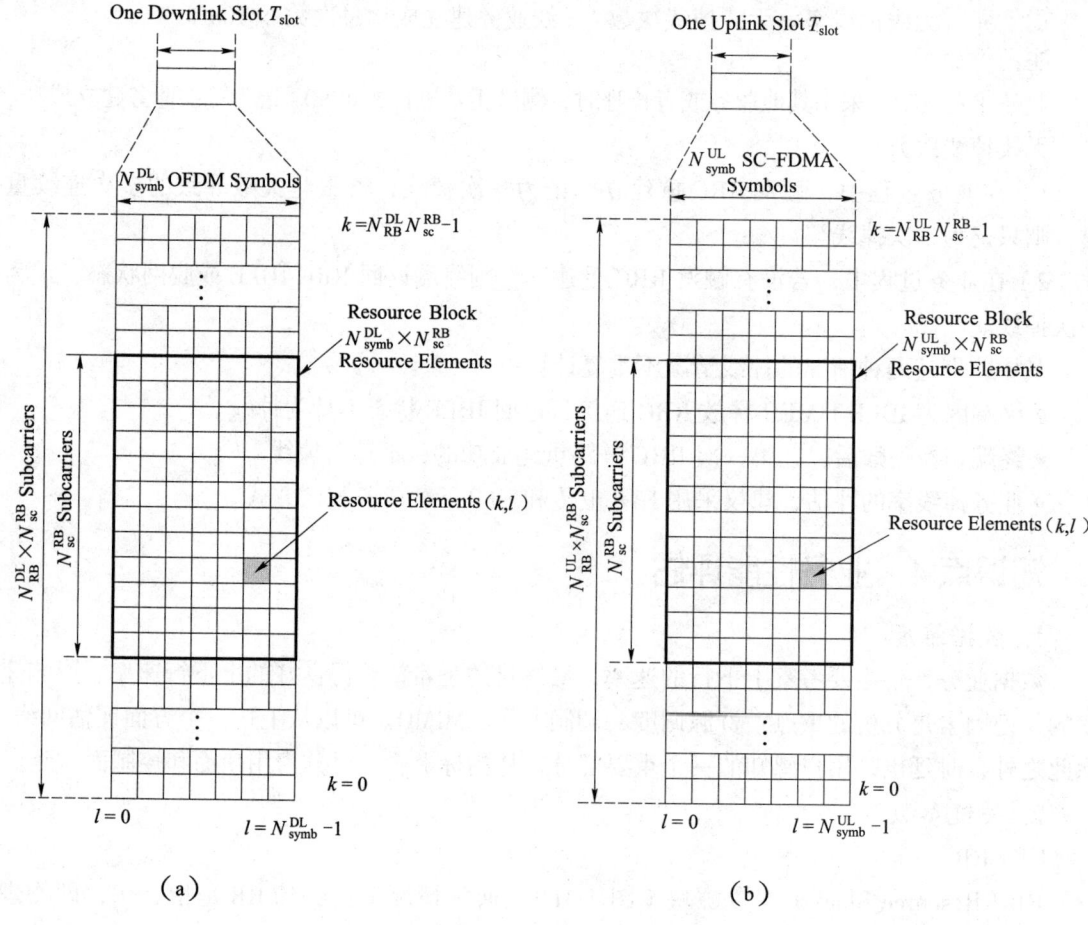

图 4-31 资源块

（a）下行资源块；（b）上行资源块

（2）MCS。

MCS（Modulation and Coding Scheme，调制与编码策略）决定了固定资源下携带数据量的大小。

（3）CQI。

CQI（Channel Quality Indicator，信道质量指示符），用来反映下行 PDSCH 的信道质量。终端周期性或非周期性向网络上报 CQI，反馈终端测量到的信道质量情况，基站根据信道质量指示 CQI 采用不同的调制方式进行数据传输。系统中用 0~15 来表示 PDSCH 的信道质量，0 表示信道质量最差，15 表示信道质量最好（表 4-10）。

表 4-10　CQI 与调制方式的对应关系

CQI 索引	调试方式	码速 ×1 024	效率
0	超出范围		
1	QPSK	78	0.152 3
2	QPSK	120	0.234 4
3	QPSK	193	0.377 0

续表

CQI 索引	调试方式	码速 ×1 024	效率
4	QPSK	308	0.601 6
5	QPSK	449	0.877 0
6	QPSK	602	1.175 8
7	16QAM	378	1.476 6
8	16QAM	490	1.914 1
9	16QAM	616	2.406 3
10	64QAM	466	2.730 5
11	64QAM	567	3.322 3
12	64QAM	666	3.902 3
13	64QAM	772	4.523 4
14	64QAM	873	5.115 2
15	64QAM	948	5.554 7

（4）RI。

RI（Rank Indicator，秩），用来指示 PDSCH 的有效数据层数。终端根据信号解调得到的信号相关性的情况上报 RI，基站根据终端上报的 RI 值作为单双流调度的依据之一。当 RI=1 时，做单流调度；当 RI > 1 时，做双流调度。

3.关键指标

（1）PDCP 层速率。

定义：

PDCP 层下载速率 = PDCP 层总下载数据量 / 下载总时长

PDCP 层上传速率 = PDCP 层总上传数据量 / 上传总时长

注：总时长为测试过程中占用 4G 和 3G 总时长。

PDCP 层 4G 平均下载速率 =PDCP 层总下载数据量 / 占用 4G 时长

PDCP 层 4G 平均上传速率 = PDCP 层总上传数据量 / 占用 4G 时长

（2）Ping 时延。

定义：

Ping 时延 = 各次 Ping 成功的时间相加 /Ping 成功的次数

注：Ping 时延反馈了无线网络抖动的情况。

（3）PRB 调度。

定义：

下行平均每秒调度 PRB 个数 = 下载过程中下行调度 PRB 总个数 / 总下载时长

上行平均每秒调度 PRB 个数 = 上传过程中上行调度 PRB 总个数 / 总上传时长

下行平均每时隙调度 PRB 个数 = 下行业务调度 PRB 个数总和 /（已调度给 UE 的子帧数 ×2）

上行平均每时隙调度 PRB 个数 = 上行业务调度 PRB 个数总和 /（已调度给 UE 的子帧数 ×2）

下行子帧调度率 = 调度给 UE 的子帧数总和 / 下行业务时长

上行子帧调度率 = 调度给 UE 的子帧数总和 / 上行业务时长

注意上述指标代表了上、下行 PRB 调度整体情况，PRB 的调度数量取决于两个指标：

- 平均每时隙调度 PRB 个数。
- 子帧调度率。

两个指标分别代表了资源调度的频域和时域。

在频域上，RB 调度的数量最大值由带宽决定，其关系见表 4-11。

表 4-11　RB 调度的数量最大值与系统带宽关系

系统带宽		1.4	3	5	10	15	20
传输带宽	RB Num	6	15	25	50	75	100
	Subcarriers	72	180	300	600	900	1 200
	Band with MHz	1.08	2.7	4.5	9	13.5	18

在时域上，FDD 系统的调度是可全调度的，其帧结构如图 4-32 所示。

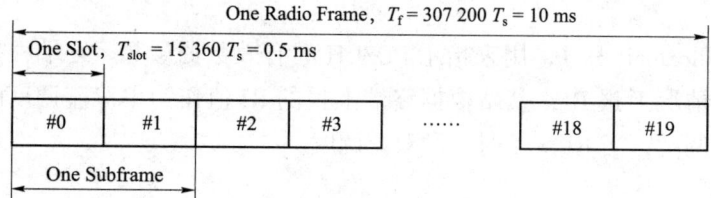

图 4-32　FDD 系统的帧结构

TDD 系统中的调度由 Subframe Assignment Type 和 Special Subframe Patterns 决定。TDD 系统的帧结构如图 4-33 所示。

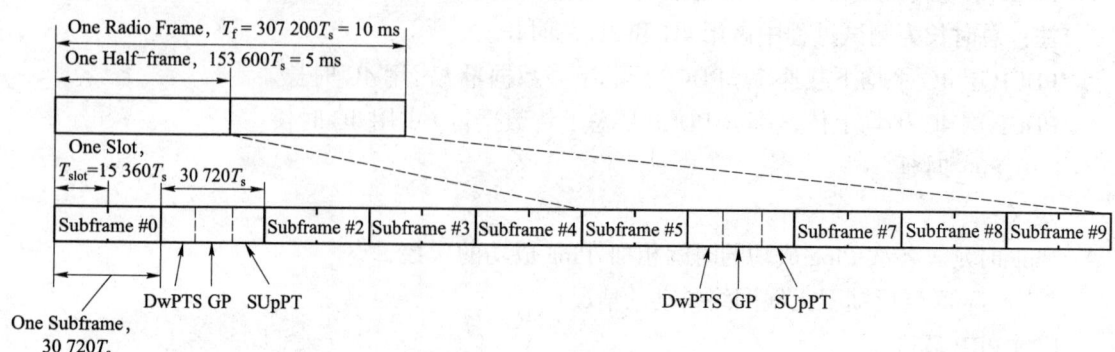

图 4-33　TDD 系统的帧结构

在 TDD 系统中，1 个帧的长度是 10s，分成 10 个长度为 1s 的子帧。上行和下行的数据在同一个帧内不同的子帧上传输。TDD 中支持不同的上下行时间配比，可以根据不同的业务类型，调整上下行时间配比，以满足上下行非对称的业务需求。在同一帧内，不同的上下行子帧配比情况见表 4-12。

表 4-12　上下行的子帧配比

上下行链路配置	上下行转换周期	子帧数									
		0	1	2	3	4	5	6	7	8	9
0	5 ms	D	S	U	U	U	D	S	U	U	U
1	5 ms	D	S	U	U	D	D	S	U	U	D
2	5 ms	D	S	U	D	D	D	S	U	D	D
3	10 ms	D	S	U	U	U	D	D	D	D	D
4	10 ms	D	S	U	U	D	D	D	D	D	D
5	10 ms	D	S	U	D	D	D	D	D	D	D
6	5 ms	D	S	U	U	U	D	S	U	U	D

（4）MCS。

定义：

下行 Code0 MCS 平均值 = 下行码字 0MCS 值总和 / 下行码字 0MCS 上报次数

下行 Code1 MCS 平均值 = 下行码字 1MCS 值总和 / 下行码字 1MCS 上报次数

上行 MCS 平均值 = 上行码字 MCS 值总和 / 上行码字 MCS 上报次数

注：

对 MCS 进行统计时只统计 MCS 0~28，MCS 29/30/31 为保留位，可用于重传等情况。

MCS 需要按照单流、双流及综合单双流分别统计。

（5）CQI。

定义：

Code0 CQI 平均值 = 下行码字 0 CQI 值总和 / 下行码字 0 CQI 上报次数，高频率 CQI 占比 =max（每种 CQI 上报个数 /CQI 上报个数总和）

Code1 CQI 平均值 = 下行码字 1 CQI 值总和 / 下行码字 1 CQI 上报次数，高频率 CQI 占比 =max（每种 CQI 上报个数 /CQI 上报个数总和）

CQI 需要按照单流、双流及综合单双流分别统计。

（6）BLER。

定义：

PDSCH BLER= 下行 PDSCH 信道传输总错误 TB 数 / 下行 PDSCH 传输总 TB 数

PUSCH BLER= 上行 PUSCH 信道传输总错误 TB 数 / 上行 PUSCH 信道传输总 TB 数

注：

BLER 评估主要统计上下行共享信道传输的平均误块比率，反映业务信道传输数据的准

197

确性和稳定性，也与网络侧设定的 TARGETBLER 有关，BLER 一般情况下维持在网络侧设定的 TARGETBLER 以内（一般不超过 10%，过低的设定可能会导致速率下降），CQI 选取准则中 BLER 的阀值为 10%。

（7）单双流调度比例。

定义：

$$单流调度比例 = 单流调度 RB 数 / 总调度 RB 数 \times 100\%$$
$$双流调度比例 = 双流调度 RB 数 / 总调度 RB 数 \times 100\%$$

（8）MIMO。

MIMO 评估的几个方面：

● 传输模式 TM 的选择中，部分传输模式如 TM2/TM7 只支持单流，因此需要评估各种传输模式的占比情况，以确定支持双流的 TM3/TM8 等的占比情况。

● 在支持双流的传输模式中，根据网络环境 / 终端对信号解调的情况，将会存在单流传输和双流传输并存的情况，可根据实际情况对单流及双流的调度比例进行评估。

● RI 上报，网络侧根据终端上报的 RI 结合计算出的频谱效率决定采用单流或双流方式传输。可关注 RI1/RI2 的比例。

知识点 5　移动性能评估

1. 数据维度

移动性的衡量指标主要是切换成功率及切换时延。另外，考虑到频繁切换和乒乓切换等问题，可以从切换间隔里程、切换间隔时间的角度评估网络。切换包括同频切换、异频切换以及 4G/3G 互操作（切换及重选）。

2. 关键信令 / 事件

（1）Measurement Report。

LTE 系统内切换共定义了 5 个测量事件：

A1：服务值变得比门限值更好；

A2：服务值变得比门限值更差；

A3：邻小区优于服务小区；

A4：邻小区比门限值好；

A5：为 A2 和 A4 事件的组合。

当终端的测量结果满足原小区重配置消息中测量控制指示的测量事件时，终端上报 Measurement Report（测量报告）给网络侧。

（2）RRC Connection Reconfiguration。

这里提到的重配置消息指含 Mobility Controlinformation 的重配置消息，其中还包含一些必要的参数，如 new C-RNTI、专用的 RACH 前导等。

3. 关键指标

（1）切换成功率。

$$切换成功率 = 切换成功次数 / 切换尝试次数 \times 100\%$$

终端进行具体切换操作时从测量报告开始的，但是从切换的整体流程是从终端在收到重配置消息中的测量控制开始的，终端根据网络侧配置的测量控制消息进行测量，满足条件则触发终端上报测量报告。网络侧根据终端上报的测量报告及网络侧切换配置（如邻区配置等）决定是否进行切换，具体切换流程如图 4-34 所示。

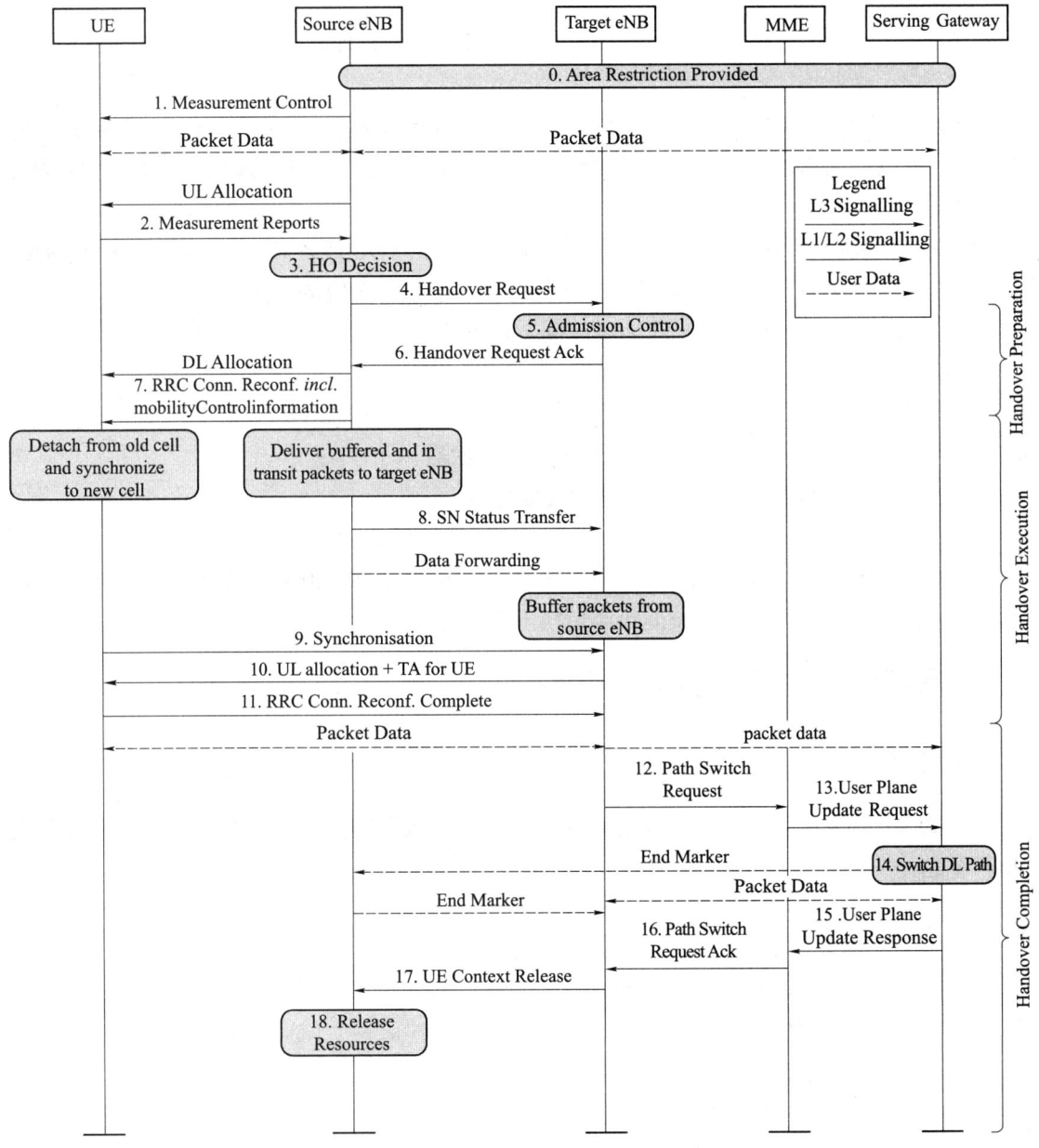

图 4-34　MME 内的越区切换流程

（2）切换控制面时延。

定义：

切换过程中从发起切换到在目标小区完成随机接入的时延。

切换控制面时延 = 切换尝试到切换成功之间的时间差

（3）切换用户面时延。

定义：

切换过程中在源小区收到 RLC 层数据包的最后一个子帧到在目标小区上收到 RLC 层数据包的第一个子帧的时间差。取切换成功的事件进行统计。

计算公式：切换用户面时延 =Time_t–Time_s（ms）

注：

Time_t：切换成功之前最后一个数据包 RLC_DL_AM_ALL_PDU 或者 RLC_DL_UM_DATA_PDU 中，并且信元 RB_CFG_IDX 的值为［3，10］的最后一个子帧的帧号子帧号对应的时间；

Time_s：切换成功后第一个数据包 RLC_DL_AM_ALL_PDU 或者 RLC_DL_UM_DATA_PDU，且 RB_CFG_IDX 值为［3，10］的第一个子帧的帧号子帧号对应的时间。

（4）LTE → CDMA2000 系统间小区切换出成功率。

定义：

LTE → CDMA2000 系统间小区切换出成功率 = LTE → CDMA2000 系统间小区切换出成功次数 / LTE → CDMA2000 系统间小区切换出准备次数 ×100%；

（5）LTE → CDMA2000 系统间小区切换出时延。

定义：

LTE → CDMA2000 系统间小区切换出时延 = LTE → CDMA2000 系统间小区切换出成功时间点 – LTE → CDMA2000 系统间小区切换出准备时间点。

实训任务　校园网络覆盖评估

任务目标

熟悉 LTE 网络覆盖评估的指标，能够根据典型区域的测试数据的统计情况对网络覆盖进行评估。

任务要求

（1）能正确打开鼎力后台分析软件。

（2）能导入测试数据文件。

（3）能在分析软件中设置合理的覆盖评估指标。

（4）能生成相应的覆盖评估统计数据。

（5）能根据统计数据判断区域的无线网络覆盖状况。

操作步骤

（1）将硬件加密狗连接至电脑，启动鼎力 Pliot Pioneer 后台分析软件，其主界面如图 4-35 所示。

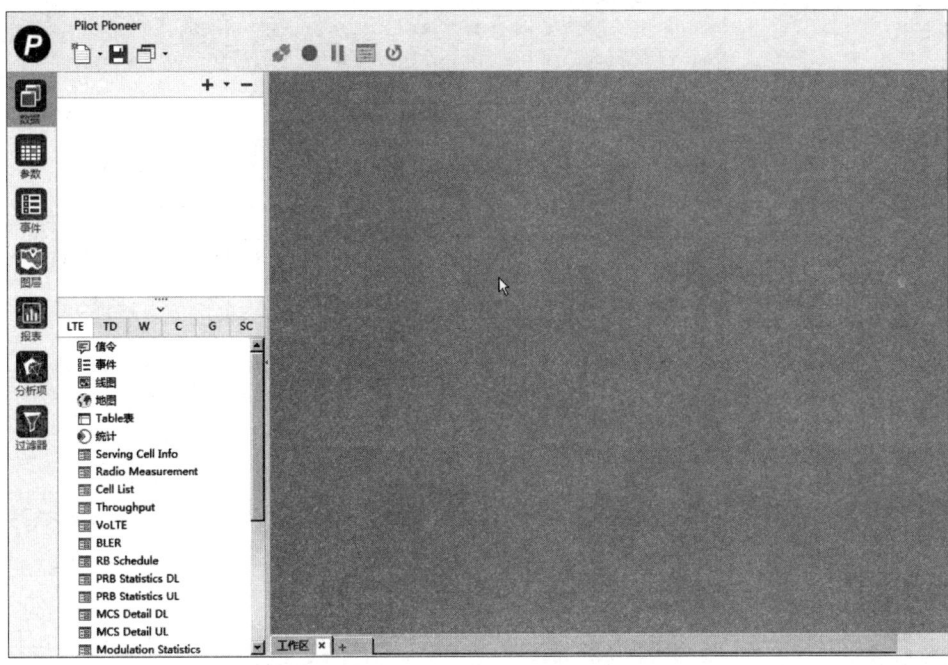

图 4-35   Pilot Pioneer 分析软件主界面

（2）单击软件左侧的"数据"，单击"+"，将测试数据导入软件，打开的测试数据如图 4-36 所示。

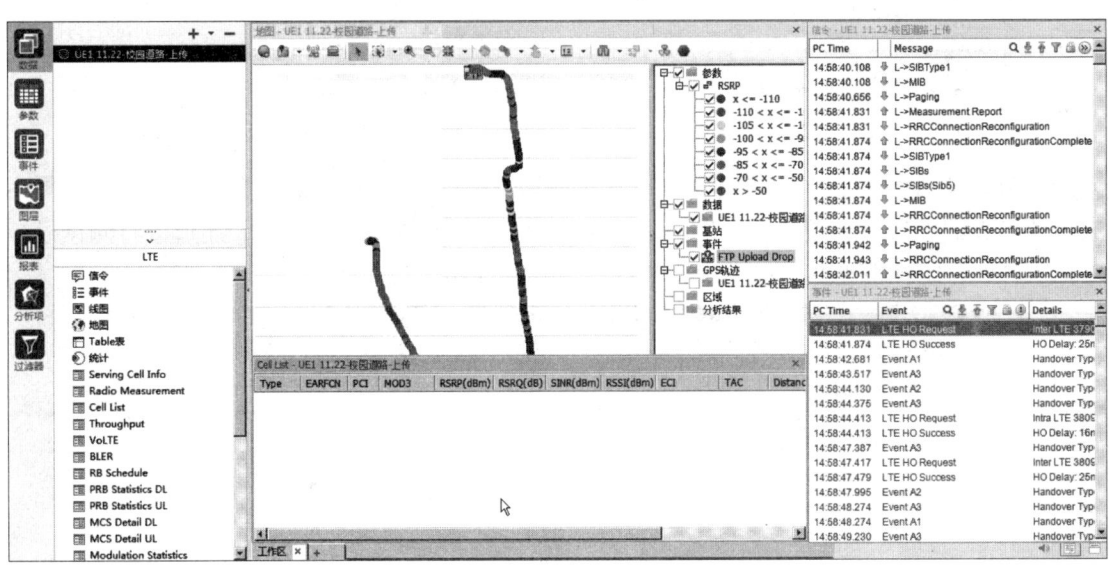

图 4-36   打开的测试数据

（3）可以通过按钮控制数据回放（图 4-37），观察测试数据的详细情况。

（4）单击"报表"选项，如图 4-38 所示，弹出"报表类型选择"对话框（图 4-39），然后再选择"KPI 统计报表"。

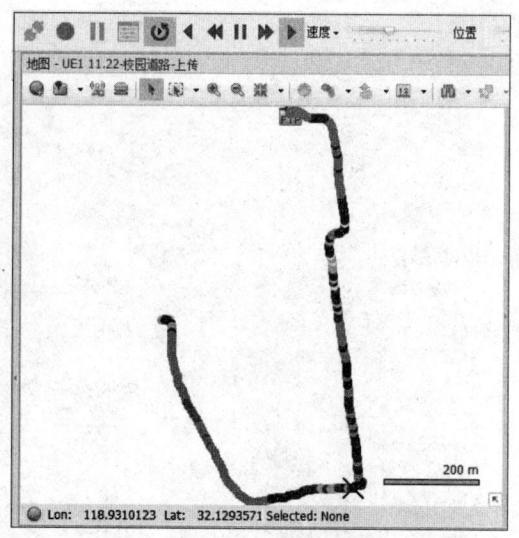

图 4-37　数据回放

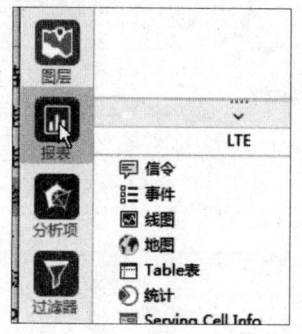

图 4-38　单击"报表"

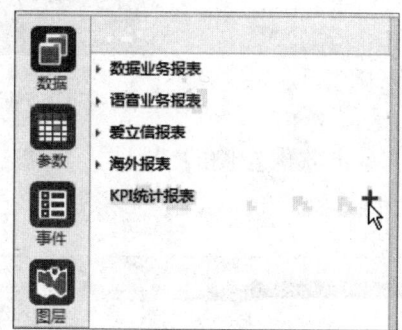

图 4-39　"报表类型选择"对话框

　　如图 4-40 所示，在 KPI 统计报表中选中测试数据，单击">"输出到右边框中。选择生成统计报表的模板，如图 4-41 和图 4-42 所示，可以导入新的测试模板，还可以将测试模板输出。另外，统计报表的文件类型有 Word、Excel、PDF 三种可供选择。

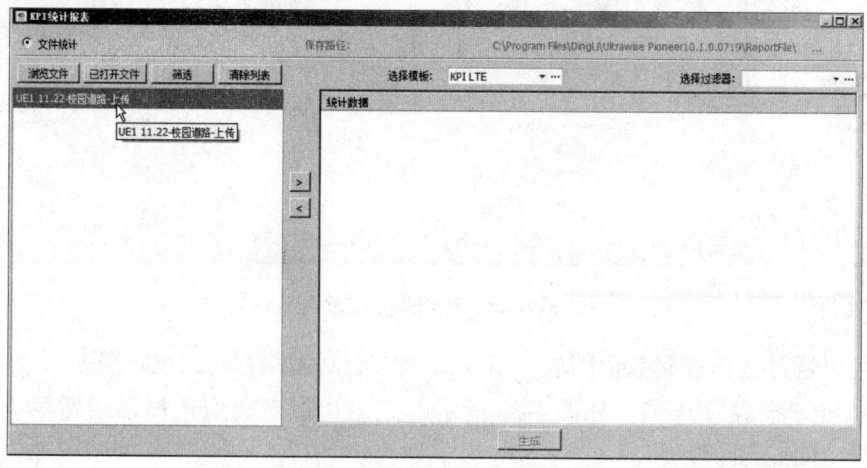

图 4-40　"KPI 统计报表"

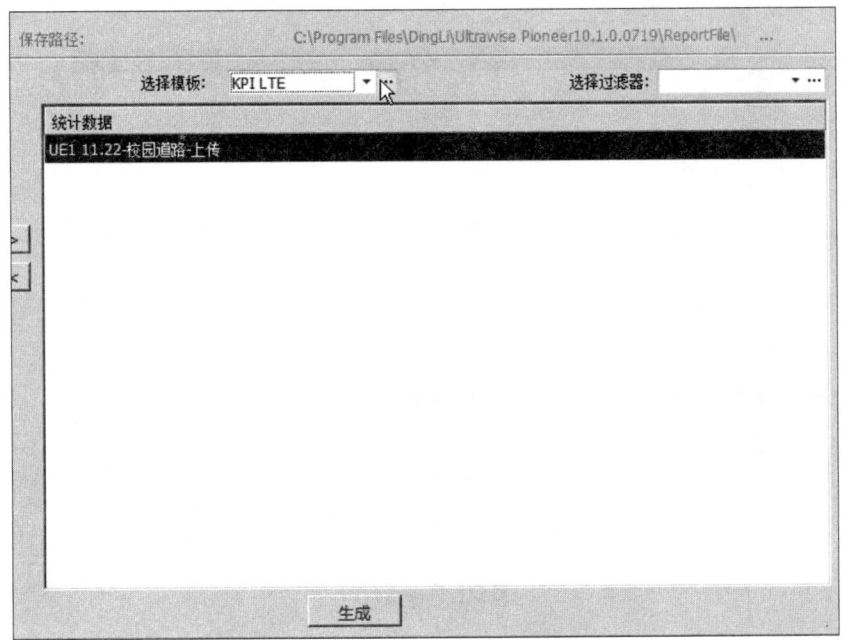

图 4-41 选择模板

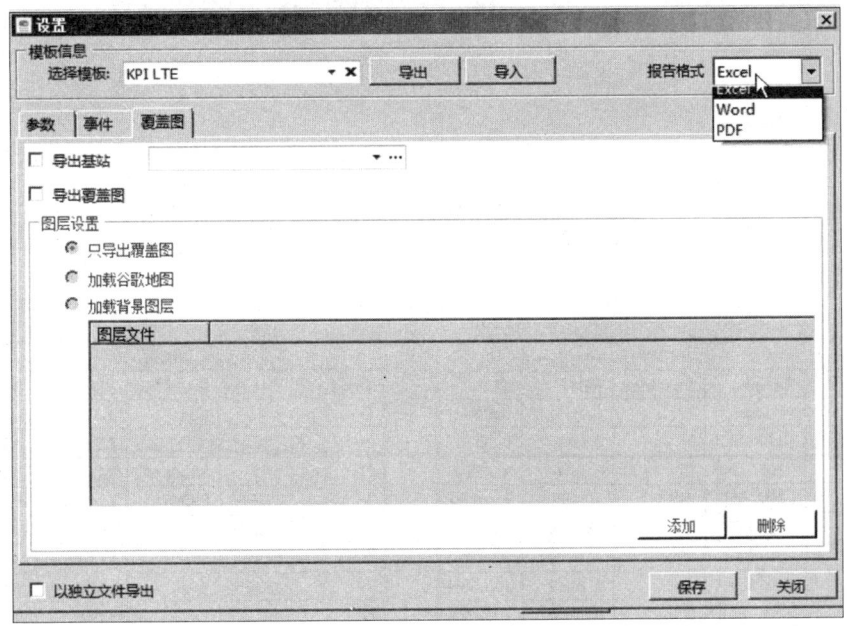

图 4-42 设置测试模板

（5）单击"生成"（图 4-43），生成 KPI 统计报表如图 4-44 所示。

（6）其中有 RSRP 和 SINR 两个参数的统计数据（图 4-45），可以根据统计值有效衡量该区域的无线网络的覆盖情况。

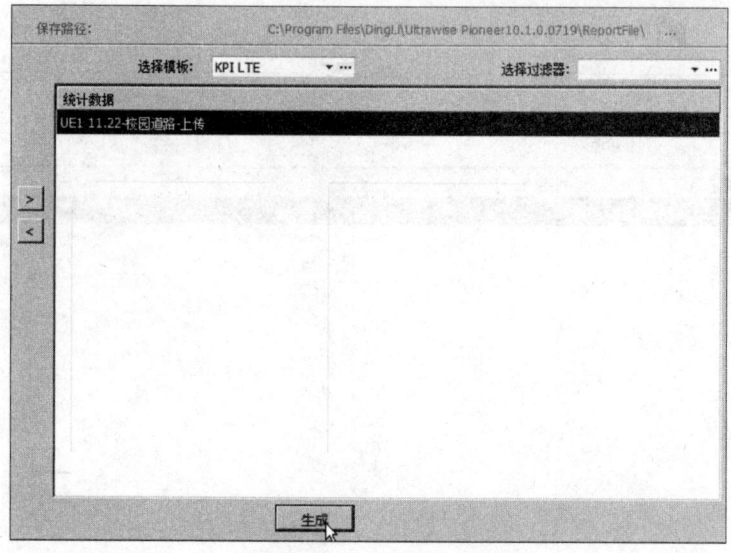

图 4-43 单击"生成"

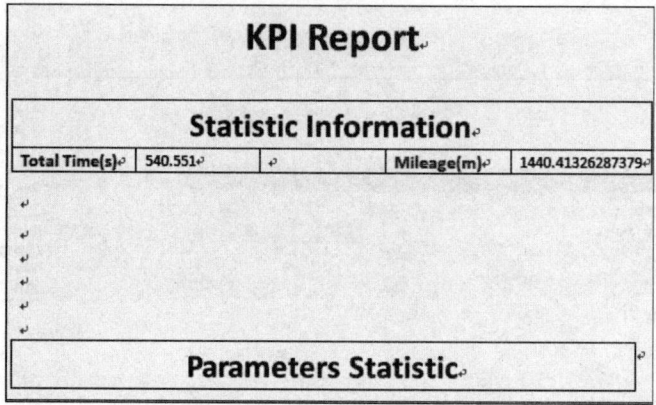

图 4-44 生成 KPI 统计报表

RSRP						SINR				
Order	Range	Samples	PDF	CDF		Order	Range	Samples	PDF	CDF
1	<=-110	0	0.00%	0.00%		1	<=-3	80	3.55%	3.55%
2	(-110,-105]	8	0.36%	0.36%		2	(-3,0]	97	4.31%	7.86%
3	(-105,-100]	87	3.86%	4.22%		3	(0,5]	406	18.04%	25.90%
4	(-100,-95]	243	10.80%	15.02%		4	(5,10]	539	23.94%	49.84%
5	(-95,-85]	866	38.47%	53.49%		5	(10,15]	410	18.21%	68.06%
6	(-85,-70]	998	44.34%	97.82%		6	(15,20]	397	17.64%	85.70%
7	(-70,-50]	49	2.18%	100.00%		7	(20,25]	255	11.33%	97.02%
8	>-50	0	0.00%	100.00%		8	>25	67	2.98%	100.00%
Total	2251		Average	-85.71		Total	2251		Average	10.73
Maximum	-61.31		Minimum	-107.68		Maximum	29.6		Minimum	-12.399

图 4-45 RSRP 和 SINR 的统计数据

（7）软件中自带的业务报表类型有很多种，也可以选择"数据业务报表"下的"DT 数据业务报表"，如图 4-46 所示。

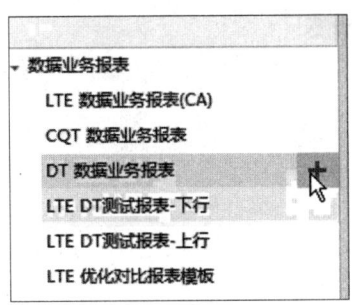

图 4-46 选择"数据业务报表"

由图 4-47 可知，采用的统计报表不一样，生成的统计数据也不同。若已有的报表中统计数据不符合报告需求，则可以通过选择"分析项"中的"覆盖率分析"生成特定的统计数据，如图 4-48 所示。

省份	城市	覆盖类									
		平均RSRP	边缘RSRP（5%）	LTE覆盖率1（RSRP>=-113&SINR>=-3）	LTE覆盖率2（RSRP>=-110&SINR>=-3）	LTE测试总里程（km）	脱网里程（km）	测试总时长（s）	脱网时长（s）	平均车速（km/h）	RSRP连续弱覆盖里程占比
	汇总结果	-85.71	-99.43	96.53%	96.53%	1.440	0.000	540.551	0.000	9.59	0.00%
	11.22-校园道路-	-85.71	-99.43	96.53%	96.53%	1.440	0.000	540.551	0.000	9.59	0.00%

图 4-47 生成的 Excel 统计表

图 4-48 覆盖率分析

图 4-49 中设置了统计覆盖率的门限为 RSRP ≥ –105 dBm 和 SINR>–3，生成图 4-50 所示的统计数据。满足上述门限条件的采样点占比为 96.14%，不满足门限要求的有 87 个点，其中 8 个点 RSRP 值不符合要求、80 个点 SINR 值不符合要求。

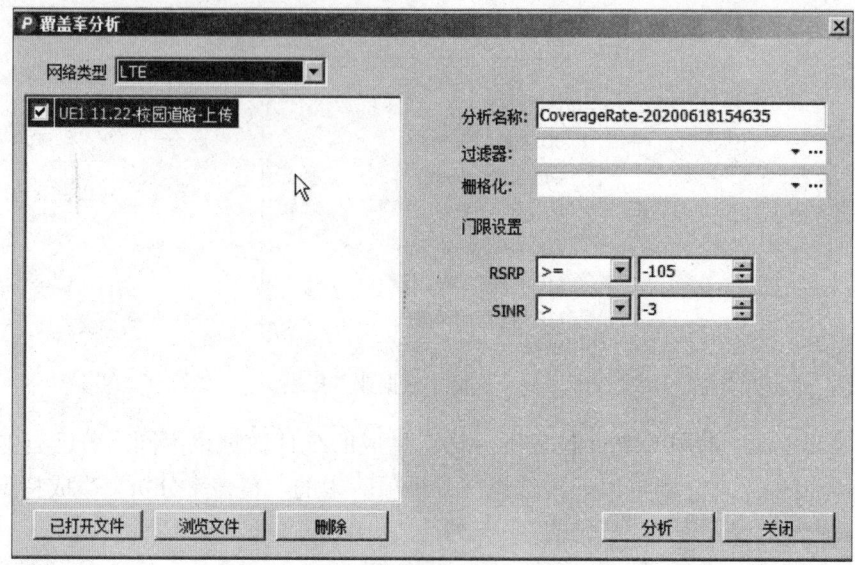

图 4-49　设置门限的覆盖率分析（一）

文件名	电脑时间	满足覆盖？	RSRP	SINR	终端时间	经度	纬度
11.22-校园道路-上传.ddib	14:58:39.778	Yes	-93.43	4.00	14:58:38.427		
11.22-校园道路-上传.ddib	14:58:40.011	Yes	-93.62	7.10	14:58:38.656		
11.22-校园道路-上传.ddib	14:58:40.207	Yes	-93.81	6.10	14:58:38.896		
11.22-校园道路-上传.ddib	14:58:40.396	Yes	-93.25	4.20	14:58:39.136		
11.22-校园道路-上传.ddib	14:58:40.656	Yes	-93.43	3.90	14:58:39.376	118.9336783	32.1306330
11.22-校园道路-上传.ddib	14:58:40.890	Yes	-94.31	7.40	14:58:39.616	118.9336817	32.1306323
11.22-校园道路-上传.ddib	14:58:41.156	Yes	-95.06	7.40	14:58:39.856	118.9336845	32.1306318
11.22-校园道路-上传.ddib	14:58:41.393	Yes	-95.93	5.20	14:58:40.096	118.9336873	32.1306309
11.22-校园道路-上传.ddib	14:58:41.669	Yes	-96.62	2.00	14:58:40.336	118.9336898	32.1306301
11.22-校园道路-上传.ddib	14:58:41.884	Yes	-93.93	11.30	14:58:40.629	118.9336973	32.1306276
11.22-校园道路-上传.ddib	14:58:42.184	Yes	-92.75	9.60	14:58:40.876	118.9337003	32.1306266
11.22-校园道路-上传.ddib	14:58:42.420	Yes	-92.56	9.70	14:58:41.116	118.9337030	32.1306262
11.22-校园道路-上传.ddib	14:58:42.670	Yes	-91.75	10.40	14:58:41.356	118.9337049	32.1306258
11.22-校园道路-上传.ddib	14:58:42.997	Yes	-92.12	9.10	14:58:41.696	118.9337089	32.1306252

指标	采样点	比率
总采样点	2251	100.00%
覆盖采样点	2164	96.14%
不满足覆盖点	87	3.86%
脱网采样点	0	0.00%

指标（不满足覆盖）	采样点	比率
RSRP	8	9.20%
SINR	80	91.95%

文件名	覆盖采样点	总采样点	覆盖率
11.22-校园道路-上传.ddib	2164	2251	96.14%

图 4-50　覆盖率统计表（一）

（8）改变门限值为 RSRP $\geqslant$ –100 dBm 和 SINR>–3。重新进行统计分析，如图 4-51 所示。

从图 4-52 中可以看出，满足上述门限条件的采样点占比 93.34%，不满足门限要求的有 150 个点，其中 93 个点的 RSRP 值不符合要求、80 个点 SINR 值不符合要求。

（9）根据式（4-3）中对覆盖率的统计标准可知，RSRP $\geqslant$ –105 dBm，SINR>–3 的覆盖率已超过 95%，可以认为该测试区域的无线网络覆盖情况良好。

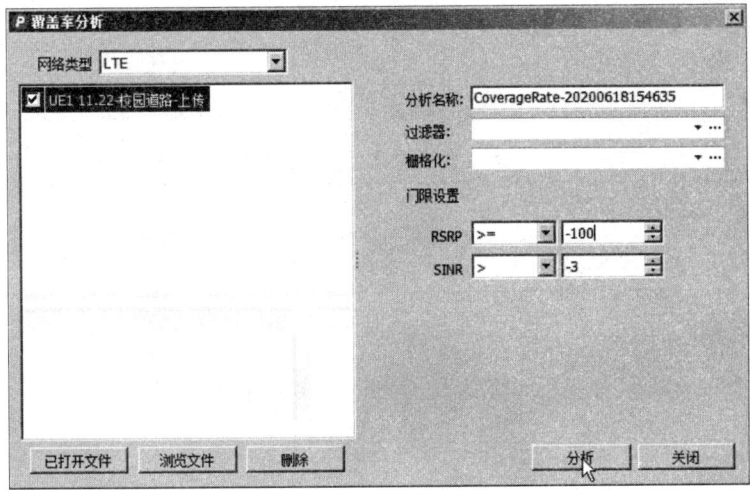

图 4-51 设置门限的覆盖率分析（二）

指标	采样点	比率
总采样点	2251	100.00%
覆盖采样点	2101	93.34%
不满足覆盖点	150	6.66%
脱网采样点	0	0.00%

指标（不满足覆盖）	采样点	比率
RSRP	93	62.00%
SINR	80	53.33%

图 4-52 覆盖率统计表（二）

任务 5 网络测试报告

知识点 1 CSFB 测试报告

1. 测试报告编写目的

测试报告的编写是为了对普查测试的情况进行书面总结，让相关网络优化人员对网络情况有大概的了解，便于对网络问题进行分析和优化。

2. 测试报告模板获取

每种普查测试均有不同的测试报告模板，因此在输出普查测试报告之前要获得本次普查测试的报告模板。该报告模板可以通过与项目负责人也就是项目经理沟通获得。

3. LTE CSFB 普查测试报告的编写

一般完整的普查测试报告分为如下几个部分：

（1）测试说明。

对测试范围、测试时长、测试里程、测试方式、测试软件、测试号码、测试时间、测试人员进行简单的描述。

（2）指标统计。

需要对本次测试的指标进行一个列表输出，如表 4-13 所示。

表 4-13　CSFB 测试指标

指标	结果
CSFB 全程呼叫成功率	

（3）测试指标判断标准。

CSFB 全程呼叫成功率考核标准基准值是 95%，挑战值是 98%。

（4）网络质量地理化呈现（图 4-53 和图 4-54）。

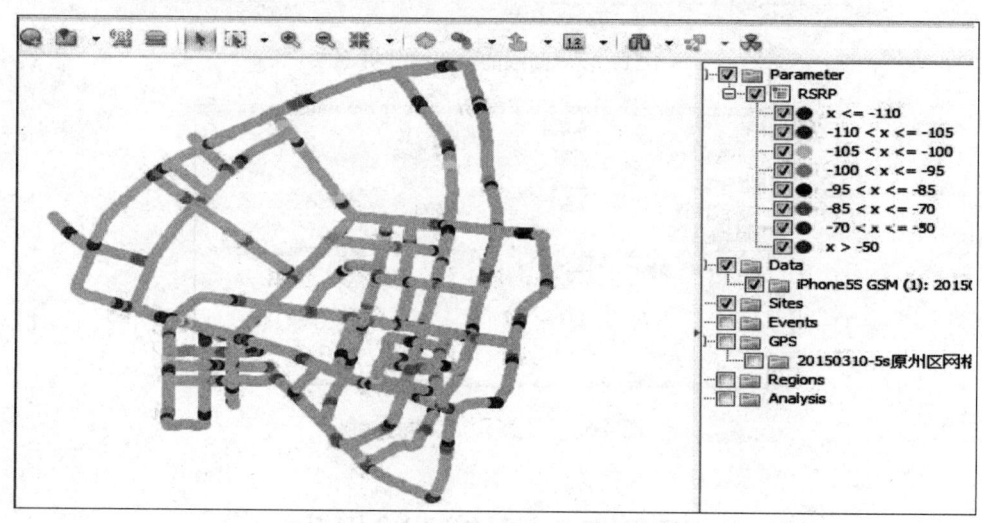

图 4-53　RSRP 值地理化呈现

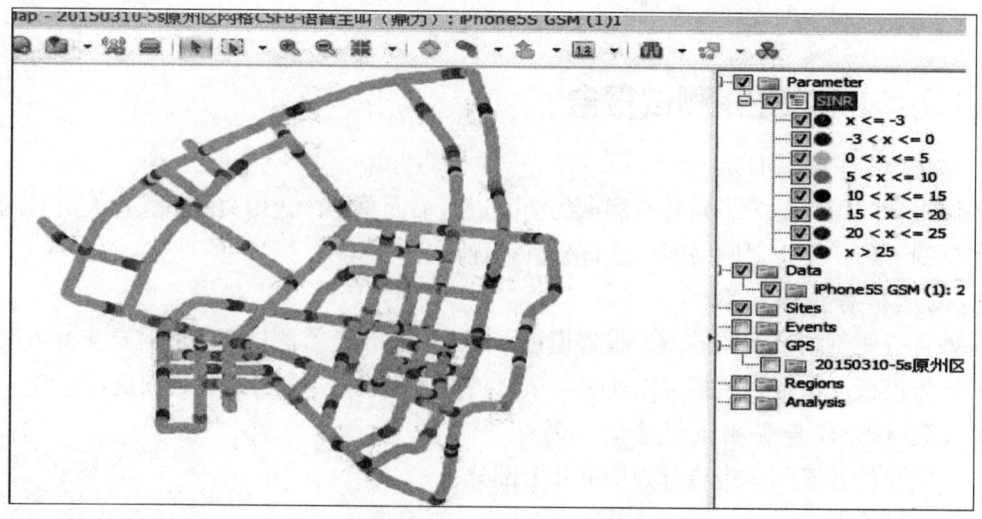

图 4-54　SINR 值地理化呈现

需要对本次测试的信号电平 RSRP 分布图和 SINR 分布图（室分测试一般楼层打点测试需要输出地理化呈现图，定点测试不需要输出地理化呈现图）。

（5）测试总结。

对本次普查测试进行一个小结，说明本次普查测试指标多少，是否达到了考核指标的要求，主要是什么问题，后期需要重点提升优化。

4. 测试指标

（1）笔记本电脑插上硬件测试狗，打开 Pioneer 测试分析软件。第一次打开软件会出现如图 4-55 所示的提示，单击"确定"后在 Interface 下选择 LTE 网络制式，如图 4-56 所示。

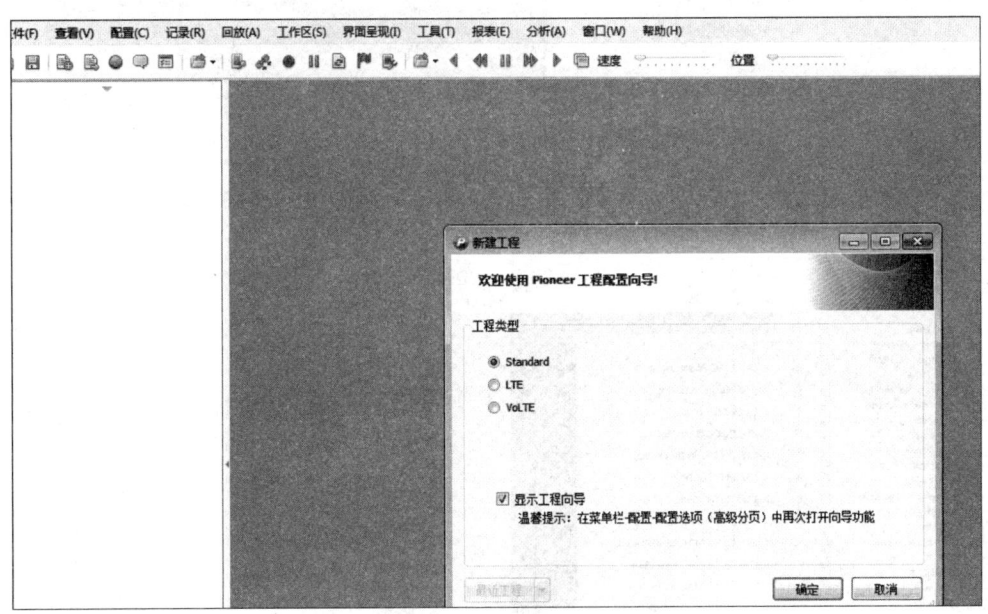

图 4-55　打开 Pioneer 测试分析软件

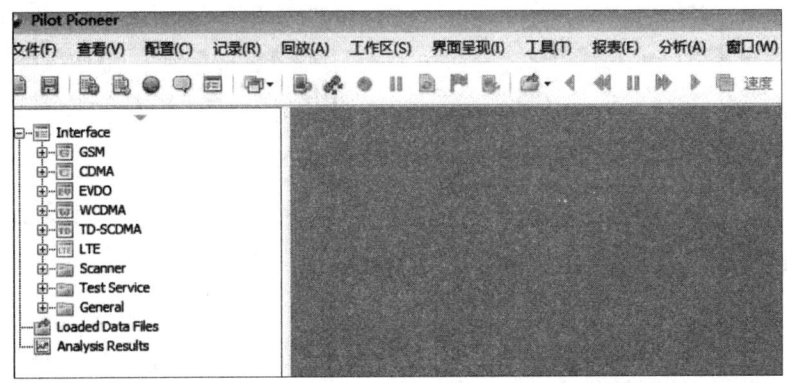

图 4-56　在 Interface 下选择 LTE 网络制式

（2）图例设置：在每次测试之前需要按照规范要求设置好图例，例如 LTE 网络测试需要对覆盖 RSRP 和平均 SINR 的图例进行设置。设置步骤如下：首先找到测试分析软件中"配置"→"参数设置"，如图 4-57 所示。

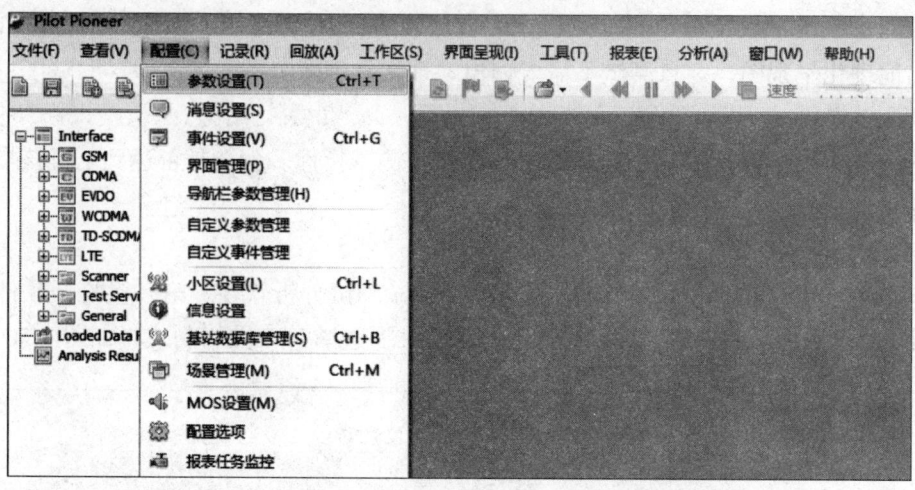

图 4-57 "参数设置"

（3）单击"参数设置"后出现如图 4-58 所示的页面，找到"LTE"并单击。

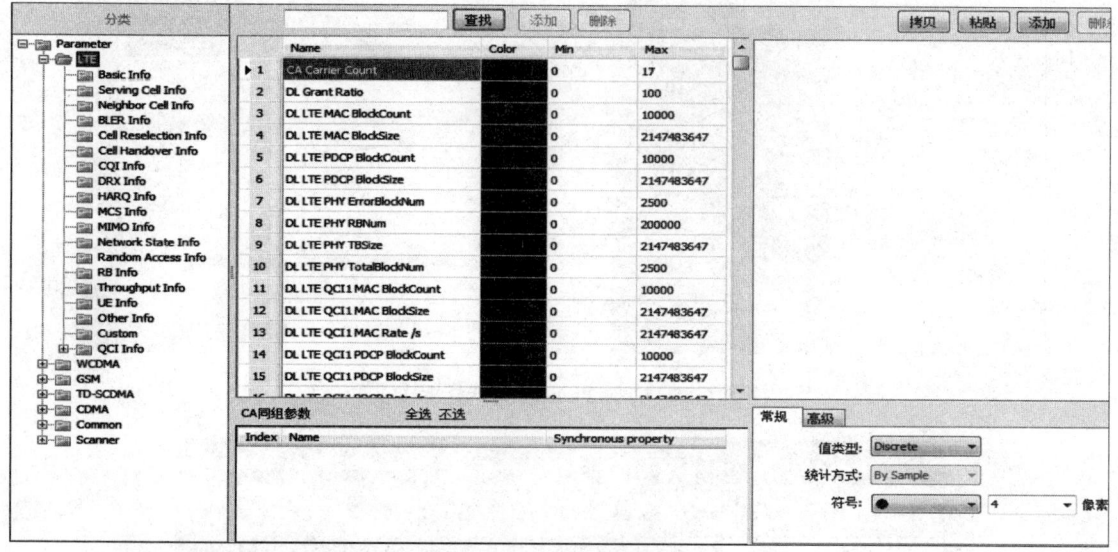

图 4-58 打开 LTE 参数

（4）然后在"LTE"逐级下拉菜单中（LTE → Serving Cell Info → LTE RSRP）找到"LTE RSRP"位置并单击，出现如图 4-59 所示页面。

注意：值类型一定要选择"Range"。

按照规范序列需要修改成：−110、−105、−100、−95、−85、−70、−50，修改好之后单击"解析"即修改成功。按照颜色设置，绿色表示 RSRP 好，红色表示 RSRP 差。

修改好之后单击"应用"。

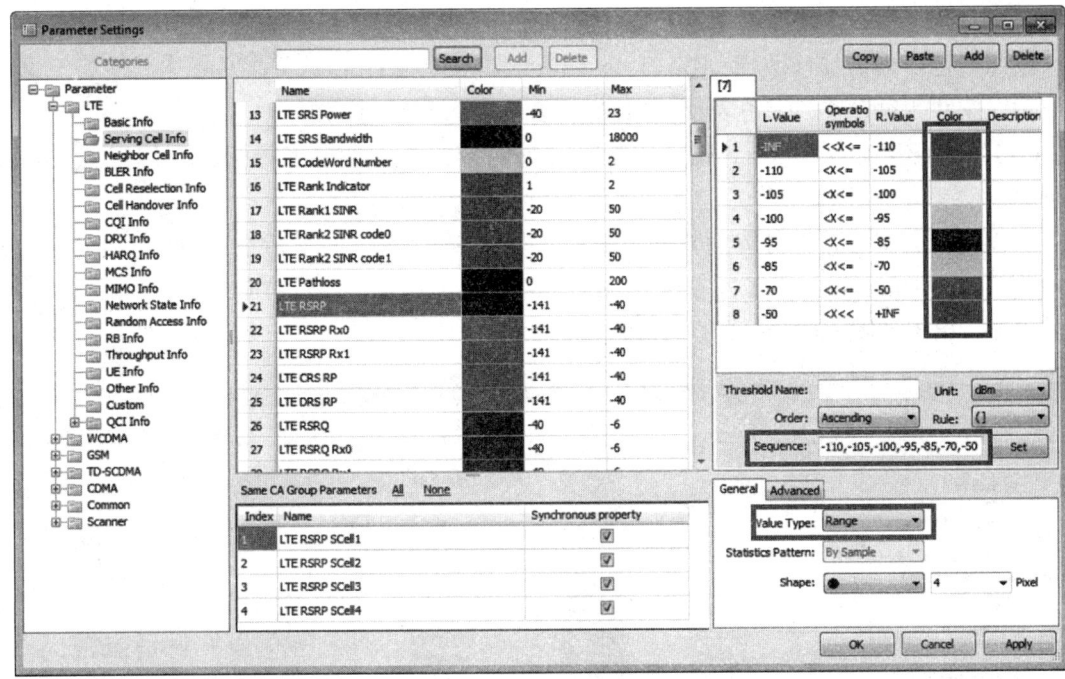

图 4-59　RSRP 修改图例

（5）同样，平均 SINR 的图例设置采取相同的步骤。

然后在"LTE"逐级下拉菜单中（LTE → Serving Cell Info → LTE　SINR）找到"LTE SINR"位置并单击，出现如图 4-60 所示的修改图例。

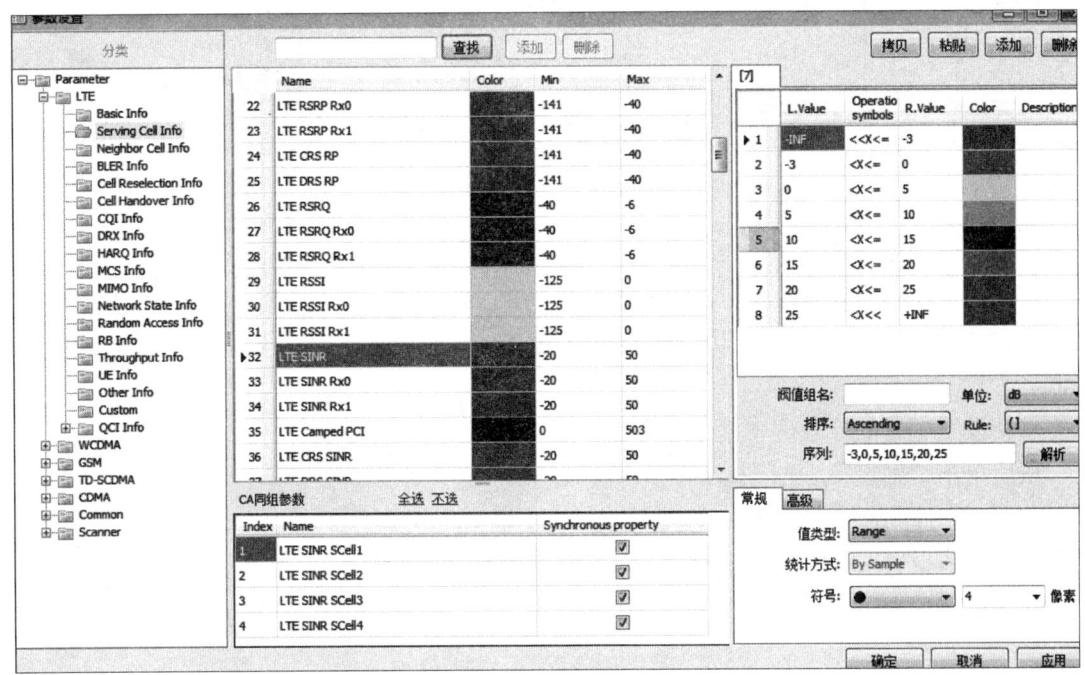

图 4-60　SINR 修改图例

注意：值类型一定要选"Range"。

按照规范序列需要修改成：–3、0、5、10、15、20、25，修改好之后单击"解析"即修改成功。按照颜色设置，绿色表示 SINR 好，红色表示 SINR 差。

（6）最后还有一项 LTE 下载业务需要设置的指标：下载速率指标的图例设置也需要设置。

步骤：在测试分析软件界面找到"配置"→"参数设置"；然后在"LTE"逐级下拉菜单中（LTE→Throughput→LTE PDCP Throughput DL）找到"LTE PDCP Throughput DL"位置并单击，出现如图 4-61 所示的下载速率指标的图例。

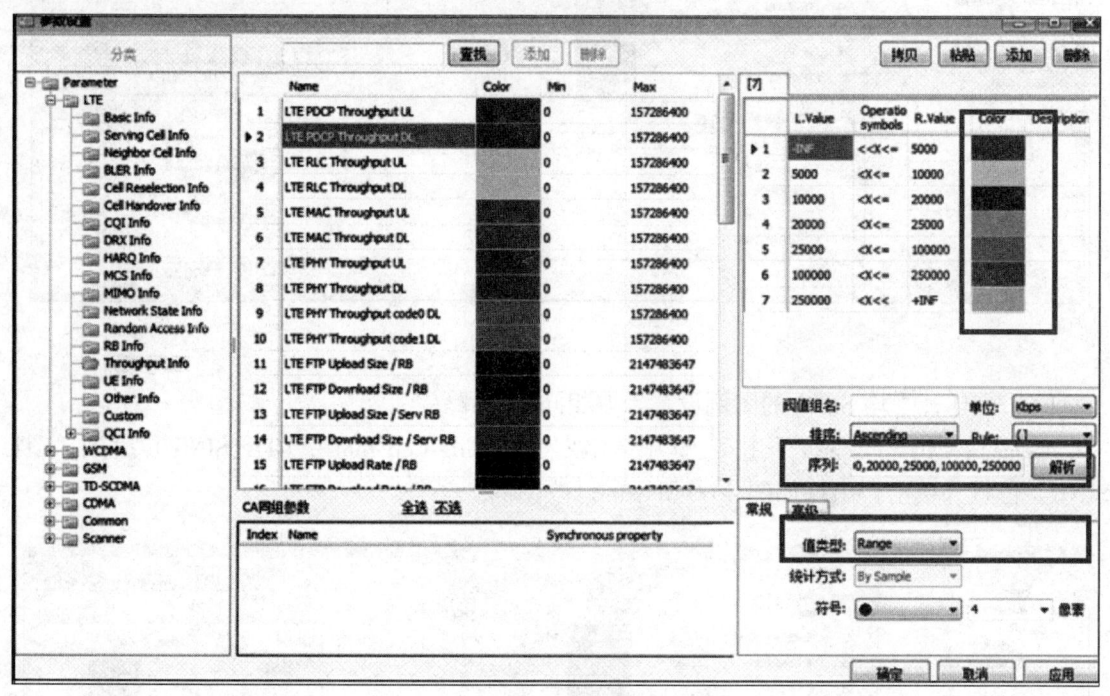

图 4-61　下载速率指标的图例

注意：值类型一定要选"Range"。

按照规范序列需要修改成：5 000、10 000、20 000、35 000、100 000、250 000，修改好之后单击"解析"就算修改成功。按照颜色设置，绿色表示下载速率好，红色表示下载速率低。

重新设置好后的下载速率指标的图例如图 4-62 所示。

最后单击"确定"，关闭该图框。

（7）输出测试结果报表：单击软件"报表"，找到下拉菜单中的"语音业务报表"→"评估报表"（图 4-63）。

单击后出现如图 4-64 所示弹框：在"本地文件"中找到加载测试 log 数据。

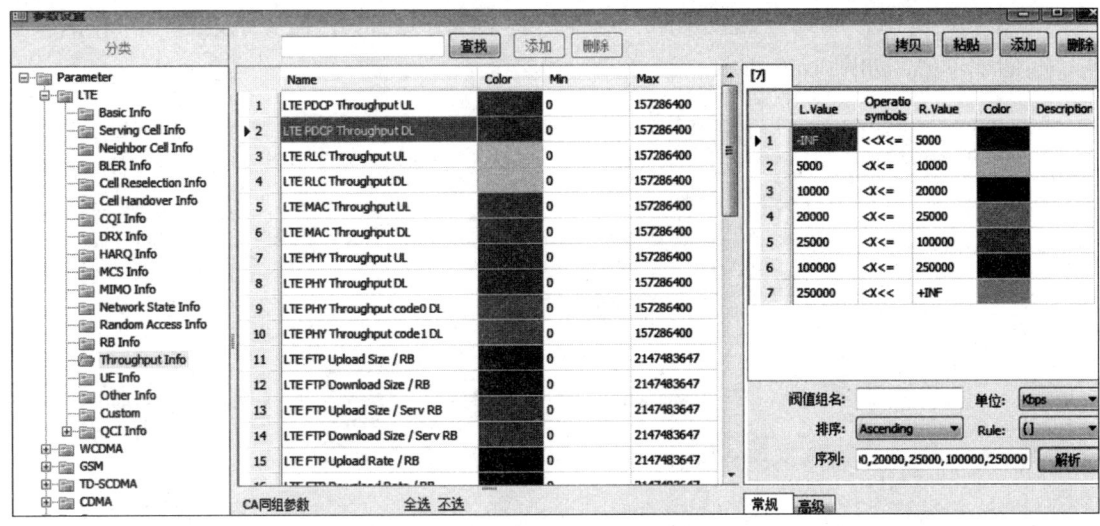

图 4-62　重新设置好后的下载速率指标的图例

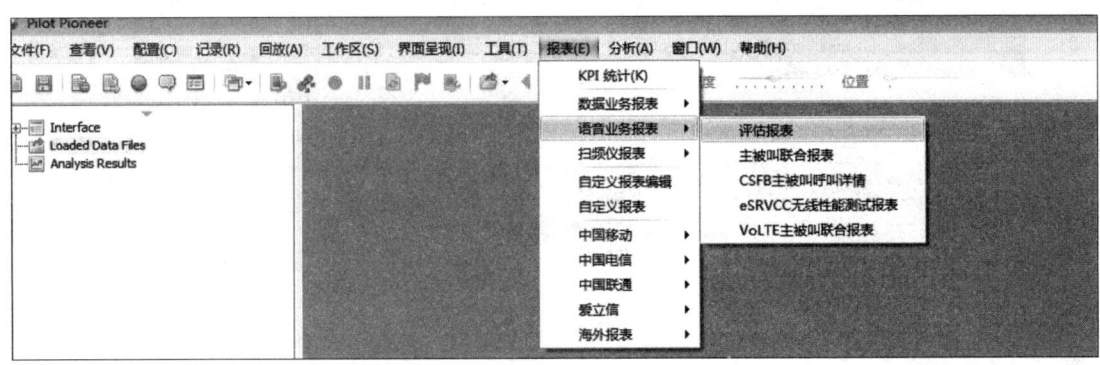

图 4-63　语音业务评估报表

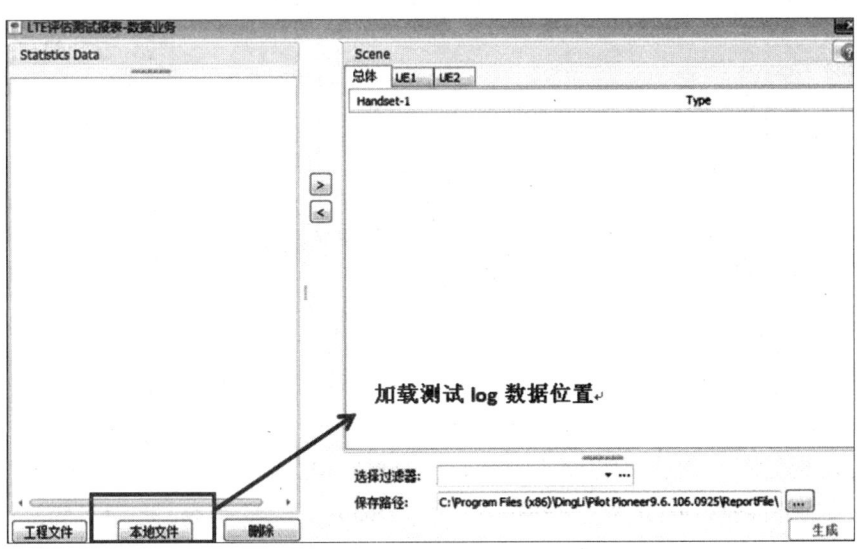

图 4-64　加载测试 log 数据

如图 4-65 所示，找到测试数据后，选中然后单击"打开"，需要把语音主叫和语音被叫一起加载进去，如图 4-66 所示。

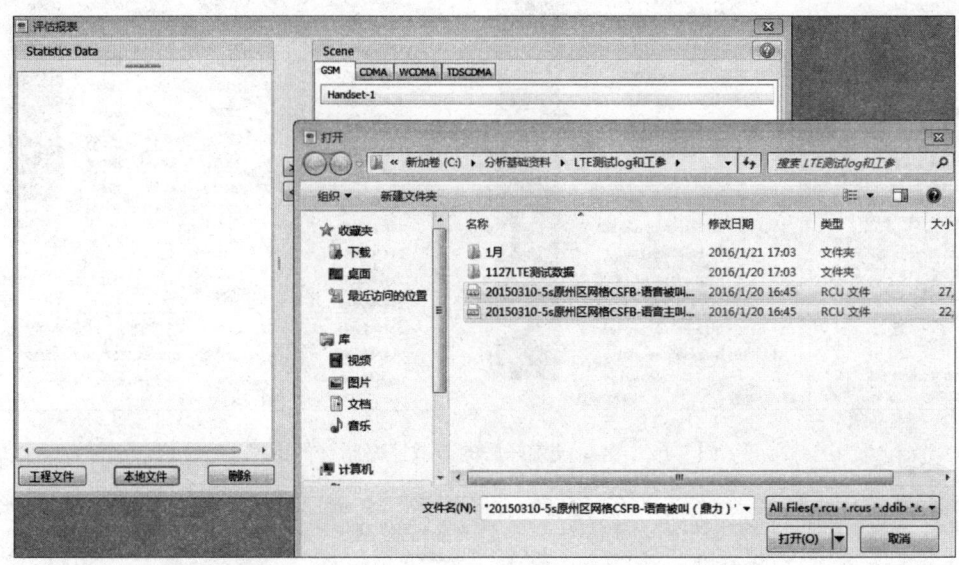

图 4-65　打开主叫和被叫测试数据

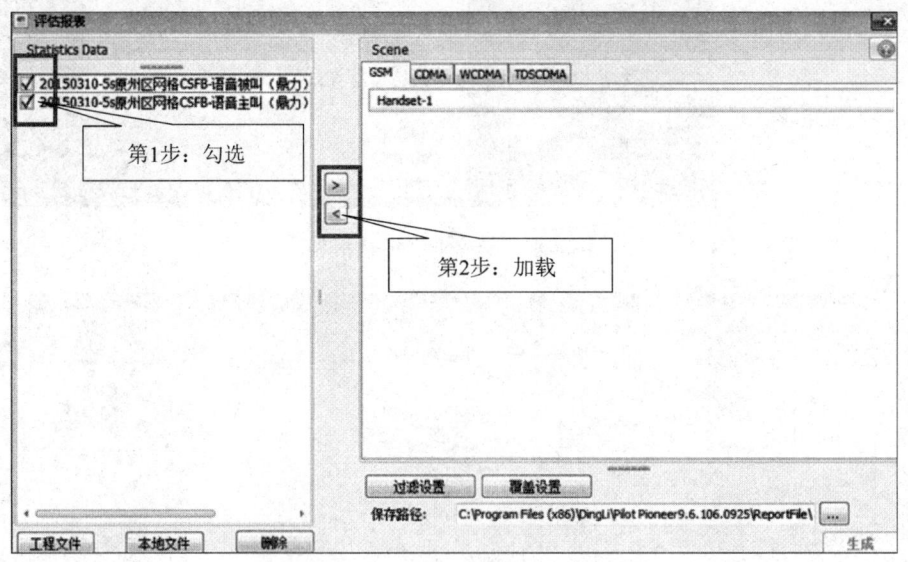

图 4-66　加载数据

如果执行勾选加载的过程中出现如图 4-67 所示对话框，那么可以直接单击"确定"进行下一步。

然后会出现如图 4-68 所示界面，表示数据加载成功。

注意：在 Pioneer 测试分析软件中可以对一个 log 或者多个 log 进行指标汇总输出。最后单击"生成"，直接输出测试指标报表。

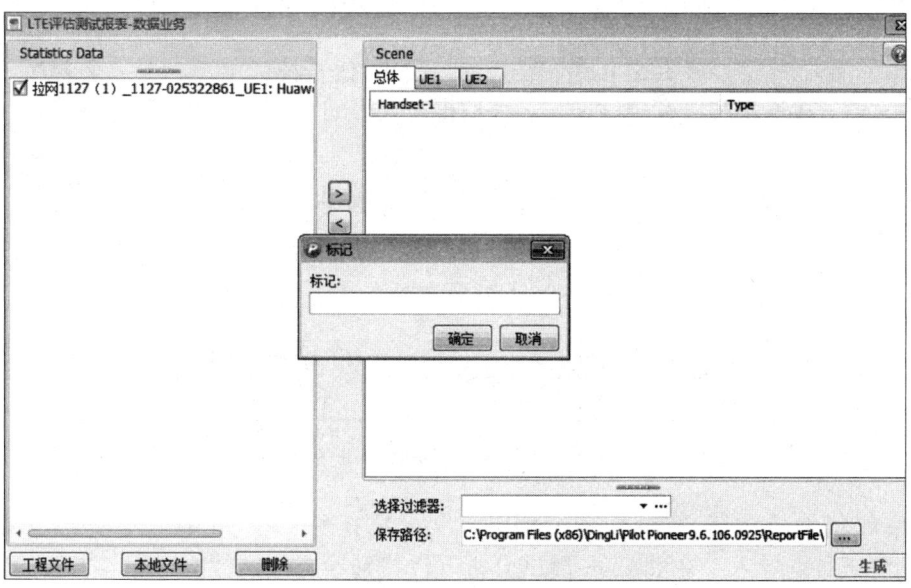

图 4-67　数据标记

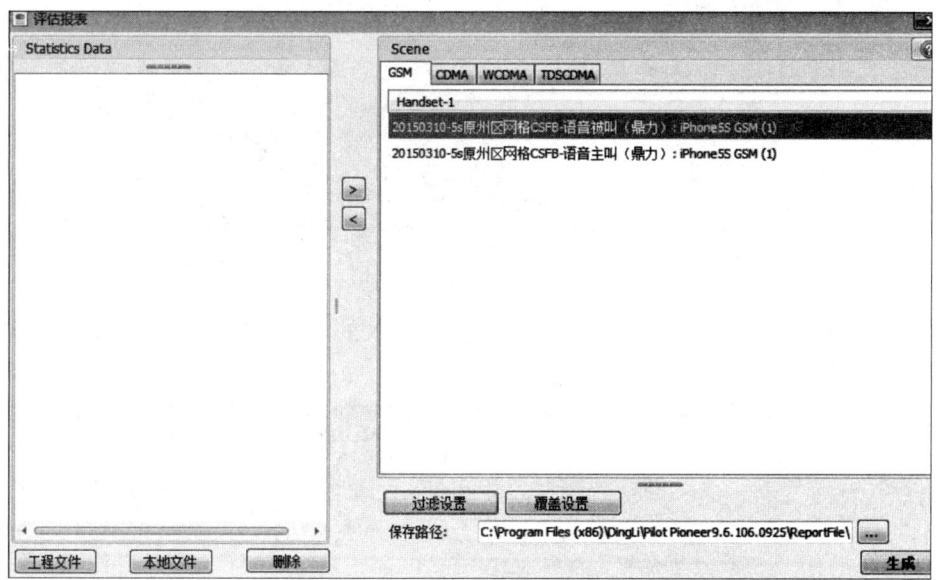

图 4-68　数据加载成功

输出的测试报表包含很多 sheet，包括网络性能指标汇总、数据业务统计指标汇总、分段占比等，如图 4-69 所示。

图 4-69　测试指标报表

根据需要输出的测试指标公式如下：

接通率 (%)	掉话率 (%)
98.26%	0.59%

图 4-70 语音接通率和语音掉话率

CSFB 全程呼叫成功率 =CSFB 语音接通率 ×（1– 语音掉话率）

其中，语音接通率和语音掉话率均在评估报表下面的"CQT 详情表"中找到，如图 4-70 所示。

根据这两项就可以计算出 CSFB 全程呼叫成功率 =98.26%×（1–0.59%）=97.68%。

输出的测试指标汇总表示例如图 4-71 所示。

指标	结果
CSFB全程呼叫成功率	97.68%

图 4-71 CSFB 全程呼叫成功率

5. 地理化呈现步骤

（1）测试数据导入：在 Pioneer 测试分析软件找到导入测试数据（图 4-72）的位置，导入测试 log。

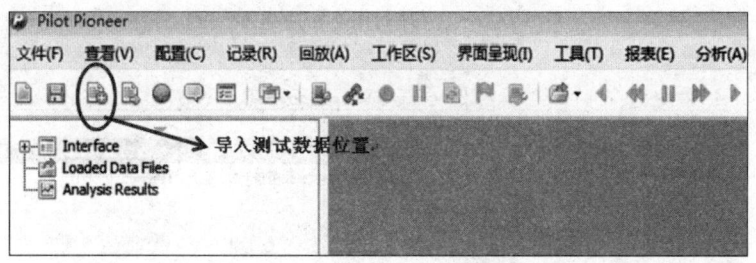

图 4-72 导入测试数据

（2）找到测试 log 数据保存路径，选中需要导入的 log 数据，然后单击"打开"，如图 4-73 所示。

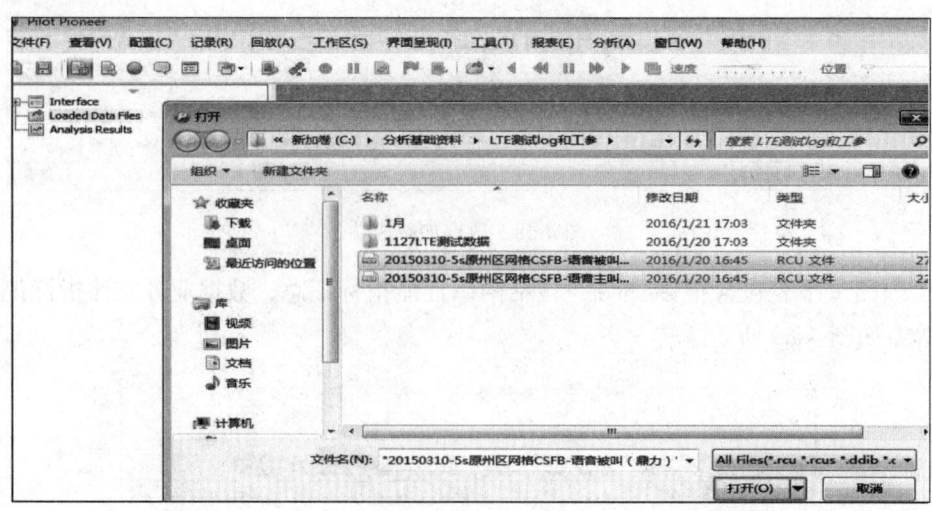

图 4-73 导入 log 数据

（3）导入测试 log 数据成功后，测试分析软件会出现如图 4-74 所示的界面，方框内表示 log 导入成功。

图 4-74 log 导入成功

（4）在图 4-74 中方框内按逐级目录找到"LTE"→"Serving Cell Info"→"RSRP"并单击，出现如图 4-75 所示的界面。

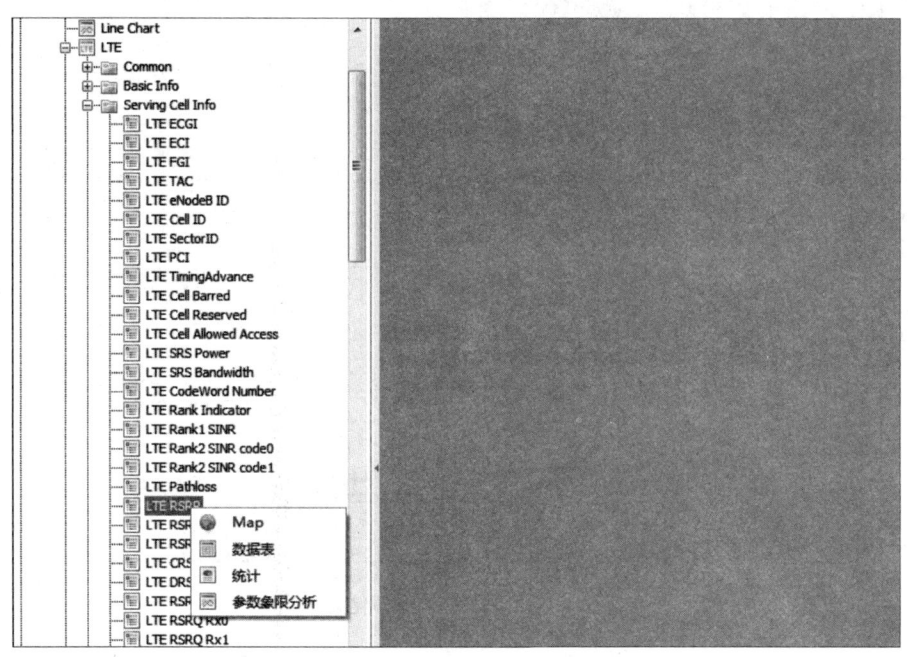

图 4-75 找到 LTE 的 RSRP 参数

（5）单击"Map"出现如图 4-76 所示的 RSPR 的地理化显示。

（6）同 RSRP 的地理化显示步骤，按逐级目录找到"LTE"→"Serving Cell Info"→"SINR"并单击，出现如图 4-77 所示的界面。

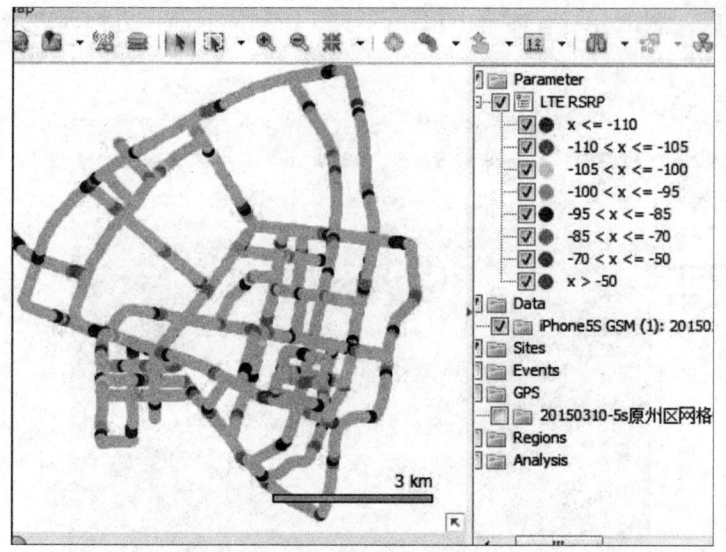

图 4-76 RSRP 的地理化显示　　　　　　图 4-77 LTE 的 SINR 参数

（7）单击"Map"出现如图 4-78 所示的 SINR 的地理化显示。

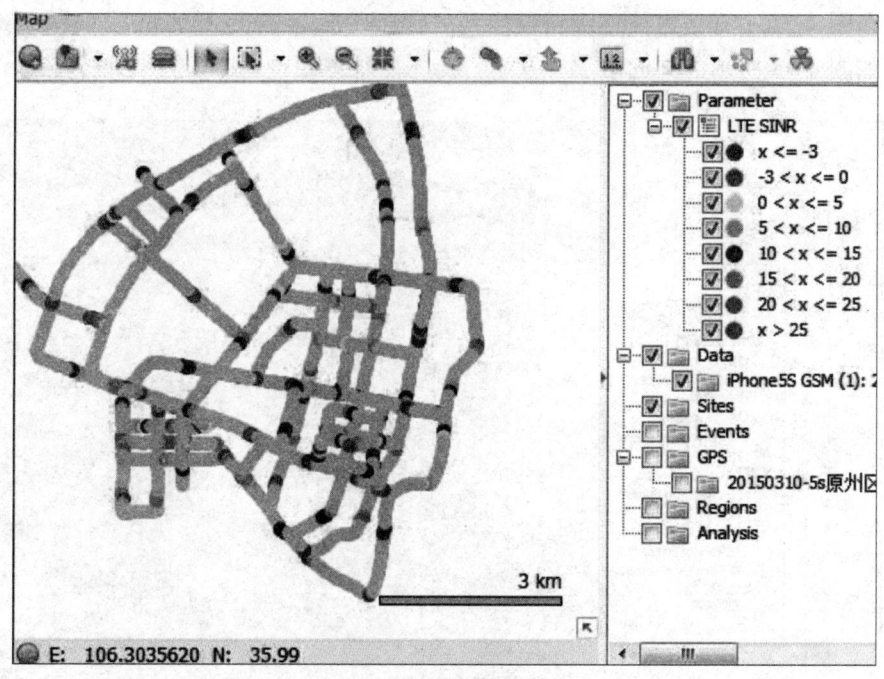

图 4-78 SINR 的地理化显示

6. 测试小结

由上面的测试指标可以看出，本次普查测试的 CSFB 全程呼叫成功率为 97.68%，超过了考核基准值（95%），但未达到挑战值（98%）。后期若要继续提升该指标，则主要应从接通率和掉话率方面进行优化。

知识点 2　LTE FTP 下载测试报告

1. 测试报告编写目的

同 CSFB 测试报告。

2. 测试报告模板获取

同 CSFB 测试报告。

3. LTE FTP 普查测试报告的编写

一般完整的普查测试报告分为如下几个部分：

（1）测试说明。

对测试范围、测试时长、测试里程、测试方式、测试软件、测试号码、测试时间、测试人员进行简单描述。

（2）指标统计。

需要对本次测试的指标进行一个列表输出，LTE FTP 下载测试指标见表 4-14。

表 4-14　LTE FTP 下载测试指标

测试项目	测试指标
LTE 覆盖率	
平均 SINR	
下载速率	
上传速率	

（3）测试指标判断标准。

LTE 覆盖率考核标准基准值是 95%，挑战值是 97%；下载速率目前考核标准值是 35 Mbit/s，挑战值是 40 Mbit/s；平均 SINR 和上传速率不作为考核，平均 SINR 低于 15 表明网络质量有待提升，上传速率低于 5 Mbit/s 说明网络质量还有提升空间，这两项指标只是作为辅助判断。

4. 城区网络质量地理化呈现

需要对本次普查测试的信号电平 RSRP 分布图和 SINR 分布图、FTP 下载速率进行地理化输出（室分测试一般楼层打点测试需要输出地理化呈现图，定点测试不需要输出地理化呈现图），如图 4-79 ~图 4-81 所示。

5. 测试总结

对本次普查测试进行小结，可以发现本次普查测试指标是多少，是否达到了考核指标的要求及后期需要重点优化什么。

举例：由上面的测试指标可以看出，本次普查测试的覆盖率有较大的问题，测试区域有个别严重的弱覆盖问题，覆盖率仅为 93.26%，远低于考核测试指标，后期需要加强对该测试线路弱覆盖问题的优化处理。

另外，由于下载速率为 23.22 Mbit/s，仍有较大的提升空间，平均 SINR 较差严重影响了下载速率的提升，后期需要从覆盖、干扰、资源、参数方面进行优化。

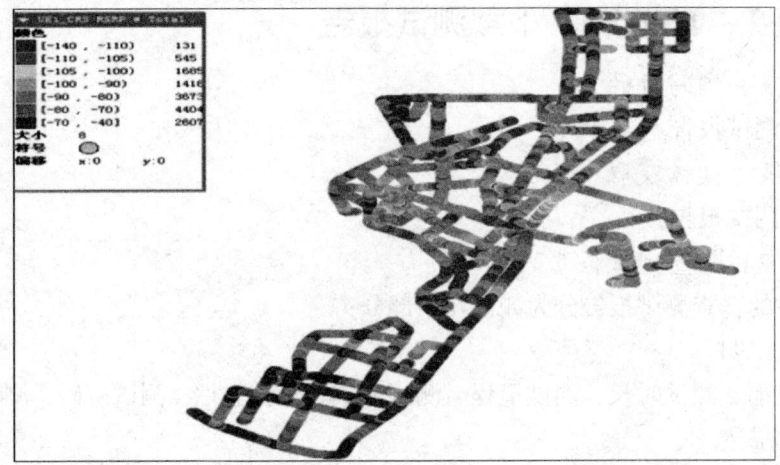

图 4-79　RSRP 的地理化呈现

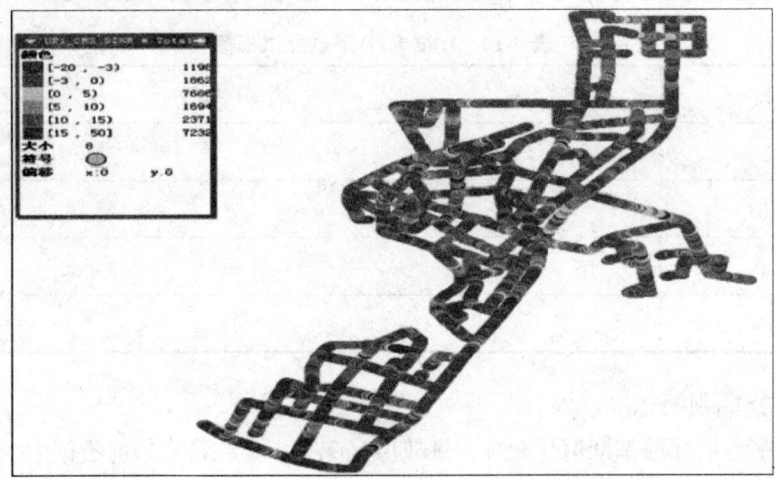

图 4-80　SINR 的地理化呈现

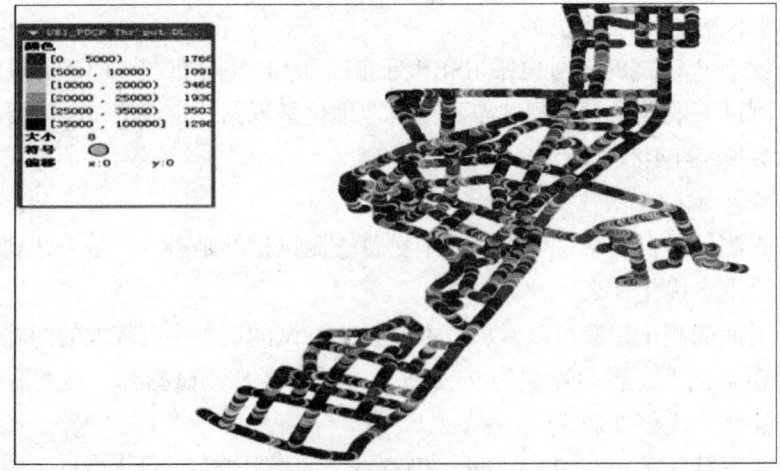

图 4-81　下载速率的地理化呈现

实训任务 校园网络 CQT 覆盖测试报告

任务目标

掌握 LTE 网络 CQT 测试报告的基本格式。

任务要求

（1）测试报告的结构必须完整。

（2）测试报告排版格式符合要求、语言表达清晰。

（3）测试报告要能够充分说明测试地点的信号覆盖情况。

操作步骤

下面是一份完整的校园实训楼数据下载业务的 CQT 测试报告，共包括 5 个部分。

1. 测试基本信息

（1）站点基本信息。

站点基本信息见表 4-15。站点位置如图 4-82 所示。小区参数配置（现网工参）见表 4-16。

表 4-15 站点基本信息

基站编号	基站名称	站型	站址	经度 /（°）	纬度 /（°）
329243	仙林信息学院	BBU+RRU	二号实训楼	118.935 2	32.129 97

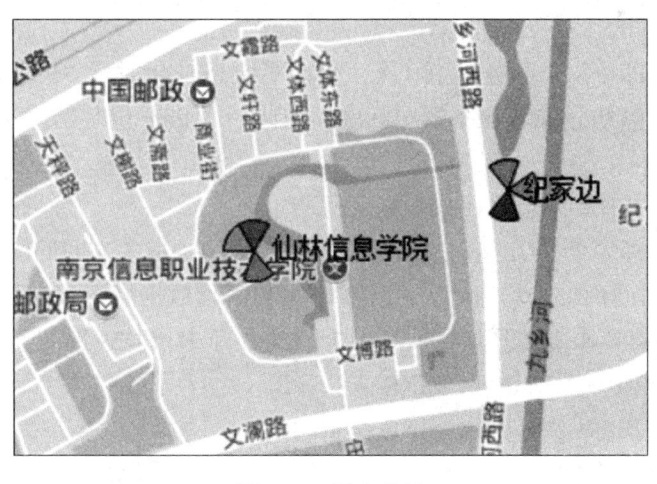

图 4-82 站点位置

表 4-16 小区参数配置（现网工参）

扇区编号	PCI	带宽 /MHz	经度 /（°）	纬度 /（°）	TAC	天线挂高 /m	方位角 /（°）	机械下倾角 /（°）	电子下倾角 /（°）	天线型号
1	120	20	118.935 2	32.129 97	20 634	38	0	8	6	

续表

扇区编号	PCI	带宽/MHz	经度/(°)	纬度/(°)	TAC	天线挂高/m	方位角/(°)	机械下倾角/(°)	电子下倾角/(°)	天线型号
2	247	20	118.935 2	32.129 97	20 634	38	170	9	6	
3	38	20	118.935 2	32.129 97	20 634	38	300	9	6	

（2）单站测试基本信息。

单站测试基本信息见表 4-17。

表 4-17　单站测试基本信息

测试日期	2019/08/13
测试工程师	*********
测试终端型号	HTC M8
测试软件	Pioneer
分析软件	Pioneer

2. CQT 测试要求及相关说明

（1）在每个扇区的近点进行 10 次 Detach/Attach 测试；

（2）Ping 时延测试。

• 以 32 字节包 Ping 指定服务器 100 次，统计平均 Ping 包时延，Ping 时延 ≤ 30 ms。

• 以 1 470 字节包 Ping 指定服务器 100 次，统计平均 Ping 包时延，Ping 时延 ≤ 40 ms。

（3）FTP 测试。

• 服务器架设在 PDN 服务器上（或同一子网内）。

• 在近点 UE 选择多个 5 GB 左右大小的文件做持续 1 min 左右时间的 5 线程 FTP 上传下载测试，统计测试时间内的平均速率。近点要求上传平均数据高于 35 Mbit/s，下载平均速率高于 100 Mbit/s；中点要求上传平均数据高于 15 Mbit，下载平均速率高于 35 Mbit/s。

• 近点要求：RSRP ≥ –80 dBm，SINR ≥ 25 dB。

• 中点要求：RSRP ≥ –95 dBm，SINR ≥ 15 dB。

（4）测试 log 要求及说明。

所有测试 log 和单站测试报告文件命名规范为"基站编号 + 测试内容 + 测试时间"，如"100404+ attach+20191212"。

3. 定点测试（CQT）统计数据

定点测试（CQT）统计数据见表 4-18。

表 4-18　定点测试（CQT）统计数据

业务类型		目标值	实测值			测试结果
			Cell 1	Cell 2	Cell 3	
接入成功率		100%	100%	100%	100%	■合格 □不合格
Ping 时延（小包 56）		≤ 30 ms	0.059		0.051	■合格 □不合格
Ping 时延（大包 1470）		≤ 40 ms	30.94	31.65	33.85	■合格 □不合格
RSRP		——	−88.38		−78.75	
Average SINR		——	20.2		21.4	
FTP 上传	近点	≥ 35 Mbit/s				■合格 □不合格
	中点	≥ 15 Mbit/s	30.312		28.535	■合格 □不合格
FTP 下载	近点	≥ 100 Mbit/s				■合格 □不合格
	中点	≥ 35 Mbit/s	47.67	47.51	47.52	■合格 □不合格
系统内切换	基站内部小区之间	——	正常	正常	正常	■合格 □不合格
	基站之间	——	正常	正常	正常	■合格 □不合格
扇区接反检查		——	正常	正常	正常	■合格 □不合格

4. 测试数据的地理化呈现

测试数据的地理化呈现如图 4-83 ~图 4-86 所示。

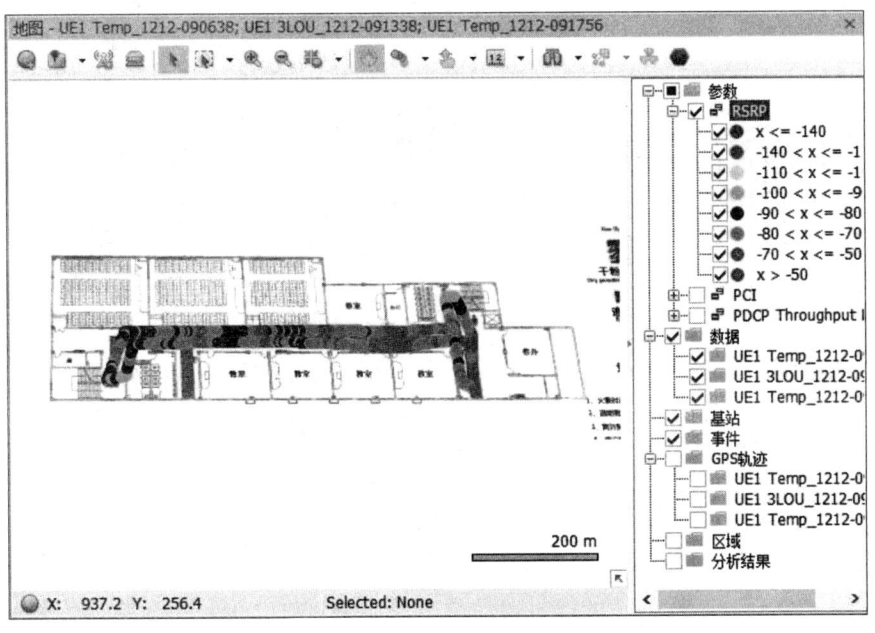

4-83　RSRP 地理化呈现

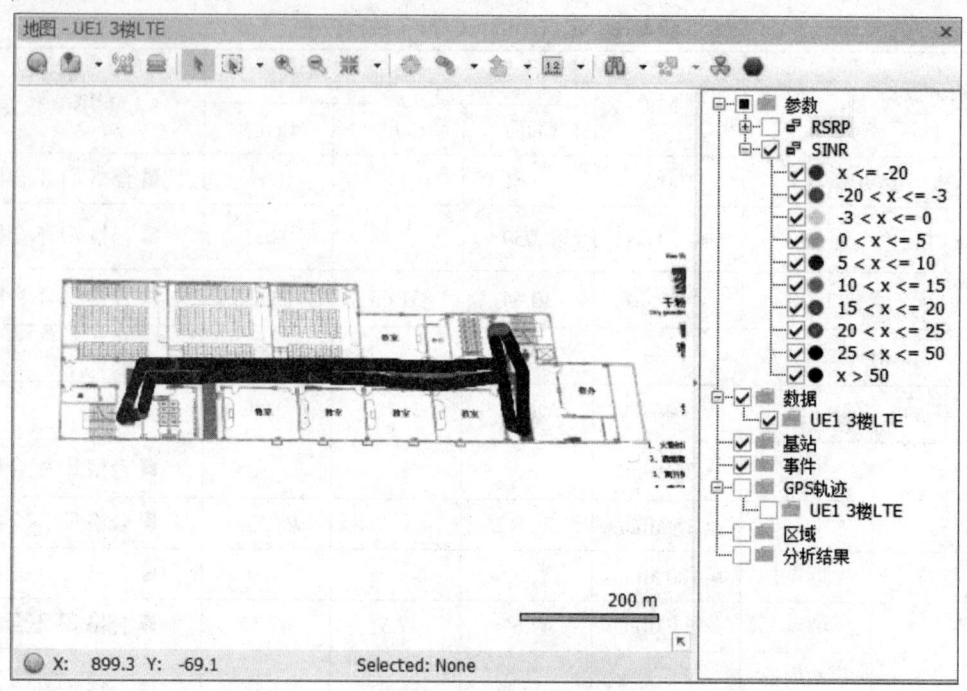

4-84　SINR 地理化呈现

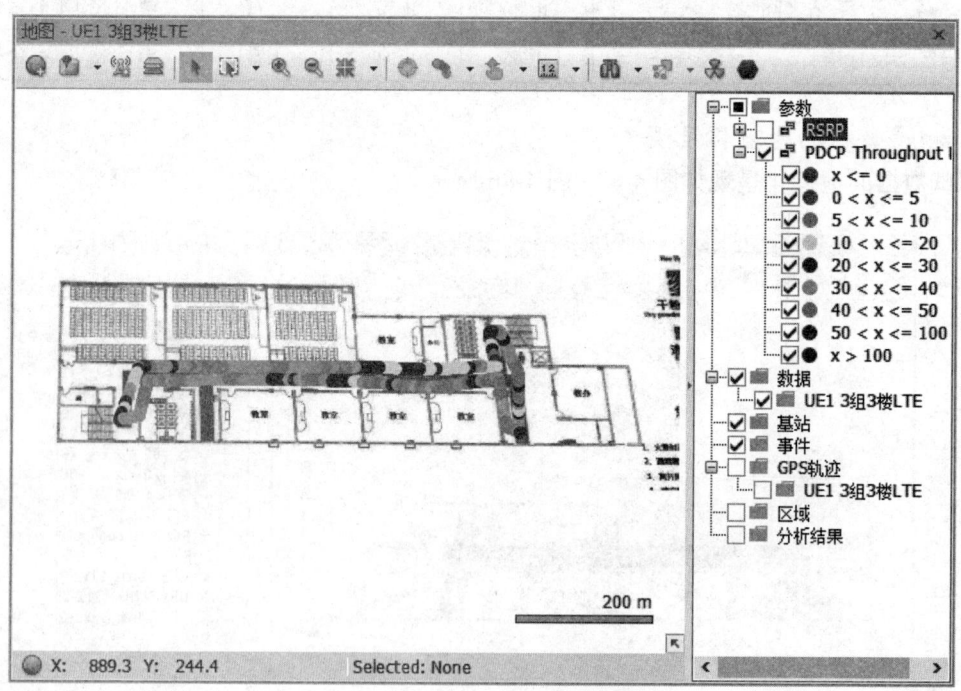

4-85　DL 传输速率地理化呈现

5. 测试结论

　　由上述测试结果可知，基站的信号覆盖强度及质量较好，上、下行数据传输速率达到测试要求。

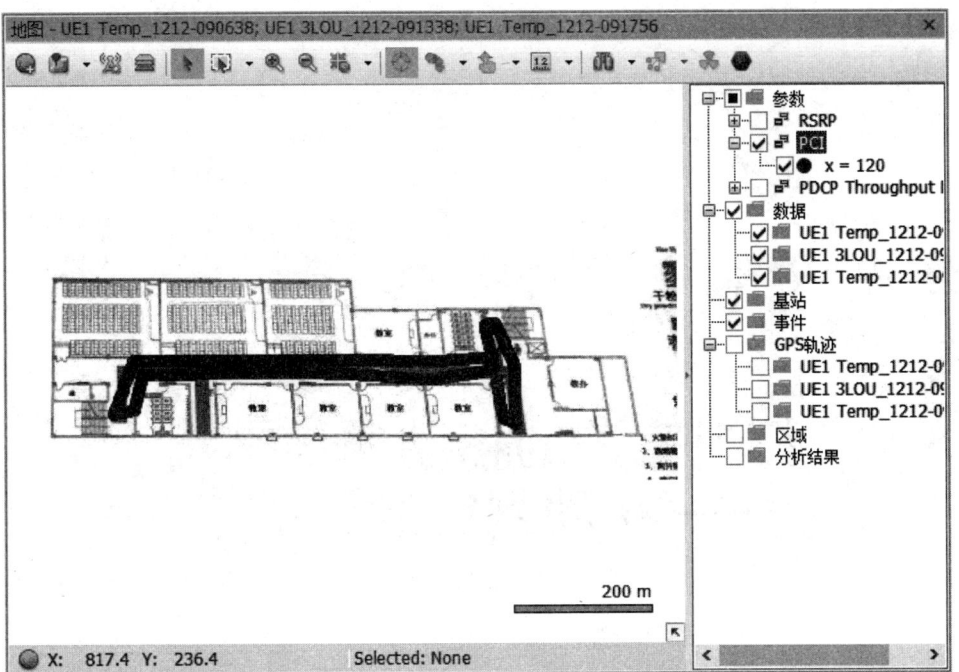

图 4-86 PCI 的地理化呈现

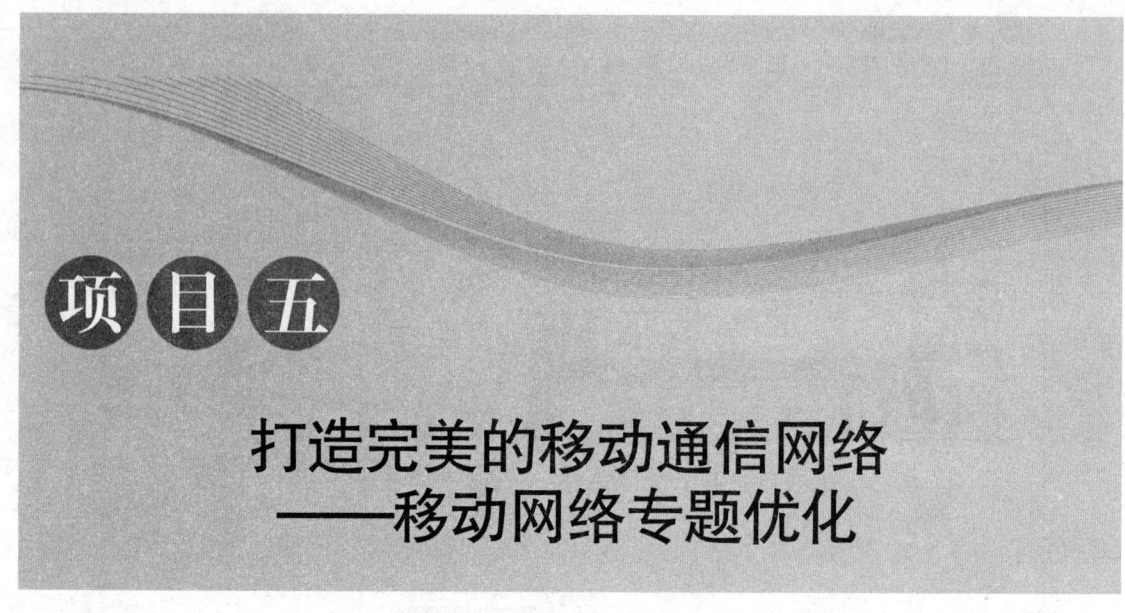

项目五

打造完美的移动通信网络
——移动网络专题优化

任务1　初识网络优化

伴随着通信网络的规划、建立和运营，网络优化就开始贯穿于其中了，并且对通信网络质量的改善，运营商的可持续发展具有重要作用。

网络优化就是通过一定的方法和手段对通信网络进行数据采集与数据分析，找出影响网络质量的原因，然后通过对系统参数和设备的调整等，使网络达到最佳运行状态，使现有网络资源获得最佳效益，同时，也对网络今后的维护及规划建设提出合理建议。

网络优化主要包括无线网络优化和交换网络优化两个方面。其中，无线网络优化是我们最关注的，其错综复杂性严重制约着通信网络的质量，所以在一定程度上，网络优化就是指无线网络优化。

移动通信网是一个不断变化的网络，网络结构、无线环境、用户分布和使用行为都在不断地变化，需要持续不断地对网络进行优化调整以适应各种变化。无线网络优化是一个长期的过程，贯穿网络发展的全过程。电信运营商只有不断地提高网络质量，才能让用户满意，吸引和发展更多的用户。

知识点　LTE 网络优化的特点

LTE 作为在现有移动网络基础上引入的新一代移动通信技术，若要在无线网络优化方面实现有效的干扰控制，整体来说，将面临更大的挑战。

（1）从系统外干扰来看：多运营商多个 LTE 系统以及两种体制（FDD 和 TDD）同时引入，叠加在现有的 2G/3G 网络上，将使本已非常复杂的无线环境进一步恶化。LTE 与2G/3G 网络各制式间以及与其他运营商 LTE 系统间的共站或共存所需要的隔离度问题，需要在建网前期方案审核阶段及建网后无线网络优化过程中，特别是工程优化阶段给予更多的关注。

（2）从系统内干扰来看：GSM 系统内干扰主要通过频率规划来解决，WCDMA 系统内干扰可通过软切换机制来缓解，而 LTE 系统一般基于同频组网、采用硬切换机制，且存在特有的模 3 干扰，其不可避免地成了一个典型的"邻区干扰系统"，因此 LTE 系统对于覆盖的控制要求更高，应在满足切换要求的基础上尽量减少重叠覆盖、规避过覆盖，这就对站址选择、天面的布局以及天馈参数的设置等提出了更高的要求，即，LTE 对无线网络结构的优化提出了更高的要求，而结构很大程度上是在网络规划建设阶段确定的，因此，除了工程优化阶段针对网络结构进行重点关注外，在建网前期工作中，网优部门提前介入、做好方案的把关工作，对缓解后期优化的压力，极大提高网络优化效率，也显得至关重要。

此外，由于技术本身的特点以及相关新技术的引入，LTE 在具体优化内容上会有一些新的关注点，主要包括：

（1）模 3 干扰优化是 LTE 独有的。该特点也决定了 LTE 对干扰控制、多扇区设计、越区覆盖的优化等要求较高。

（2）LTE 引入 MIMO 后，除通常的覆盖和干扰指标外，MIMO 模式决定了用户能够达到的峰值吞吐率，需要特别关注。

（3）对于电信运营商网优队伍来说，TD-LTE 的引入，也带来了与 TDD 相关的一些新的内容，如时隙配比、特殊时隙配置、智能天线优化以及 TDD-FDD 协同优化等。

（4）由于 LTE 是纯数据网络，语音基于 CSFB 机制来实现，因此 CSFB 的测试与优化需要重点考虑。

制定合理的网络规划方案、保证方案实施与设计的符合性、充分查找与排除设备安装和参数设置错误，都将为后期的网络优化工作带来积极的影响。这在 2G/3G 阶段是这样，而在 LTE 阶段，从前面所述 LTE 无线网络优化的特点可以看出来，相关工作更应重视，因此，分公司网络优化部门必须深入细致地做好优化的前期准备工作。配合工程建设部门做好无线网络的规划选址、站址确认、PCI 规划等工作；密切跟踪基站建设与割接进度，确保工程优化与工程建设的进度能够同步；务必将工程优化工作做细、做好，充分发现并纠正施工不规范造成的遗留问题，解决网络设备在安装、调测、参数设置中导致的故障，降低后期的优化难度。

实训任务　LTE 网络工程参数对覆盖的影响

🔄 任务目标

熟悉 LTE 网络中常见的工程参数值，能够观察工程参数值的变化对网络覆盖的影响。

🔄 任务要求

（1）能熟练操作 UltraRF LTE 网络优化仿真系统软件。

（2）会根据网络覆盖需要调整基站的常见工程参数。

（3）能总结工程参数变化对网络覆盖的影响。

操作步骤

（1）打开移动通信网络优化仿真软件，其主界面如图 5-1 所示。

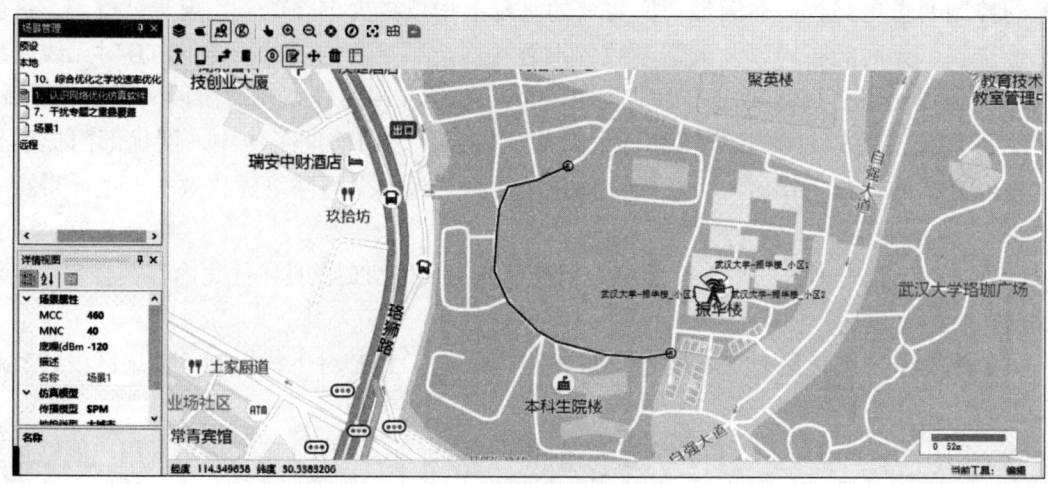

图 5-1　仿真软件主界面

（2）单击"编辑"图标，查看"武汉大学—振华楼_小区 3"的天线配置。如图 5-2 和图 5-3 所示，可以看出天线发射的功率为 15 dBm，天线的方位角为 240°，下倾角为 3°。

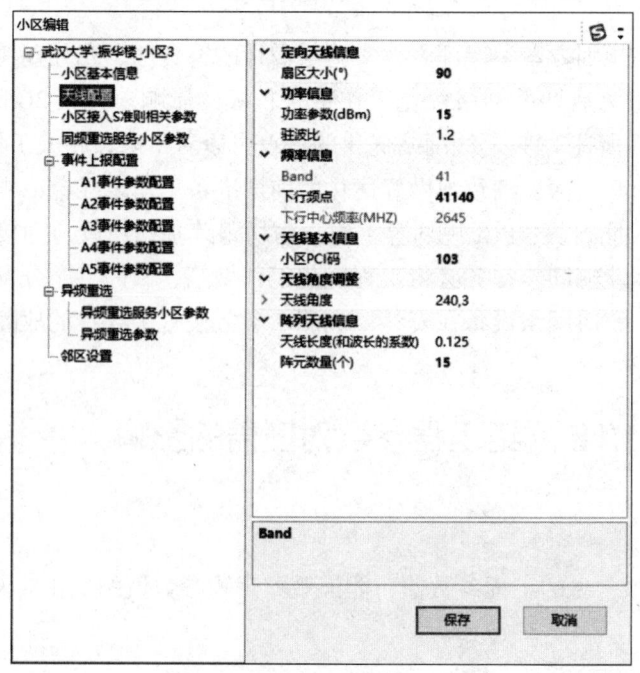

图 5-2　天线配置

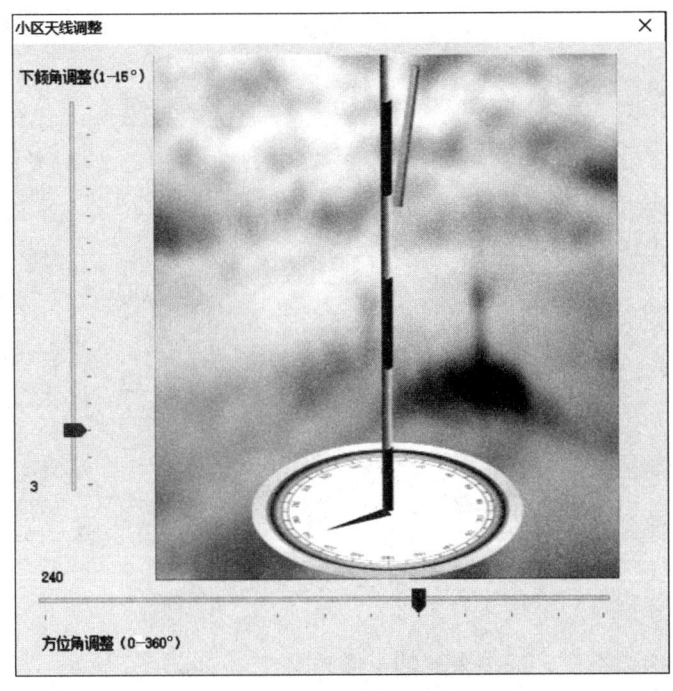

图 5-3 天线的角度

（3）双击基站图标，查看"GPS"，可以看到天线的高度为 30 m，如图 5-4 所示。

（4）查看"武汉大学—振华楼_小区 3"天线的覆盖范围，如图 5-5 和图 5-6 所示，可知最远处的覆盖距离为 417 m。

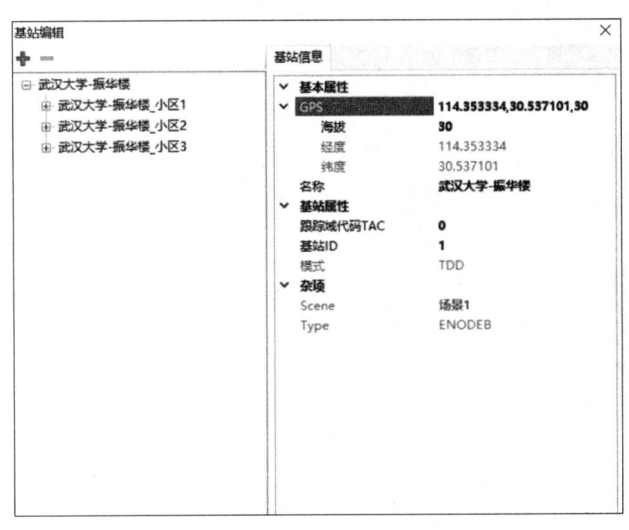

图 5-4 天线的高度

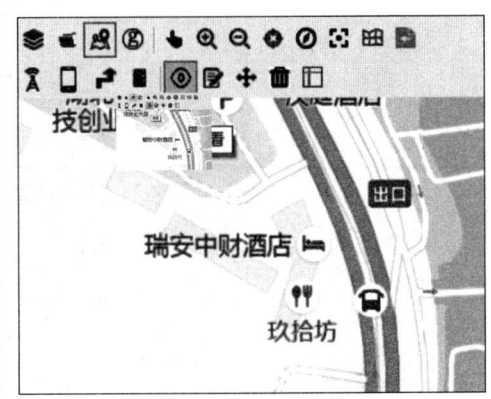

图 5-5 查看天线的覆盖范围

229

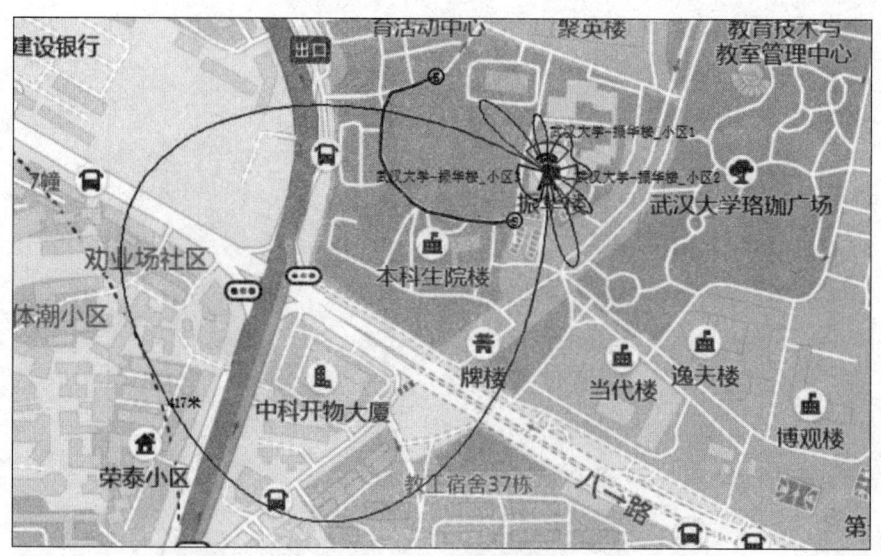

图 5-6　天线覆盖范围

（5）保持所有参数不变，减小天线的下倾角至 1°，如图 5-7 所示。

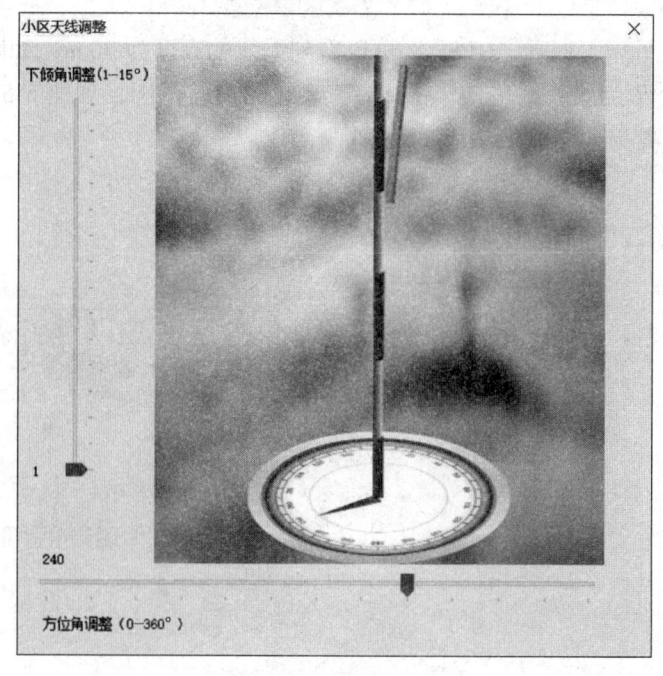

图 5-7　减小天线下倾角

减小天线下倾角后的覆盖情况如图 5-8 所示，覆盖距离增大了。

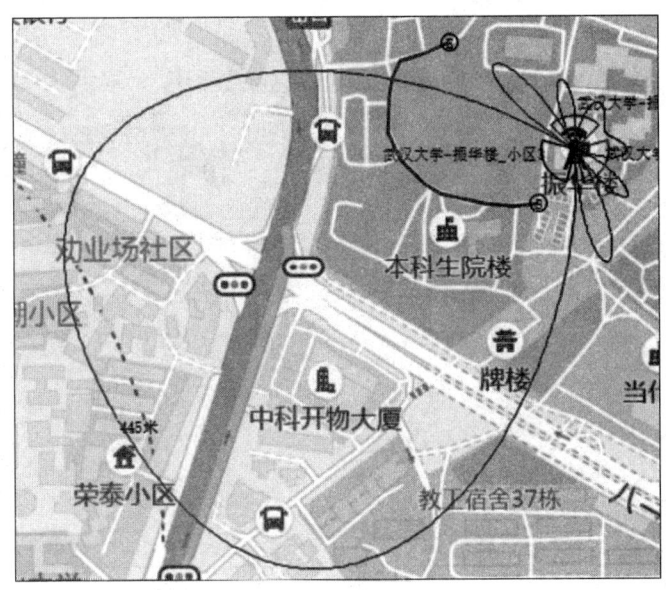

图 5-8 减小天线下倾角后的覆盖情况

保持所有参数不变，增大天线的下倾角至 7°，如图 5-9 所示，覆盖距离变小了。

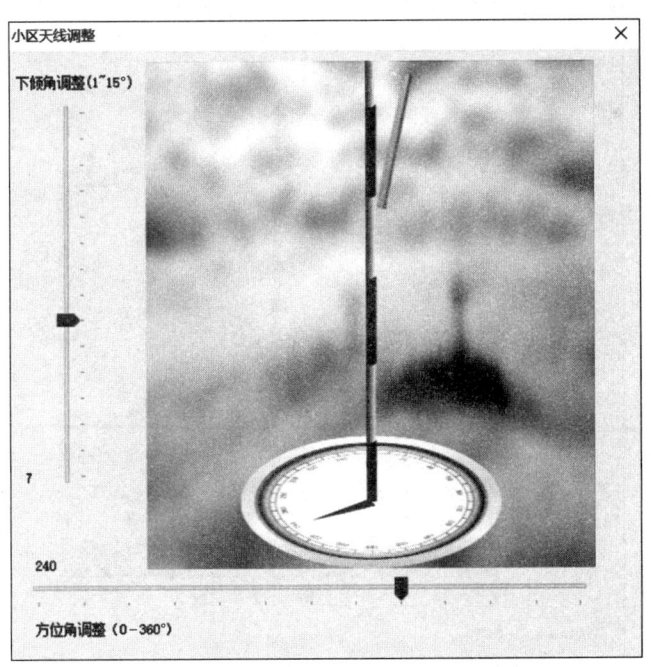

图 5-9 增大天线下倾角

增大天线下倾角后的覆盖情况如图 5-10 所示。

231

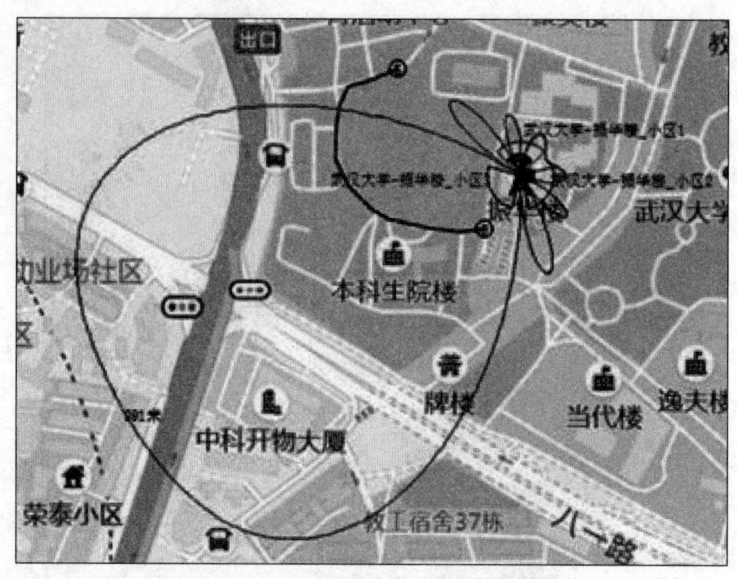

图 5-10　增大天线下倾角后的覆盖情况

（6）保持所有参数不变，减小天线的方位角至 200°，如图 5-11 所示。则其覆盖距离未发生变化，但其方向发生了变化，如图 5-12 所示。

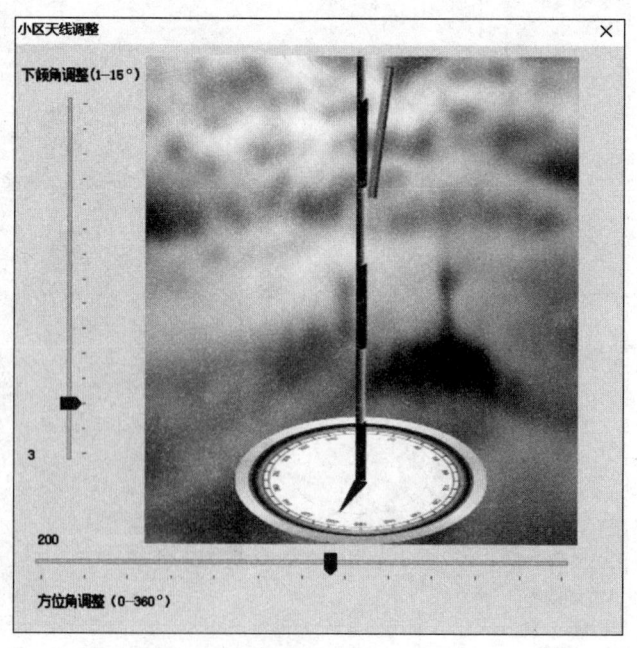

图 5-11　减小天线方位角

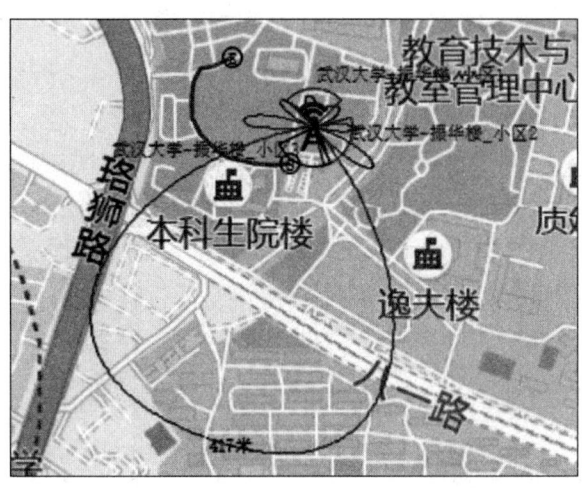

图 5-12　减小天线方位角后的覆盖情况

保持所有参数不变，增大天线的方位角至 300°，如图 5-13 所示。则其覆盖距离未发生变化，但其方向发生了变化，如图 5-14 所示。

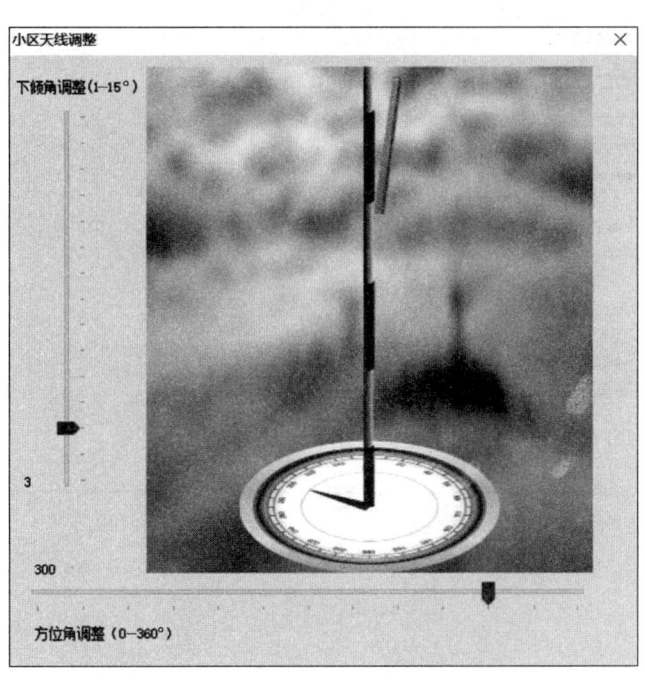

图 5-13　增大天线方位角

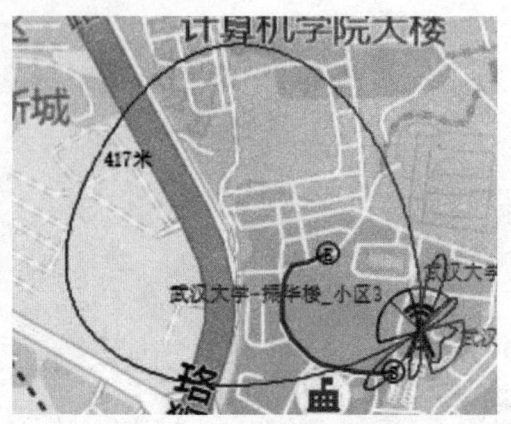

图 5-14　增大天线方位角后的覆盖情况

（7）保持所有参数不变，减小天线的发射功率至 10 dBm，如图 5-15 所示。则其覆盖距离减小，如图 5-16 所示。

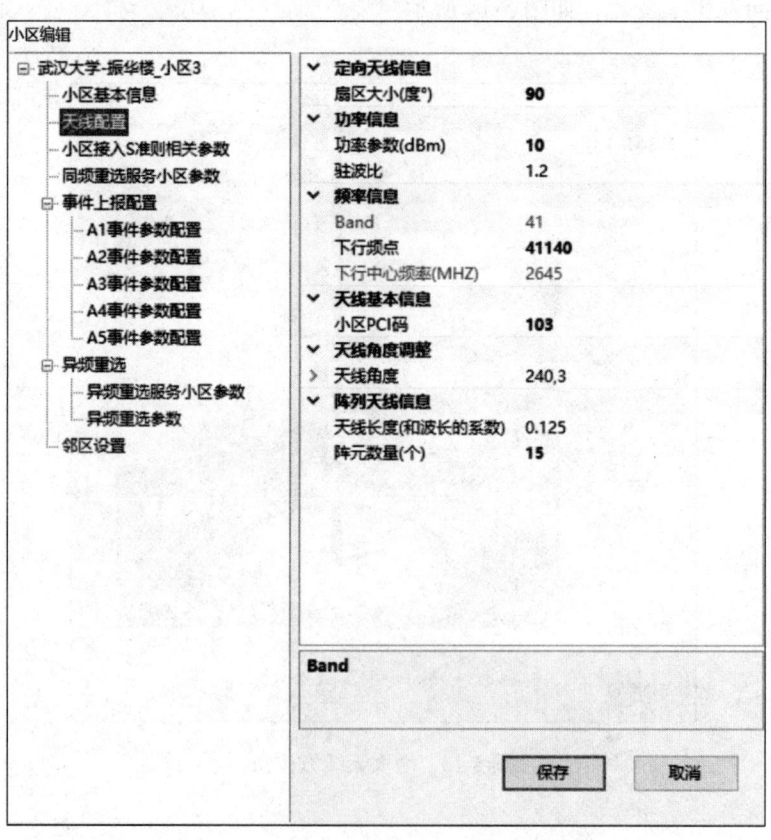

图 5-15　减小天线发射功率

图 5-16　减小天线发射功率后的覆盖情况

保持所有参数不变，增大天线的发射功率至 20 dBm，如图 5-17 所示。则其覆盖距离增大，如图 5-18 所示。

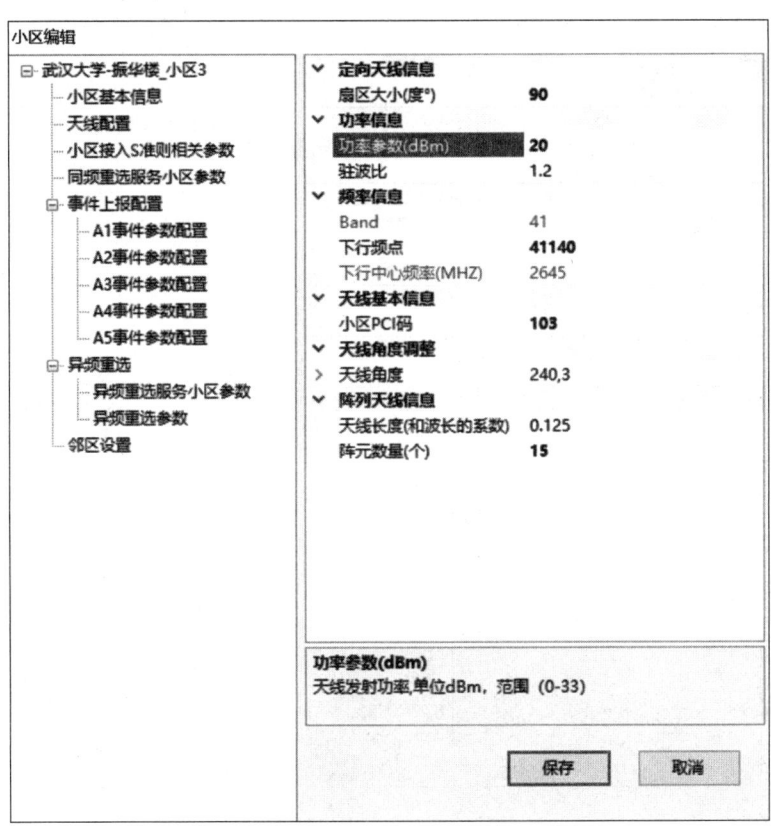

图 5-17　增大天线发射功率

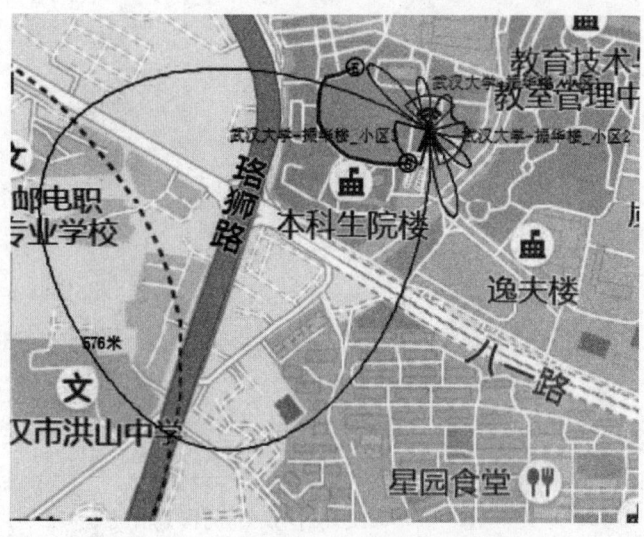

图 5-18　增大天线发射功率后的覆盖情况

（8）保持所有参数不变，减小天线的挂高至 20 m，如图 5-19 所示。则其覆盖距离减小，如图 5-20 所示。

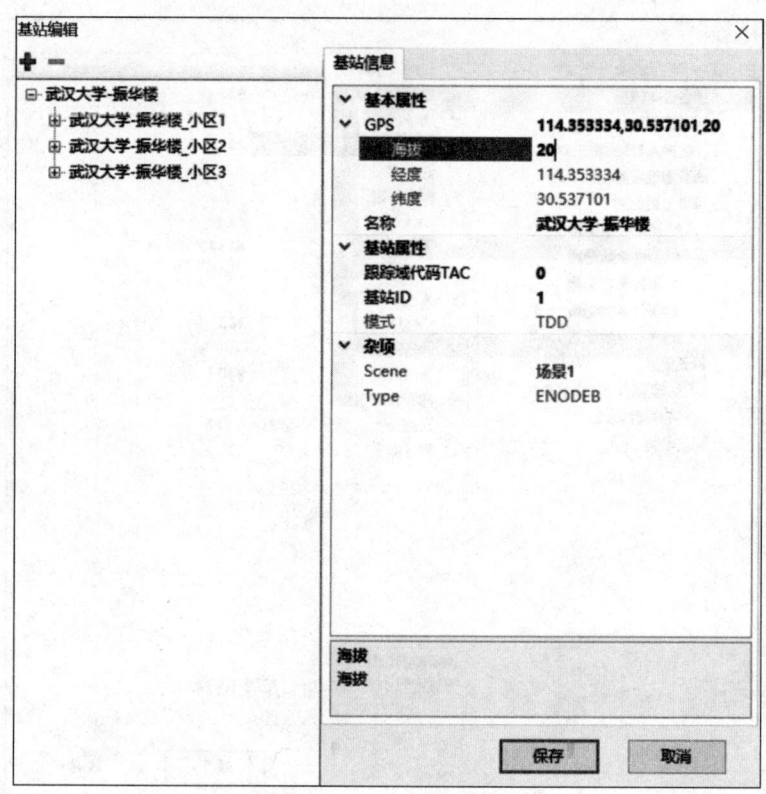

图 5-19　减小天线挂高

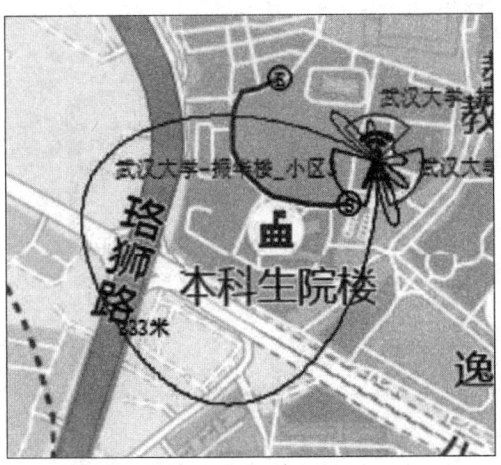

图 5-20 减小天线挂高后的覆盖情况

保持所有参数不变，增大天线的挂高至 40 m，如图 5-21 所示。则其覆盖距离增大，如图 5-22 所示。

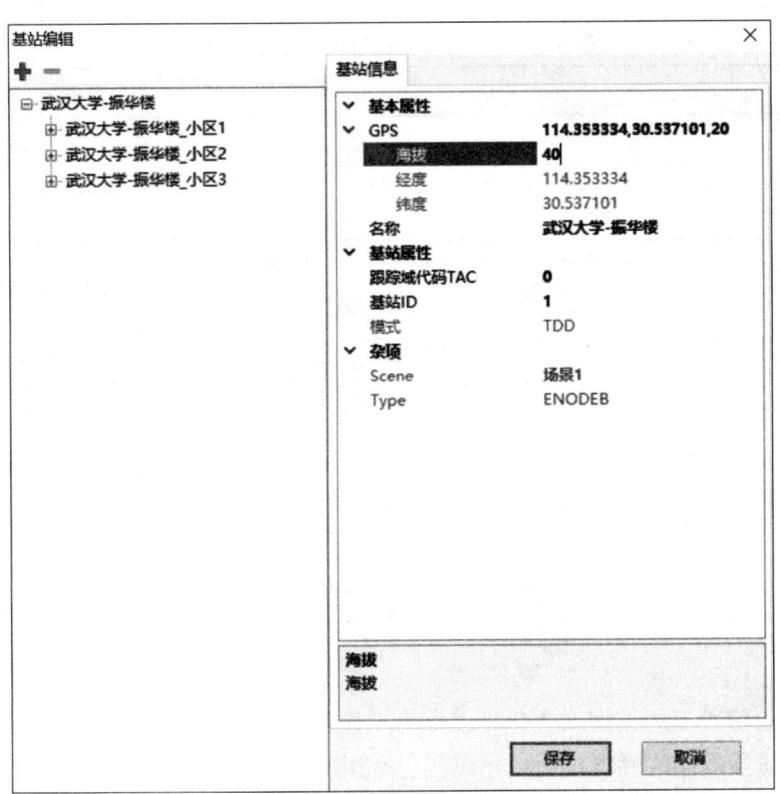

图 5-21 增大天线挂高

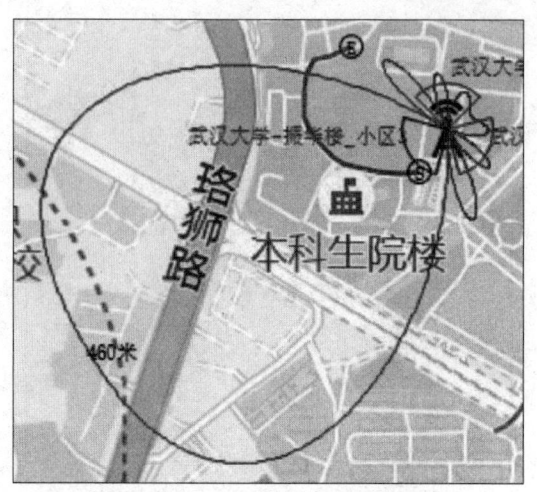

图 5-22　增大天线挂高后的覆盖情况

（9）总结天线工程参数对信号覆盖的影响，将结果填写入天线工程参数对信号覆盖的影响（表 5-1）中。

表 5-1　天线工程参数对信号覆盖的影响

参数类型	参数变化	覆盖变化
天线下倾角	减小	覆盖距离增大
	增大	覆盖距离减小
天线方位角	减小	覆盖方向改变，距离不变
	增大	覆盖方向改变，距离不变
天线发射功率	减小	覆盖距离减小
	增大	覆盖距离增大
天线挂高	减小	覆盖距离减小
	增大	覆盖距离增大

任务 2　网络优化流程

根据优化的阶段不同，网络优化可以分为工程优化和运维优化两种。工程优化主要是指网络初始建设阶段的网络性能优化；运维优化是指网络移交运营商运营期间，根据用户投诉或者 OMC 告警所触发的网络优化。本任务主要介绍工程优化的流程规范，为网络优化工程师提供参考。

工程优化主要是通过路测、定点测试等方式，结合天线调整、邻区、频率、PCI 和基本参数优化提升网络 KPI 指标的过程。

从优化流程上来看，工程优化阶段是站点开通后到初验之前的重要阶段。工程优化阶段是后期网络质量和 KPI 指标提升的基础，也是优化工作量最大的一个阶段。其主要任务包括以下几个：

（1）覆盖调整：覆盖调整的效果将长期影响网络性能，是网络性能的基础。良好的覆盖优化无论是在网络处于空载时，还是在网络有较大负荷时，都能有较好的指标；相反，如果覆盖优化做得不好，不但空载时网络指标上不去，而且随着负载增大，网络指标也会明显下降。TD-LTE 系统采用 AMC 技术和高阶调制 64QAM，对 SINR 要求更高，对网络覆盖优化提出更高要求，控制越区覆盖、净化切换带、消除交叉覆盖尤其突出和重要，特别是切换区覆盖控制。

（2）业务优化：在覆盖优化的基础上完成对各项业务指标的提升。

知识点 1　工程优化流程

工程优化总体流程如图 5-23 所示。

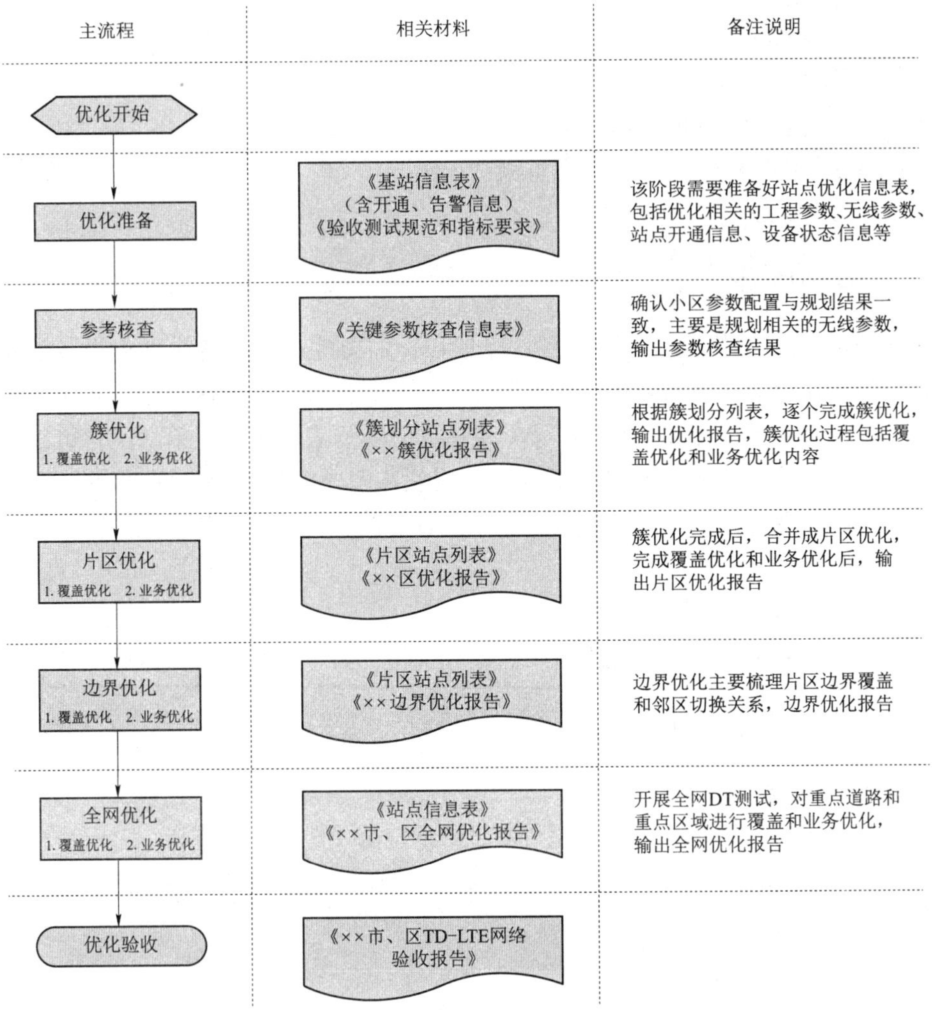

主流程	相关材料	备注说明
优化开始		
优化准备	《基站信息表》（含开通、告警信息）《验收测试规范和指标要求》	该阶段需要准备好站点优化信息表，包括优化相关的工程参数、无线参数、站点开通信息、设备状态信息等
参考核查	《关键参数核查信息表》	确认小区参数配置与规划结果一致，主要是规划相关的无线参数，输出参数核查结果
簇优化 1.覆盖优化 2.业务优化	《簇划分站点列表》《××簇优化报告》	根据簇划分列表，逐个完成簇优化，输出优化报告，簇优化过程包括覆盖优化和业务优化内容
片区优化 1.覆盖优化 2.业务优化	《片区站点列表》《××区优化报告》	簇优化完成后，合并成片区优化，完成覆盖优化和业务优化后，输出片区优化报告
边界优化 1.覆盖优化 2.业务优化	《片区站点列表》《××边界优化报告》	边界优化主要梳理片区边界覆盖和邻区切换关系，边界优化报告
全网优化 1.覆盖优化 2.业务优化	《站点信息表》《××市、区全网优化报告》	开展全网DT测试，对重点道路和重点区域进行覆盖和业务优化，输出全网优化报告
优化验收	《××市、区TD-LTE网络验收报告》	

图 5-23　工程优化总体流程

网络优化的
基本流程

工程优化的流程主要包括以下几个阶段：

- 优化准备。
- 参数核查。
- 簇优化。
- 分区优化。
- 边界优化。
- 全网优化。

知识点 2 优化准备

工程优化工作开始前，需要进行如下准备：

- 基站信息表：包括基站名称、编号、MCC、MNC、TAC、经纬度、天线挂高、方位角、下倾角、发射功率、中心频点、系统带宽、PCI、ICIC、PRACH 等。
- 基站开通信息表，告警信息表。
- 地图：网络覆盖区域的 MapInfo 电子地图。
- 路测软件：包括软件及相应的 licence。
- 测试终端：和路测软件配套的测试终端。
- 测试车辆：根据网优工作的具体安排准备测试车辆。
- 电源：提供车载电源或 UPS 电源。

知识点 3 单站优化

在 LTE 网络优化中，单站优化是很重要的一个阶段，需要完成包括各个站点设备功能的自检测试，其目的是在簇优化前获取单站的实际基础资料，保证待优化区域中的各个站点各个小区的基本功能（如接入、下载、CSFB 等）和基站信号覆盖均正常。单站优化可以排除设备功能性问题和工程质量问题，有利于后期问题定位和问题解决，提高网络优化效率。通过单站优化，还可以熟悉优化区域内的站点位置、配置、周围无线环境等信息，为下一步的优化打下基础。

LTE 单站优化工作整体上可分为两部分：

（1）单站核查，即在单站优化前需先进行站点核查工作，为单站优化测试做好准备，主要包括以下内容：

- 基站状态检查。
- 基础数据和参数核查。
- 天线电调性能检查（仅宏站）。

（2）单站测试，即测试准备完成后，通过 CQT 测试和 DT 测试验证的内容包括如下几部分：

- 覆盖性能。
- 移动性能。
- 业务性能。

1. 单站核查

（1）基站状态检查。

通过设备网管进行如下检查：

● 检查待验证站点是否有告警，如果有告警，确认无影响后可进行单站验证测试。

● 检查待验证站点小区是否激活，小区状态是否正常；将站点基本信息填写到测试结果表格中，待站点状态正常后，再进行现场测试。

（2）基础数据和参数检查。

1）网管核查配置数据。

在站点测试前，网优工程师需要采集现网网管配置的数据，并检查各项参数与规划数据是否一致。对与规划输出不一致的参数进行修改，确保小区实际参数与规划参数一致。

核实的参数包括：

站名、eNodeBid、cellid 、PCI、TAC、频点、带宽、参考信号功率、PRACH、传输模式、双工模式、天线模式、频带、MME。

2）网优工程师现场检查基础数据与规划数据是否一致，并记录到单站验证报告中，主要包括：

● 站址经纬度是否和实测一致。

● 通过 CQT 测试，各小区测试得到的 PCI 参数是否和工参表一致。

● 天线方位角、天线挂高等是否与规划数据相符，天线方位角需采用指北针进行核实。

（3）天线电调性能检查（仅宏站）。

由于 LTE 系统对干扰敏感，因此要求在建设阶段完成 LTE 天线远程电调系统的连接和调试，保证入网基站能够方便地调整设置倾角，同时，方便读取天线相关基本信息以便于后续维护和优化。

1）读取信息检查。

天线附带的 RCU 应在发货时填写准确的相关基础信息，相关参数见表 5-2。

表 5-2　天线相关参数

分类	字段名	含义	读出要求
天线信息	Antenna model number	天线类型	必须正确读出
	Antenna serial number	天线序列号	该字段保留，值暂不要求
	Antenna operating band/s	频段	该字段保留，值暂不要求（可参考天线型号对应值）
	Beamwidth for each operating band in band order /deg	波瓣宽度	该字段保留，值暂不要求（可参考天线型号对应值）
	Gain for each operating band in band order /（dBi × 10）	增益	该字段保留，值暂不要求（可参考天线型号对应值）
	Installation date	安装日期	必须正确读出

分类	字段名	含义	读出要求
天线信息	Base station ID	站号	该字段保留，值暂不要求
	Sector ID	扇区号	该字段保留，值暂不要求
	Antenna bearing	方位角	该字段保留，值暂不要求
	Installed mechanical tilt	机械倾角	该字段保留，值暂不要求
RCU本身信息	Maximum supported tilt/（degrees/10）	最大可调电倾角	必须正确读出
	Minimum supported tilt/（degrees/10）	最小可调电倾角	必须正确读出
	Electrical Antennatilt	当前倾角	必须正确读出且可写入调整值
	RcuSN	RCU 序列号	必须正确读出或手动导入

天线类型、频段、波瓣宽度、增益、安装日期、最大可调电倾角、最小可调电倾角、当前倾角为必须读出字段，可从后台设备网管读出，必须读出且与实际相符，如果不能读出或读值不正确，则验收不予通过。

多端口天线应能准确区分每个 RCU 且分别读出相关的信息字段。

注：对于异系统合路天线，要求开站时将"字段保留"字段写入基站，以区分级联马达的归属。

2）倾角调整验证。

后台人员远程初始化电调状态，确认网管和天线连接正常并能读取天线信息后，读取电调下倾角设置值并记录，修改电调天线的下倾角，分别设置为最大下倾角和无下倾角两种情况，同时，现场测试接收电平的变化情况，如果电平有明显变化，说明电调正常，并填写电调功能验收记录表。比较电调初始设置值和设计值是否一致，一致则恢复初始设置值。如果存在异常，则通知入网验证测试人员记录异常。根据记录的下倾角，将电调天线恢复至原有的下倾角度。

如果存在 RCU 级联情形，则默认 RCU1 是 LTE 连接天线，然后验证 RCU1 的电调信息；如果 RCU1 出现异常，则通过 RCU2 来确认电调连接是否正常，并记录电调异常。

2. 单站测试

LTE 基站单站测试需要通过 CQT 测试和 DT 测试完成，其中 CQT 测试主要进行小区级业务性能验证，DT 测试主要进行基站和小区级覆盖和切换性能验证。

单站验证时发现的问题，需要及时进行处理，并在处理完之后重新验证，确保问题已解决。在实际项目中最常遇到的问题有：传输问题、天馈接反、服务器问题等。

天馈接反是测试中经常遇到的问题，对这种情况，应及时通报进行整改，并推动制定措施，规避后续其他站点出现类似问题。

单站验证测试后应在期限内提交单站验证报告、测试的 log 文件，作为簇优化准备的必要条件。

知识点 4 簇优化

1. RF 优化

单站验证完成之后，需要按簇对网络性能进行优化。在 LTE 项目中，可按簇进行优化和验收，每簇基站数建议不低于 15 个。建议当本簇中 90% 的站点通过单站验证后即可启动，剩余的 10% 站点在开通后进行单站验证即可。

分簇优化的主要内容见表 5-3。

表 5-3 分簇优化的主要内容

优化内容	说明
覆盖优化	（1）实现对覆盖空洞的优化，保证网络中覆盖信号的连续覆盖； （2）实现对弱覆盖区域的优化，保证网络中覆盖信号的覆盖质量； （3）实现对主控小区的优化，保证各区域有较为明显的主控小区； （4）实现越区覆盖问题的优化
干扰优化	（1）对网内干扰而言，干扰问题体现为 RSRP 数值较大而 SINR 数值较小； （2）对网外干扰而言，干扰问题体现为扫频测试得出的测试区域底噪数值很高
切换优化	主要包括邻区关系配置以及切换相关参数的优化，解决相应的切换失败和切换异常事件，提高切换成功率
掉线率与接通率优化	专项排查，解决掉线和接通方面的问题，进而提高掉线率和接通率
告警和硬件故障排查	解决存在的告警故障和硬件问题

分簇优化的主要工作步骤包括：

（1）制定簇优化的目标。

簇优化聚焦于网络的覆盖、接入性、保持性（掉线率）、移动性（切换成功率）、吞吐率等指标，因此需提前制定好簇的关注指标，及各指标的目标值。

（2）簇测试。

在各方面工作准备完成后，则按计划进行簇测试。在簇测试中有如下注意事项：

路测过程中，后方人员（设备侧工程师以及网优工程师）务必保证网络设备的稳定工作，禁止有任何网络操作（包括但不限于网络参数修改、闭塞/解闭小区、远端 RET 调整、邻区修改等）。

路测过程中，可以根据实际情况开启后台的信令跟踪，有助于优化过程中异常事件的分析。

路测过程中，测试队伍需要密切关注终端的接入/掉线行为以及吞吐量的趋势，若遇到明显异常行为应及时向后方人员通报，并定位处理。

（3）数据分析及问题处理。

优化的手段包括：参数优化、邻区优化、天馈优化（在 LTE 与 2G/3G 共天馈的情况下受限）、工程质量问题处理、产品问题处理等。

数据分析及问题处理的内容包括：覆盖优化、吞吐率优化、掉线优化、接入失败优化、切换优化、时延优化等，通过分析，给出优化建议。

（4）调整以及验证。

在数据分析及问题处理阶段给出了优化建议（如天馈调整、邻区调整、PCI调整、切换门限或者迟滞调整等）并执行调整。调整时需要注意做好记录。调整实施后，应该马上安排路测队伍前往调整区域进行路测以验证调整效果。

2. 优化结果输出

簇优化的报告是网络路测KPI和分析成果的展示，在完成一轮簇优化后应及时输出优化报告及优化前后的指标对比。簇优化报告模板中应包括：

- 优化前簇状态（包括站点个数、开通情况、告警情况等）。
- 测试路线。
- 优化前指标情况。
- 簇内问题点汇总。
- 各问题点详细分析和解决建议。
- 各问题点调整后情况。
- 下一轮优化建议。
- 遗留问题汇总。

一般簇优化均会进行多轮，每一轮均需要输出优化报告，并在多轮簇优化结束后输出优化前后的性能对比报告，以展示多轮优化的效果。

知识点5 分区优化

当连续的簇都基本开通并完成了分簇优化，就需要对这一连续区域进行区域路测优化。区域的划分应综合各地的实际情况，结合基站地理位置、基站建设进度、测试路线选择以及测试耗时估计等进行划分。

分区优化在分簇优化的基础上更加注重簇与簇之间边界地区的覆盖、干扰、切换等问题。在全区范围内进行频点和PCI的优化，重点针对簇边界进行路测和优化，必要时应对某些小区的频点和PCI进行修改或调整天线配置，从而保证在簇的边界处也具有良好的网络性能。

分区优化前，需要进行分区网络性能的评估，通过网络覆盖数据采集、OMC数据采集等数据源，制定优化方案及优化计划。

分区优化的工作内容如下：

（1）簇之间配合优化。

（2）分析采集到的数据，找出网络问题，提出优化方案并实施。

（3）小区配置参数优化调整。

（4）对分区覆盖进行优化。

（5）对分片区移动性进行优化。

（6）对片区网络性能进行优化。

分区优化后，需对网络质量进行评估，输出片区网络质量评估报告、片区优化报告，具体包括如下内容：

（1）片区优化完成后的数据采集；

（2）优化前后的测试数据对比；

（3）片区优化完成后的质量评估报告；

（4）片区优化报告。

知识点 6 边界优化

由于 LTE 没有 RNC，因此厂家间的配合问题相对 3G 简单了很多，但切换在不同厂家间仍不可避免会出现较多不可预料的问题，在完成分区优化后，应在存在多厂家共同组网的城市再进行多轮厂家交界优化，重点关注厂家交界的基站之间的切换、吞吐率、时延情况。

不同 LTE 厂家交界优化主要检查异厂家网络边界的相关性能指标，通过测试验证发现可能存在的互操作功能、数据、参数等问题，通过协同 RF 优化、参数调整、数据完善等手段可以实现边界区域性能指标的提升。

各本地网分公司负责交界处不同厂家之间的协调。对于存在不同厂家交界的区域需要进行跨厂家优化。双方交界基站基本建设完成前双方需要交互数据，提前做好 PCI、邻区等规划。

涉及不同厂家交界区域的两个厂家均需要进行 DT 测试，测试区域为以边界基站为中心，向各自区域延伸 3～5 倍站距（该区域平均站距）。测试过程中，如果出现异厂家互操作异常等问题，则需要由两个无线设备厂家及核心网厂家的工程师组成一个联合网优小组对边界进行覆盖和业务优化，而且还需要各方配合一起来分析定位问题。

不同厂家交界区应重点关注的优化内容包括：

（1）边界的越区覆盖控制，在解决过覆盖小区问题时需要警惕是否会产生覆盖空洞。

（2）边界的邻区优化，添加必要的邻区、删除错误或者冗余的邻区。

（3）边界的 PCI 复用问题，包含 PCI 冲突、混淆以及干扰。

（4）边界的 PRACH 规划和碰撞问题。

（5）边界的切换问题，通过切换参数的调整，优化切换过早、过晚、乒乓切换等问题。

（6）进行边界帧配比核查，如帧配比不同，需要调整为相同，以避免上行帧干扰（仅TDD）。

知识点 7 全网优化

1. 网络评估

进行全网优化前，需要对全网的网络质量进行评估。所有片区网络优化后的网络质量评估报告、所有片区网络优化报告及网络监控指标可以分析全网的网络现状，明确全网优化目标，确定全网优化计划。

考虑 LTE 网络需求，应采用尽可能少而又可综合反映网络性能的指标体系，这样可以更快地掌握网络性能。在 LTE 网络建设的初期，由于 LTE 用户较少，因此以路测评估为主。

随着 LTE 用户与业务量的增长，网管指标也应重点关注。

2. 网络优化调整

工程优化阶段网优调整的主要手段如下：

（1）天线下倾角。

主要应用场景：过覆盖、弱覆盖、导频污染、过载等。

（2）天线方向角。

主要应用场景：过覆盖、弱覆盖、导频污染、覆盖盲区、过载等。

以上两种方式在 RF 优化过程中是首选的调整方式，调整效果比较明显。天线下倾角和方向角的调整幅度要视问题的严重程度和周边环境而定。

但是有些场景实施难度较大，在没有电子下倾的情况下，需要上塔调整，人工成本较高；某些与 2G/3G 共天馈的场景需要考虑 2G/3G 性能，一般不易实施。

（3）导频功率。

主要应用场景：过覆盖、导频污染、过载等场景。

调整导频功率易于操作，对其他制式的影响也比较小，但是增益不是很明显，对于问题严重的区域改善较小。

（4）天线高度。

主要应用场景：过覆盖、弱覆盖、导频污染、覆盖盲区（在调整天线下倾角和方位角效果不理想的情况下选用）。

（5）天线位置。

主要应用场景：过覆盖、弱覆盖、导频污染、覆盖盲区（在调整天线下倾角和方位角效果不理想的情况下选用）。

以上两种调整方式较前边两种调整方式工作量较大，受天面的影响也比较大，一般在下倾角、方位角、功率都不明显的情况下使用。

（6）天线类型。

主要应用场景：导频污染、弱覆盖等。

以下场景应考虑更换天线：

● 天线老化导致天线工作性能不稳定。

● 天线无电下倾可调，但是机械下倾很大，天线波形已经畸变。

（7）增加塔放。

主要应用场景：远距离覆盖。

更改站点类型，如支持 20 W 功放的站点变成支持 40 W 功放的站点等。

（8）站点位置。

主要应用场景：导频污染、弱覆盖、覆盖不足。

以下场景应考虑搬迁站址：

● 主覆盖方向有建筑物阻挡，使基站不能覆盖规划的区域。

● 基站距离主覆盖区域较远，在主覆盖区域内的信号弱。

知识点 8　项目验收

1. 指标要求

单站测试指标要求如下：

宏站验收指标要求见表 5-4，室分指标要求见表 5-5。

表 5-4　宏站验收指标要求

指标项		基线值		备注
		FDD	TDD	
CQT	Ping 时延 /32 Byte	≤ 30 ms	≤ 30 ms	从发出 Ping Request 到收到 Ping Reply 之间的时延平均值
	FTP 下载	≥ 85 Mbit	≥ 75 Mbit	空载，覆盖好点，MAC 层峰值，cat3 类终端
	FTP 上传	≥ 45 Mbit	≥ 9 Mbit	空载，覆盖好点，MAC 层峰值，cat3 类终端
	FTP 下载（均值）	≥ 50 Mbit	≥ 45 Mbit	空载，覆盖好点，MAC 层均值，cat3 类终端
	FTP 上传（均值）	≥ 30 Mbit	≥ 6 Mbit	空载，覆盖好点，MAC 层均值，cat3 类终端
	CSFB 建立成功率	98%	98%	覆盖好点
	CSFB 建立时延	6.2 s	6.2 s	主被叫均为 LTE 终端，从 UE 在 LTE 侧发起 Extend Sevice Request 消息开始，到 UE 在 WCDMA 侧收到 ALERTING 消息
	PCI	正常	正常	与设计值一致
DT	切换情况	正常	正常	同站小区间切换，能正常切换
	小区覆盖测试	正常	正常	在小区主覆盖方向，市区 200 m 内，郊区 300 m 内：RSRP>-90 dBm，SINR>5 dB

表 5-5　室分指标要求

指标项		基线值			备注
		A 类站点	B 类站点	C 类站点	
CQT	FTP 下载速率（双通道）	峰值≥ 90 Mbit；平均≥ 50 Mbit			空载，覆盖好点，MAC 层，cat3 类终端
	FTP 下载速率（单通道）	峰值≥ 45 Mbit；平均≥ 35 Mbit			空载，覆盖好点，MAC 层，cat3 类终端
	FTP 上传速率	峰值≥ 45 Mbit；平均≥ 30 Mbit			空载，覆盖好点，MAC 层，cat3 类终端
	CSFB 建立成功率	98%			覆盖好点
	CSFB 建立时延	6.2 s			主被叫均为 LTE 终端，从 UE 在 LTE 侧发起 Extend Sevice Request 消息开始，到 UE 在 WCDMA 侧收到 ALERTING 消息

续表

指标项		基线值			备注
		A 类站点	B 类站点	C 类站点	
DT	Ping 时延 /32 Byte	≤ 30 ms			从发出 Ping Request 到收到 Ping Reply 之间的时延平均值
	RSRP 分布	>-100 dBm（95%）	>-105 dBm（95%）	>-110 dBm（95%）	>-100 dBm（95%）表示 RS-RSRP >-100 dBm 的比例 ≥ 95%，其他类推
	SINR 分布（双通道）	>6 dB（95%）	>4 dB（95%）	>2 dB（95%）	>6 dB（95%）表示 RS-SINR>6 dB 的比例 ≥ 95%，其他类推
	SINR 分布（单通道）	>5 dB（95%）	>3 dB（95%）	>1 dB（95%）	>5 dB（95%）表示 RS-SINR>5 dB 的比例 ≥ 95%，其他类推
	连接建立成功率	≥ 99%	≥ 98.5%	≥ 98%	连接建立成功率 = 成功完成连接建立次数 / 终端发起分组数据连接建立请求总次数
	PS 掉线率	≤ 0.5%	≤ 1%	≤ 1.5%	业务掉线次数 / 业务接通次数 ×100%
	切换情况	正常			出入口室内外切换，每个出入口往返 3 次以上，能正常切换
	室内信号外泄比例	≥ 90%			建筑外 10 m 处收到室内信号 ≤ – 110 dBm 或比室外主小区低 10 dB 的比例
	系统驻波比	≤ 1.5			分布系统总驻波比

2. 区域测试指标要求

（1）覆盖与吞吐率。

覆盖与吞吐率见表 5-6。

表 5-6　覆盖与吞吐率

区域类型	公共参考信号		指标要求 ≥	小区边缘速率 ≥	小区平均吞吐率 ≥
	RSRP	RS-SINR			
	dBm	dB		Mbit/s	Mbit/s
FDD					
密集城区	>-100	>-3	95%	DL/UL：4/1	DL/UL：35/25
一般城区	>-100	>-3	95%	DL/UL：4/1	DL/UL：35/25
旅游景区	>-105	>-3	95%	DL/UL：4/1	DL/UL：30/20
机场高速、高铁（车内）	>-110	>-3	95%	DL/UL：2/0.512	DL/UL：25/15

续表

区域类型	公共参考信号		指标要求 ≥	小区边缘速率 ≥	小区平均吞吐率 ≥
	RSRP	RS–SINR			
	dBm	dB		Mbit/s	Mbit/s
TDD					
密集城区	>-105	>-3	95%	DL/UL: 1/0.128	DL/UL: 22/4
一般城区	>-105	>-3	95%	DL/UL: 1/0.128	DL/UL: 22/4
旅游景区	>-110	>-3	95%	DL/UL: 1/0.128	DL/UL: 22/4

说明:

- 表格中数据均为 20 MHz 系统带宽,50% 网络负荷情况下的标准。
- RSRP 与 RS–SINR 指标要求为独立要求,非联合要求。
- 小区边缘速率指采样点 CDF(累计概率分布)低端 5% 对应的值。
- 除高铁场景外,RSRP 和 RS–SINR 指室外测量值。
- 各分公司可根据用户感知、场景的重要程度以及后续网络调整、优化难度,适当提高覆盖指标。

(2)相关性能指标。

相关 DT 测试性能指标见表 5–7。

表 5-7 相关 DT 测试性能指标

指标项		基线值		指标定义
		FDD	TDD	
DT	连接建立成功率	98%	98%	连接建立成功率 = 成功完成连接建立次数 / 终端发起分组数据连接建立请求总次数
	掉线率	≤ 0.5%	≤ 0.5%	掉线率 = 掉线次数 / 成功完成连接建立次数
	切换成功率	≥ 99%	≥ 99%	切换成功率 = 切换成功次数 / 切换尝试次数
	切换时延(控制面时延)	≤ 50 ms	≤ 50 ms	指切换控制面时延:从 Measurement Report 后的第一个 RRC Connection Reconfiguration 到 UE 向目标小区发送 RRC Connection Reconfiguration Complete 的时延
	基于 X2 接口切换时延(用户面时延)	≤ 85 ms	≤ 85 ms	下行从 UE 接收到原服务小区最后一个数据包到 UE 接收到目标小区第一个数据包时间;上行从原小区接收到最后一个数据包到从目标小区接收到第一个数据包时间。最后一个数据包是指 L3 最后一个序号的数据包
	基于 S1 接口切换时延(用户面时延)	≤ 85 ms	≤ 85 ms	
	重叠覆盖率	≤ 20%	≤ 20%	重叠覆盖率 = 重叠覆盖度 ≥ 3 的采样点 / 总采样点 × 100% 其中,重叠覆盖度:路测中与最强小区 RSRP 的差值大于 -6 dB 的邻区数量,同时最强小区 RSRP ≥ -100 dBm。

3. 网管指标要求

网管指标要求见表 5-8。

表 5-8　网管指标要求

类别	指标	业务类型	说明	指标要求
接入类	RRC 连接建立成功率（Service）	所有	RRC 连接建立成功率 =RRC 连接建立成功次数 / eNB 收到的 RRC 连接请求次数 ×100%	≥ 99%
	E-RAB 建立成功率	所有	E-RAB 建立成功率 =E-RAB 指派成功个数 /E- RAB 指派请求个数 ×100%	≥ 99%
保持性	掉线率	所有	eNB 发起异常释放的次数 / 业务释放的总次数	≤ 0.5%
移动性	切换成功率（同频）	所有	切换成功次数 / 切换尝试次数 ×100%	≥ 99%
	切换成功率（异频）	所有	切换成功次数 / 切换尝试次数 ×100%	≥ 99%
	LTE 至 WCDMA CSFB 话音成功率	所有	成功率（切出）= 成功次数 / 尝试次数 ×100%	≥ 98%
	LTE 至 WCDMA PS 切换	所有	成功率（切出）= 成功次数 / 尝试次数 ×100%	≥ 98%

实训任务　校园无线网络工程优化

 任务目标

掌握典型环境下的 LTE 网络的建设及简单的信号覆盖的优化流程和方法。

任务要求

（1）能熟练操作 UltraRF LTE 网络优化仿真系统软件。

（2）能选择合适的基站站址。

（3）能设置合适的小区参数。

（4）能设置合适的测试路线，并完成信号覆盖的测试。

（5）能针对覆盖中出现的问题进行分析，并提出恰当的解决方案，完成复测验证。

校园无线网络
工程优化

操作步骤

1. 自建校园场景

在校园内选择 5 个合适的基站站址，建立 LTE 网络覆盖。

（1）打开 UltraRF LTE 网络优化仿真系统软件，在场景管理中选择"新建场景"（图 5-24）。

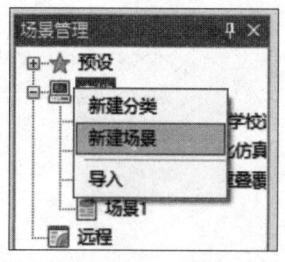

图 5-24　选择"新建场景"

（2）单击"部署基站"图标，分别选择在"通信学院""第二食堂""第一食堂""学生宿舍""教学楼第 3 号楼" 5 个地点设置基站，如图 5-25 所示。

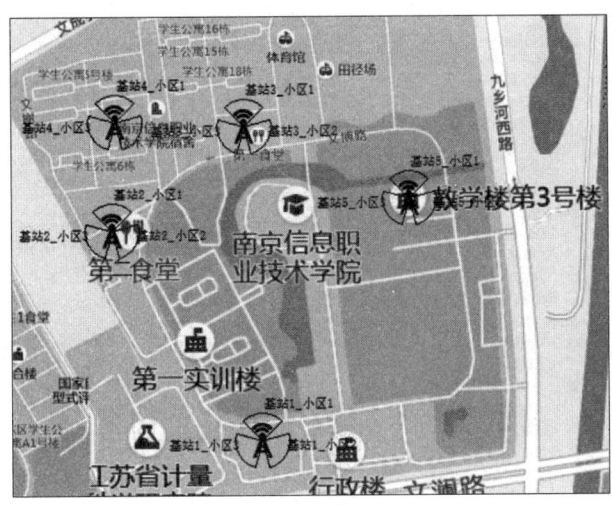

图 5-25　选择基站站址

以基站 1 为例展示基站及各小区的参数设置，如图 5-26 ~图 5-29 所示。

图 5-26　基站 1 基本信息

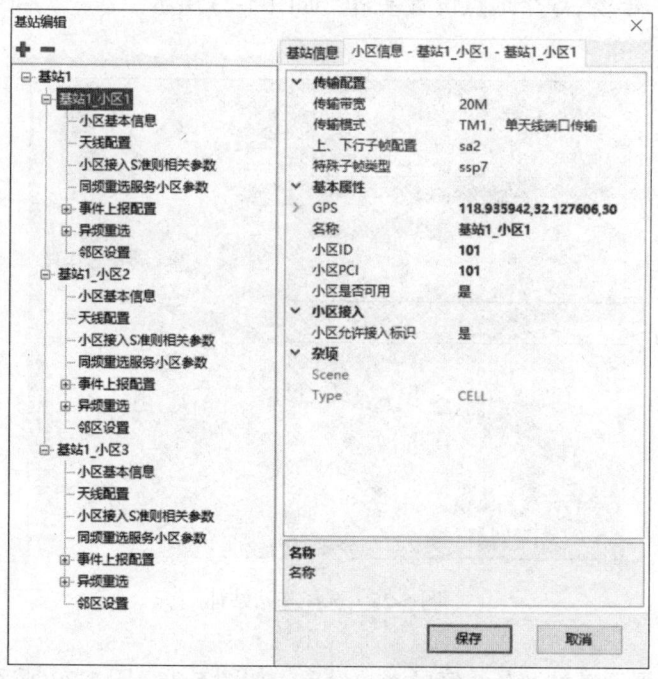

图 5-27　基站 1_ 小区 1 的基本信息

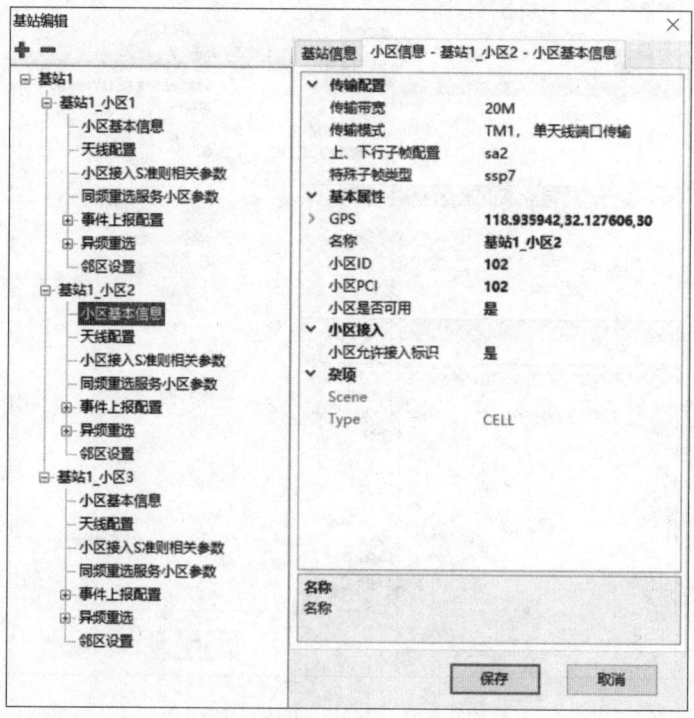

图 5-28　基站 1_ 小区 2 的基本信息

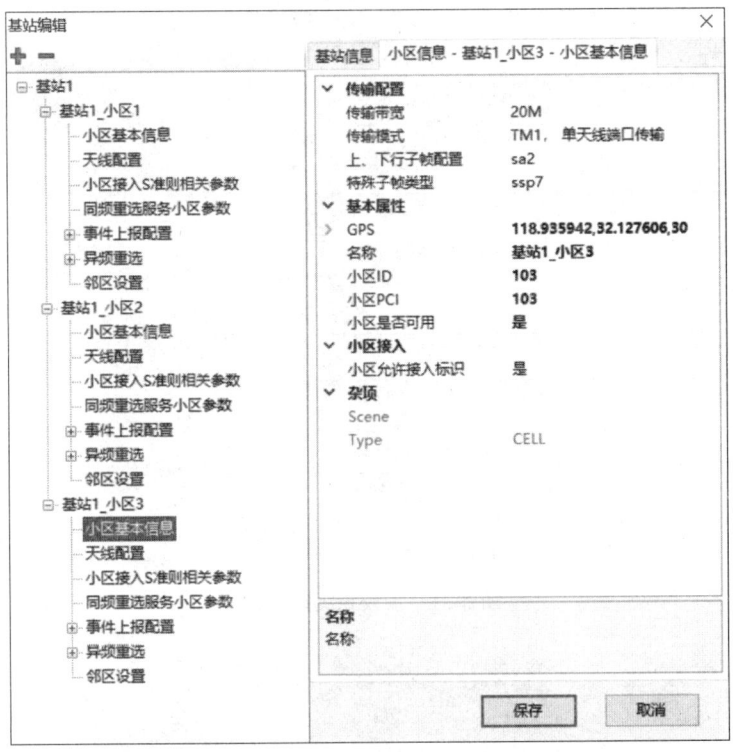

图 5-29　基站 1_ 小区 3 的基本信息

2. 设置测试路线，基本上遍历整个覆盖区域

（1）单击"设置模拟路测的路线"图标，在场景中预规划设置路测的线路，如图 5-30 所示。

图 5-30　单击"设置模拟路测的路线"图标

（2）从学校南门开始设置"起始点"，经第一实训楼、第二实训楼、第二食堂、学生宿舍区、第一食堂、体育场、教学楼第 3 号楼，最后至图书馆终止，如图 5-31 所示。

3. 测试信号覆盖情况，统计 RSRP、SINR 数据，评估网络信号覆盖的情况

（1）重复项目二中的"实训任务　MIMO 天线的工作模式"的操作步骤（4）~（18），可以得到测试数据。优化前的 RSRP 采样图如图 5-32 所示。

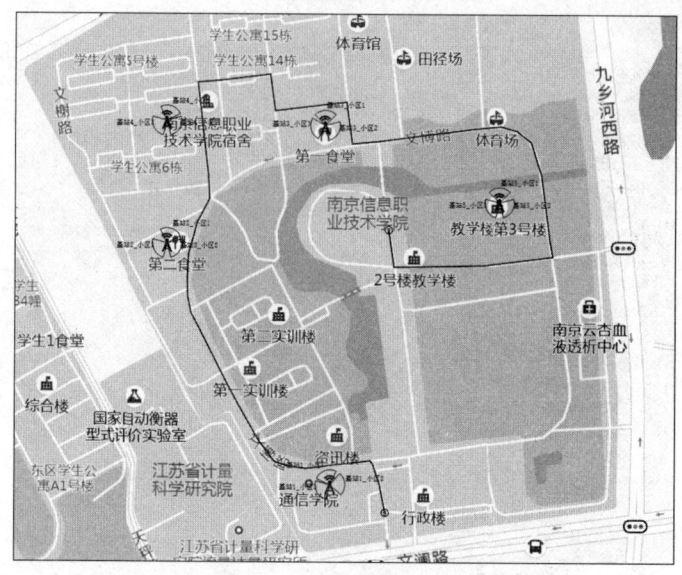

图 5-31 预设路测线路图

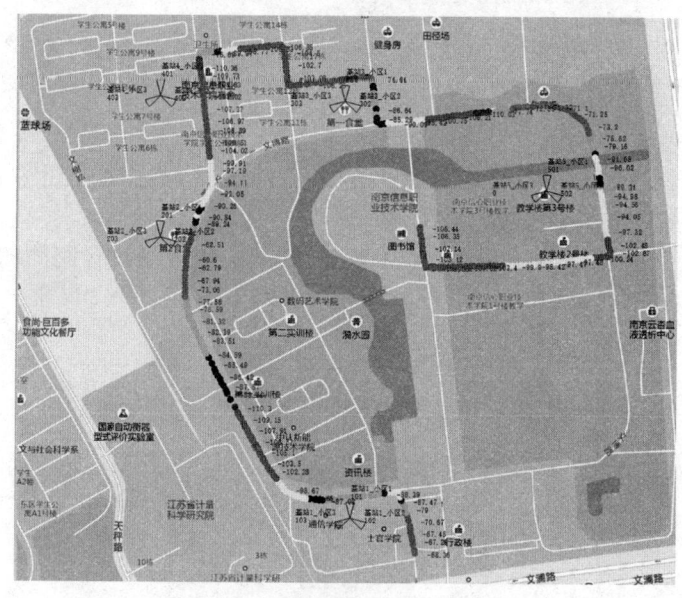

图 5-32 优化前的 RSRP 采样图

（2）查看打点连线（图 5-33），由统计数据可知，测试信号覆盖较差，存在大量的 RSRP 测试值较小的区域。

可以选择所有的打点图，从而可以观察到所有采样点与基站之间的连线关系，如图 5-34 所示。

4．数据分析

由图 5-34 中的连线图可知，手机在每个小区的信号变得非常差，直至掉话后才能连接到新的基站，分析是由于各小区之间没有设置邻区的原因，导致小区无法进行越区切换。

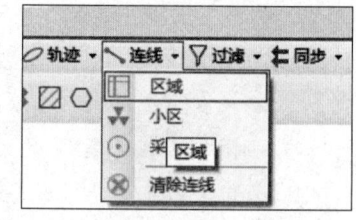

图 5-33 查看打点连线

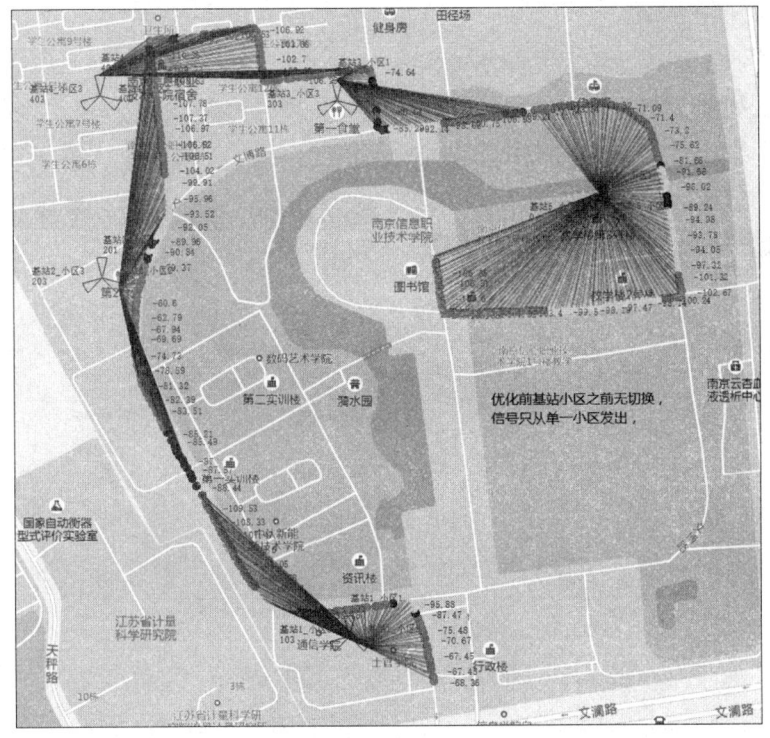

图 5-34　连线图

5. 优化方案制定

主要解决小区无法切换问题，以及由天线角度导致的信号强度弱问题。

（1）查看基站信息，互配邻区。需要注意，5 个基站的每个小区都需要选择，如图 5-35 所示。

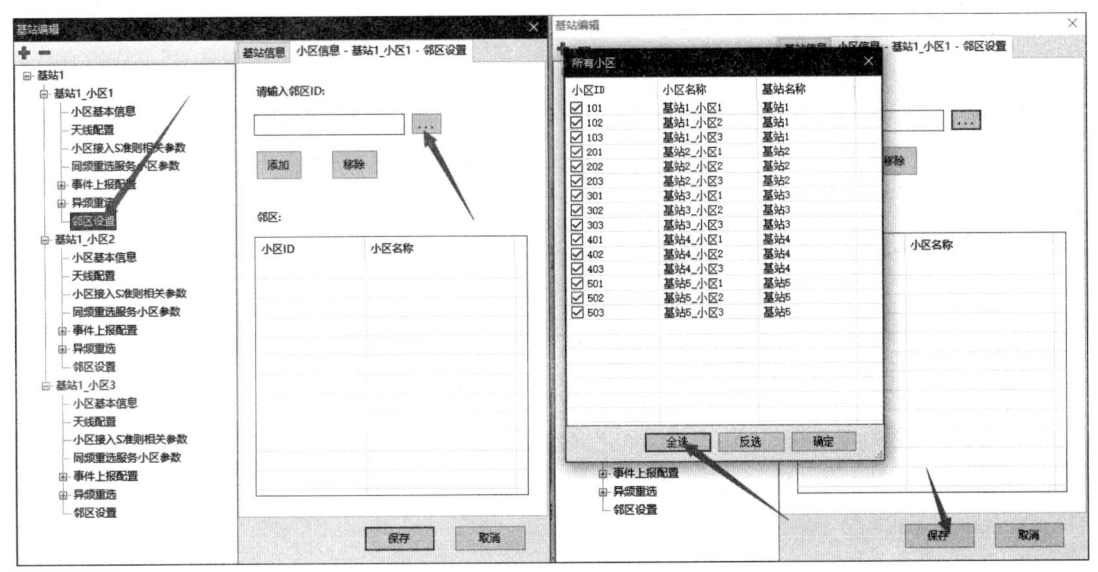

图 5-35　添加邻区关系

（2）调整天线角度。

要根据每个小区的覆盖情况，调整天线的方位角和下倾角。以基站1里的三个小区天线角度调整为例，如图5-36~图5-38所示。

优化调整角度以后，重复测试可以看到覆盖情况得到了有效优化（图5-39）。

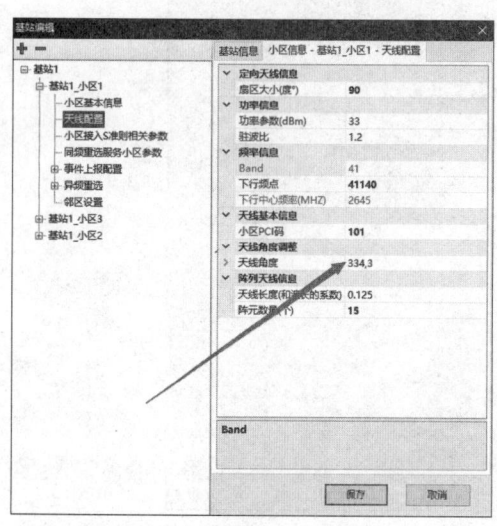

图5-36　基站1_小区1角度调整

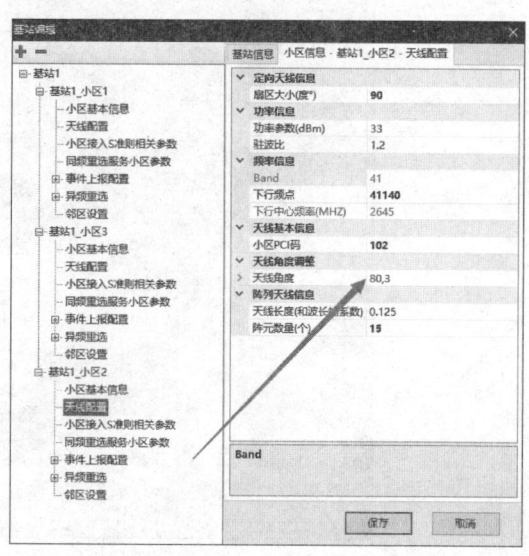

图5-37　基站1_小区2角度调整

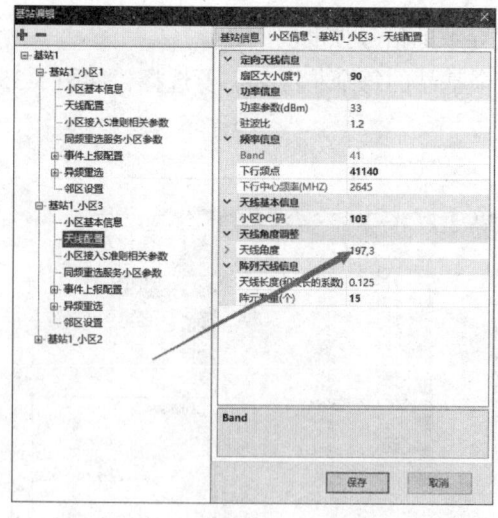

图5-38　基站1_小区3角度调整

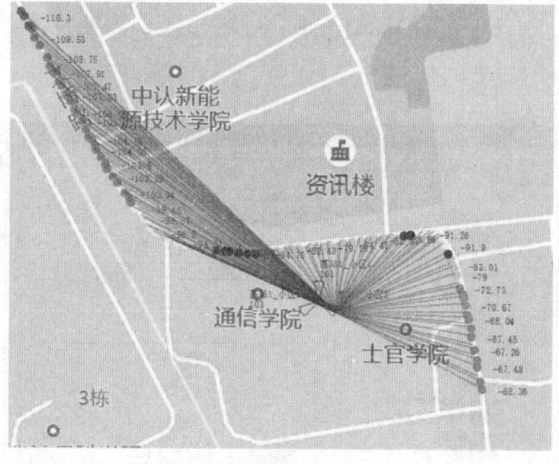

图5-39　角度调整后的覆盖情况测试

（3）分别调整余下的4个基站的天线参数，不断寻求最佳优化方案。最终得到的优化后的RSRP采样图如图5-40所示。

6. 优化后的关键指标统计

优化后要求：RSRP值>-100 dBm的概率大于95%；SINR值>-3 dB的概率大于95%，其统计数据如图5-41和图5-42所示。

256

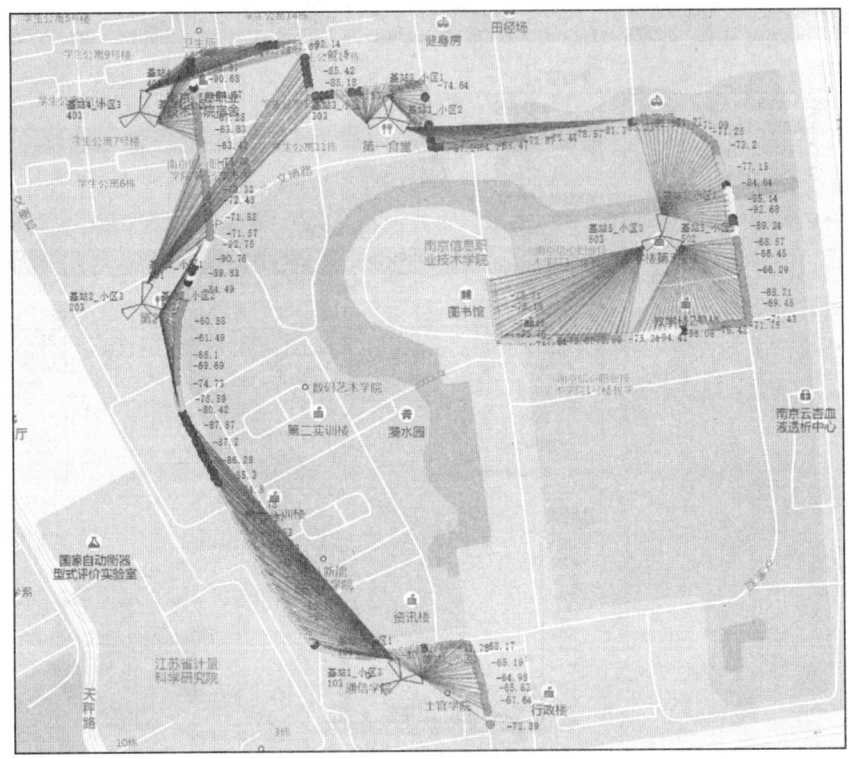

图 5-40 优化后的 RSRP 采样图

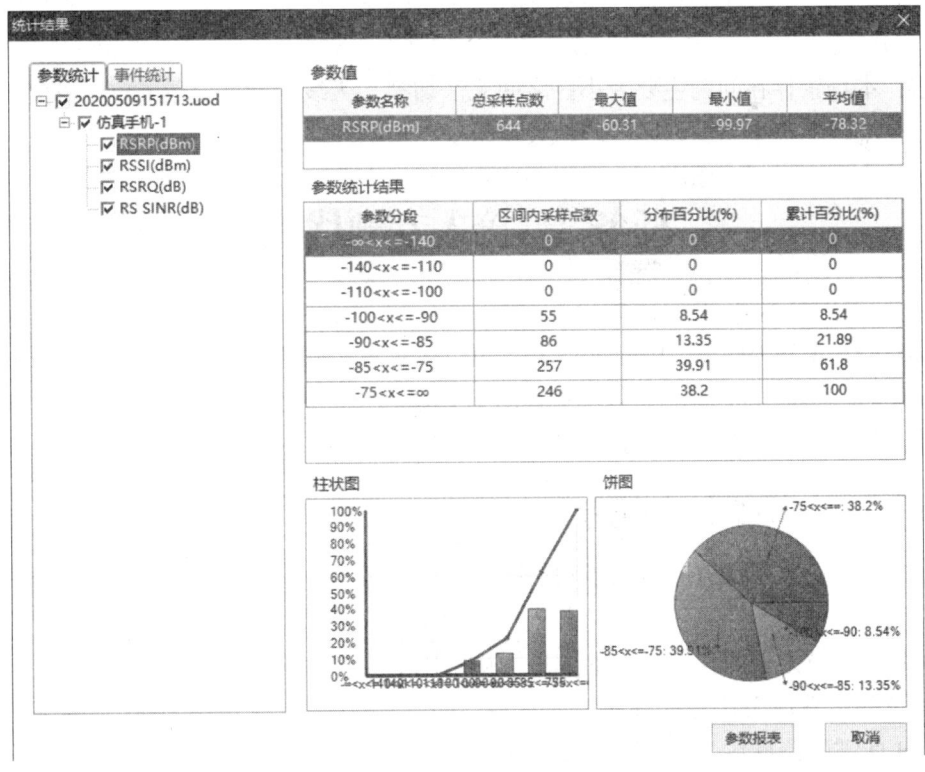

图 5-41 RSRP 的分布统计数据

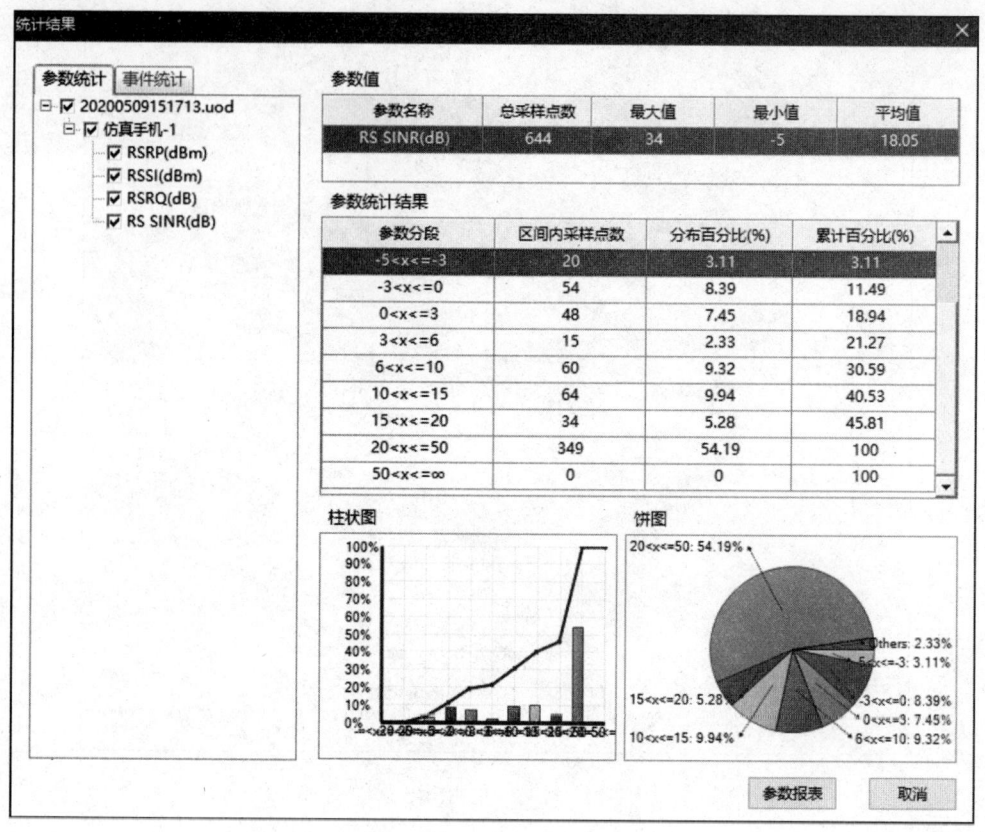

图 5-42　SINR 的分布统计数据

总结：本场景存在问题主要为小区之间无法切换、天线角度不合理导致弱覆盖。主要解决方法：在小区配置中添加邻区，调整天线角度。

任务3　接入专题优化

在 TD-LTE 系统中，处于 Inactive 状态或 IDLE 状态的 UE 通过发起 Attach Request 或 Service Request 触发初始随机接入，建立 RRC 连接，再通过初始直传建立传输 NAS 消息的信令连接。最后，建立 E-RAB 的过程称为接入过程。

知识点1　初始接入信令

在 LTE 系统中，随机接入过程直接影响接入时延，以下着重介绍 PRACH 相关信元的查看。

随机接入开始之前需要对接入参数进行初始化。此时，物理层接收来自高层的参数、随机接入信道的参数以及产生前导序列的参数，UE 通过广播信息获取 PRACH 的基本配置信息。RACH 所需的信息在 SIB2 的公共无线资源配置信息（Radio Resource Config Common）发送，如图 5-43 和图 5-44 所示。

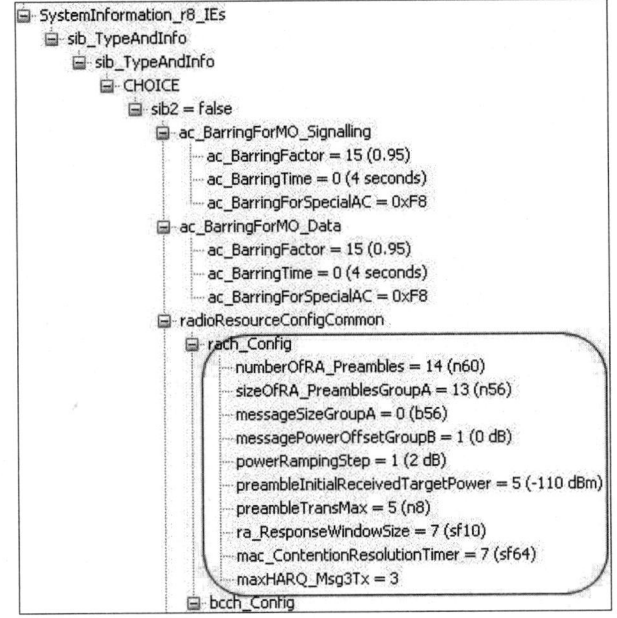

图 5-43　SIB2 的公共无线资源配置信息（一）

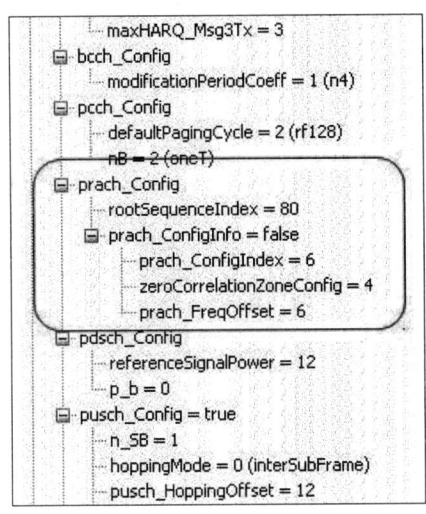

图 5-44　SIB2 的公共无线资源配置信息（二）

主要包含以下参数信息：

基于竞争的随机接入前导的签名个数：60。

- 可用前导个数 Group A 中前导签名个数：56。
- 中心用户可用的前导个数 PRACH 的功率攀升步长 POWER_RAMP_STEP：2 dB。
- PRACH 初始前缀目标接收功率 PREAMBLE_INITIAL_RECEIVED_TARGET_POWER：
–110 dBm。
- 基站侧期望接收到的 PRACH 功率。
- PRACH 前缀重传的最大次数 PREAMBLE_TRANS_MAX：8。
- 随机接入响应窗口 RA–Response Window Size 索引值 7，范围 {2、3、4、5、6、7、8、10}，索引值 7 对应 10 sf，即 UE 发送 Msg1 后，等待 Msg2 的时间为 10 ms，超时后重发。
- MAC 冲突解决定时器 MAC Contention Resolution Timer：索引值 7 对应 64 sf，范围为 {2、3、4、5、6、7、8、10}，即 UE 发送 Msg3 后，等待 Msg4 的时间为 64 ms，超时后，随机接入失败。
- MSG3 HARQ 的最大发送次数：maxHARQ–Msg3Tx 3，即 UE 发送 Msg3，如果没收到 ACK，重发 Msg3，同时，重启 MAC 冲突解决定时器。
- 本小区的逻辑根序列索引 root Sequence Index 80，该参数为规划参数。
- 随机接入前缀的发送配置索引 Prach Config Index 6。
- 循环移位的索引参数 zeroCorrelationZoneconfig 4。

UE 获取 PRACH 相关配置后，发起随机接入，在 Msg1 消息里可以检验 UE 是否按照系统消息携带的参数进行随机接入，如图 5-45 所示。

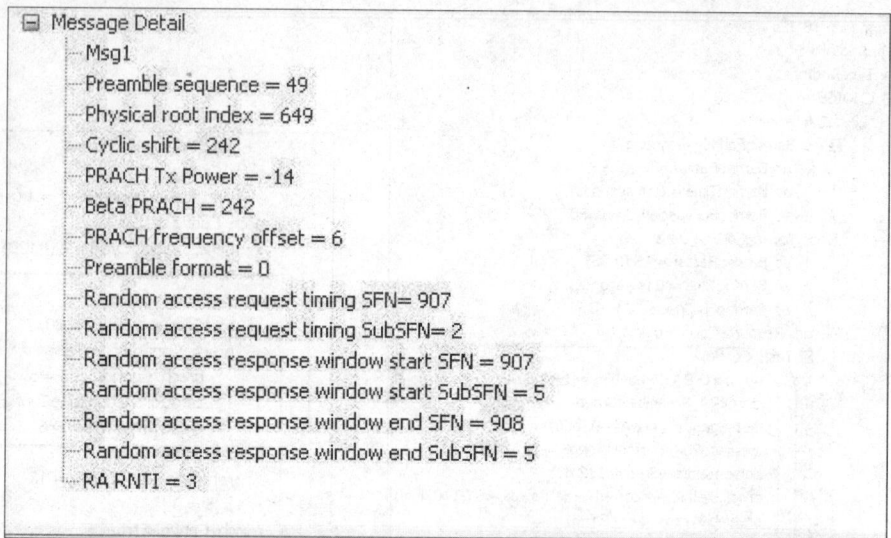

图 5-45　Msg1 消息

根据小区下发的 PRACH config，UE 采用随机接入前导序列为 49，根序列为 649 进行接入。可以看到 UE 采用前导序列 format 0，随机接入请求在系统帧 907/ 子帧 2 上发送，随机接入响应的接收窗从 SFN/SF：907/5 到 SFN/SF：908/5，窗长为 10 ms，与"随机接入响应窗口 RA–Response Window Size"的配置一致。

知识点 2　随机接入问题分析

随机接入分为基于冲突的随机接入和基于非冲突的随机接入两个流程，其区别为针对两种流程其选择随机接入前缀的方式。前者为 UE 从基于冲突的随机接入前缀中依照一定算法随机选择一个随机前缀；后者是基站侧通过下行专用信令给 UE 指派非冲突的随机接入前缀。初始接入采用基于竞争的随机接入，切换采用非竞争的随机接入。

由图 5-46 随机接入的过程可知，从前台 UE 侧角度分析随机接入失败发生的阶段：

- Msg1 发送后是否收到 Msg2。
- Msg3 是否发送成功。
- Msg4 是否正确接收。

1. Msg1 发送后是否收到 Msg2

UE 发出 Msg1 后未收到 Msg2，UE 按照 PRACH 发送周期对 Msg1 进行重发。若收不到 Msg2 的 PDCCH，可分别对上行和下行进行分析，如图 5-46 所示。

上行：

- 结合后台 MTS 的 PRACH 信道收包情况，确认上行是否收到 Msg1。
- 检查 MTS 上行通道的接收功率是否 >–99 dBm，若持续超过 –99 dBm，解决上行干扰问题，比如是否存在 GPS 交叉时隙干扰。
- PRACH 相关参数调整：提高 PRACH 期望接收功率，增大 PRACH 的功率攀升步长，降低 PRACH 绝对前缀的检测门限。

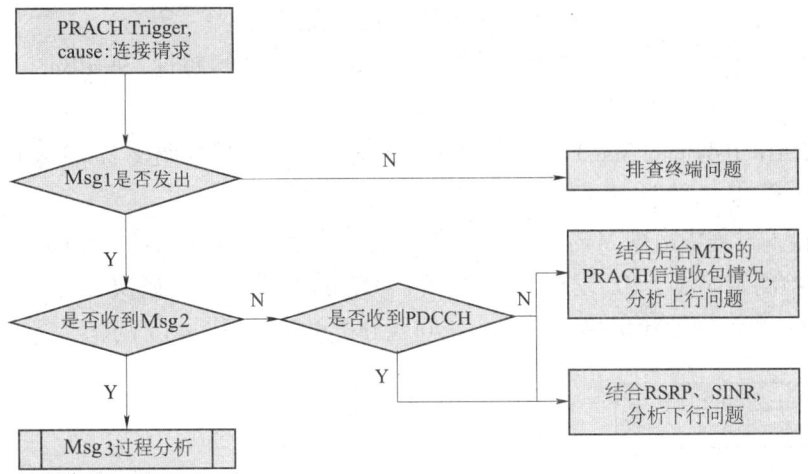

图 5-46 Msg1 分析思路

下行：

● UE 侧收不到以 RA_RNTI 加扰的 PDCCH，检查下行是否 RSRP>−119 dBm，SINR>−3 dB，下行覆盖问题通过调整工程参数、RS 功率、PCI 等改善。

● PDCCH 相关参数调整：比如增大公共空间 CCE 聚合度初始值。

2. Msg3 是否发送成功

图 5-47 所示为 Msg3 分析思路。

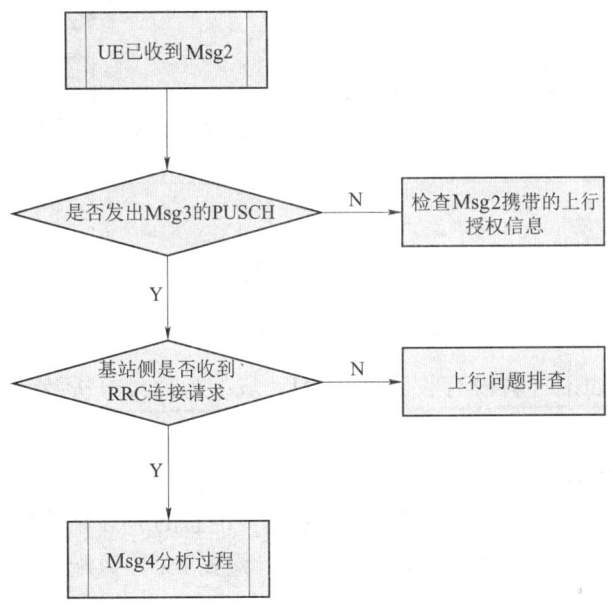

图 5-47 Msg3 分析思路

根据随机接入流程，UE 收到 Msg2 后若没有发出 Msg3，则检查 Msg2 带的授权信息是否正确；若 UE 已发出 Msg3 的 PUSCH，结合基站侧信令查看 eNB 是否收到 RRC Connection Request，若基站侧已发出 RRC Connection Setup 而前台未收到，则如 Msg4 过程分析；若基站侧 RRC Connection Request 未收到，则说明上行存在问题。

● 检查 MTS 上行通道的接收功率是否 >–99 dBm，若持续超过 –99 dBm，则应解决上行干扰问题。

● 检查 RAR 中携带的 Msg3 功率参数是否合适，若不合适则调整 Msg3 发送的功率。

3. Msg4 是否正确接收

在随机接入过程中出现 Msg4 fail，失败原因是 failure at Msg4 due to CT timer expired。CT timer 即冲突检测定时器，UE 发出 Msg3 后开启 CT timer 等待冲突解决 Msg4，若定时器到期时仍未收到 Msg4 触发则随机接入失败。该问题分析思路如图 5-48 所示。

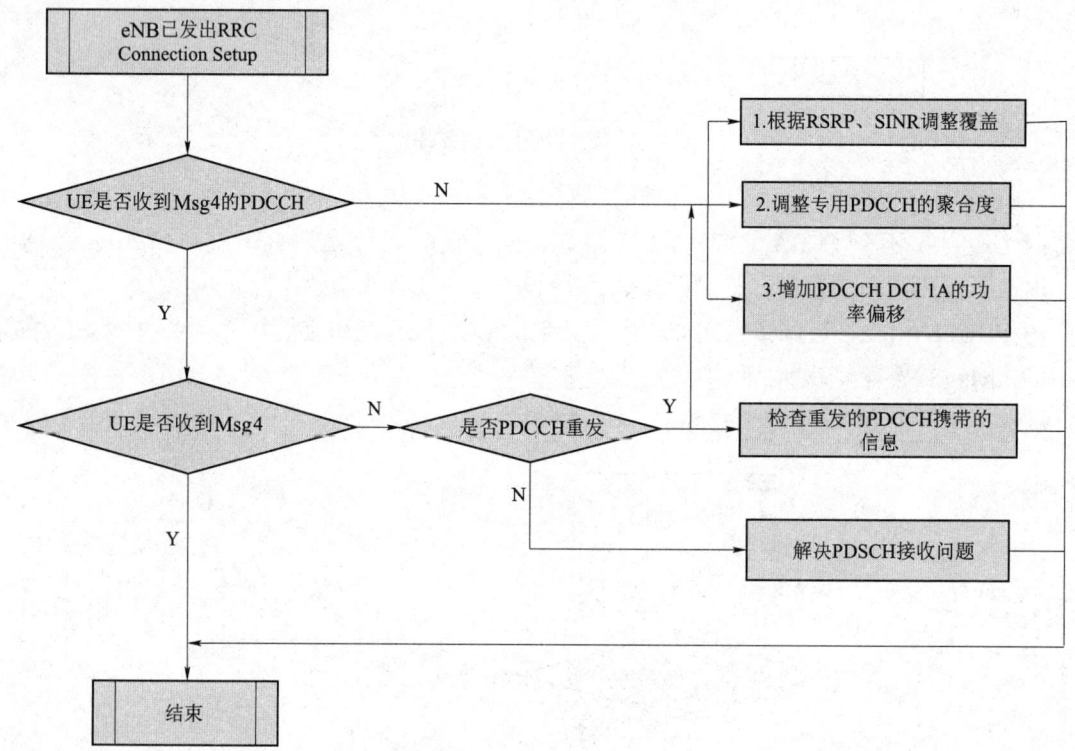

图 5-48　Msg4 fail 分析思路

UE 是否收到 PDCCH，若没有收到 PDCCH，从下行信号分析及参数两方面解决 PDCCH 接收问题。

多次收到 PDCCH 后是否收到 PDSCH？

● 确认收到的 PDCCH 是否重传消息，检查重传消息的 DCI 格式填写是否正确；

● PDSCH 收不到，检查 PDSCH 采用的 MCS，检查 PA 参数配置，适当增大 PDSCH 的 RB 分配数。

知识点 3　接入失败案例分析

问题描述：Msg1 多次重发未响应。

短呼测试中出现 UE 发出 Attach Request 和 RRC Connection Request 后未

接入失败
工程案例

收到 RRC Connection Setup，造成呼叫未接通。查看路测信令，如图 5-49 所示，在小区 PCI 11，8 次 Msg1 发送未收到 Msg2，检查后台告警，此时无 GPS 失锁告警。下行 RSRP 为 –91 dBm，接收电平良好，如图 5-50 所示。

Index	Local Time	MS Time	Chann...	Message Name
29	16:54:39:656	15:54:24:625	UL CCCH	ATTACH REQ
30	16:54:39:656	15:54:24:625	UL CCCH	RRC Connection Request
31	16:54:39:656	15:54:24:625	MAC C...	MAC RACH Trigger
32	16:54:39:656	15:54:24:684	UL MAC	Msg1
33	16:54:39:656	15:54:24:704	UL MAC	Msg1
34	16:54:39:656	15:54:24:724	UL MAC	Msg1
35	16:54:39:656	15:54:24:744	UL MAC	Msg1
36	16:54:39:656	15:54:24:764	UL MAC	Msg1
37	16:54:39:656	15:54:24:784	UL MAC	Msg1
38	16:54:39:656	15:54:24:804	UL MAC	Msg1
39	16:54:39:671	15:54:24:824	UL MAC	Msg1
40	16:54:49:734	15:54:34:829	UL CCCH	ATTACH REQ
41	16:54:50:093	15:54:35:036	BCCH B...	Master Information Block
42	16:54:50:093	15:54:35:040	BCCH ...	System Information Block Type1
43	16:54:50:093	15:54:35:041	ML1 Co...	ML1 Downlink Common Configuration
44	16:54:50:093	15:54:35:115	BCCH ...	System Information

图 5-49　Msg1 多次发送未响应

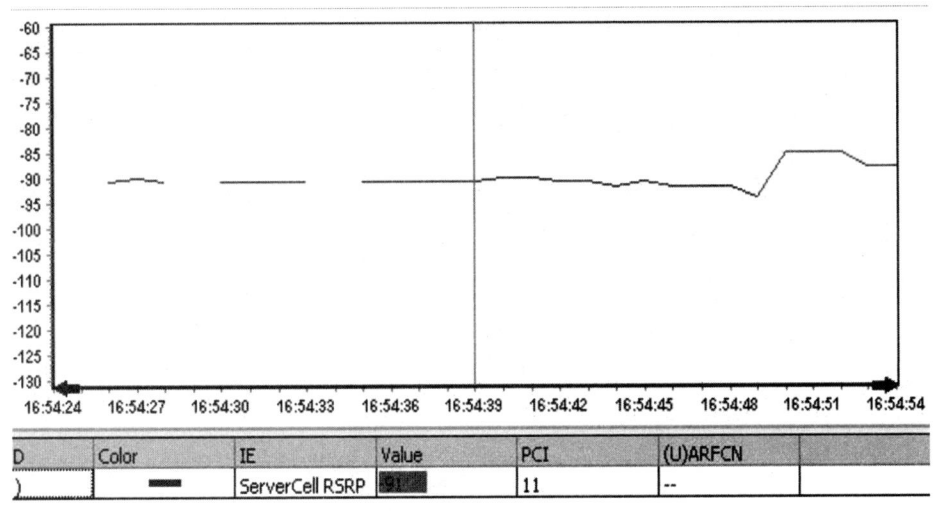

D	Color	IE	Value	PCI	(U)ARFCN
)	—	ServerCell RSRP	91	11	--

图 5-50　Msg1 无响应时的 RSRP

问题分析：

下行 RSRP 为 –91 dBm，接收 RSRP 良好，Msg1 发送了 8 次，均未收到 Msg2。降低 "eNB 对 PRACH 的绝对前缀检测门限" 可以提高 PRACH 信号的检查概率，提升 Msg1 正确解调的概率。

参数 eNB 对 PRACH 的绝对前缀检测门限：

　　PRACH Absolute Preamble Threshold for eNB Detecting Preamble

取值范围：1 ~ 65 535；

单位：线性值；

缺省值：2 000。

将"eNB 对 PRACH 的绝对前缀检测门限"从 2 000 改为 50。修改后，进行短呼测试，RRC Connect Success 为 100%。在小区 PCI 11，从 Msg1 发送的间隔上观察，再未出现 Msg1 重发无响应的现象。

案例总结：

Msg1 多次重发无响应造成的起呼失败，在排除无 GPS 干扰的前提下，降低"eNB 对 PRACH 的绝对前缀检测门限"可以提高 PRACH 检测概率，解决未接通问题。

实训任务　小区接入失败

任务目标

熟悉随机接入的流程，了解小区选择的流程及 S 准则。

任务要求

（1）能够熟练操作"UltraRF LTE 网络优化仿真实训平台"软件。

（2）能够在"小区接入失败"场景中完成优化前的测试。

（3）能够分析测试数据，找出故障原因，并提出合理化的解决方案。

（4）能够在 UltraRF LTE 网络优化仿真系统中按照优化方案修改各小区的参数。

（5）能够复测网络覆盖，并确认问题得以解决。

（6）能够根据项目实际情况，完成优化分析报告。

任务实施

（1）打开"UltraRF LTE 网络优化仿真实训平台"软件。

（2）选择"小区接入失败"场景（图 5-51）。

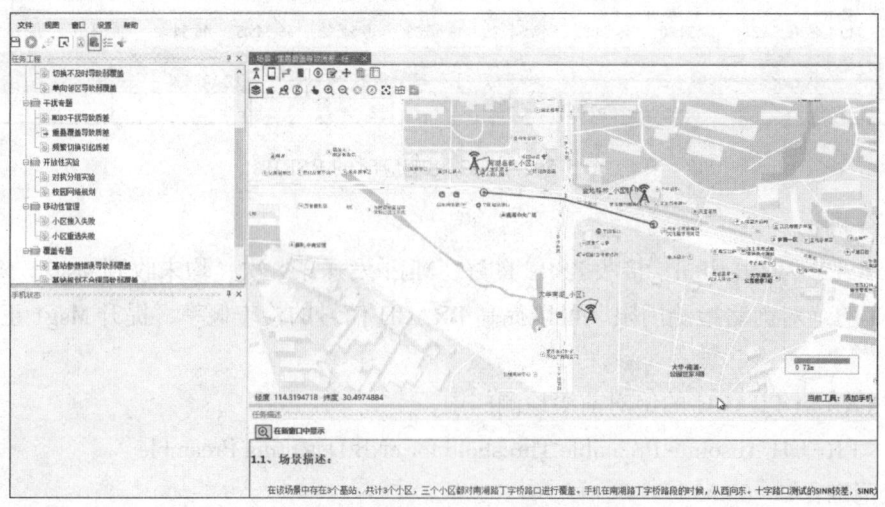

图 5-51　选择"小区接入失败"场景

地图上存在一个基站和一个测试轨迹，可以通过按住鼠标左键拖动鼠标来移动地图，也可以通过按住鼠标左键不动滚动滚轮完成。

在图 5-51 中，红色的线条是测试轨迹，测试轨迹上的起点由"S"开头的图标，意为 Start（开始）；在结束的位置有一个"E"开头的图标，意为 End（结束）。测试轨迹一般默认已经写入，作为专题内容，不推荐对测试轨迹进行修改。

（3）部署小区接入失败场景手机（图 5-52）。

在地图窗口的工具栏（第一行第二个）选择部署手机，等待鼠标箭头变成十字后，移动光标到路径的起点（S 开头）位置，鼠标左键单击确认。

在弹出的手机属性窗口直接选择确定，如图 5-53 所示，其他参数不需要进行处理。这里请关注手机接入 S 准则参数。

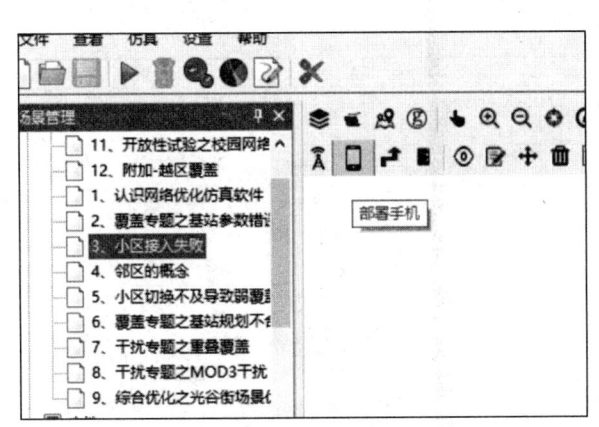

图 5-52　部署小区接入失败场景手机

图 5-53　手机属性

（4）启动仿真。

在软件的工具栏选择"启动仿真"。确认后，在软件界面的左下角有一个"手机状态"的窗口，通过类似飞行模式图标，可以完成手机在线和空闲状态控制；通过类似流量图标，可以完成手机空闲状态和链接状态的切换；通过类似时钟图标，可以进行手机移动速度的设置。这里我们直接让手机处于空闲状态即可，其他的不予处理。手机状态如图 5-54 所示。

（5）重复项目二中的"实训任务　MIMO 天线的工作模式"操作步骤的（5）~（18），可以得到测试的 RSRP 和 SINR 值数据，如图 5-55 所示。

（6）数据分析。

单击地图工具栏第二排最后一个工具"同步回放"，然后等鼠标变成黑色箭头后，单击轨迹上的点就可以完成数据同步显示，这时就可以进行覆盖分析。回放数据，发现部分路段手机没有 RSRP 信号，因此无法接入网络，如图 5-56 所示。

图 5-54　手机状态

图 5-55　测试的 RSRP 和 SINR 值数据

图 5-56　手机没有 RSRP 信号

（7）优化调整。

进行分析后，就可以进行参数调整了。调整在 LTE 网络优化仿真软件上完成，回到 LTE 网络优化仿真软件的"小区接入失败"专题。在地图窗口的工具栏选择"编辑"，等待鼠标变成黑色箭头了，单击地图上的小区就可以修改小区参数了。

根据 S 接入准则：可以获取手机最大发射功率为 23 dBm（图 5-57），所以

$$P_{\text{compensation}}=\text{MAX}（P_{\text{EMax}}-P_{\text{UMax}}，0）=\text{MAX}（23-23，0）=0$$

S_{rxlev} 设置为大于 0，那么，$Q_{\text{relevmean}}-（Q_{\text{rxlevmin}}+Q_{\text{rxlevminoffset}}）>0$ 即可。也即：$Q_{\text{relevmean}}-（-70-1）>0$ 就可以入网，$Q_{\text{relevmean}}>-71$ dBm 就可以入网了。

此时发现电平值比较高，手机在远程接入失败的原因是最小接入电平过高。修改手机的最小接入电平，可以解决网络问题，将 Q_{rxlevmin} 从 -70 dBm 调整到 -120 dBm 即可。

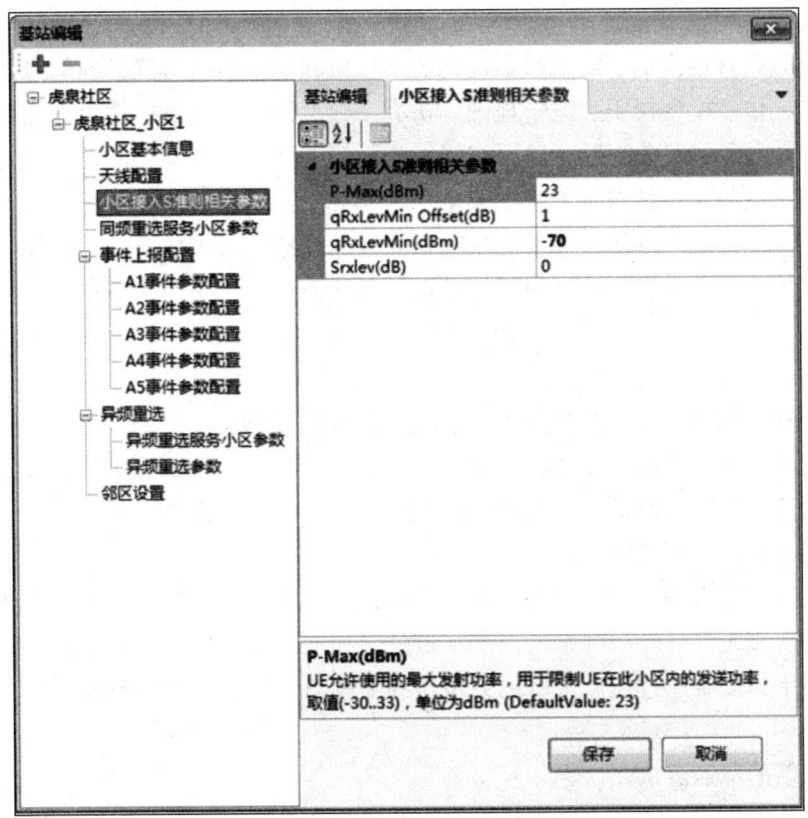

图 5-57　修改接入参数

（8）复测验证。

按照之前的所有操作步骤进行复测，判断之前轨迹区域是否全部能够得到覆盖，是否优化完成。

（9）根据实训操作过程，完成网络优化报告。

任务 4　覆盖专题优化

知识点 1　影响覆盖的因素

良好的无线覆盖是保障移动通信质量和指标的前提。覆盖优化主要考虑上行覆盖优化和下行覆盖优化，一般以下行覆盖优化为主，辅以其他优化。

移动通信网络中涉及的覆盖问题主要有四种：覆盖空洞、弱覆盖、越区覆盖以及重叠覆盖。其中覆盖空洞可以看成是弱覆盖的特例，而越区覆盖和重叠覆盖可以归为交叉覆盖，所以从这个角度来看，覆盖优化即在实际网络建设和维护中，最大限度地解决两方面的问题，即消除弱覆盖和优化交叉覆盖。

无线网络覆盖问题产生的原因主要有如下五类：

覆盖的分类

（1）无线网络规划不准确。

无线网络规划直接决定了后期覆盖优化的工作量和未来网络所能达到的最佳性能。可从传播模型选择、传播模型校正、电子地图、仿真参数设置以及仿真软件等方面保证规划的准确性，避免规划导致的覆盖问题，确保在规划阶段就满足网络覆盖要求。

（2）实际站点与规划站点位置存在偏差。

规划的站点位置是经过仿真能够满足覆盖要求的位置，而实际上由于各种原因无法获取到合理的站点位置，因此实际站点与规划站点位置存在偏差，导致网络在建设阶段就产生覆盖问题。

（3）实际站点工参和规划参数不一致。

由于安装质量问题，因此出现天线挂高、方位角、下倾角、天线类型与规划的不一致，使原本规划已满足要求的网络在建成后出现了很多覆盖问题。虽然后期网络优化可以通过一些方法来解决这些问题，但是会大大增加项目的成本。

（4）覆盖区域无线环境的变化。

一种是无线环境在网络建设过程中发生了变化，个别区域增加或减少了建筑物，导致出现弱覆盖或越区覆盖。另外一种则是由于街道效应和水面的反射导致形成越区覆盖和重叠覆盖。这种情况下，需要通过控制天线的方位角和下倾角，尽量避免沿街道直射，减少信号的传播距离。

（5）增加新的覆盖需求。

覆盖范围的增加、新增站点、搬迁站点等原因都会导致网络覆盖发生变化，需要通过网络优化进行重新调整。

图 5-58 给出了覆盖优化流程。可以看到其主要分为三个阶段：优化前准备、优化实施和优化总结。

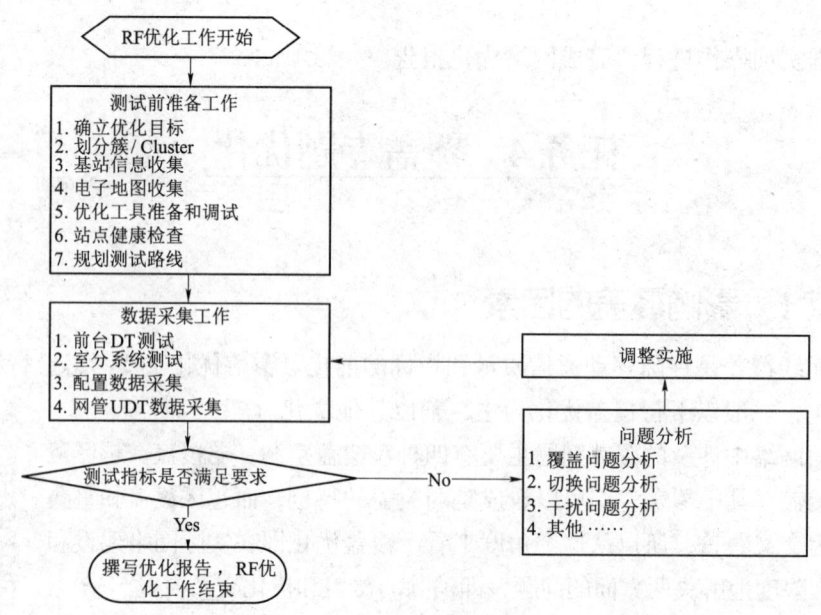

图 5-58 覆盖优化流程

在前期准备工作中，首先应该依据合同确立优化 KPI 目标，其次合理划分 Cluster，和运营商共同确定测试路线，准备好覆盖优化所需的工具和资料，保证覆盖优化工作顺利进行。

优化实施阶段是一个反复循环的过程，需要从业人员具有较强的责任心，发挥吃苦耐劳精神，认真及时完成任务，并且在协调过程中具有良好的沟通表达能力，协调好各方关系。该阶段主要涉及数据的采集工作、后台的数据分析工作以及调整实施，直到满足所有 KPI 需求。

最后进行优化报告的整理并汇报项目。该阶段可以为其他从业人员提供较好的参考。

知识点 2　改善覆盖质量的常用优化措施

依据对覆盖影响的大小，按照优先级、对网络性能影响的大小以及可操作性进行调整，常见优化措施有：

- 调整站点天线下倾角。
- 调整站点天线方位角。
- 调整站点 RS 的发射功率。
- 升高或降低天线挂高。
- 站点搬迁。
- 新增站点或 RRU。

（1）调整站点天线下倾角。

天线下倾角是网络规划和优化中的一个非常重要的工程参数。通过调整天线下倾角可以控制天线覆盖。选择合适的下倾角可以使天线至本小区边界的电磁波与周围小区的电磁波能量重叠尽量小，从而使小区间的信号干扰减至最小。另外，选择合适的覆盖范围，使基站实际覆盖范围与预期的设计范围相同，并加强本覆盖区的信号强度。

根据移动通信天线的特性，一方面，如果天线下倾角过小，则基站的覆盖范围会过大，从而导致小区与小区之间交叉覆盖，相邻切换关系混乱，系统内信号干扰严重；另一方面，如果天线的下倾角偏大，则会造成基站实际覆盖范围比预期范围偏小，导致小区之间的信号盲区或弱区，同时，易导致天线方向图形状的变化，从而造成严重的系统内干扰，因此，合理设置下倾角是整个移动通信网络质量的基本保证。

下倾角可分为机械下倾和电子下倾。

（2）调整天线方位角。

根据天线原理，调整方位角后，天线主瓣和旁瓣的覆盖都会随着方位角发生变化。通过调整天线方位角可以控制覆盖范围。

调整天线方位角是网络优化中的常见手段。一方面，准确的方位角能保证基站的实际覆盖与所预期的相同，保证整个网络的运行质量；另一方面，依据话务量或网络存在的具体情况对方位角进行适当的调整，可以更好地优化现有的移动通信网络。

在现行的 3 个扇区定向站中，一般以一定的规则定义各个扇区，因为这样做可以很轻易地辨别各个基站的各个扇区。一般的规则是：

A 小区：方位角度 0°，天线指向正北。

B 小区：方位角度 120°，天线指向东南。

C 小区：方位角度 240°，天线指向西南。

扇区的编号按顺时针方向依次是 A、B、C。

在网络建设及规划中，一般严格按照上述规定对天线的方位角进行安装及调整，这也是天线安装的重要标准之一，如果方位角设置与之存在偏差，则易导致基站的实际覆盖与所设计的不相符，导致基站的覆盖范围不合理，从而导致一些意想不到的同频及邻频干扰。

但在实际网络中，一方面，由于地形的原因，如大楼、高山、水面等，往往引起信号的折射或反射，从而导致实际覆盖与理想模型存在较大的出入，造成一些区域信号较强，一些区域信号较弱，这时可根据网络的实际情况，对相应天线的方位角进行适当的调整，以保证信号较弱区域的信号强度，达到网络优化的目的。另一方面，由于实际存在的人口密度不同，导致各天线所对应小区的话务不均衡，这时可通过调整天线的方位角，达到均衡话务量的目的。

（3）调整站点 RS 的发射功率。

LTE 网络覆盖优化过程中，当通过调整天线下倾角、方位角都无法解决覆盖问题时才考虑增大或减小 RS 的发射功率来解决覆盖问题。

减小 RS 的发射功率常用于解决导频污染和越区覆盖问题，同样也会降低室外信号对室内的深度覆盖，因此在实际使用中需注意。

知识点 3 覆盖案例分析

对于 LTE 网络来说，路测数据提供了 RSRP、RS SINR、RSRQ 等指标来衡量下行覆盖。

● RSRP（Reference Signal Received Power，参考信号接收功率）在协议中的定义为在测量频宽内承载 RS 的所有 RE 功率的线性平均值，其值单位为 dBm。在 UE 的测量参考点为天线连接器，UE 的测量状态包括系统内、系统间的 RRC_IDLE 态和 RRC_CONNECTED 态。

● RS SINR 是信号与干扰和噪声比，顾名思义就是信号能量除以干扰加噪声的能量，其单位为 dB。一般将 SINR 中的 S 也视为有用信号功率，则 SINR 等效于 CINR。

1. 弱覆盖

弱覆盖一般定义为覆盖区域有信号，但信号强度不能够保证网络稳定地达到要求的 KPI 的情况。

一般情况下，将天线在车外测得的 RSRP ≤ –95 dBm 的区域定义为弱覆盖区域，或将天线在车内测得的 RSRP<–105 dBm 的区域定义为弱覆盖区域。

在这里，可以把覆盖空洞视为弱覆盖的特殊情况。

如图 5-59 所示，圈内的覆盖区域存在弱覆盖现象，需要进行优化。

对于下行覆盖中的弱覆盖问题，一般有以下优化建议：

● 调整站点天线下倾角、方位角，增加天线挂高，更换具有高增益的天线，增强 RS 功率等方法。

● 若弱覆盖区域用户较多或弱覆盖区域较大，通过新增站点或通过调整周围基站的覆盖范围来改善。

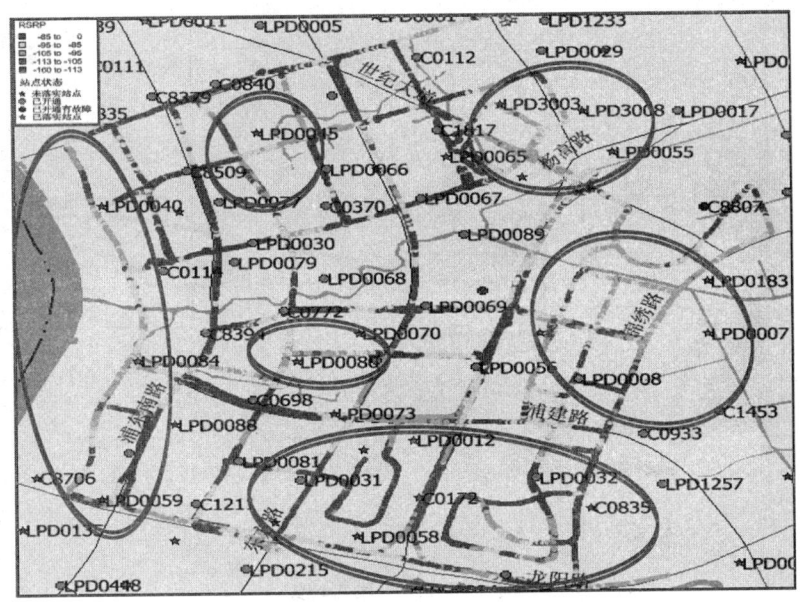

图 5-59　弱覆盖

- 对于凹地、山坡背面等引起的弱覆盖区域可用新增站点或 RRU，以延伸覆盖范围。
- 对于电梯井、隧道、地下车库或地下室、高大建筑物内部的信号盲区可以通过 RRU、室内分布系统、泄漏电缆、定向天线等措施来解决。
- 在天线调整时需要重点关注调整天线解决某一弱覆盖区域后，是否会导致新的弱覆盖区域出现。
- 对于无法通过天线调整解决的弱覆盖问题，必须采用加站的方式解决。

2. 越区覆盖

当一个小区的信号出现在其周围一圈邻区及以外的区域时，并且能够成为主服务小区，该现象就称为越区覆盖。如图 5-60 所示，方框内的主信号来自远处小区北京电台 3 的覆盖，由于这个区域超出北京电台 3 小区的实际覆盖范围，往往这一区域没有和周围小区配置互配邻区关系，从而使得该区域形成孤岛，对原小区产生干扰，或在孤岛区域起呼的 UE 无法切换到周边小区，从而产生弱覆盖甚至掉话现象。

图 5-61 所示为典型的越区覆盖案例。可以看出，小区峨山 2 由于某种原因在远处多个不同区域形成了越区覆盖，因此需要对该小区做相应的优化调整。

对于越区覆盖问题，一般有以下优化建议：

- 减小站点天线下倾角。
- 调整站点天线方向角。
- 降低天线高度。
- 更换天线，改用增益较小的天线，宽波瓣波束天线更换为窄波瓣天线等。
- 减小越区覆盖小区的发射功率。
- 若站点过高造成该现象，在其他手段无效的情况下考虑调整网络拓扑，搬迁过高站点。

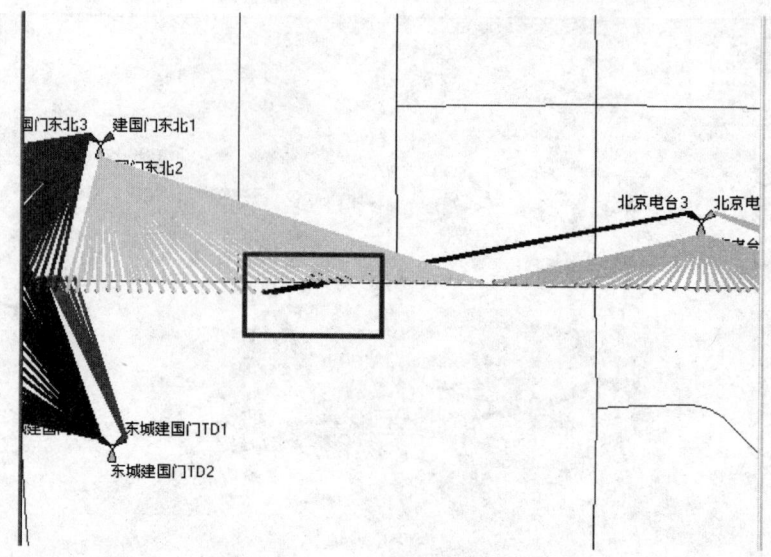

图 5-60　越区覆盖现象

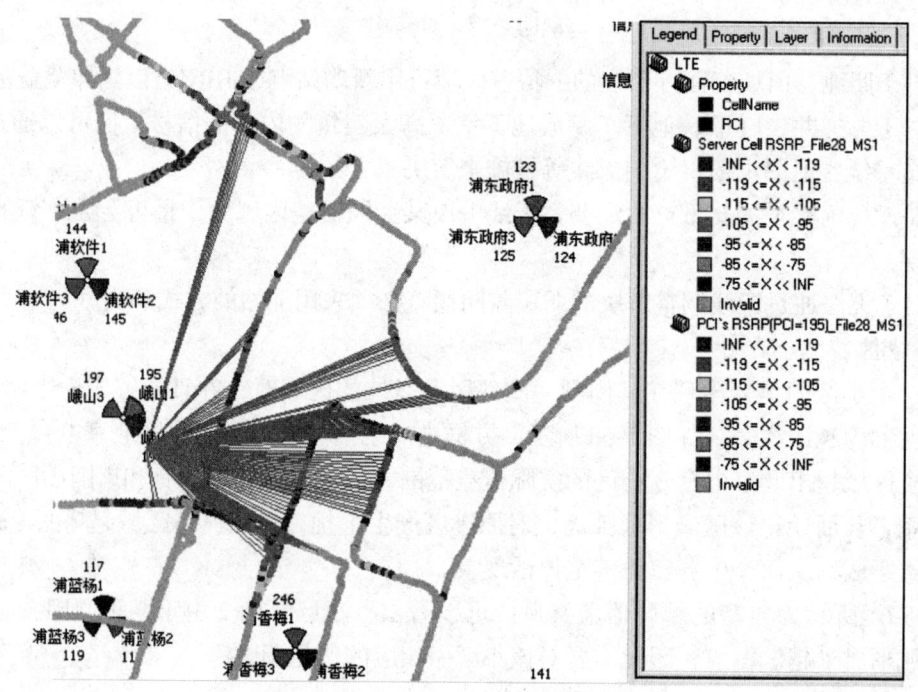

图 5-61　越区覆盖案例

3. 重叠覆盖

重叠覆盖表现为该区域没有主导小区，且满足以下两个条件：

- RSRP>−110 dBm 的小区个数大于等于 3 个。
- 最强小区 RSRP 与次强小区的 RSRP 的差值在 6 dB 以内。

图 5-62 所示为重叠覆盖案例。根据服务小区列表，可看到方框处没有主导小区，且个数等于 3 个，若差值在 6 dB 以内，则可判断该区域为重叠覆盖区域。

移动网络规划与优化

272

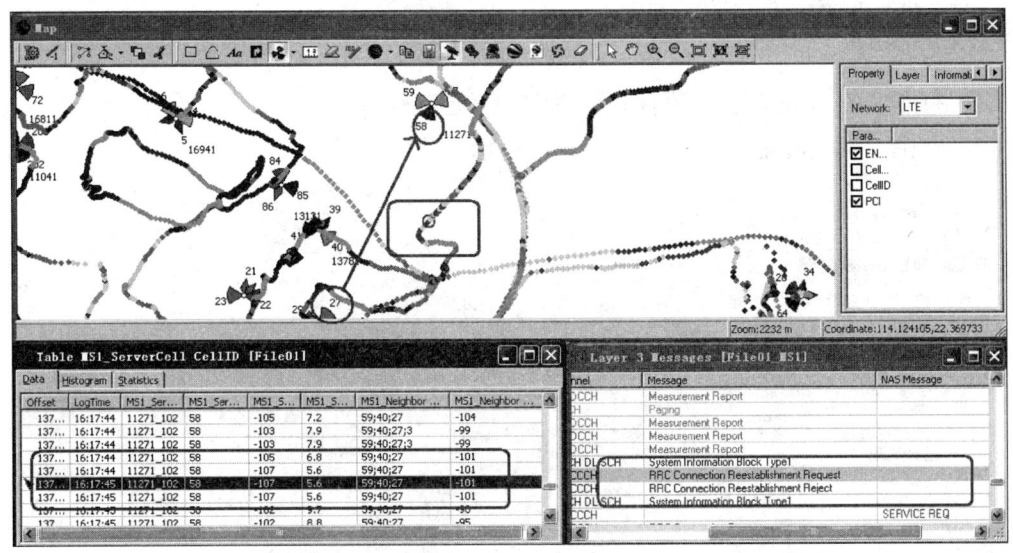

图 5-62 重叠覆盖案例

对于重叠覆盖，最重要的优化思路是"除弱扶强"，即加大主小区的信号，减少其他比较"弱"的小区信号。一般采取以下应对优化手段：

● 根据距离判断该区域应该由哪个小区作为主小区。

● 看主小区的信号强度是否大于 –95 dBm，若不满足，则调整主小区的下倾角、方位角或功率等。

● 在确定主小区后，抑制其他小区的信号在该区域的覆盖，同样可通过天馈调整、参数调整等方式。

● 调整小区 CIO 等切换参数可以影响终端的切换。例如，减少向远处邻区的切换或加快向临近小区的切换。

实训任务 越区覆盖

任务目标

熟悉 LTE 网络中常出现的覆盖问题，利用网络优化后台分析软件统计相关的参数，分析查找案例中出现的覆盖故障原因并提出相应的解决方案，通过复测验证方案的可行性。

任务要求

（1）能够熟练操作"UltraRF LTE 网络优化仿真实训平台"软件。

（2）能够在"越区覆盖"场景中完成优化前的测试。

（3）能够分析测试数据，找出故障原因，并提出合理化的解决方案。

（4）能够在 UltraRF LTE 网络优化仿真系统中按照优化方案修改各小区的参数。

（5）能够复测网络覆盖，并确认问题得以解决。

（6）能够根据项目实际情况，完成优化分析报告。

任务实施

（1）打开"UltraRF LTE 网络优化仿真实训平台"软件。

（2）选择"越区覆盖"场景，如图 5-63 所示。

图 5-63　选择"越区覆盖"场景

（3）部署越区覆盖场景手机（图 5-64）。

在弹出的手机属性窗口直接选择确定，其他参数不需要进行处理。

（4）启动仿真。

在软件的工具栏中选择"启动仿真"，手机状态如图 5-65 所示。

图 5-64　部署越区覆盖场景手机

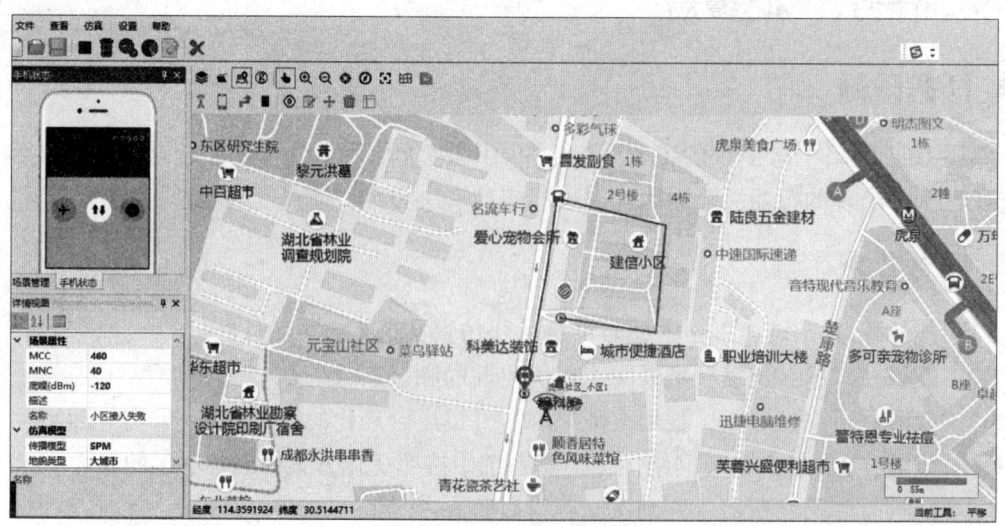

图 5-65　手机状态

（5）数据采集。

启动仿真后，整个 LTE 网络优化仿真软件的引擎就启动了（图 5-66）。就可以进行仿真测试，但是还需要一个软件记录并分析测试数据。

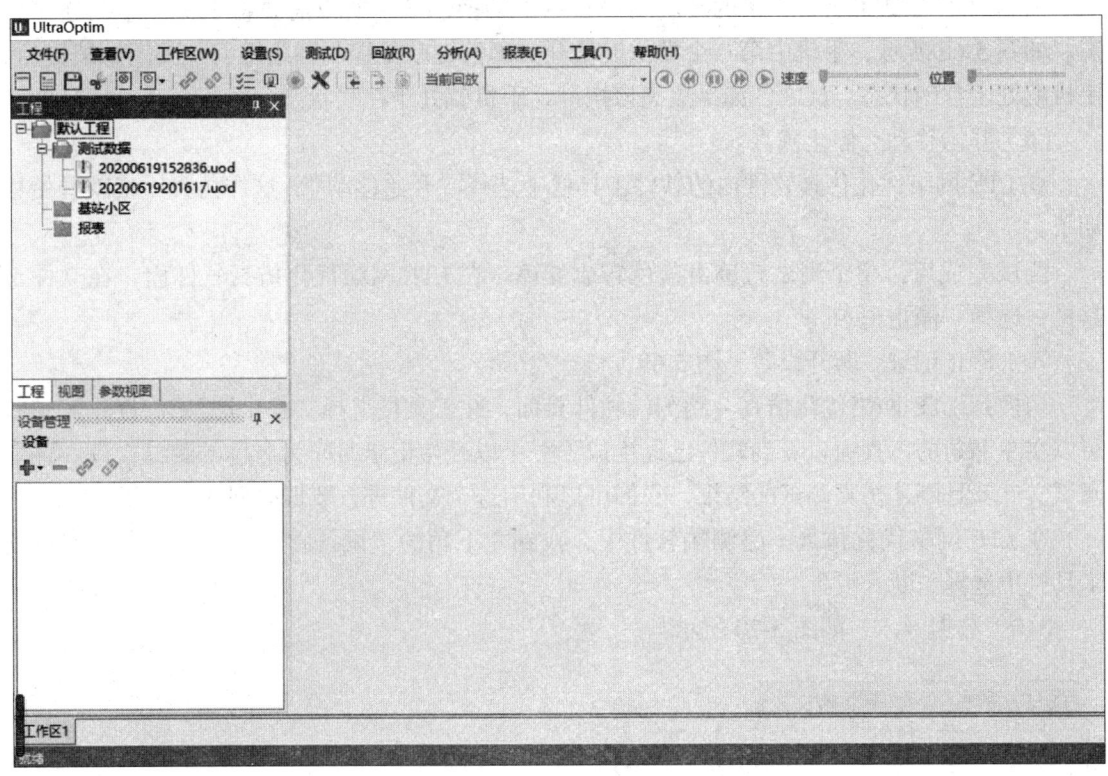

图 5-66　启动测试软件

（6）连接手机，开始记录，如图 5-67 所示。

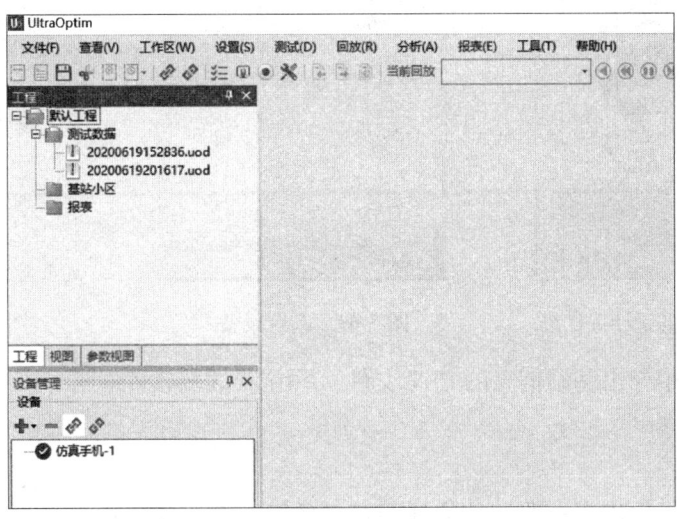

图 5-67　连接手机

注意： 如果不能连接手机，则有可能是因为前面的场景中没有添加手机，或者是没有启动仿真。

（7）调整手机状态。

因为目前需要在建立连接的环境下进行一次切换测试，所以需要将手机调整为连接状态。如图 5-68 所示，手机中第二个类似流量开关的按键就是控制网络用的。关闭该按键后，手机就处于空闲状态。反之，如果点亮该按键，手机就处于在线状态。

（8）开始移动，停止仿真。

在 LTE 网络优化仿真软件内的软件工具栏中选择"开始移动"，这样仿真手机就开始移动了。

测试完成后，整个测试轨迹由蓝色转成红色。在 LTE 网络优化仿真软件内，在软件工具栏，选择"停止记录"。

（9）停止记录，断开设备（图 5-69）。

切换到 LTE 网络优化仿真 – 路测端软件界面，在工具栏选择"停止记录"。停止记录后可以在左上角的工程窗口看到软件已经生成了一个以开始记录时间为名称的测试文件。这个测试文件就是刚才仿真测试的结果，我们可以利用这个文件进行数据的回放和分析。

在 LTE 网络优化仿真—路测端软件中，找到左下角的"设备管理"窗口，在该窗口的工具栏中选择"断开设备"。

（10）数据导入，如图 5-70 所示。

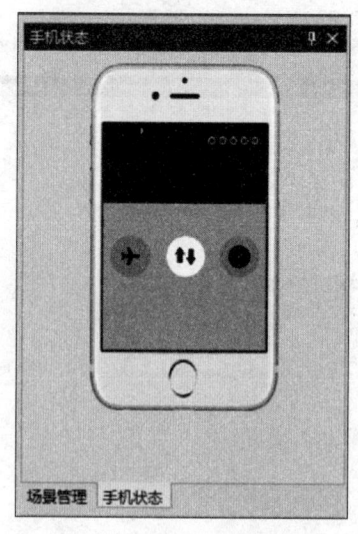

图 5-68　确保手机处于连接状态

图 5-69　断开设备

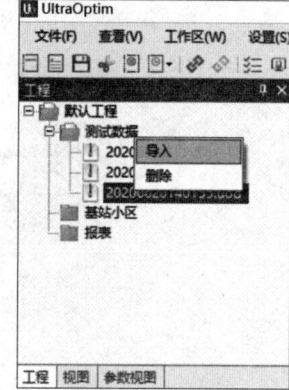

图 5-70　数据导入

（11）在场景中导出基站信息的 CSV 文件，并在测试端软件中再导入基站 CSV 文件。

（12）打开地图。

（13）导入地图。

在 LTE 网络优化仿真 – 路测端的地图窗口的第二个工具栏中单击就可以导入在线地图（图 5-71）。

（14）导入基站，如图 5-72 所示。

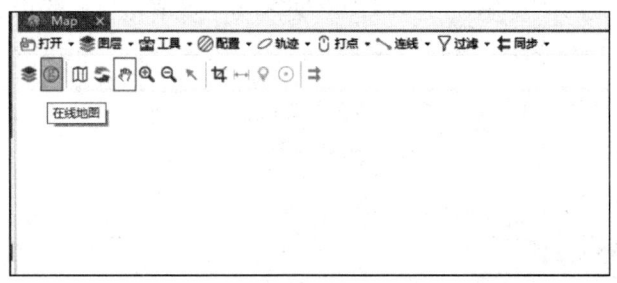

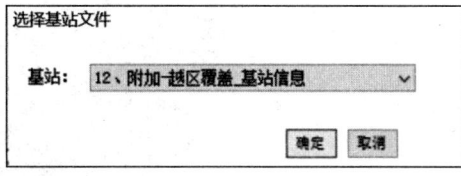

图 5-71　导入在线地图　　　　　　　　　　图 5-72　导入基站

（15）导入轨迹，如图 5-73 所示。

文件	大小	开始	结束	状态
20200620142525.uod	205KB	20-06-20 14:25:25	20-06-20 14:28:42	待导入

图 5-73　导入轨迹

在弹出的导入轨迹窗口，点开"参数"标签，在 LTE 树结构中，查看"RSRP（dBm）"是否被勾选。推荐只勾选"RSRP（dBm）"，其他不勾选，如图 5-74 所示。

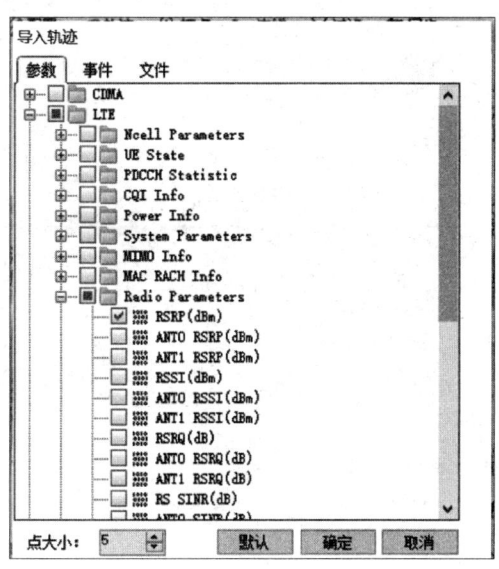

图 5-74　选择导入参数

（16）数据分析。

单击地图工具栏第二排最后一个工具"同步回放"，然后等鼠标变成黑色箭头后，单击轨迹上的点就可以完成数据同步显示（图 5–75）。

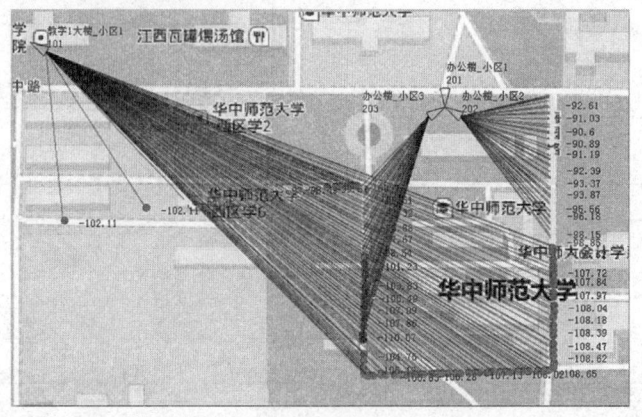

图 5-75　同步回放

手机在华师 7 号教学楼周围，RSRP 持续低于 –100 dBm，属于弱覆盖。通过拉线工具和测距工具，很明显可以看到由于教学 1 大楼 _ 小区 1 覆盖距离较远，导致越区覆盖。

越区覆盖导致了东区教工公寓 _ 小区 1 的邻区丢失。

（17）提出解决方案并实施，如图 5-76 和图 5-77 所示。

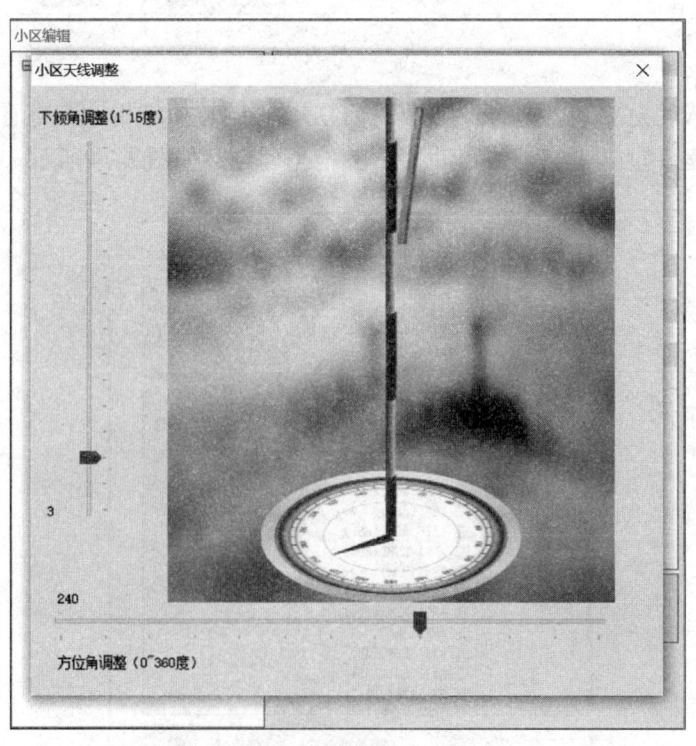

图 5-76　调整天线下倾角

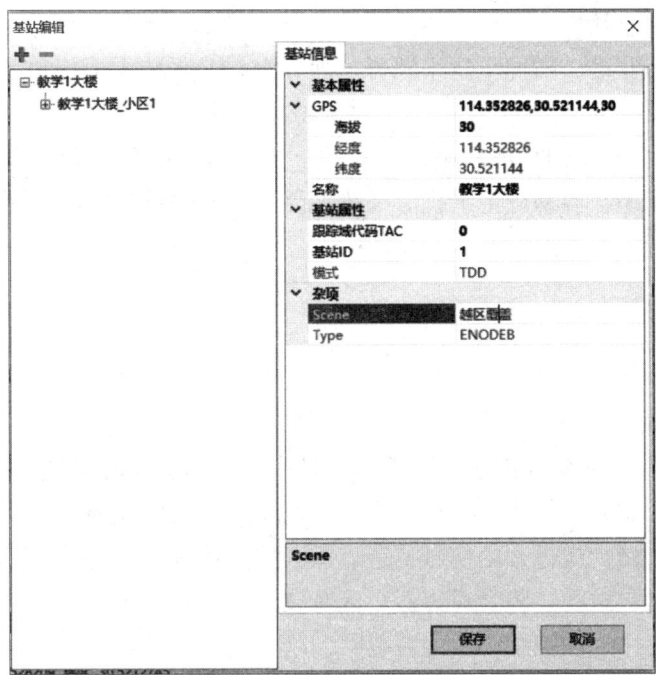

图 5-77　调整天线挂高

解决建议：

● 降低教学 1 大楼 _ 小区 1 的天线高度，从 60 m 降至 30 m。

● 调整办公楼 _ 小区 2 的天线下倾角，从 10° 调整到 3°。

● 调整办公楼 _ 小区 3 的天线下倾角，从 10° 调整到 3°。

（18）复测验证。

按照之前的所有操作步骤，进行复测验证，判断之前轨迹区域是否全部得到覆盖，是否优化完成，若为完成，则重新调整优化方案，直至优化完成。

（19）根据实训操作过程，完成网络优化报告。

任务 5　干扰专题优化

知识点 1　干扰的分类

无线干扰的产生是多种多样的。移动通信网络无线干扰产生的因素有：某些专用无线电系统占用没有明确划分的频率资源；不同运营商网络参数配置冲突；基站收发机滤波器的性能不达标；小区覆盖重叠；电磁兼容（EMC）以及有意干扰等。

干扰的分类

干扰的存在对移动通信系统的网络性能有很大的影响，干扰带来的影响表现为：无法接入网络、掉话/掉线、切换成功率低、业务速率低、话音/画面质量差等，这些网络性能问题会直接影响到用户体验。

形成干扰的原因很多，按照干扰来源可以划分为 LTE 系统内干扰和系统外干扰。

1. 系统内干扰

系统内干扰是指来自 LTE 现网小区之间的干扰。LTE 系统本身的时分和同频组网特性使系统内在某些情况下很容易产生干扰。一般来说，系统内的干扰对上下行都有影响。

系统内一般引起干扰的原因有：

- 覆盖问题；
- 设备故障；
- 不合理的 PCI 规划；
- 数据配置错误。

覆盖问题主要是指重叠覆盖和越区覆盖，其中重叠覆盖很容易造成某区域没有主导信号，多个强度相差不大的信号互相影响，导致覆盖区的下行信道质量较差，造成下行干扰。越区覆盖从超远的小区传送过来的信号，造成该区域信号污染。该问题可能是由站点高度或者天线下倾角不合适导致的，将会对邻近小区造成干扰，从而导致下行流量较低等。这类干扰需要通过工程优化来合理控制小区覆盖范围，以减轻邻区间的干扰。

设备故障是指在设备运行中，设备本身性能下降或故障等导致的干扰，主要涉及 RRU 故障、天馈系统故障、GPS 故障等。RRU 设备主要处理射频信号，当链路电路工作异常，就会产生干扰信号；天馈系统故障包括天线通道故障、天线通道 RSSI 接收异常、天馈避雷器老化、系统产生互调信号落入工作带宽内等问题；当基站 GPS 时钟存在故障时，与周围基站 GPS 时钟不一致，从而导致存在 GPS 故障的基站的时间帧与周边基站的时间帧不同步，造成与周围基站不能正常地切换，因此严重干扰周边基站。

LTE 系统需要对 PCI（Physical Cell Identifier，物理小区标识）进行合理规划。在 LTE 网络中，终端以此区分不同小区的无线信号。LTE 系统提供了 504 个 PCI，从 0～503。若规划不合理，则容易导致相邻小区之间产生模 3 干扰。

另外还有其他数据配置错误，例如系统带宽配置重叠，时间偏移量等参数配置错误，都将造成系统内干扰。需要核查全网参数，保持参数配置合理性。系统外干扰按照形成干扰的原因分为：杂散干扰、交调干扰、阻塞干扰和带内同频干扰等。

2. 系统外干扰

系统外干扰顾名思义是指来自本系统外部的干扰，其主要来源如下：

- 其他无线通信网络对本网络的干扰，也可称为系统间干扰，特别在当下的无线环境，2G/3G/4G/5G 等多张网络共存，很容易引起相互之间的干扰。
- 其他非无线通信网络信号对本系统的干扰，例如在重要考试的考场内会放置专用信号屏蔽器产生干扰，特意制造干扰源，限制考场区域内的无线通信，防止采用无线方式传输作弊信息；工业民用电器设备启动、民用通信设备的使用、用户私装手机信号放大器等都会产生意外干扰频率；某些电器设备或非法无线通信系统工作带宽占用到 LTE 系统的工作频段，形成较强的同频干扰；非标电子设备工作时产生干扰信号落入 LTE 系统工作频段内形成干扰。

知识点 2 干扰定位和排除

1. 干扰验证

当 LTE 系统被干扰时，可以通过检测上行干扰噪声以及业务测试验证。

当小区在空载下，对应 20 MHz 带宽的 100 个 RB 上的 NI 取平均值高于 −116.2 dBm 时，即可认为该小区受到了干扰。

干扰对业务的影响主要表现如下：

• 对上下行业务的影响：由于上行每 RB 底噪抬高，将对上行 PUCCH、PUSCH 传输产生较大影响，表现为上行误块率很大，上行速率降低。随着干扰程度升高，将导致 RRC 过程无法完成，造成终端无法接入。当上行反馈信道出现问题时，即使在下行信道条件良好的环境下，下行业务速率也较差。

• 对用户感知的影响：被干扰小区 Ping 包时延经常大于正常小区，甚至出现严重丢包与无法 Ping 通内外网地址的现象。表现为下行信号良好时，终端接入网络后，打不开网页或浏览网页等应用速率很慢。

• 对切换性能的影响：当将受干扰严重的小区作为切换过程的目标小区，可能造成切换失败。

LTE 小区出现以上几种特征时，表明该小区已被干扰，需要清查干扰源，保证系统性能。

2. 干扰排查

干扰排查应先从内部到外部，从后台到前台，从简单到复杂。图 5-78 为常规干扰排查流程。

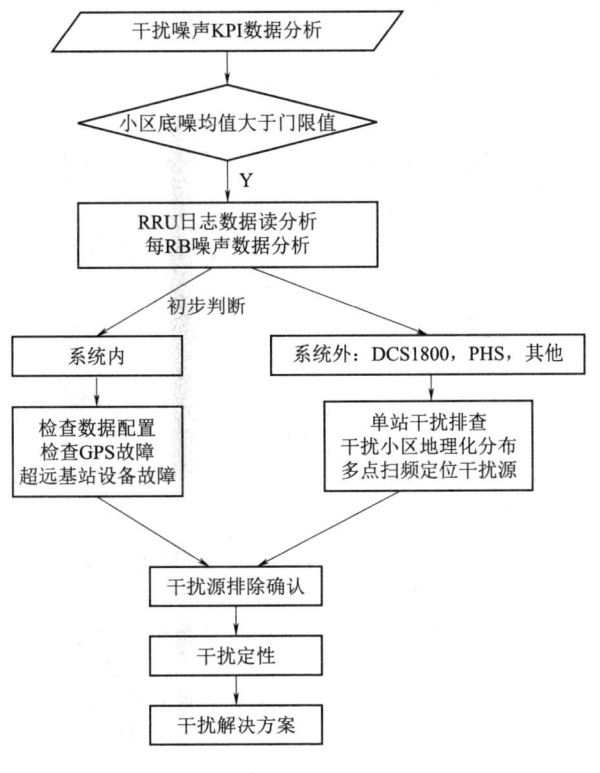

图 5-78 常规干扰排查流程

首先，检查被干扰小区底噪数据，排查受干扰小区是否存在设备故障，排除设备问题引起底噪数据异常。通过 EMS 网管查询各类告警：RRU 故障、GPS 告警、天线通道告警等。寻找干扰严重的小区，排查天馈是否异常，然后区分系统内干扰与系统外干扰，系统内干扰排查主要关注基站数据配置问题和 GPS 失步告警、RRU 故障等。图 5-79 所示为系统内干扰排查流程。

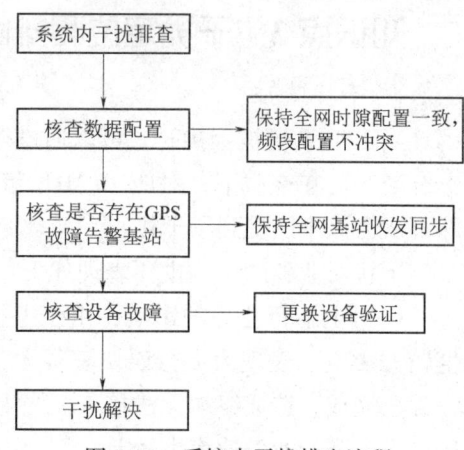

图 5-79　系统内干扰排查流程

干扰检测有多种方式。

（1）扫频仪检测。

被干扰小区的底噪升高，排除设备硬件的故障之后，同时应存在系统带宽内外的干扰信号，可以通过扫频仪检测出干扰信号。

● 扫频检测一般要去到被干扰小区的天面去测试，一般的干扰源，在天面环境下接收到的干扰比较严重，地面则较弱。只有很强烈的干扰源才会在地面上被扫频仪检测到干扰信号。

● 因 LTE 的同频组网特性，在系统带宽内扫频时，为避免本系统 LTE 基站下行信号对扫频测试的影响，需要关闭足够远的基站。

● 为精确进行干扰排查，以避免带外信号落入扫频仪造成扫频仪非线性失真，一般需要在扫频仪上前置相应频段的带通滤波器，同时，该器件引入的插损越小越好，若太大则扫频的结果失真。若条件允许，则建议连接被测试小区的天线通道进行测试，确认干扰水平。

（2）路测数据分析。

路测数据都已包括了所测路段的信息，通过后台分析软件的 Map 窗口，可以很直观地显示路测过程每一点的服务小区信号强度，以及是否受到邻区信号干扰，如图 5-80 所示。

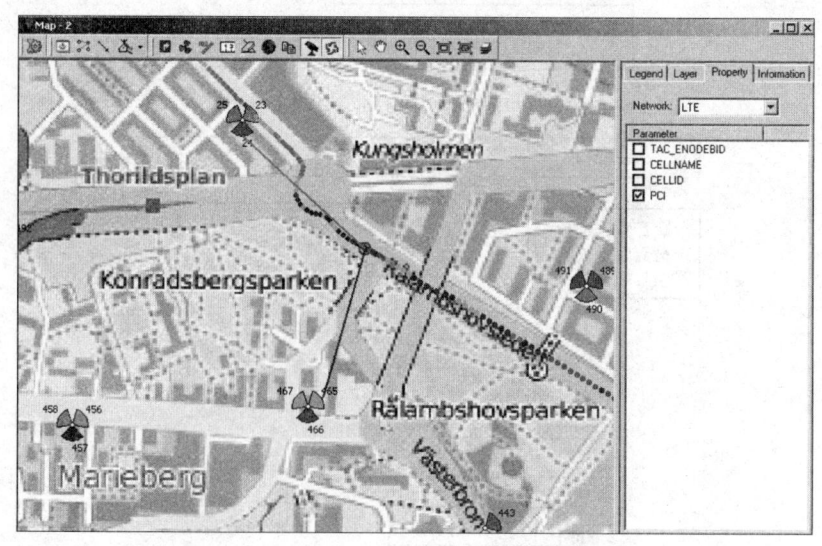

图 5-80　测试数据 Map 路线图

选择任意一点的详细信息，可以看到服务小区和邻区的 RSRP 详细情况。如图 5-81 所示，当前位置主服务小区的 PCI 为 24，相对应的 RSRP 接收值为 –94 dBm，相邻 PCI 为 465 的小区的 RSRP 接收值为 –81 dBm，由于两者未配置邻区，无法切换。此时，主服务小区将受到邻区强烈的干扰。

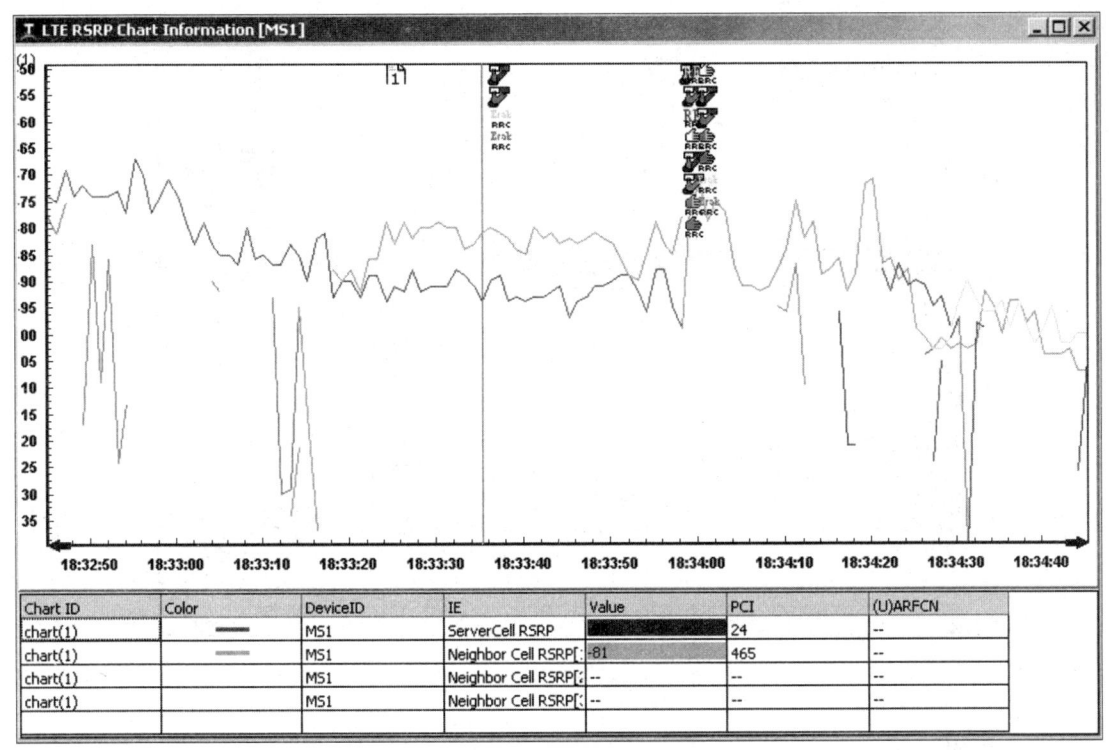

图 5-81　RSRP 信息图

查看此时 UE 下行业务，LTE 下行 BLER、MCS 信息如图 5-82 所示。受到邻区强烈干扰时，下行 BLER 很高，MCS 很小。

知识点 3　干扰案例分析

1. 案例 1：五常冠业小区干扰

案例描述：某日发现五常冠业小区接通率、切换成功率、掉线率指标恶化，通过分析发现主要是由 RB 底噪突然恶化，基站存在干扰所致。

案例分析：

● 告警排查：查看受干扰小区及干扰小区周边基站的告警，排除 RRU 故障、GPS 告警、天线通道告警等，初步排除系统内的干扰。

● 干扰小区底噪数据分析：由图 5-83 可知，整个 20 MHz 带宽的底噪由低到高逐渐减弱，且靠近 1 880 MHz 的带宽干扰严重，最高达 –70 dBm，属于严重干扰；对冠业小区 15 分钟粒度底噪分析可以发现，6 月 13 日凌晨 3 点后，干扰持续存在，初步判断是由覆盖区域新增外部干扰所致，计划上站排查。

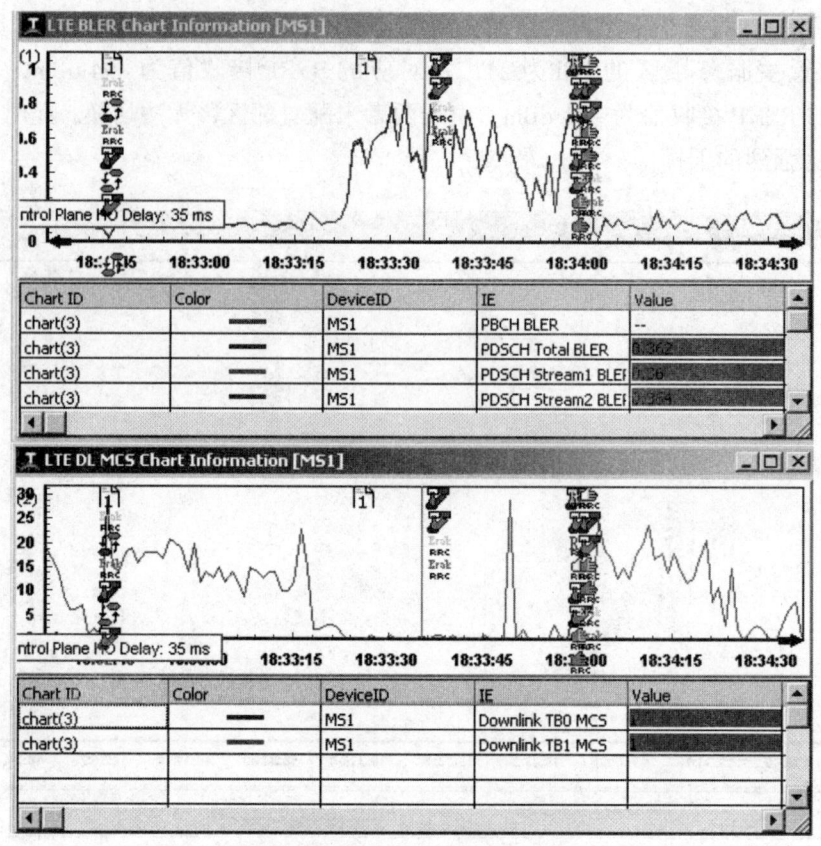

图 5-82　LTE 下行 BLER、MCS 信息

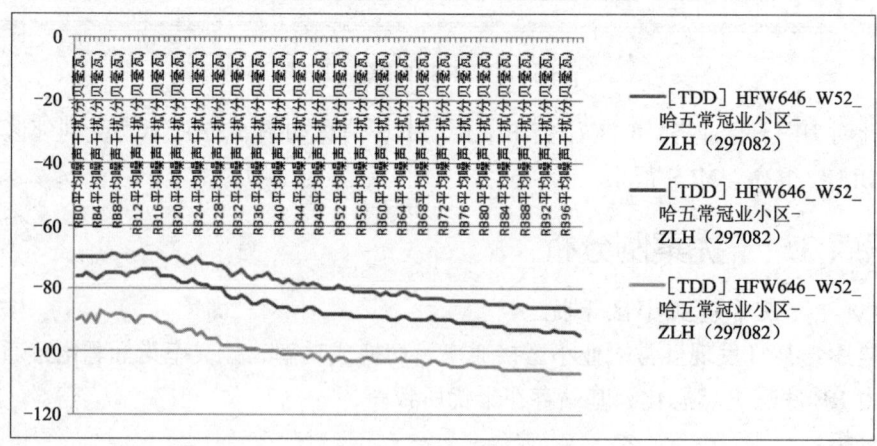

图 5-83　底噪数据分析

● 因冠业小区移动 GSM900、DCS1800、TDS、TDL 和电信 LTE、电信 CDMA 共天面，天线都安装在冠业小区楼顶抱杆，所以首先通过关闭基站排查不同系统间是否存在干扰。

● 联系电信关断电信冠业小区 LTE 基站，查看移动 LTE 小区干扰情况，发现干扰恢复至正常区间；通过了解发现电信 6 月 13 日凌晨 3 点全网修改 LTE 频段，带宽从 20 MHz 修改为 15 MHz，下行从 1 850～1 870 MHz 改为 1 860～1 875 MHz，与移动 LTE 间隔从 10 MHz 变为 5 MHz。

故障定位：

• 通过关断电信冠业小区基站，移动 LTE 基站干扰消除。

• 协调电信将冠业小区 LTE 频段 1 860～1 875 MHz 改为 1 850～1 870 MHz，移动 LTE 基站干扰消除。所以问题定位为电信 LTE 基站修改频点后对移动 LTE 基站产生干扰。

解决方案：

• 增加移动 LTE 基站与电信 LTE 基站的隔离度；

• 更换滤波性能更好的天线。

2. 案例 2：达连河五号站 GPS 失步造成的严重干扰

案例描述：高楞乡 3 个基站、达连河镇 4 个基站底噪过高，部分基站底噪达到 –78 dBm，属于严重干扰。

案例分析：

• 告警排查：查受干扰小区及干扰小区周边基站的告警，排除 RRU 故障、GPS 告警、天线通道告警等，初步排除系统内的干扰。

• 干扰小区的底噪数据分析：从图 5-84 可以看出，存在干扰的基站在 RB0～RB99 均存在较强干扰，都高于 –100 dBm，干扰比较平稳，属于严重干扰。

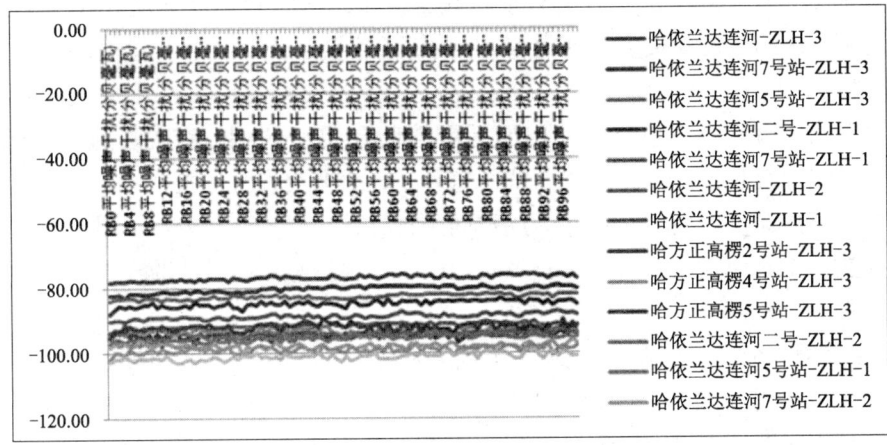

图 5-84 底噪数据分析

• 基站地理位置分析（图 5-85）：分析发现达连河 5 号基站位于所有基站的最北端，且该基站的干扰最为严重，其余基站从北至南干扰依次递减，所以优先处理该问题基站。

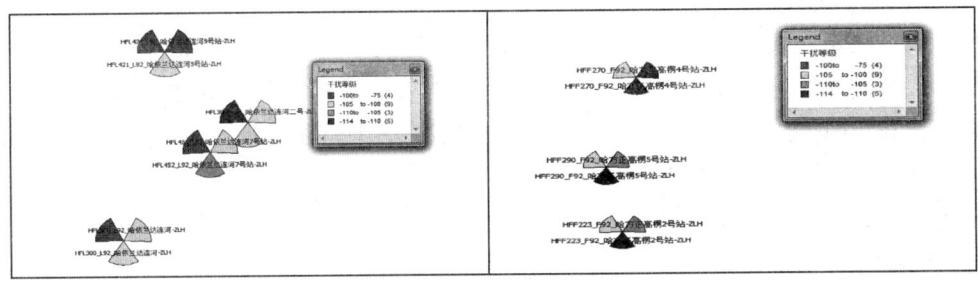

图 5-85 基站地理位置

- 经协调，逐一关断达连河和高楞的 7 个基站，观察各个小区的干扰情况，发现干扰依然存在，无明显改善。
- 当时以为是外部干扰所致，因此计划利用扫频仪到现场排查干扰，但是现场在 5 月 8 日凌晨，尝试对受干扰的 LTE 基站进行重启，观察基站底噪情况，发现对达连河 5 号站下电复位后，干扰严重的 8 个基站底噪全部恢复至 –119 dBm 左右，所以问题出在达连河 5 号站基站。
- 进一步查看达连河 5 号基站的历史告警，发现 5 月 1 日下午 3 点连续出现两条告警：GNSS 接收机搜星故障（198096837）、基站同步异常（198094829），持续 5 min 左右，自动恢复。

故障定位：

根据以上分析，可以认为达连河 5 号基站 GPS 失步，导致周边基站干扰严重。

解决方案：

处理达连河 5 号基站 GPS 失步问题，干扰消除。

3. 案例 3：上行干扰

案例描述：外场路测队伍反馈对某一小区测试时，发现上下行速率均很低。经过信令分析及现场复测，发现存在上行干扰导致上行频繁失步，网络侧频繁下发 RRC 重配信令进行同步，在周围小区测试发现很多小区也存在类似现象。

案例分析：

- 信令分析发现网络侧频繁发送 RRC 重配消息给 UE，说明存在较强的上行干扰。
- 复测结果也存在该现象，说明干扰一直存在，为非突发性干扰。
- 分析网络内无其他用户，排除为用户间干扰导致。
- 需要进行干扰源定位，首先排查系统内干扰，再排查系统外干扰。

问题排查：

- telnet 至第一个问题站点，检查无用户情况下的 RRU 上行 RSSI，发现三个小区为 –80 ~ –90 dBm，小区方向不同略有差异。
- 继续排查附近站点的小区上行 RSSI，并在地图上标注。
- 沿着 RSSI 增强方向继续进行排查，并最终确定 RSSI 最高的站点。
- 排查发现该站点 GPS 存在未锁星问题，但是由于单板故障并未上报告警。
- 关闭该站点后，周围站点上行 RSSI 恢复至正常值。

案例总结：

- 如果在测试中发现在某一小区内网络侧频繁发送 RRC 重配信令后，则说明网络侧检测到上行失步。该问题产生的原因可能为上行干扰或者版本等问题导致，首先排查干扰问题，通过检查 RRU 上行 RSSI 等进行检测；如果没有发现干扰，则需要考虑是否为版本问题，可以通过尝试复位基站单板排查。
- 上行干扰还会导致用户接入困难，表现为 Msg1 多次发送无响应，超过最大发送次数导致接入失败等。

实训任务　模 3 干扰

任务目标

熟悉 LTE 网络中常出现的干扰问题，能够利用网络优化后台分析软件统计相关的参数，分析查找案例中出现的干扰故障原因并提出相应的解决方案。复测验证方案的可行性。

任务要求

（1）能够熟练操作"UltraRF LTE 网络优化仿真实训平台"软件。

（2）能够在"模 3 干扰"场景中完成优化前的测试。

（3）能够分析测试数据，找出故障原因，并提出合理化的解决方案。

（4）能够在 UltraRF LTE 网络优化仿真系统中按照优化方案修改各小区的参数。

（5）能够复测网络覆盖并确认问题得以解决。

（6）能够根据项目实际情况，完成优化分析报告。

任务实施

（1）打开"UltraRF LTE 网络优化仿真实训平台"软件。

（2）选择"模 3 干扰"场景，如图 5-86 所示。

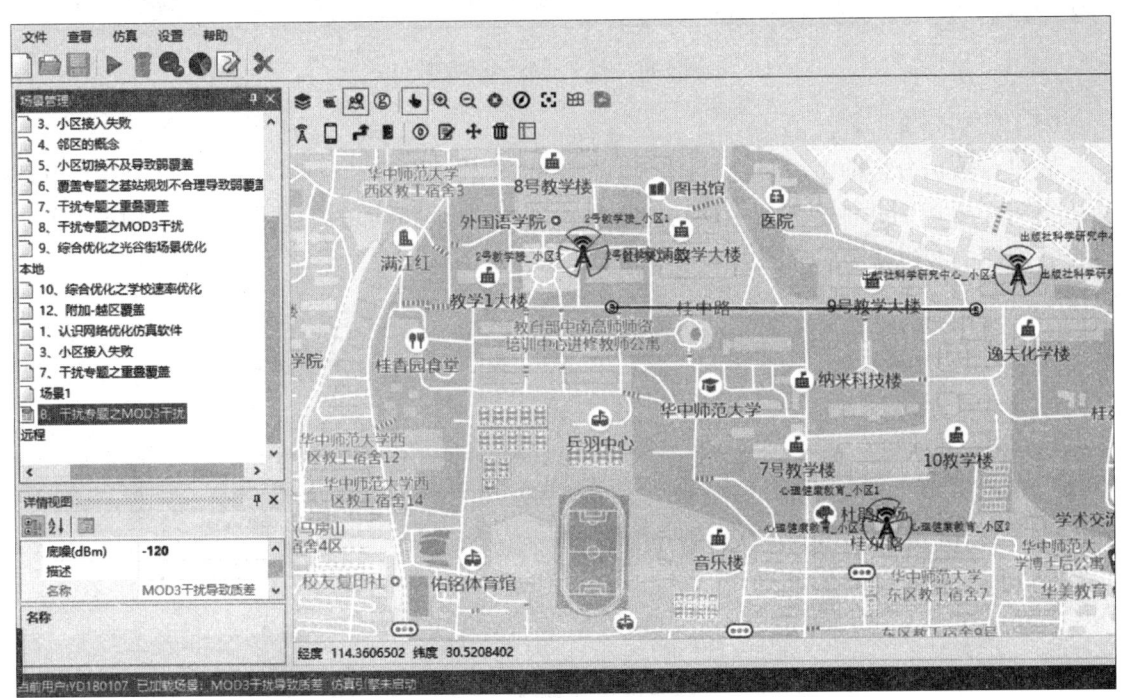

图 5-86　"模 3 干扰"场景

（3）部署模 3 干扰场景手机（图 5-87）。

在弹出的手机属性窗口直接选择确定，其他参数不需要进行处理。

（4）重复本项目任务 4 中的实训任务中任务实施的第（4）~（15）步，但是在 LTE 参数选择时需要同时勾选 RSRP、SINR，从而得到模 3 干扰的测试数据，如图 5-88 所示。

图 5-87 部署模 3 干扰场景手机

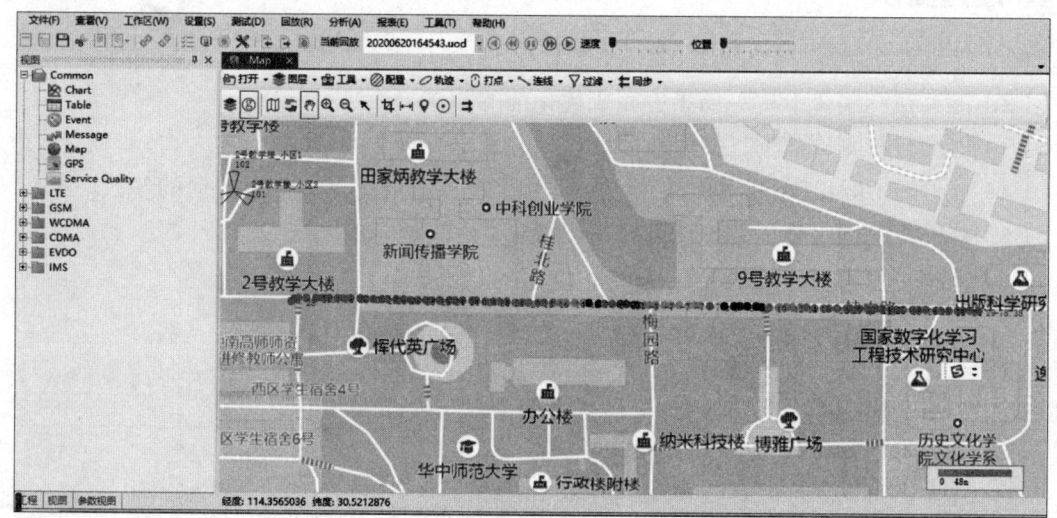

图 5-88 模 3 干扰测试数据

（5）数据分析。

在进行数据分析前，需要将 RSRP 轨迹和 SINR 轨迹分离，以便同时观察信号覆盖和质量。此时需要用到软件的图层偏移功能，在路侧端的地图界面的工具栏选择"图层管理"，这样在地图的右边就会出现图层信息窗口，如图 5-89 所示。

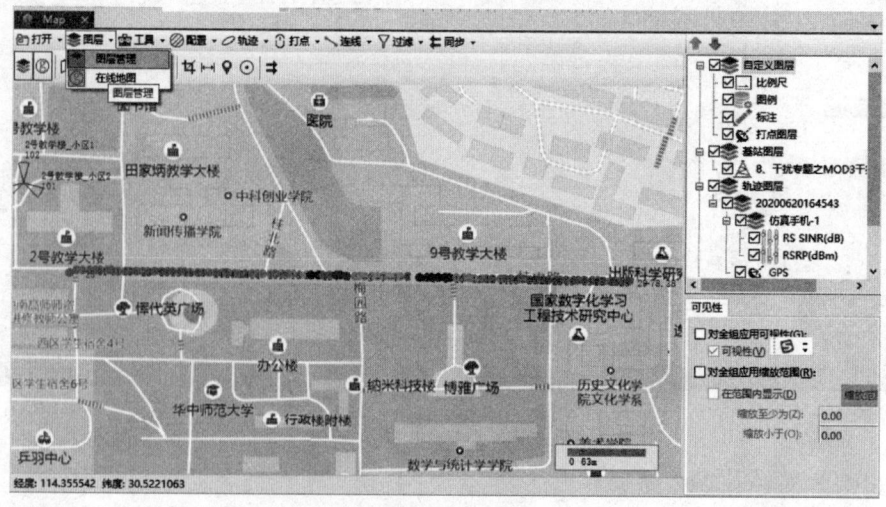

图 5-89 图层管理

在轨迹图层下面找到 SINR 图层，右键选择"图层偏移"（图 5-90）。鼠标变成了黑色十字，点选打点图，按住鼠标左键将数据拖拽到上面，可以看到 SINR 和 RSRP 信号就分离开了，如图 5-91 所示。

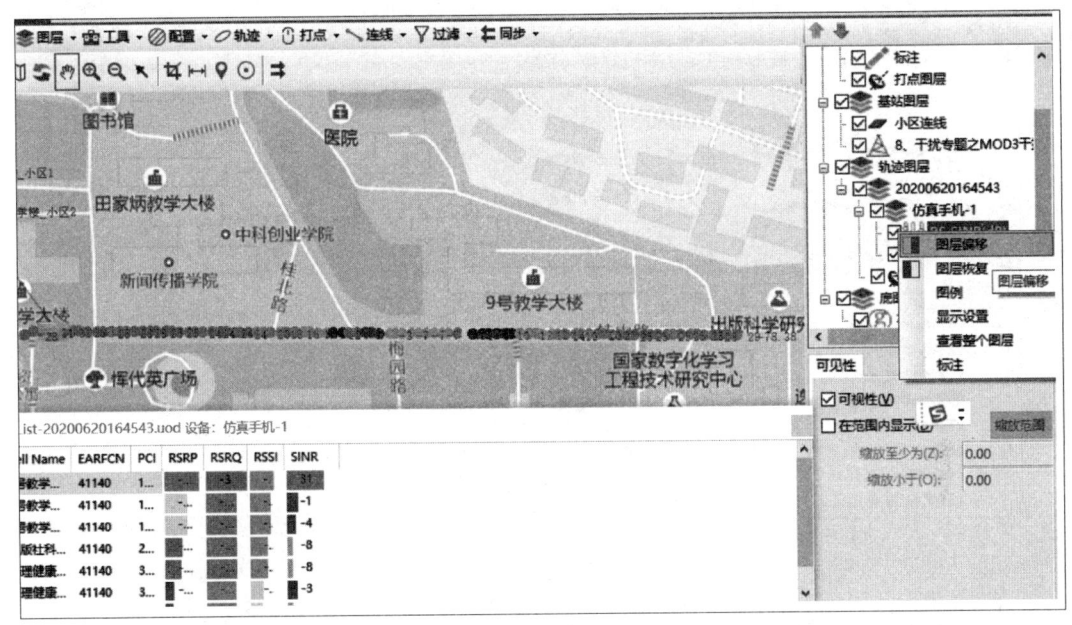

图 5-90　图层偏移

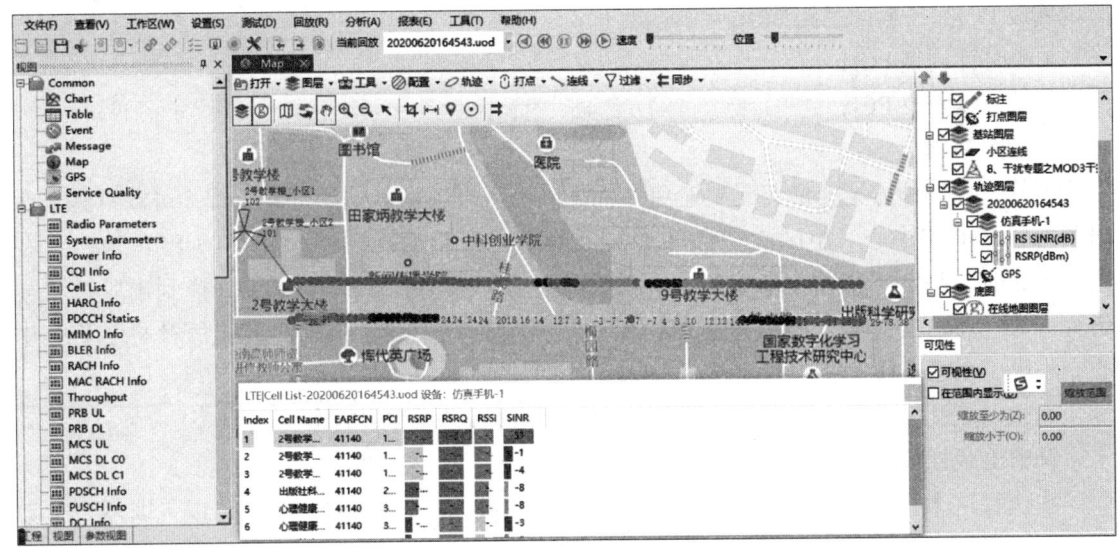

图 5-91　图层偏移效果

手机在华师桂中路和梅园路周围，SINR 持续低于 6 dBm，属于质差。查看前后网络覆盖可以发现，在质差位置，手机接收在 2 号教学楼 _ 小区 2（PCI=101）和出版社科学研究中心 _ 小区 3（PCI=203）之间存在模 3 干扰，如图 5-92 所示。

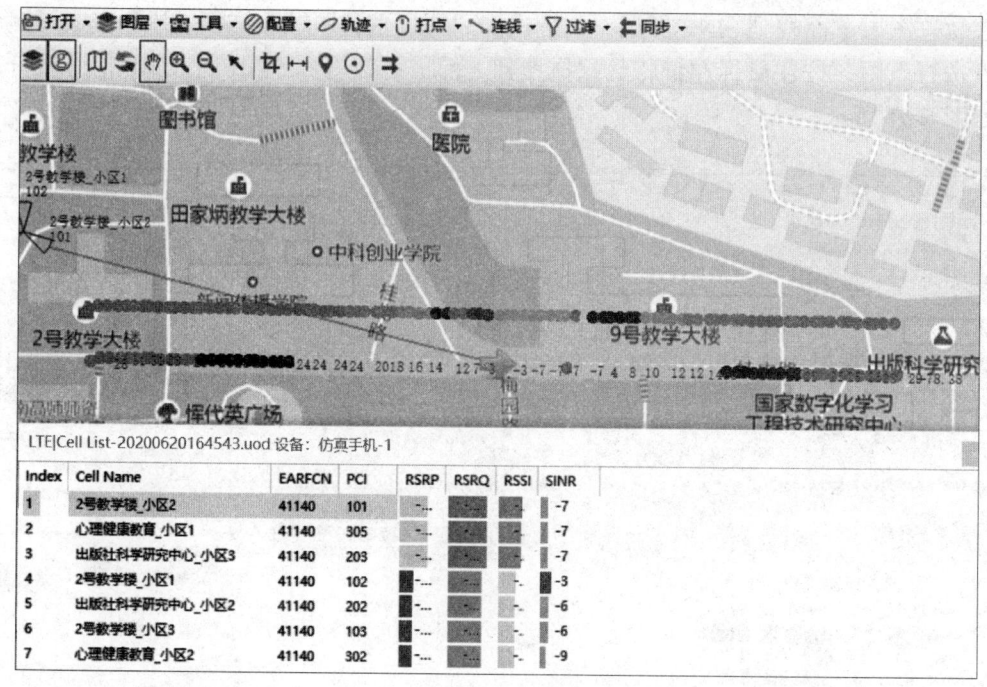

图 5-92 数据回放

（6）解决方案。

解决模 3 干扰需要调整其中一个基站的 PCI，但是因为一个基站有三个小区，所以不能简单修改 PCI，一般的思路如下：

- 顺时针调整 PCI；
- 逆时针修改 PCI；
- 互换 PCI。

不管采用哪种方案，最终是要避免在优化该小区时出现其他的 PCI 干扰，可以看到，在出版社科学研究中心 _ 小区 2（PCI=202）附近存在心理健康教育 _ 小区 1（PCI=305），在调整 PCI 时，一定不能将出版社科学研究中心 _ 小区 3（PCI=203）的 PCI 换到出版社科学研究中心 _ 小区 2 位置，所以这里采用出版社科学研究中心 _ 小区 3 和出版社科学研究中心 _ 小区 1 小区互换 PCI。

调整出版社科学研究中心 _ 小区 3 的 PCI（从 203 调整到 201）。

调整出版社科学研究中心 _ 小区 1 的 PCI（从 201 调整到 203）。

在执行这个指令前，由于软件无法让 2 个小区 PCI 完全一样，所以可以采取用一个数值进行过度，如修改 PCI 203 到 1，然后修改 201 到 203，再修改 1 到 201 就可以了，如图 5-93 所示。

（7）复测。

按照之前的所有操作步骤，进行复测，判断模 3 干扰是否解决，若未解决，可以持续优化其他工程参数，从而达到较好的信号覆盖。

（8）根据实训操作过程，完成网络优化报告。

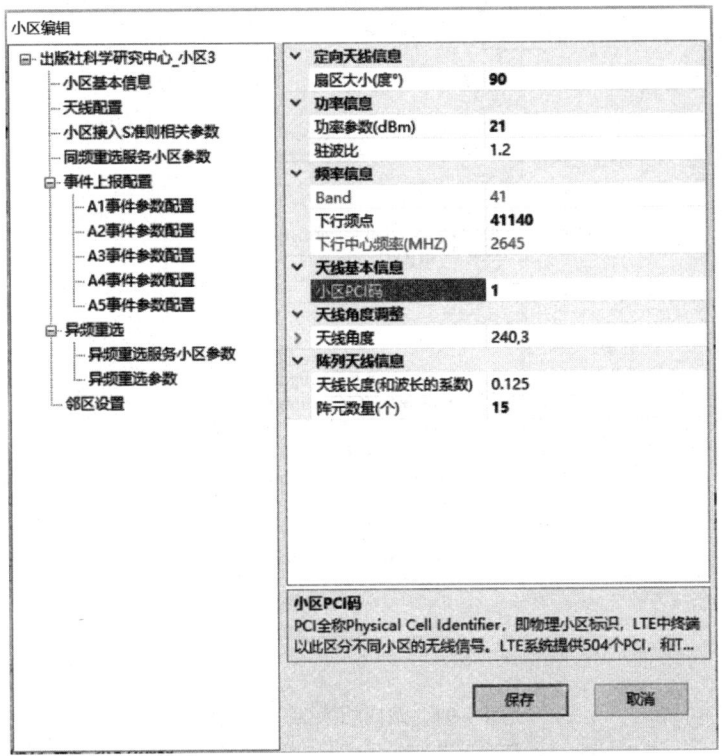

图 5-93　修改小区的 PCI 值

任务 6　切换及邻区优化

知识点 1　切换分类

LTE 网络切换一般可分为 eNB 站内切换，X2 口切换以及 S1 口切换，下边分别进行介绍（下边介绍的所有切换都是基于已经接入且获取到了测量配置后）。

1. 站内切换

站内切换信令流程如图 5-94 所示。

站内切换过程比较简单，由于切换源和目标都在一个小区，所以基站在内部进行判决，并且不需要向核心网申请更换数据传输路径。

2. X2 口切换

用于建立 X2 口连接的邻区间切换，在接到测量报告后需要先通过 X2 口向目标小区发送切换申请，得到目标小区反馈后才会向终端发送切换命令，并向目标测发送带有数据包缓存、数据包缓存号等信息的 SN Status Transfer 消息，待 UE 在目标小区接入后，目标小区会向核心网发送路径更换请求，目的是通知核心网将终端的业务转移到目标小区，X2 切换优先级大于 S1 切换。X2 口切换信令流程如图 5-95 所示。

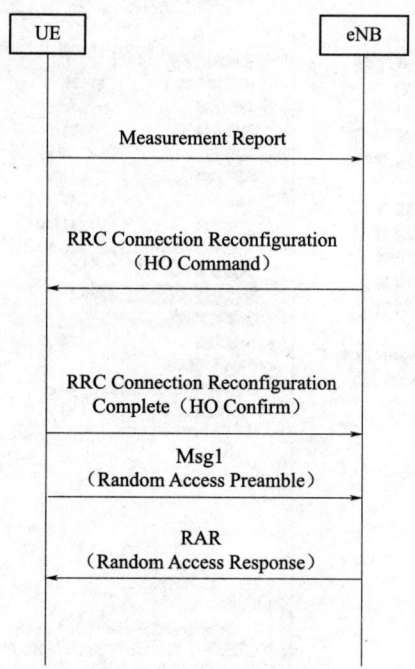

图 5-94 站内切换信令流程

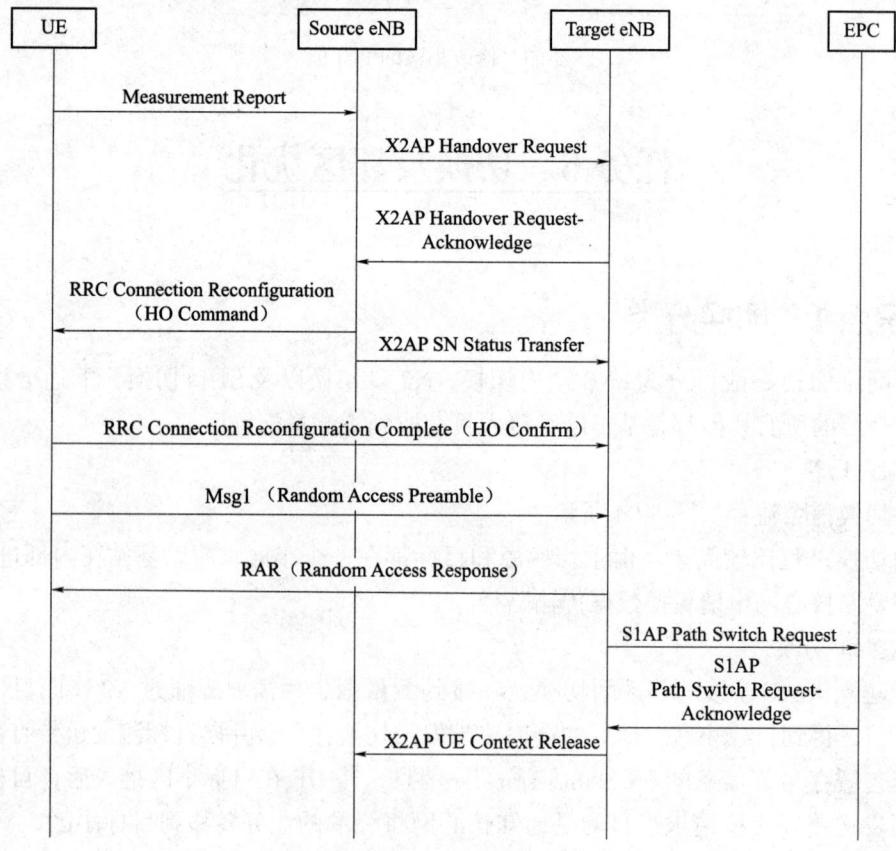

图 5-95 X2 口切换信令流程

3. S1 口切换

S1 口发生在没有 X2 口且非站内切换的有邻区关系的小区之间，基本流程和 X2 口一致，但所有的站间交互信令都是通过核心网 S1 口转发，时延比 X2 口略大。S1 口切换信令流程如图 5-96 所示。

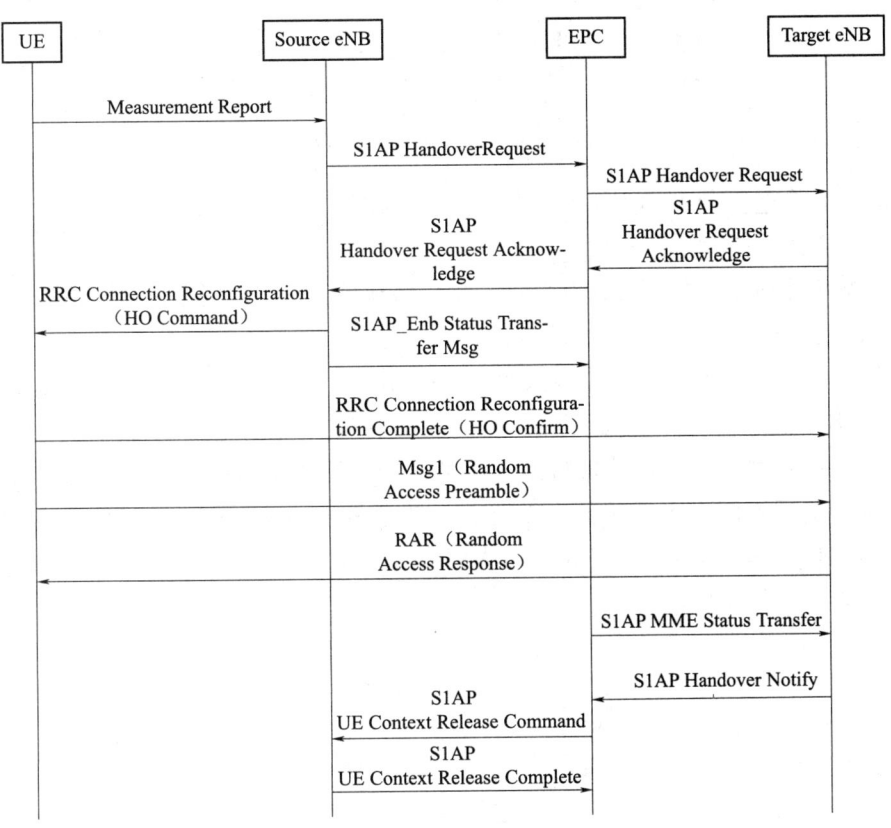

图 5-96 S1 口切换信令流程

知识点 2 切换信令解析

注意： 如图 5-97 所示，这里的重配完成只是组包完成，实际是在 Msg3 里发送的。

UL DCCH	Measurement Report
DL DCCH	RRC Connection Reconfiguration
UL DCCH	RRC Connection Reconfiguration Complete
UL MAC	Msg1
DL MAC	RAR
UL MAC	Msg3

图 5-97 正常切换信令

1. 测量控制

测量控制信息是通过重配消息下发的，测量控制（图 5-98）一般存在于初始接入时的重配消息和切换命令中的重配消息中。

切换过程
信令解析

293

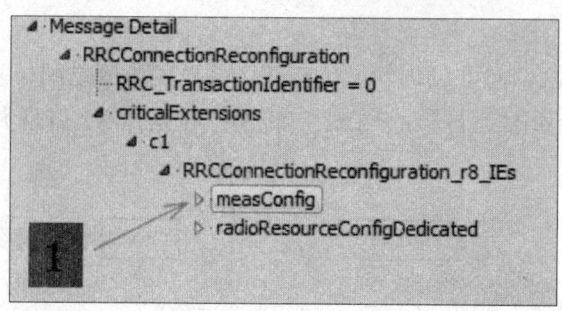

图 5-98　重配消息中的测量控制

测量控制信息包括邻区列表、事件判断门限、时延、上报间隔等信息。

2. 测量报告

终端在服务小区下发的测量控制进行测量，将满足上报条件的小区上报给服务小区。

3. 终端测量机制

先了解下终端是如何进行事件判断的，当前网络中采用的是 A3 事件，即目标小区信号质量高于本小区一个门限且维持一段时间就会触发。图 5-99 比较直观地介绍了这一个过程，终端在接入网络后会持续进行服务小区及邻区测量（邻区测量与传统意义上的邻区不同，是对整个同频网络中的小区进行测量，类似 Scanner 进行 TopN 扫频），当终端满足 $Mn+Ofn+Ocn-Hys > Ms+Ofs+Ocs+Off$ 且维持 Time to Trigger 个时段后，上报测量报告。

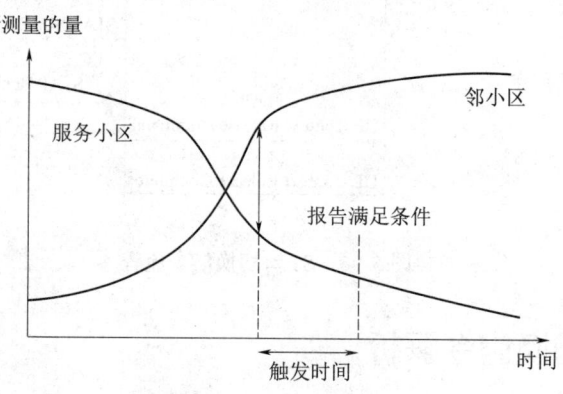

图 5-99　A3 事件报告

　　Mn：邻小区测量值。

　　Ofn：邻小区频率偏移。

　　Ocn：邻小区偏置。

　　Hys：迟滞值。

　　Ms：服务小区测量值。

　　Ofs：服务小区频率偏移。

　　Ocs：服务小区偏置。

　　Off：偏置值。

4. 测量报告内容

测量报告会将满足事件的所有小区上报，其内容如图 5-100 所示。需要注意的是，LTE 中终端上报的测量报告不一定是邻区配置里下发的邻区，目前的网络暂不支持邻区自优化，故在分析问题时可以使用测量报告值及测量控制中的邻区信息来判断其是否为漏配邻区。

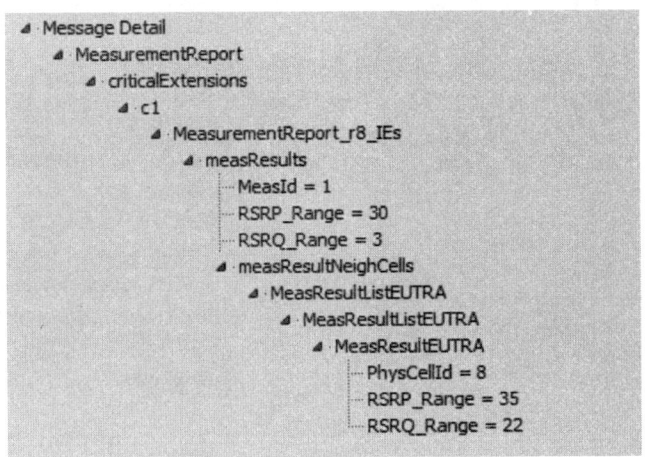

图 5-100 测量报告内容

MeasResults：源小区测量值。Measure Result Neigh Cells：满足 A3 事件小区测量值。

5. 切换命令

这里的切换命令（图 5-101）是指带有 Mobility Control Information 的重配命令，Mobility Control Information 里包含了目标小区的 PCI 以及接入需要的所有配置。

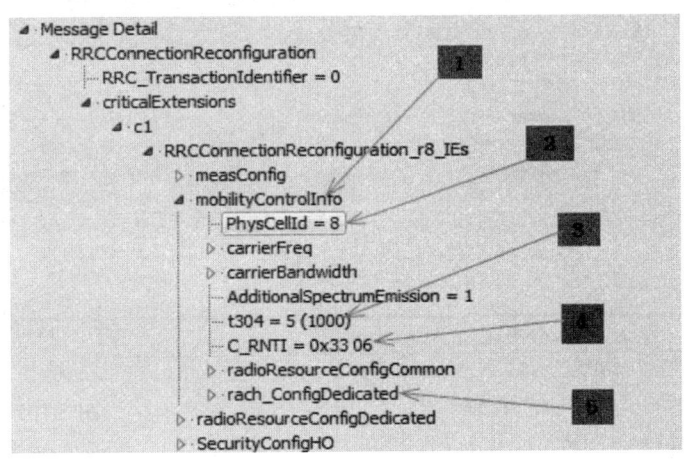

图 5-101 切换命令

1—切换命令；2—目标 PCI；3—t304 配置；4— C_RNTI；5—RACH 配置

6. 在目标小区随机接入

终端在目标小区使用源小区在切换命令中带的接入配置进行接入，即 Msg1，如图 5-102 所示。

7. 基站回应随机接入响应

目前的切换都为非竞争切换，所以到这一步基本上就可以确认在目标小区成功接入，即 RAR，如图 5-103 所示。

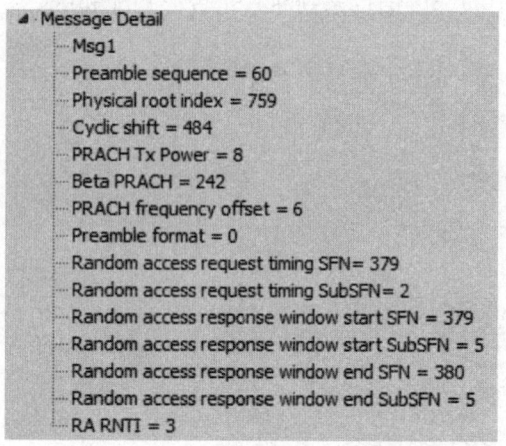

图 5-102 Msg1

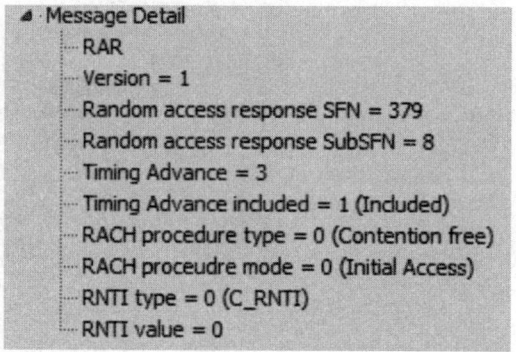

图 5-103 Msg2

8. 终端反馈重配完成，切换结束

实际上，重配完成消息在收到切换命令后就已经组包结束，在目标侧的随机接入可认为是由重配完成消息发起的目标侧随机接入过程，重配完成消息包含在 Msg3 中发送，如图 5-104 和图 5-105 所示。

UL DCCH	RRC Connection Reconfiguration Complete
MAC Config	MAC RACH Trigger
UL MAC	Msg1
DL MAC	MAC DL Transport Block
DL PCFICH	LL1 PCFICH Decoding Result
MAC Config	MAC RACH Attempt
UL MAC	Msg1
DL PCFICH	LL1 PCFICH Decoding Result
DL PDSCH	LL1 PDSCH Demapper Configuration
DL PDCCH	LL1 PDCCH Decoding Result
DL MAC	RAR
MAC Config	MAC RACH Attempt
UL MAC	Msg3

图 5-104 切换执行过程

1—重配完成消息组包；2—Msg3

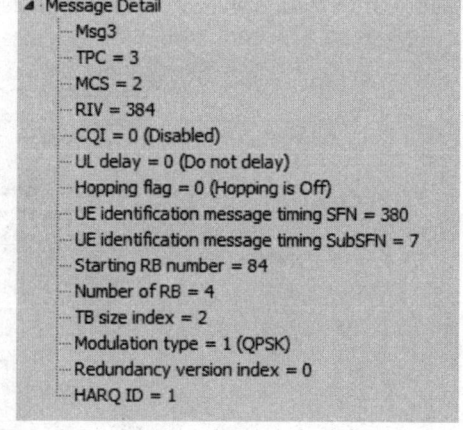

图 5-105 Msg3

知识点 3 切换优化整体思路

所有的异常流程首先都需要检查基站、传输等状态是否异常，然后排查基站、传输等问题后再进行分析。

整个切换过程异常情况分为几个阶段：

- 测量报告发送后是否收到切换命令。
- 收到重配命令后是否成功在目标测发送 Msg1。
- 成功发送 Msg1 之后是否正常收到 Msg2。

图 5-106 所示为切换问题整体分析思路，若在某一环节出现问题，则可查询相应处理流程进行排查。

1. 测量报告发送后未收到切换命令

这个情况是外场最常见的问题，处理定位也比较复杂，其处理流程如图 5-107 所示。

基站未收到测量报告（可通过后台信令跟踪检查）：

检查覆盖点是否合理，主要是检查测量报告点的 RSRP、SINR 等覆盖情况，确认终端是否在小区边缘或存在上行功率受限情况（根据下行终端估计的路损判断）。若是该情况，则按照现场情况调整覆盖并切换参数，解决异常情况。

目前，现场测试建议在切换点覆盖 RSRP 不要低于 −120 dBm，SINR 不要小于 −5 dB。

检查是否存在上行干扰，可通过后台 MTS 查询，如：在 20 MHz 带宽下，基站接收无终端接入时接收的底噪约为 −98 dBm，如果在无用户时底噪过高则肯定存在上行干扰，那么上行干扰优先检查是否为邻近其他小区 GPS 失锁导致。

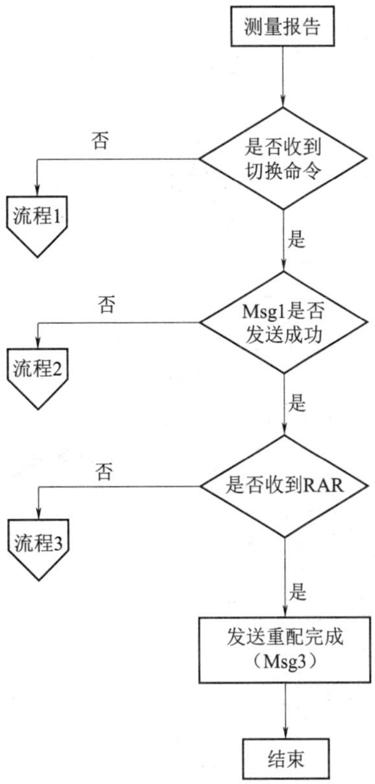

图 5-106　切换问题整体分析思路

基站收到了测量报告：

（1）未向终端发送切换命令情况。

1）确认目标小区是否为漏配邻区，漏配邻区从后台比较容易看出来，直接观察后台信令跟踪中基站收到测量报告后是否向目标小区发送切换请求即可；漏配邻区也可在前台进行判断，首先检查测量报告中给源小区的上报的 PCI，检查接入或切换至源小区时重配命令中的 MeasObjectToAddModList 字段中的邻区列表中是否存在终端测量报告携带的 PCI，如果确认为漏配邻区，则添加邻区关系即可。

2）在配置了邻区后，若收到了测量报告，源基站会通过 X2 口或者 S1 口（若没有配置 X2 偶联）向目标小区发送切换请求。此时，需要检查是否目标小区未向源小区发送切换响应，或者发送 HANDOVER PREPARATION FAILUE 信令，在这种情况下源小区也不会向终端发送切换命令。此时，需要从以下三个方面进行定位：

- 目标小区准备失败、RNTI 准备失败、PHY/MAC 参数配置异常等会造成目标小区无法接纳而返回 HANDOVER PREPARATION FAILUE。
- 传输链路异常，会造成目标小区无响应。
- 目标小区状态异常，会造成目标小区无响应。

（2）向终端发送切换命令情况。

主要检查测量报告上报点的覆盖情况，是否为弱场，或强干扰区域，优先建议通过工程参数解决覆盖问题，若覆盖不易调整则通过调整切换参数优化。

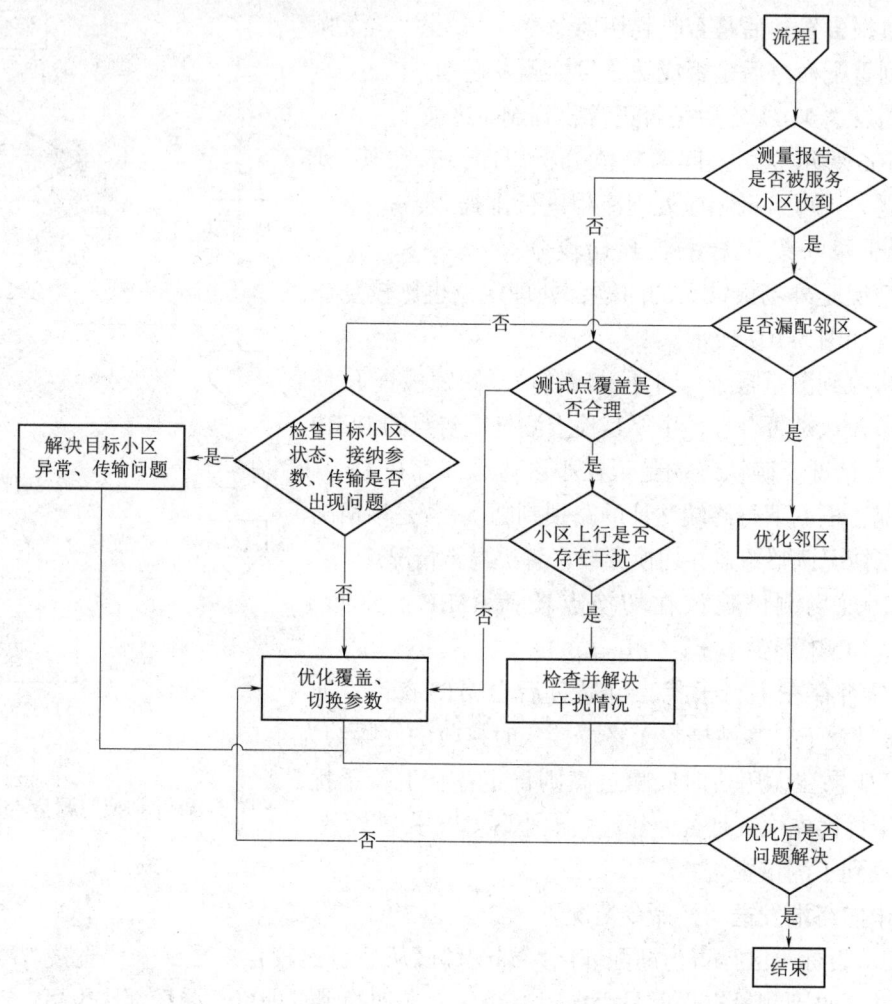

图 5-107　测量报告发送后未收到切换命令处理流程

2. 目标小区 Msg1 发送异常情况

正常情况测量报告上报的小区都会比源小区的覆盖情况好，但不排除目标小区覆盖陡变的情况，所以首先排除掉由于测试环境覆盖引起的切换问题。这类问题建议优先调整覆盖，若覆盖不易调整，则通过调整切换参数优化。

当覆盖比较稳定却仍无法正常发送时，需要在基站测检查是否出现了上行干扰（图 5-108）。

3. 接收 RAR 异常情况

该情况一般主要检查测试点的无线环境，处理思路仍是优先优化覆盖，若覆盖不易调整则再调整切换参数。

知识点 4　切换失败案例分析

1. 案例 1：福建路周边部分小区未配邻区

问题描述：车辆在福建路由南向北行驶时，UE 占用察哈尔路三期 LF-1 小区信号，RSRP 为 –94 dBm，SINR 为 –5 dB。优化前终端未发生切换覆盖状况如图 5-109 所示。

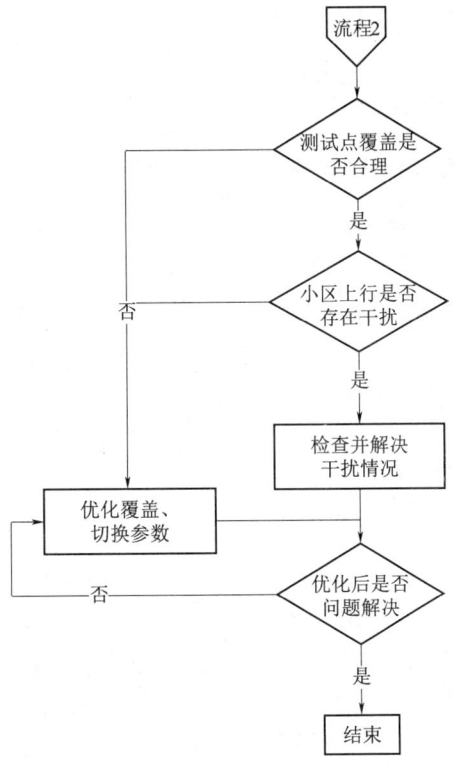

图 5-108　覆盖稳定仍无法发送 Msg1

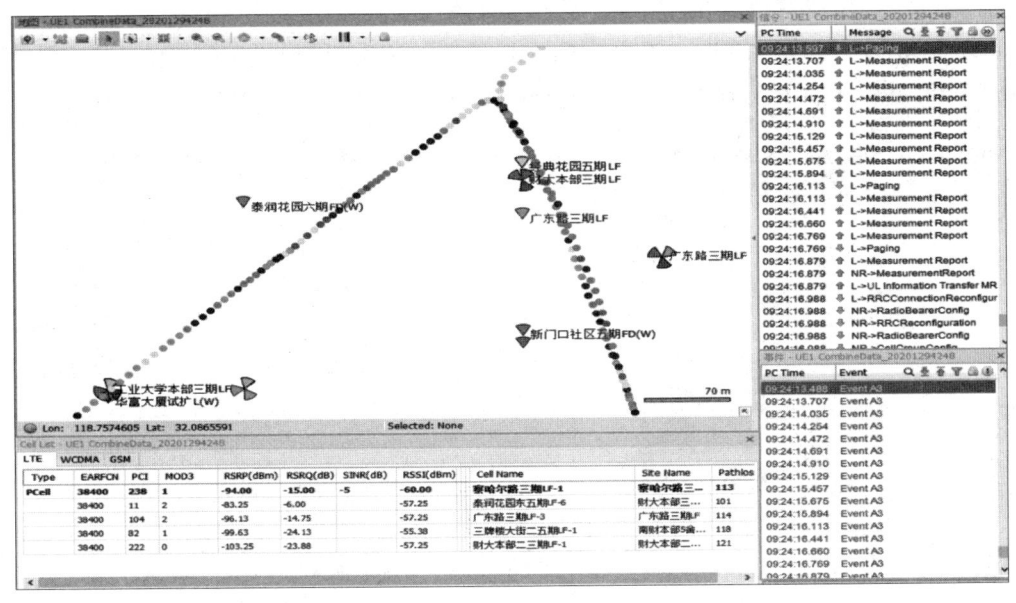

图 5-109　优化前终端未发生切换覆盖状况

问题分析：车辆在福建路由南向北行驶，UE 占用察哈尔路三期 LF-1 小区，周围有电平值更佳的泰润花园东五期 LF-6 小区，造成 UE 频繁上发测量报告却未能切换的原因为邻区漏配，导致 SINR 差，下载速率低。

优化方案：配置察哈尔路三期 LF-1 与泰润花园东五期 LF-6 的双向邻区。

优化结果：察哈尔路三期 LF-1 正常切换至泰润花园东五期 LF-6 小区，SINR 明显提升。优化后终端正常切换覆盖状况如图 5-110 所示。

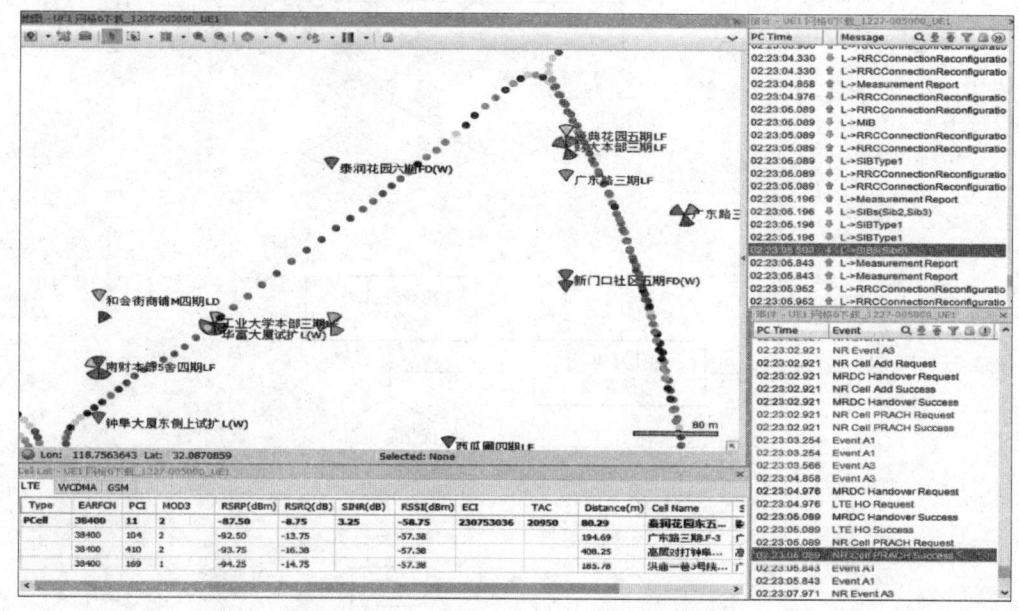

图 5-110　优化后终端正常切换覆盖状况

2. 案例 2：三牌楼大街周边部分小区未配邻区

问题描述：车辆在三牌楼大街由南向北行驶时，UE 占用娄子巷三期 LF-2 小区信号，RSRP 为 -96 dBm，SINR 为 -4 dB。优化前终端未发生切换覆盖状况如图 5-111 所示。

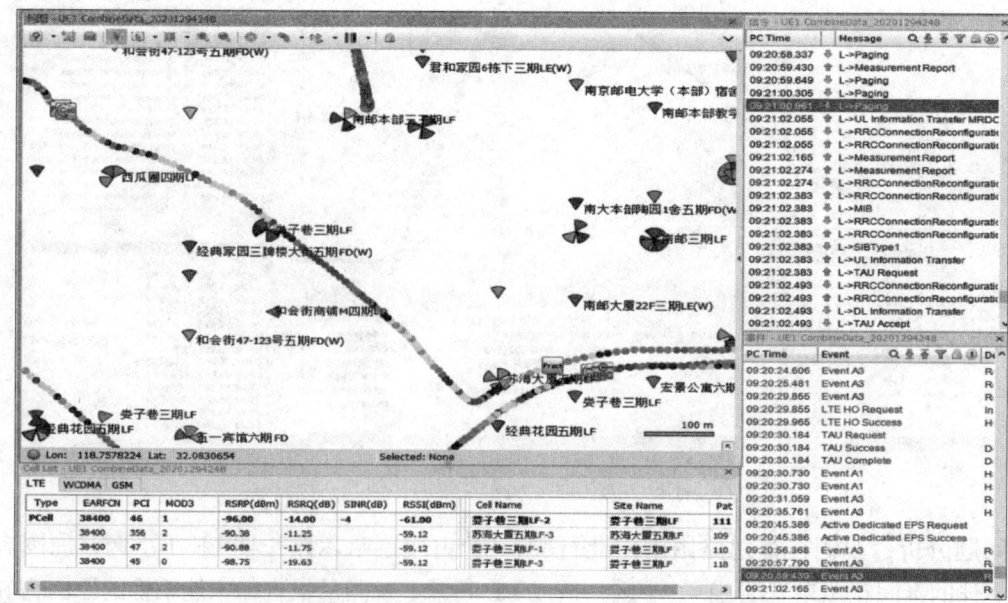

图 5-111　优化前终端未发生切换覆盖状况

问题分析：车辆在三牌楼大街由南向北行驶，UE 占用娄子巷三期 LF-2 小区，邻区有电平值更好的苏海大厦五期 LF-3 小区没有切换，UE 一直上发测量报告，邻区漏配，导致 SINR 差，下载速率低。

优化方案：配置娄子巷三期 LF-2 小区与苏海大厦五期 LF-3 小区的双向邻区。

优化结果：娄子巷三期 LF-2 小区正常切换至苏海大厦五期 LF-3，SINR 明显提升。优化后终端正常切换覆盖状况如图 5-112 所示。

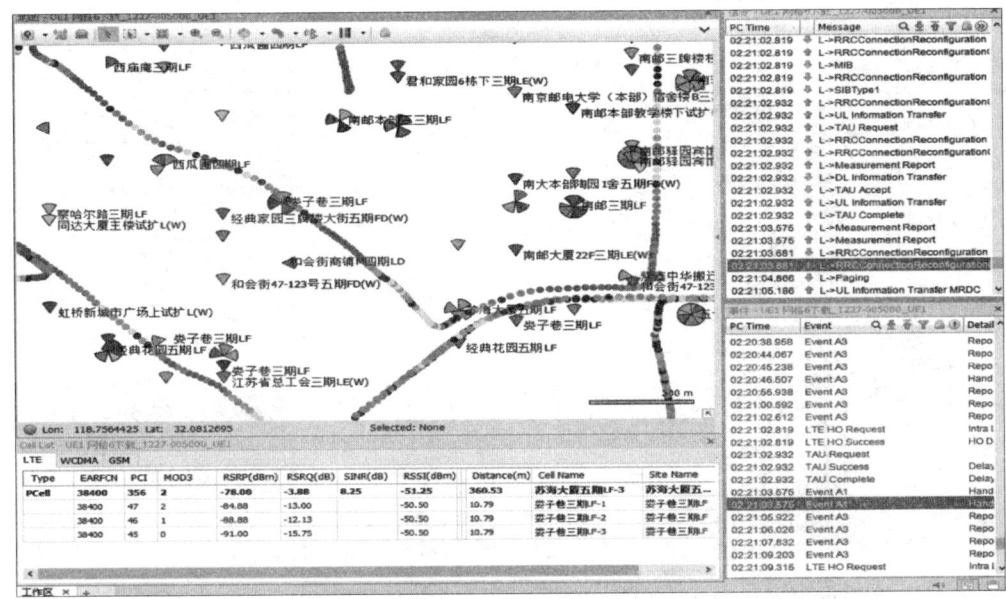

图 5-112　优化后终端正常切换覆盖状况

3. 案例 3：中山路与珠江路交叉口切换频繁

问题描述：车辆在中山路由南向北行驶，UE 占用珠江路 1 号三期 LF-2，RSRP 为 -81 dBm，SINR 为 -6.5 dB。优化前终端占用珠江路 1 号三期覆盖状况如图 5-113 所示。

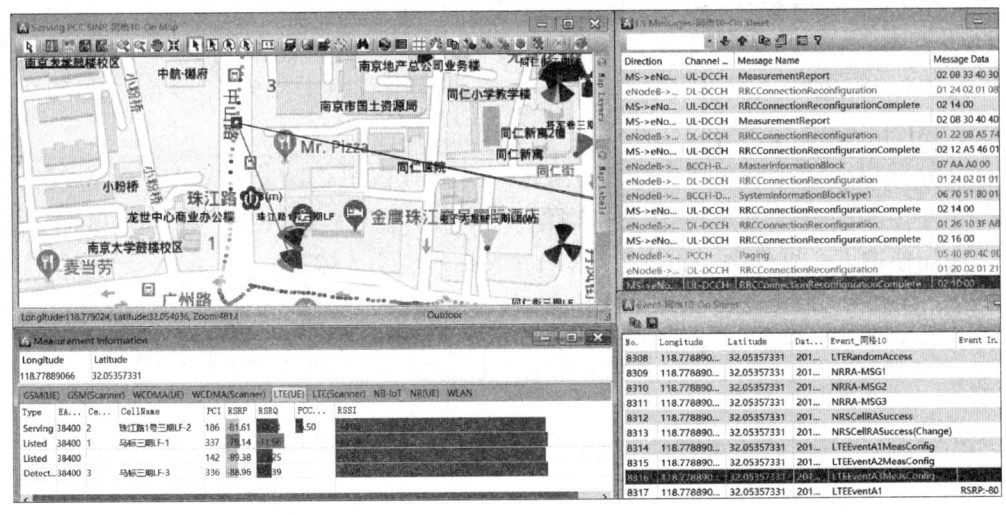

图 5-113　优化前终端占用珠江路 1 号三期覆盖状况

问题分析：UE 随车辆在中山路由南向北行驶，UE 占用珠江路 1 号三期 LF-2，RSRP 为 -81 dBm，邻区出现易发信息大厦三期 LF-1，RSRP 为 -79.4 dBm。邻区与主服务小区频繁切换进而导致 SINR 比较低。

优化方案：梳理易发信息大厦三期 LF-1 为主服务小区，将珠江路 1 号三期 LF-2 小区天线的下倾角下压 3°。

优化结果：SINR 有明显提高且切换正常。优化后终端占用珠江路 1 号三期覆盖状况如图 5-114 所示。

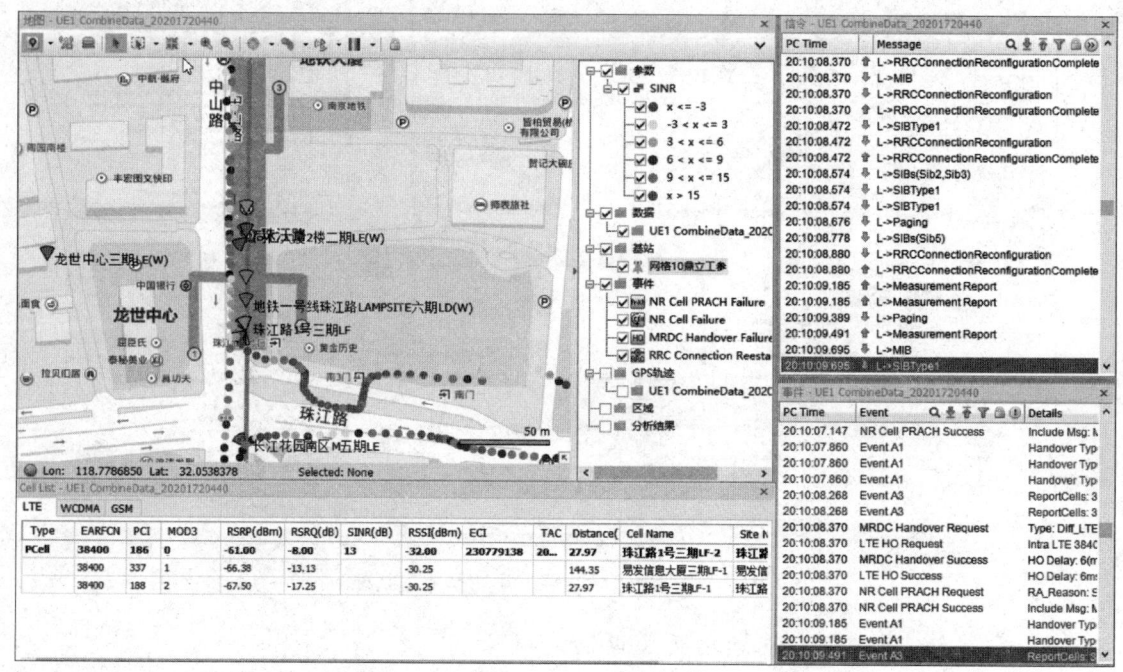

图 5-114　优化后终端占用珠江路 1 号三期覆盖状况

4. 案例 4：学海路与文范路北小区无切换发生

问题描述：车辆在学海路由南向北行驶，5G 占用南京 - 栖霞 - 仙林管委会 -NR-D11，RSRP 在 -84 dBm 左右，SINR 在 -3 dB 左右；4G 占用 CRAN 大成名店 - 大成名店一期 LF-2，RSRP 在 -110 dBm 左右，SINR 在 -12 dB 左右。

问题分析：UE 随车辆在学海路自南向北行驶，4G 占用 CRAN 大成名店 - 大成名店一期 LF-2，电平 -110 左右，邻区中有更好的南邮学科楼四期 LF-2，RSRP 在 -81 dBm 左右。此时，发送切换请求，事件中一直上报 A3 但并未切换成功（需要核查 CRAN 大成名店 - 大成名店一期 LF-2 与南邮学科楼四期 LF-2 的邻区关系）。

优化方案：添加 CRAN 大成名店 - 大成名店一期 LF-2 与南邮学科楼四期 LF-2 的双向邻区关系。

优化结果：SINR 有明显提高且切换正常。优化前后学海路覆盖信号对比状况如图 5-115 所示。

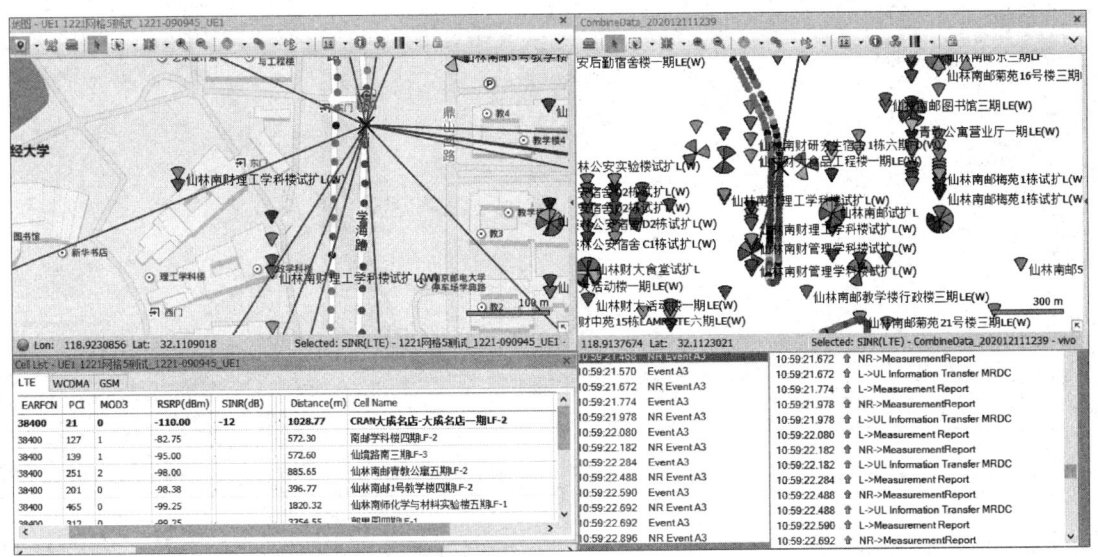

图 5-115　优化前后学海路覆盖信号对比状况

5. 案例 5：仙隐北路与文枢东路交口无切换发生

问题描述：车辆在文枢东路自西向东行驶，4G 占用 CRAN 仙林师大南苑食堂－燕西路三期 LF-3，RSRP 在 –89 dBm 左右，SINR 在 –3 dB 左右，5G 占用南京－栖霞－燕西路 –NR-D11，RSRP-77 dBm 左右，SINR 在 19 dB 左右。

问题分析：UE 随车辆在文枢东路自西向东行驶，4G 占用 CRAN 仙林师大南苑食堂－燕西路三期 LF-3，RSRP 在 –89 dBm 左右，SINR 在 –3 dB 左右，4G 邻区中有更好的仙鹤名苑东五期 LF-3，RSRP 在 –65 dBm 左右。在 Event 中，UE 不断上报 A3 事件，但实际没有发生切换（核查 CRAN 仙林师大南苑食堂－燕西路三期 LF-3 与仙鹤名苑东五期 LF-3 邻区关系是否正常）。

优化方案：添加 CRAN 仙林师大南苑食堂－燕西路三期 LF-3 与仙鹤名苑东五期 LF-3 的双向邻区。

优化结果：邻区添加后，4G 切换正常。优化前后仙隐北路与文枢东路交口覆盖质量对比如图 5-116 所示。

6. 案例 6：文澜路与九乡河西路交口无切换

问题描述：车辆在文澜路自西向东行驶，4G 占用信息学院文澜宾馆五期 LF-2，RSRP 在 –103 dBm 左右，SINR 为 –5 dB，5G 占用南京－栖霞－仙林紫金学院三 –NR-D11，RSRP 在 –82 dBm 左右，SINR 在 11 dB 左右。

问题分析：UE 随车辆在文澜路自西向东行驶，4G 占用信息学院文澜宾馆五期 LF-2，RSRP 在 –103 dBm 左右，SINR 为 –5 dB，4G 邻区中有更好的九乡河东路二四期 LF-3，RSRP 在 –90 dBm 左右。同样，在 Event 中 UE 不断上报 A3 事件，但实际没有发生切换（核查信息学院文澜宾馆五期 LF-2 与九乡河东路二四期 LF-3 邻区关系是否正常）。

优化方案：添加信息学院文澜宾馆五期 LF-2 与九乡河东路二四期 LF-3 的双向邻区。

优化结果：邻区添加后，4G 切换正常，优化前后文澜路覆盖质量对比如图 5-117 所示。

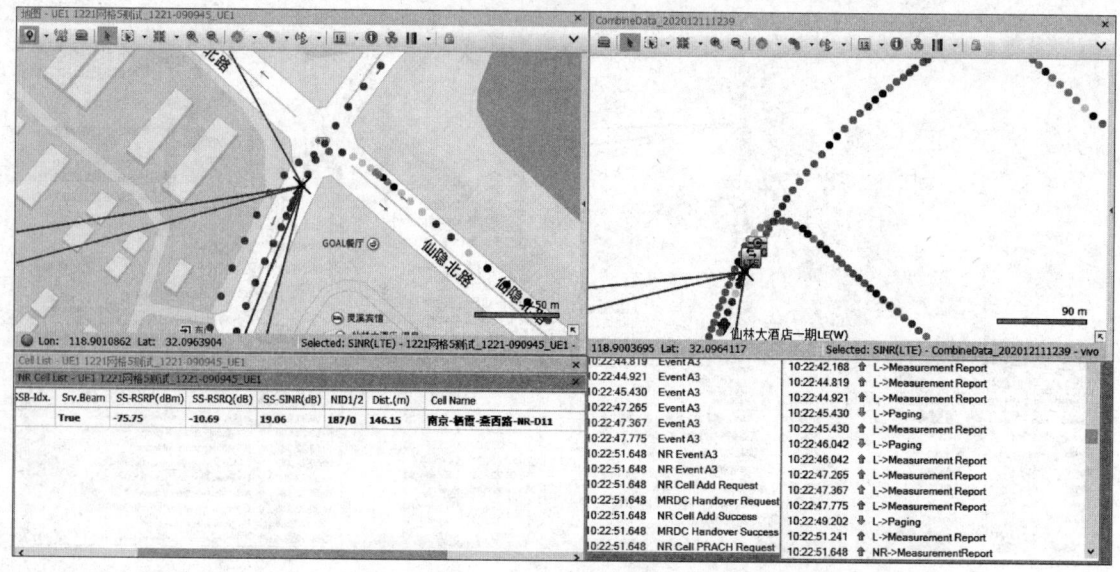

图 5-116　优化前后仙隐北路与文枢东路交口覆盖质量对比

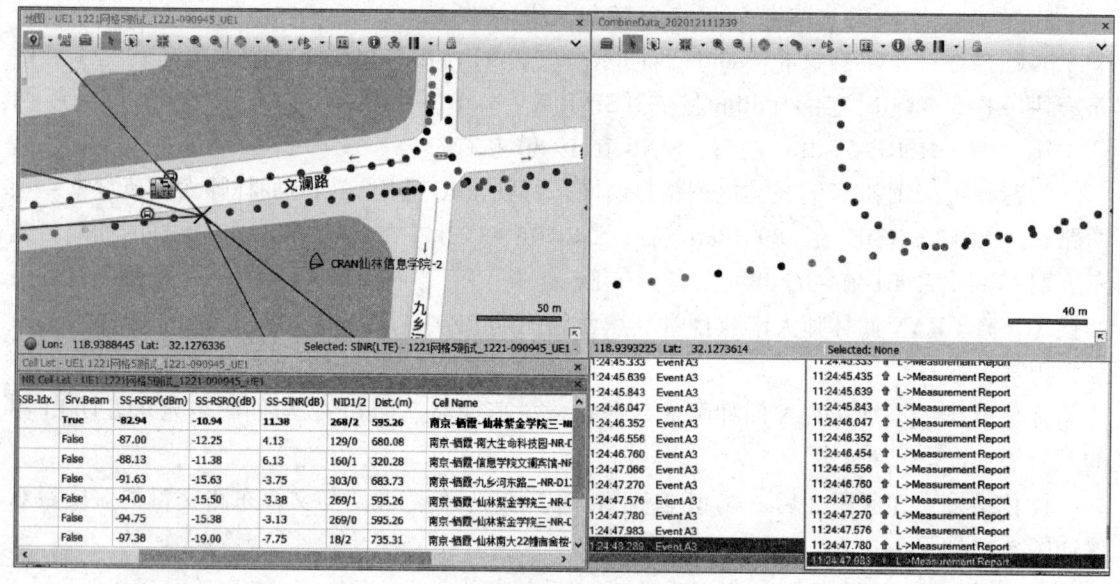

图 5-117　优化前后文澜路覆盖质量对比

7. 案例 7：元化路质差无切换

问题描述：车辆在元化路自北向南行驶，4G 占用董家岗北四期 LF-2，RSRP 为 -89 dBm，SINR 为 -12 dB，5G 占用南京 - 栖霞 - 新丰村 - NR-D11，RSRP 在 -77 dBm 左右，SINR 在 17 dB 左右。

问题分析：UE 随车辆在元化路自北向南行驶，4G 占用董家岗北四期 LF-2，RSRP 为 -89 dBm，SINR 为 -12 dB，邻区胥家前四期 LF-3，RSRP 在 -80 dBm 左右，花家凹三期 LF-3，RSRP 为 -88 dBm。事件中上报 A3，但未正常切换（核查董家岗北四期 LF-2 与胥家前四期 LF-3 的邻区关系），且存在重叠覆盖。

优化方案：添加董家岗北四期 LF-2 与胥家前四期 LF-3；将花家凹三期 LF-3 的天线下倾角下压 3°，梁家边三期 LF-2 的天线下倾角下压 2°。

优化结果：邻区添加后，4G 切换正常，天馈调整后 SINR 更佳。优化前后元化路覆盖质量对比如图 5-118 所示。

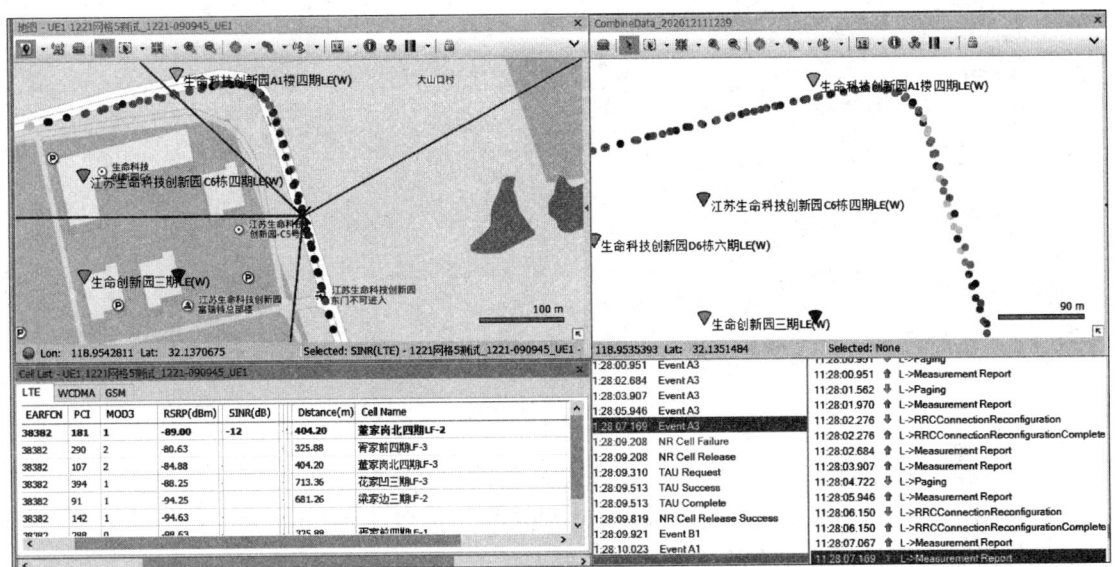

图 5-118　优化前后元化路覆盖质量对比

实训任务　小区切换不及时

任务目标

熟悉 LTE 网络中常出现的切换问题，能够利用网络优化后台分析软件统计相关的参数，分析查找案例中出现的切换故障原因并提出相应的解决方案。复测验证方案的可行性。

任务要求

（1）能够熟练操作"UltraRF LTE 网络优化仿真实训平台"软件。
（2）能够在"小区切换不及时"场景中完成优化前的测试。
（3）能够分析测试数据，找出故障原因，并提出合理化的解决方案。
（4）能够在 UltraRF LTE 网络优化仿真系统中按照优化方案修改各小区的参数。
（5）能够复测网络覆盖，并确认问题得以解决。
（6）能够根据项目实际情况，完成优化分析报告。

任务实施

（1）打开"UltraRF LTE 网络优化仿真实训平台"软件。
（2）选择"小区切换不及时"场景，如图 5-119 所示。

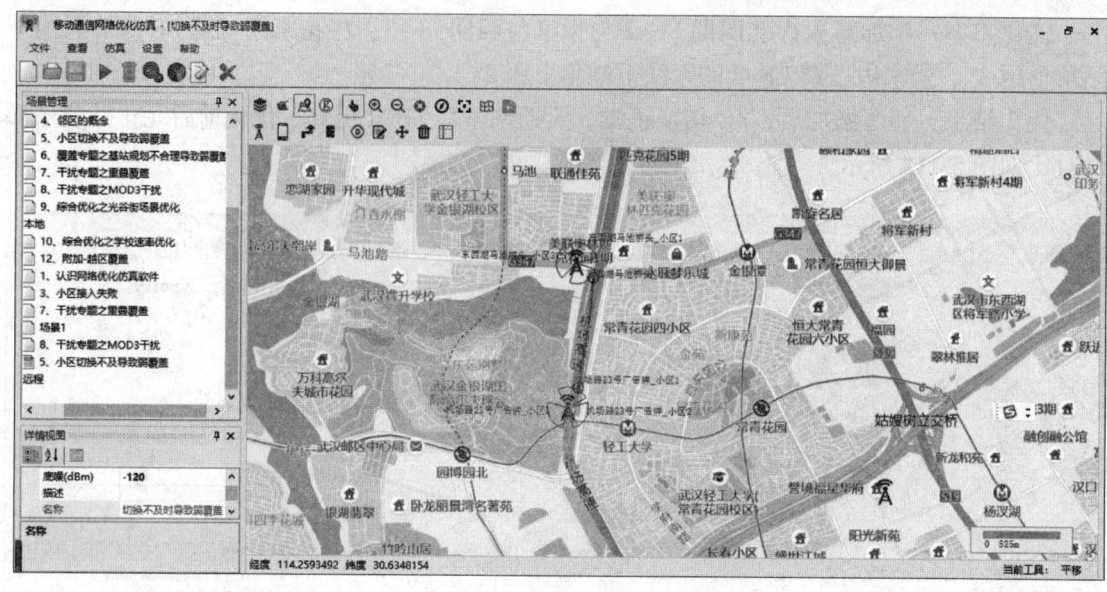

图 5-119　选择"小区切换不及时"场景

（3）部署"小区切换不及时"场景手机（图 5-120）。

在弹出的手机属性窗口直接选择确定，其他参数不需要进行处理。

（4）重复本项目任务 4 中的任务实施的第（4）～（15）步，但是因为本优化任务需要在高速环境下进行一次切换测试，所以需要将手机状态调整为连接状态，并且调整手机移动速度至 35 m/s，如图 5-121 所示。从而得到"小区切换不及时"的场景测试数据，如图 5-122 所示，手机在机场高速从南向北移动过程中，途径花园十二村附近时，RSRP 持续低于 –100 dBm，属于弱覆盖。

图 5-120　部署"小区切换不及时"
场景手机

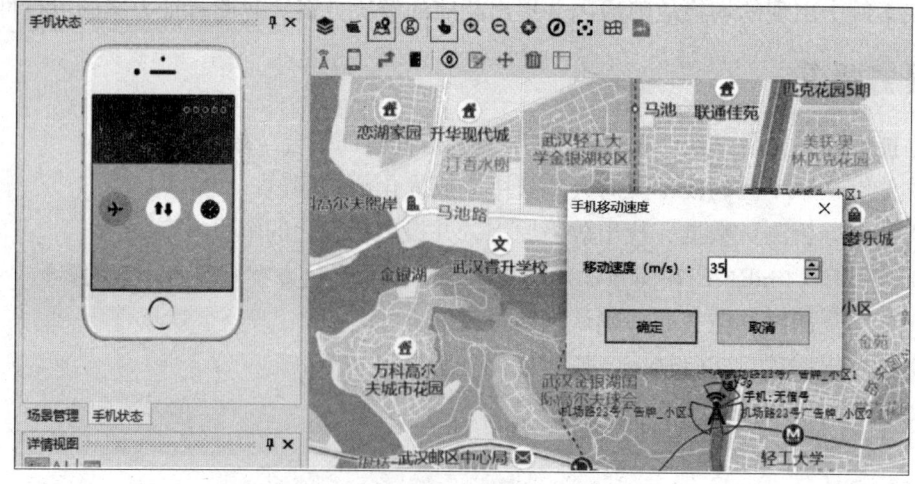

图 5-121　调整手机移动速度

图 5-122 "小区切换不及时"的场景测试数据

（5）数据分析。

在工具栏（第二排倒数第三个）选择快捷键"同步回放"，将鼠标移动到地图上，鼠标箭头变成黑色，然后单击地图界面，这样"地图界面"和其他参数界面就同步展示了。

同步回放后可以发现：手机在该位置接入机场路 23 号广告牌＿小区 1，RSRP=−101 dBm，邻小区东西湖马池桥头＿小区 1 信号强度 −89 dBm。手机一直占用比较远的机场路 23 号广告牌＿小区 1，没有切换到东西湖马池桥头＿小区 1，导致该位置弱覆盖。

检查两个小区的频点设置，发现它们都是同频小区，所以两个小区之间属于同频切换。因为手机是从机场路 23 号广告牌＿小区 1 切换到东西湖马池桥头＿小区 1，因此检查机场路 23 号广告牌＿小区 1 的 A3 参数，如图 5-123 所示。

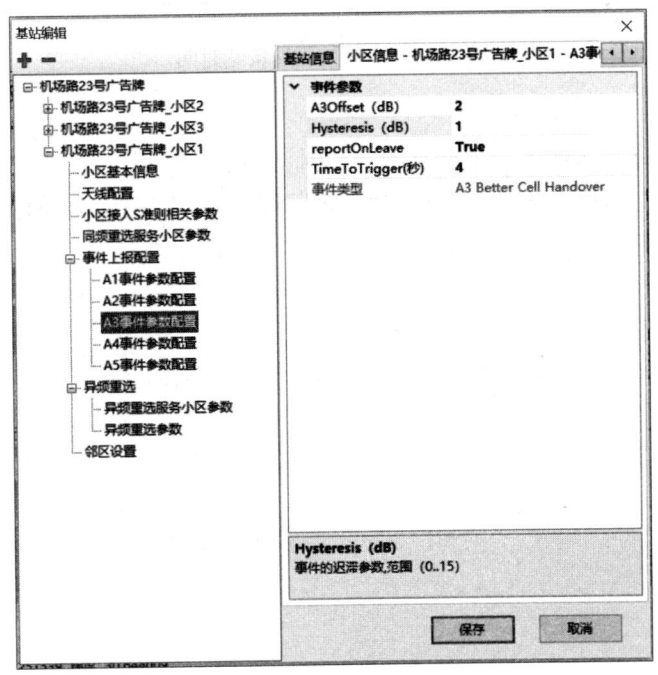

图 5-123 机场路 23 号广告牌＿小区 1 的切换参数

查询 A3 参数，结合同步回放，切换触发时间设置为 4 s，在高速环境下可能存在切换不及时问题。

（6）解决方案。

根据 A3 算法：修改机场路 23 号广告牌 _ 小区 1 的 A3，将 Time To Trigger 时间从 4 s 修改为 1 s，如图 5-124 所示。

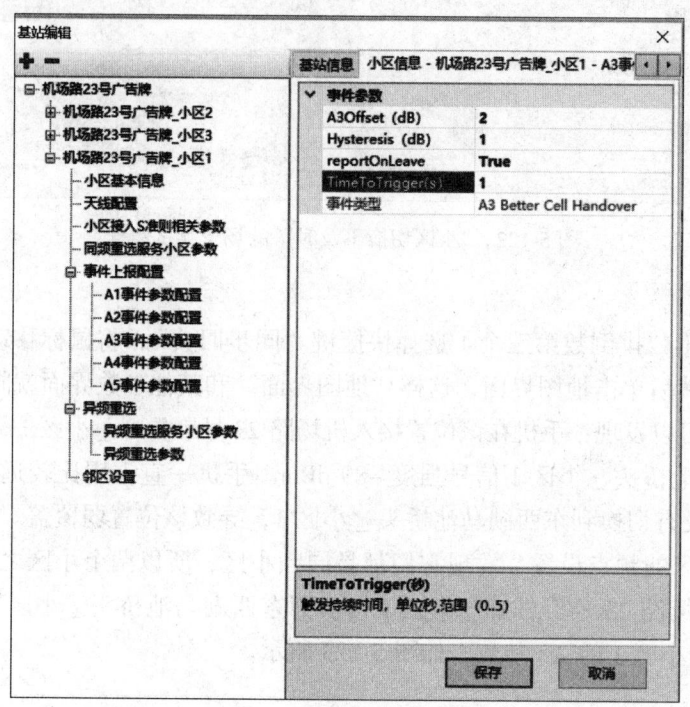

图 5-124　修改触发持续时间

（7）复测。

按照之前的所有操作步骤，进行复测，判断切换不及时问题是否解决，若未解决则可以持续优化其他的工程参数，从而保证较好的信号覆盖，解决切换不及时问题。

（8）根据实训操作过程，完成网络优化报告。

参 考 文 献

［1］曾庆珠，顾艳华，陈雪娇．移动通信［M］.2 版．北京：北京理工大学出版社，2014.

［2］罗文茂，陈雪娇．移动通信技术［M］.北京：人民邮电出版社，2014.

［3］章坚武．移动通信［M］.5 版．西安：西安电子科技大学出版社，2018.

［4］丁奇，阳桢．大话移动通信无线通信原理入门［M］.北京：人民邮电出版社，2011.

［5］马华兴，董江波．大话移动通信网络规划［M］.2 版．北京：人民邮电出版社，2019.

［6］陈威兵．移动通信原理［M］.北京：清华大学出版社，2016.

［7］崔雁松．移动通信技术［M］.2 版．西安：西安电子科技大学出版社，2012.

［8］陈佳莹，张溪，林磊．IUV-4G 移动通信技术［M］.北京：人民邮电出版社，2016.

［9］陈佳莹，张溪，林磊．IUV-4G 移动通信技术实战指导［M］.北京：人民邮电出版社，2016.

［10］吴琦．移动通信网络规划与优化项目化教程［M］.北京：机械工业出版社，2017.

［11］杨燕玲．LTE 移动网络规划与优化［M］.北京：北京邮电大学出版社，2018.

［12］刘建成．移动通信技术与网络优化［M］.2 版．北京：人民邮电出版社，2016.

［13］范波勇．LTE 移动通信技术［M］.北京：人民邮电出版社，2015.

［14］郭宝，张阳，李冶文．TD-LTE 无线网络优化与应用［M］.北京：机械工业出版社，2014.

［15］孙宇彤．LTE 教程：业务与信令［M］.北京：电子工业出版社，2017.

［16］尹圣君．LTE 及 LTE-Advanced 无线协议［M］.北京：机械工业出版社，2015.

［17］朱明程，王霄峻．网络规划与优化技术（对应华为认证 HCNA-LTE 网规网优工程师）
［M］.北京：人民邮电出版社，2018.

［18］王强，刘海林，李新，等．TD-LTE 无线网络规划与优化实务［M］.北京：人民邮电
出版社，2016.

［19］张敏，蒋招金．3G 无线网络规划与优化［M］.北京：北京邮电大学出版社，2014.

［20］窦中兆，王公仆，冯穗力．TD-LTE 系统原理与无线网络优化［M］.北京：清华大学
出版社，2019.

［21］张阳，郭宝，何珂，等．LTE 学习笔记：网络优化实践进阶与关键技术［M］.北京：
机械工业出版社，2017.

［22］李军．LTE 无线网络覆盖优化与增强实践指南［M］.北京：机械工业出版社，2017.

［23］张守国，周海骄，雷志纯．LTE 无线网络优化实践［M］.2 版．北京：人民邮电出版社，
2018.

［24］丁远，花苏荣，张远海．GSM-CDMA-LTE 无线网络优化实践［M］.北京：化学工业
出版社，2014.

［25］周奇．无线网络接入技术及方案的分析与研究［M］.北京：清华大学出版社，2018.